INTRODUÇÃO À MANUFATURA

Equipe de tradução

Sergio Luís Rabelo de Almeida
Carlos Oscar Corrêa de Almeida Filho
Felipe Sotero M. Junqueira
Eduardo Iacona de Bello
Eduardo Vargas da Silva Salomão
Atos Rodrigues da Silva
Tamires Yurie Mori
Fernando de Sousa Ghiberti
Paulo Henrique Carvalho Parada
Derek Kinzo

F559i   Fitzpatrick, Michael.
           Introdução à manufatura / Michael Fitzpatrick ; [tradução: Sergio Luís Rabelo de Almeida ... et al.] ; revisão técnica: Sergio Luís Rabelo de Almeida, Carlos Oscar Corrêa de Almeida Filho. – Porto Alegre : AMGH, 2013.
           xviii, 360 p. : il. ; 17,5 x 25 cm.

        ISBN 978-85-8055-170-9

        1. Indústria. 2. Manufatura. I. Título.

                                                    CDU 67

Catalogação na publicação: Ana Paula M. Magnus – CRB 10/2052

MICHAEL FITZPATRICK

INTRODUÇÃO À MANUFATURA

Revisão técnica

Sergio Luís Rabelo de Almeida
Doutor em Engenharia Mecânica pela FEM - Unicamp
Professor da Escola de Engenharia da Universidade
Mackenzie e do Instituto Mauá de Tecnologia

Carlos Oscar Corrêa de Almeida Filho
Mestre em Engenharia Mecânica pela EPUSP
Professor da Escola de Engenharia da Universidade
Mackenzie e do Instituto Mauá de Tecnologia

AMGH Editora Ltda.
2013

Obra originalmente publicada sob o título *Machining & CNC Technology w/Student DVD Update Edition*, 2nd Edition
ISBN 0077388070 / 9780077388072

Original edition copyright © 2011, The McGraw-Hill Companies, Inc., New York, New York 10020. All rights reserved.

Portuguese language translation copyright © 2013, AMGH Editora Ltda.
All rights reserved.

Gerente editorial – CESA: *Arysinha Jacques Affonso*

Colaboraram nesta edição:

Editora responsável por esta obra: *Verônica de Abreu Amaral*

Capa e projeto gráfico: *Paola Manica*

Foto da capa: *istockphoto/Mike_kiev*

Preparação de original: *Maria Cecília Madarás*

Leitura final: *Isabela Esperandio*

Editoração: *Techbooks*

Reservados todos os direitos de publicação, em língua portuguesa, à
AMGH EDITORA LTDA., uma empresa do GRUPO A EDUCAÇÃO S.A.
A série TEKNE engloba publicações voltadas à educação profissional, técnica e tecnológica.

Av. Jerônimo de Ornelas, 670 – Santana
90040-340 – Porto Alegre – RS
Fone: (51) 3027-7000   Fax: (51) 3027-7070

É proibida a duplicação ou reprodução deste volume, no todo ou em parte, sob quaisquer
formas ou por quaisquer meios (eletrônico, mecânico, gravação, fotocópia, distribuição na Web
e outros), sem permissão expressa da Editora.

Unidade São Paulo
Av. Embaixador Macedo Soares, 10.735 – Pavilhão 5 – Cond. Espace Center
Vila Anastácio – 05095-035 – São Paulo – SP
Fone: (11) 3665-1100   Fax: (11) 3667-1333

SAC 0800 703-3444 – www.grupoa.com.br

IMPRESSO NO BRASIL
PRINTED IN BRAZIL

Enquanto incontáveis outras pessoas passaram pelo meu caminho, estes quatro fizeram toda a diferença na minha carreira e na minha vida. Sem eles, questiono se este livro aconteceria.

Para Linda, minha esposa
Por nunca se queixar sobre o tempo que nos foi tirado para fazer este livro, por acreditar e perdoar.

Para Jan Carlson
Por demonstrar com atitudes, como um profissional cuidadoso deve ser, e, especialmente, pelo espaço encorajador para crescer.

Para Bill Simmons
Por confiar em mim, além da sua caixa de ferramentas, e por sua doce orientação. Nós todos sentimos sua falta, tio Bill.

Para Bill Coberley
Por me impulsionar no começo da carreira e se tornar um amigo de longa data.

O autor

Como se fosse ontem, lembro-me de carregar minha caixa de ferramentas nova pelo corredor da Caminhões Kenworth de Seattle. Scotty, o rude operador de furadeira de coluna, se afastou de sua máquina e se plantou diante de mim. Sem dizer nem bem-vindo, ele levantou suas sobrancelhas cerradas, bateu com dois dedos sobre meu peito, disse "Você vê todos esses homens aqui?" e esperou. Aos 18 anos, lembro-me apenas de acenar com a cabeça, incapaz de falar uma palavra. Ele continuou: "...cada um de nós vai mostrar a você tudo que sabe, se você prestar atenção. Nós vamos lhe dar anos de experiência, mas saiba, rapaz, que isso vem com uma obrigação. Algum dia você irá passar este conhecimento adiante".

Olá, meu nome é Mike Fitzpatrick, seu instrutor de usinagem por escrito. Já que você me honrou ao estudar este livro, imagino que seja uma forma de construir uma confiança mútua se eu contar um pouco do porquê sou qualificado para passar adiante o que Scotty e inúmeros outros profissionais me ensinaram.

Comecei este aprendizado na primeira segunda-feira depois da formatura no Ensino Médio, em 1964. Mais ou menos um ano depois, tive a oportunidade única de ser o primeiro empregado a operar a primeira máquina de Comando Numérico (NC) na área de Seattle, além daqueles que já a operavam na Boeing. Nada comparável às máquinas computadorizadas que você irá aprender, aquela máquina NC era basicamente um cabeçote de furadeira de coluna, comandada por fitas perfuradas de papel. Não distante de uma caixa de música no que se refere à sua tecnologia, a máquina era primitiva se comparada com as máquinas existentes em seu laboratório de treinamento. Ainda assim, foi suficiente para me alavancar para a vida. Então, com um ano de inscrições e entrevistas, fui transferido para a Boeing, onde completei minha certificação em usinagem. Lá aprendi a operar máquinas programáveis que tinham subsolo e escadas para chegar ao cabeçote!

Passando pelo exame final rigoroso com 100% de aproveitamento, qualifiquei-me para o teste ainda mais rigoroso a fim de me tornar um aprendiz ferramenteiro. Fiz e terminei meu treinamento em 1971. Esse processo totalizou 12.000 horas de treinamentos práticos sob o comando de um exército de pessoas qualificadas. E também tendo muitas horas de aulas técnicas. Desde então, tenho atuado como um profissional de usinagem/ferramenteiro ou ensinado outros por toda a minha vida adulta. Pelos últimos 25 anos, ensinei manufatura em escolas técnicas, indústrias, centros de nível médio e fundamental e em dois países estrangeiros.

Hoje posso ficar na frente de qualquer um e dizer com orgulho: "Eu sou um oficial ferramenteiro e mestre na minha profissão". Próximo do fim da minha jornada, as lembranças de Scotty me conduzem a passar este conhecimento adiante. Mas não se esqueça: o que nós, instrutores e profissionais da usinagem, damos a você vem com a mesma obrigação.

Uma característica que claramente vejo que você irá precisar muito mais do que a minha geração é adaptação. Além de transmitir habilidades e competências, este livro tem uma missão: iniciar seus leitores no longo e sempre acelerado caminho da tecnologia. Claramente, o profissional da usinagem do futuro é aquele que pode ver e se adaptar ao futuro em mudança. Quando você passar o bastão adiante, o mercado não será o que você encontrou neste livro. Mas estou confiante de que mesmo assim o bastão será passado, pois os profissionais da usinagem têm uma longa história de adaptação.

Agradecimentos

Meus mais profundos agradecimentos vão para estes colaboradores principais, sem os quais este livro não seria possível:

Bates Technical College (*Tacoma – Washington*) *Bob Storrar, instrutor-orientador*
Um programa completo de instrução de usinagem focado no futuro do aluno. Bob trouxe para este livro sua habilidade e conhecimento para o ensino de ferramentaria com 16 anos de experiência na indústria e 15 anos ensinando em nível universitário. Obrigado por sua crença neste projeto, por sua edição meticulosa, encorajamento e especialmente sua amizade.

Lake Washington Technical College (*Kirkland – Washington*) *Mike Clifton, instrutor-chefe*
Um programa em crescimento de instrução em usinagem dedicado tanto a profissionais de carreira como àqueles com interesse em atualizar seus conhecimentos. Obrigado Mike, por contribuir com 25 anos de experiência em pesquisa avançada e manufatura, além do treinamento do aprendizado, e pelo interesse no portfólio de fotos.

CNC software, Inc. Mastercam – *Mark Summers, presidente; Dan Newby, diretor de treinamento*
Obrigado Mark, por acreditar em educação, e Dan, pela colaboração na edição e sua orientação; e muito obrigado ao seu time por melhorar nossa profissão e apoiar a educação mundo afora.

Auburn Comprehensive High School (*Auburn, Washington*) *Ron Cughan, instrutor de usinagem*
Um programa de qualidade na área de manufatura dos metais para o Ensino Médio, servindo o vale de Auburn. Agradeço por dedicar um tempo extra para revisar este livro e também por acreditar nele, e ser um bom amigo.

Milwaukee Area Technical College (*Milwaukee, Wisconsin*) *Patrick Yunke & Dale Houser, instrutores-orientadores*
Oferece um diploma nacionalmente reconhecido de 2 anos em ferramentaria. Os graduados na MATC aprendem confecção de moldes e matrizes e se qualificam para o certificado de aprendizagem de Wisconsin. Assim, a escola oferece aprendizado completo na área altamente remunerada da manufatura.
Dale Houser Sr.: Além dos 28 anos de experiência no ofício da ferramentaria, com 15 anos de ensino nessas disciplinas, Dale obteve grau de ferramenteiro em ferramentas e matrizes pela Milwaukee Area Technical College e educação profissional da Stout University. Ele também trabalha no desenvolvimento de material educacional para a Precision Metalforming Association e programas de aprendizagem de Wisconsin.
Patrick Yunke: Graduado pelo programa de matrizaria da Wisconsin´s Madison Area Technical College e em educação profissional pela Stout University, Patrick trouxe muitos anos de experiência em todos os aspectos de matrizes de precisão e fabricação de moldes de metal e plástico para o MATC, onde ensina há 15 anos. Ele também atua com o consultor de manufatura e programas educacionais personalizados para a indústria.

Muito obrigado a ambos, por sua experiência e por fornecer ótimas fotos de sua bem organizada oficina.

NTMA – National Tooling and Machining Association – *Dick Walker, presidente*
Muito obrigado por estar na raiz deste novo livro no seu começo, por investir tempo e energia nele e pelos 45 desenhos doados de seu material de treinamento.

NTMA Training Centers, California – *Max Hughes, decano de instrução*
Obrigado, Max, pelo auxílio com a parte de CNC deste livro.

Dr. Keith Ellis – *Northwest Metalworker Magazine*
Obrigado pelos maravilhosos desenhos para enfatizar a segurança.

Hass Automation, Inc. (*Oxnard, Califórnia*) *Scott Rathburn, gerente de* marketing, *editor sênior CNC Machining*
Agradeço, Scott, pelo seu comprometimento na educação sobre máquinas-ferramentas (veja a capa e direitos autorais) e por sua contribuição, suporte, energia e muitas fotos para este livro.

Boeing Commercial Airplane Co. – *Tim Wilson, instrutor de aprendizagem*
Obrigado à Boeing, por me fornecer a melhor educação possível no início da minha carreira, e ao Tim, pelo suporte contínuo na qualidade da aprendizagem, pela ajuda em planejar e executar este livro e por ser um amigo de longa data.

À toda a equipe técnica de educação profissional da Divisão de Educação Superior – McGraw-Hill Publishing
Jean Starr, Vicent Bradshaw, Sarah Wood, Kelly Curran, Kevin White, Jenean Utley, Srdj Savanovic e todo o grupo de educação profissional Burr Ridge
Sem brincadeira, até cruzar com vocês todos, eu havia decidido que este seria meu último livro – mas mudei de ideia ! Esta foi uma experiência totalmente positiva, apesar dos obstáculos. Obrigado, colegas. Vocês são mais que um grupo; são um time composto de pessoas verdadeiramente simpáticas, positivas e revigorantes. Espero poder trabalhar com vocês novamente.

Pat Steele – Editor de texto manuscrito
O que normalmente é a pior fase de escrever um livro se torna uma experiência maravilhosa. Com confiança na sua edição, nós desenvolvemos uma só voz e então escrevemos este livro juntos e nos tornamos amigos. Obrigado, Pat.

Northwest Technical Products, Inc. – *Vic Gallienne, presidente*
Servindo às necessidades da comunidade do nordeste do Pacífico nas áreas científica, técnica e de carreira; obrigado, Vic, por colocar este projeto no caminho certo com o Mastercam.

Brown and Sharpe Corp. (*Rhode Island*) *Equipamento de metrologia*
Pelo seu comprometimento com a educação em metrologia nas escolas técnicas e faculdades.

Kennametal Inc. – *Kennametal University, dedicada a encontrar melhores métodos e educar onde quer que o ensino da usinagem seja aplicado.*
Obrigado pelos dados, ferramentas avançadas, fotos, textos e gráficos.

Iscar Metals – *Bill Christensen, fotos de ferramentas avançadas e texto*
Conhecimento avançado através de pesquisa e educação; obrigado, Bill, pelo artigo de HSM (usinagem em alta velocidade).

Coastal Manufacturing – *Joel Bisset, gerente de controle de qualidade*
Obrigado, Joel, por editar os arquivos de CEP e por seu longo comprometimento com a qualidade na manufatura norte-americana.

Northwood Designs – MetaCut Utilities – *Bill Eliot, presidente/CEO, e Paulo Elliot, engenheiro de* software *sênior. Desenvolvendo* software *para o mundo da manufatura.*

Agradeço a vocês pelo apoio e por nos permitir utilizar os programas maravilhosos de verificação de trajetória de ferramenta neste livro e dentro do Mastercam.

Sandvik Coromat –

Obrigado pelas fotos de *"Modern Metal Cutting"*.

SME – Society of Manufacturing Engineers – Exposição de máquinas-ferramentas e produtividade Westech

Optomec – *Texto e fotos do Processo LENS®* Obrigado por nos mostrar uma grande nova tecnologia.

Além disso, gostaria de agradecer aos seguintes revisores do manuscrito da versão final:

Richard Granlund, *Hennepin Technical College*
Thomas E. Clark, *National Institute of Technology*
Martin Berger, *Blue Ridge Community College*

Gostaríamos também de agradecer aos seguintes revisores do texto, por contribuir para o desenvolvimento desta atualização:

Glenn Artman, *Delaware County Community College*
Christina Barker, *North Central State College*
Alan Clodfelter, *Lake Land College*
Daniel Flick, *Ivy Tech Community College*
Ken Flowers, *Lake Michigan College*
Bill McCracken, *Western Colorado Community College*
Eric McKell, *Western Washington University*
Troy Ollison, *University of Central Missouri*
Alan Trundy, *Maine Maritime Academy*

Prefácio

Orgulhosamente olhamos para trás e vemos que estamos bem na vanguarda da revolução informática. Começamos a utilizar as máquinas programáveis há mais de 50 anos. Isso é anterior a projetistas usando desenhos auxiliados por computador ou cientistas fazendo pesquisa em computadores de grande porte. Embora as linhas que tracei a seguir para definir eras sejam nebulosas, a evolução da máquina-ferramenta programável pode ser feita em três gerações, baseadas na forma como eram usadas na indústria e no ensino em escolas técnicas.

Primeira geração: 1940-1965

Elas começaram como experimentos de laboratórios e, por 20 anos, vagarosamente apareceram em oficinas mais avançadas. Assim como minha furadeira por fita perfurada em Kenworth, no início, apenas algumas poucas máquinas apareceram dentro da região manufatureira. Mas, próximo ao fim desta era, aproximadamente metade das grandes oficinas tinham pelo menos uma máquina movida a fita. No entanto, durante esta fase, *o NC era sempre considerado uma especialização*. A maior parte da usinagem era realizada em máquinas operadas manualmente (convencionais) ou equipamentos automáticos. A programação requeria muita mão de obra e consumia muito tempo. A compra de uma máquina NC (movida a fita, sem computador) só poderia ser justificada se o chão de fábrica fizesse milhares de peças semelhantes ou se o trabalho não pudesse ser realizado de qualquer outra forma. Como o comando numérico era uma especialização, só era ensinado em poucas escolas e apenas no *fim desta geração. Os trabalhos em NC nunca eram dados a principiantes*.

Segunda geração: 1965-1990

Esta fase pode ser considerada como a de grande expansão. Ela começou com uma razão estimada de 20/80 de máquinas programáveis comparada com máquinas convencionais, mas terminou com algo em torno de 90/10! Durante o meio da fase, os PCs se tornaram acessíveis e os *softwares* ficaram populares. A programação se tornou uma atividade de computadores de mesa (*desktops*). Com a velocidade dos processadores crescendo, as máquinas programáveis se tornaram cada vez mais acessíveis e capazes; o trabalho era então planejado especificamente para manufatura com CNC. Próximo ao fim desta fase, *a corrente principal da manufatura era realizada por máquinas programáveis. As escolas ensinavam a disciplina como um curso avançado*, próximo ao fim do curso de usinagem.

Terceira geração: 1990 - presente

As máquinas programáveis representam próximo de 100% da manufatura e, de grande impacto para você, dos novos empregos gerados. *Os profissionais iniciantes normalmente começam no chão de fábrica como operadores de CNC*. Flexíveis e amigáveis, as máquinas e os sistemas de programação são tão rápidos e fáceis de aprender que agora podem ser aplicados tanto na fabricação de um único molde como em produção regular. *As escolas integram e ensinam CNC como disciplina básica, começando com a primeira lição no primeiro dia.*

Para servir à terceira geração de estudantes, dividi os assuntos em três livros:

Introdução à manufatura

A manufatura é um mundo próprio. Este livro foi desenvolvido para abrir esta porta. Ele fornece a fundamentação necessária para você se ajustar ao chão de fábrica, entender suas regras, ler e interpretar desenhos técnicos, se sentir confortável com a exatidão extrema e, especialmente, se sentir seguro.

Introdução aos processos de usinagem

O segundo livro ensina como remover metal da forma correta. Estas lições assumem que você irá eventualmente desempenhar atividades em um equipamento CNC, mas que provavelmente começará com máquinas convencionais, pois são simples e seguras para aprender ajustes e operações.

Introdução à usinagem com Comando Numérico Computadorizado

Agora chegamos ao núcleo do texto, ou seja, como aplicar os assuntos dos outros dois livros para preparar, programar e rodar uma máquina-ferramenta CNC. Nos Capítulos 17 até 24, aprenderemos a manusear profissionalmente o mundo CNC. Por se mover em alta velocidade com grande potência, a segurança deve ser integrada com tudo que se estude sobre o assunto.

Capítulos online – Tecnologia avançada e evolutiva

A evolução não está acima, nem mesmo perto! Os capítulos disponíveis no ambiente virtual de aprendizagem Tekne*, www.grupoa.com.br/tekne, definem o tom para a sua carreira após a graduação. O melhor está por vir; portanto, mãos à obra!

Muito obrigado por usar meu livro para iniciar sua carreira na área de manufatura. É uma honra ser seu instrutor. Aqui está o que posso passar sobre nosso ofício!

Mike Fitzpatrick

N. de E.: Estes capítulos fazem parte do livro *Introdução à Usinagem com Comando Numérico Computadorizado*, que estará disponível em breve pela Editora AMGH.

Sumário

capítulo 1 — Profissionalismo na manufatura — 1

capítulo 2 — Habilidades matemáticas — 33

capítulo 3 — Leitura de desenhos técnicos — 47

capítulo 4 — Introdução à geometria — 69

capítulo 5 — Antes e depois da usinagem — 109

capítulo 6 — A ciência e a habilidade de medição: cinco ferramentas básicas — 203

capítulo 7 — Instrumentos de medição, calibradores e acabamento superficial — 257

capítulo 8 — Habilidades para traçado — 309

apêndices — 334

créditos — 345

índice — 349

Visão geral do livro

Características de aprendizagem

Introdução à manufatura traz muitos recursos de aprendizagem ao longo dos capítulos, entre eles:

Introdução ao capítulo
Cada capítulo começa com uma breve introdução, preparando o terreno para o que os alunos estão prestes a aprender.

Objetivos do capítulo
Este recurso fornece uma concisa descrição dos resultados de aprendizagem esperados.

Recursos motivacionais
Quadros como o CONVERSA DE CHÃO DE FÁBRICA, DICA DA ÁREA e PONTO-CHAVE mostram aos estudantes o lado prático do assunto.

Revisão do capítulo

Os alunos podem usar os resumos quando estiverem fazendo revisão para as avaliações ou apenas para ter certeza de que não perderam quaisquer conceitos importantes.

REVISÃO DO CAPÍTULO

Introdução: Agora que fez uma revisão dos problemas anteriores, veja quanto já melhorou. Lembre-se de pedir ajuda quando não conhecer termos e símbolos.

Instruções

A. Este é um autoteste, não um aquecimento.
B. Não olhe para cada resposta; esteja seguro de que você está certo em todos os problemas.
C. Corrija seu próprio trabalho e conclua prontamente as experiências laboratoriais.

Questões e problemas

Escreva esses decimais em palavras (Objs. 2-1 e 2-2):

1. 0,809 pol.
2. 0,056 pol.
3. 2,345
4. 6,09
5. 0,12 pol.
6. 0,0089 pol.
7. 0,0324 pol.
8. 3,0506 pol.
9. 0,5427 pol.
10. 5,3387 pol.

No seu caderno, converta números imperiais para métricos (Obj. 2-1):

11. 4 pol.
12. 2,5 pol.
13. 4,75 pol.
14. 20,0 pol.

No seu caderno, converta números métricos para polegadas imperiais – para o mais próximo décimo de milésimo (Obj. 2-1):

15. 25 mm
16. 120,5 mm
17. 358 mm
18. 225 mm
19. 4,75 mm
20. 2,5 mm

Questões de pensamento crítico

21. Um desenho pede uma peça retangular feita de chapa de aço. Ela deve ser usinada para 3 ¾ por 5 ¼ pol. quando acabada (veja a Figura 2-13). A operação 30 pede 0,150 pol. de sobremetal de usinagem adicionado a cada borda do material serrado bruto. A lâmina de serra consome 0,060 pol. para cada corte. Quanto material será consumido da chapa para um retângulo (Objs. 2-1 e 2-2)?

22. Um cliente pede 50 ganchos de ferramentas. Esse trabalho é feito a partir de uma barra de aço de ¾ pol. Cada gancho requer um comprimento de 4 ½ pol. de material, mais 0,06 de corte com bedame por torneamento, a partir

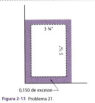

Figura 2-13 Problema 21.

>> **capítulo 1**

Profissionalismo na manufatura

Este livro descreve como os projetos e a usinagem com o auxílio de computadores (CAD/CAM), assim como o controle numérico por computador (CNC), mudaram o mundo da manufatura. Como o planejamento de um grupo de líderes e instrutores da indústria, usamos o mercado de trabalho atual e as necessidades da carreira de amanhã como nossos guias. Para conseguir espaço para as novas disciplinas necessárias ao sucesso na carreira, esforçamo-nos para eliminar tecnologias ultrapassadas e habilidades não relevantes ao trabalho. A meta constante é preparar você, operador de máquinas iniciante, com as habilidades corretas para conseguir e manter-se no seu importante primeiro emprego.

Objetivos deste capítulo

- >> Selecionar o equipamento de proteção correto para uma oficina de usinagem
- >> Selecionar as roupas corretas
- >> Levantar objetos pesados com segurança e explicar por que dobrar os joelhos é o certo a se fazer, mas a última opção para levantar muito peso
- >> Mover metais dentro da oficina com segurança
- >> Armazenar metais e acessórios para as máquinas
- >> Listar os seis perigos possíveis de produtos químicos na oficina
- >> Requisitar e ler as folhas de SDSM quando em dúvida de como manusear novos produtos químicos
- >> Manusear e armazenar lubrificantes, solventes e refrigerantes
- >> Saber como se desfazer do lixo corretamente
- >> Lubrificar maquinários complexos
- >> Remover com segurança cavacos de metal
- >> Listar os perigos de cavacos de metal
- >> Ajustar as proteções de segurança
- >> Limpar o equipamento e a oficina

Durante essas reuniões de planejamento, também discutimos o fato de que estudantes em geral passam rapidamente pelos capítulos introdutórios para logo chegar aos capítulos mais objetivos. Por que então começamos com uma seção sobre profissionalismo cujo tema associado é a segurança? Porque uma parte crítica, talvez a mais crítica, do seu treinamento não tem a ver com medição, leitura de desenhos ou utilização de programas ou máquinas, apesar de que adquirir essas habilidades corretamente influencia o seu sucesso! Pode ser chamado de ética profissional, espírito de equipe ou proatividade no trabalho. Muitas vezes é denominado postura em uma avaliação de desempenho ou relatório técnico. Não importa como você chama esta característica, mas vai ajudar em como você deve se portar na sua área. Grande parte da separação entre trabalhadores habilidosos e comuns é sua atitude profissional.

Muito mais coisas poderiam ser ditas sobre o assunto; porém, estas unidades são o bastante para começar a se acomodar no ambiente de fábrica e iniciar um processo profissional que durará por toda sua vida. Se levada a sério, a mensagem desta seção vai fazer uma verdadeira diferença em sua carreira.

Figura 1-1 Qual operador parece o certo para o trabalho – e, mais importante, para uma carreira?

Termos-chave:

Cavacos
Partículas de metal removidas da matéria-prima através da usinagem.

Fibras naturais
Vestimenta de algodão ou lã que tende a resistir aos danos de cavacos quentes e derretimento, assim protegendo o usuário de queimaduras.

Fibras sintéticas
Vestimentas de plástico, como náilon ou poliéster, que tendem a derreter quando os cavacos quentes entram em contato.

Z87 ou Z87.1
Marca encontrada em óculos de segurança aprovados para trabalho em oficina, o que significa que protegerão seus olhos pela frente e pelos lados em um ambiente perigoso.

❱❱ Unidade 1-1

❱❱ Vestindo-se para o sucesso profissional

Introdução: Na Figura 1-1, qual pessoa você gostaria que fizesse as peças de precisão para seu carro novo ou seu motor externo? Na verdade, todos podem ser bons operadores, mas você entende a situação. A preocupação aqui não é o estilo de vestimenta ou o cuidado com a roupa, mas sim o correto para o ambiente de uma oficina de precisão.

Preparando-se para o ambiente de trabalho – proteção para os olhos sempre

A Figura 1-2 mostra vários tipos de proteção para os olhos. Cada oficina disponibiliza um ou mais tipos. A melhor escolha é aquela que você se sente mais confortável e tende a usar 100% do tempo! Muitos

Figura 1-2 A melhor escolha de proteção ocular é a que você acha mais confortável e tende a usar sempre.

operadores que não usam óculos preferem lentes de visão total, porque são totalmente transparentes e o usuário não enxerga qualquer armação.

> **Ponto-chave:**
> Óculos de segurança vão exibir a marca **Z87** ou **Z87.1** na parte da orelha se passaram por teste rigoroso e foram aceitos para uso em uma oficina.

Transparente ou amarela

Qualquer uma das lentes é aceitável. Lentes amarelas ressaltam o azul de iluminações fluorescentes comuns, e muitos sentem que a correção melhora suas habilidades para ler equipamentos de precisão. Nunca escolha lentes escuras, a menos que precise trabalhar perto de *flashes* de solda elétrica, pois elas atrapalham sua habilidade de perceber detalhes.

Óculos de prescrição

A maioria dos óculos de proteção podem ser usados por cima de óculos de grau. Pórem, a lei requer que as lentes de óculos de grau sejam feitas de vidro temperado ou plástico de alto impacto. Portanto, é aceitável usá-los somente se as proteções laterais forem adicionadas. É fato que muitos ferimentos oculares ocorrem pela lateral em vez de pela frente, por isso lentes com proteção contra estilhaçamento não são suficientes por si só.

Áreas de perigo extremo

Quando executar tarefas como esmerilhamento com muitos detritos voando, é prudente proteger seus olhos em dobro, adicionando uma máscara para o rosto inteiro por cima dos óculos de proteção.

Simplesmente faça!

Crie tendências – use os óculos de proteção mesmo quando outros não o fazem. Equipamentos CNC modernos geralmente vêm com um porta-proteção para que o operador se sinta seguro contra partículas de metal voando, mas ele se esquece de que ocasionalmente precisa andar pela oficina perto de outras máquinas não protegidas. Faça dos óculos de segurança um hábito, colocando-os ao entrar na oficina. Aqui segue um teste de comportamento: você estará fazendo certo quando se sentir estranho sem seus óculos de proteção. Sem brincadeira, já fui para casa usando eles! Se os que foram fornecidos não forem confortáveis, encontre um fornecedor de segurança industrial e compre um óculos que seja certo para você – este é o tipo de profissional que estamos formando.

> **Conversa de chão de fábrica**
>
> **Fornecedores de equipamento de segurança *online*** Procure por *fornecedor industrial de segurança* + *óculos* ou *equipamento pessoal de segurança*.

Proteção auricular

Oficinas de máquinas podem ser locais barulhentos. Algumas operações de corte são altas o suficiente para causar perda de audição ao longo do tempo. Previna danos permanentes agora, enquanto sua audição é boa. Crie o hábito de usar proteção auricular (Figura 1-3) quando o barulho ficar acima do moderado – veja a tabela mostran-

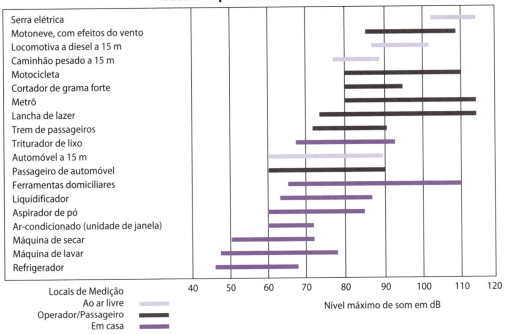

do o alcance de sons comuns. Há dois tipos de proteção auricular: pastilhas de espuma expansível, que se ajustam a qualquer formato de orelha, e o tipo abafador, que se ajusta por cima da orelha.

> **Dica da área:**
> **Ouvir é seu principal controle** Proteger sua audição é mais que pessoal. Quando está dirigindo um veículo, o operador quase sempre ouve um problema se desenvolvendo antes de vê-lo, especialmente em um equipamento CNC rápido.

Protetores de ouvido removem picos altos de barulho, mas permitem uma audição controlada. Para situações extremas, seu empregador lhe fornecerá abafadores de ouvido. De qualquer forma, não abra mão de seu senso de controle mais imediato por não protegê-lo. E, por sinal, para controlar sua máquina, é importante não usar fones de ouvido pessoais com música – desculpe, mas eles não podem ser usados enquanto estiver operando a máquina.

Vestimenta para oficina

O maior perigo de roupas largas é que elas podem ficar presas em um maquinário em movimento – você sabe disso. Embora a Figura 1-4 tenha sido criada para ser divertida, a realidade de ficar preso em uma máquina não é engraçada – pense sobre

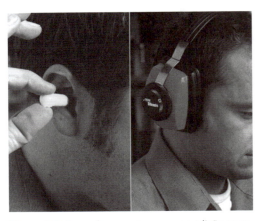

Figura 1-3 Operadores protegem sua audição quando o barulho é alto ou muito agudo.

Figura 1-4 É sério, roupas largas ficam presas em maquinário em movimento!

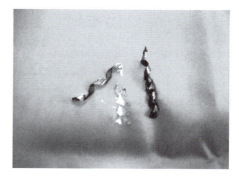

Figura 1-5 Dois cavacos quentes derreteram neste quebra-vento de náilon, enquanto o do meio passou completamente pelo náilon e possivelmente queimou uma pessoa!

isso! Nada solto – mangas, cordões, camisetas para fora da calça, nada! Roupas justas de **fibras naturais** como algodão ou lã, sem bolsos ou cordões pendurados são essenciais.

Por que fibras naturais?

O subproduto das lascas criado ao cortar metal é chamado de **cavaco**. Eles chegam, às vezes, a 1.000 graus! Enquanto as máquinas CNC não operam com a guarda de segurança aberta, diminuindo assim o perigo, muitas máquinas antigas ainda o fazem. Cavacos quentes voando exigem certos cuidados. Ao estudarmos operações de máquinas, veremos vários meios de controlá-los, e uma ação dos profissionais tem a ver com o tipo de tecido usado no trabalho.

Quando cavacos quentes entram em contato com **fibras sintéticas**, como poliéster, raiom ou náilon, eles grudam e depois derretem o material (Figura 1-5). Logo sua camisa ou calça estará arruinada e o metal quente encostado contra a sua pele, que pode queimar. E não apenas isso, mas, ao se queimar, fica difícil se concentrar na tarefa em mãos, diminuindo sua produtividade e aumentando os riscos à sua segurança.

> **Ponto-chave:**
> Quando cavacos quentes não podem ser contidos por qualquer outro método, *vestir* fibras naturais como brim de algodão ou lã pode funcionar. Eles simplesmente vão saltar de sua roupa.

Aventais e casacos da oficina

Um avental ou casaco de oficina pode ser uma boa escolha, mas tenha cuidado porque nem todos são destinados à usinagem. Alguns são melhores para trabalho laboratorial, onde maquinários não prendem laços soltos ou bolsos. Encontre um com bolsos internos e nenhum cinto solto amarrado na frente. Mangas longas não são boas, por razões óbvias. Como última solução, enrole as mangas longas firmemente, e não apenas as puxe para cima, para que não caiam na pior hora possível. Uma abordagem profissional é manter uma camiseta de trabalho de manga curta em seu armário.

E quanto aos sapatos?

Seus sapatos de trabalho devem ter três aspectos de segurança. Os dois primeiros são fáceis de saber, mas aposto que o terceiro vai surpreendê-lo. Os sapatos de trabalho:

- protegem seus pés de objetos caindo;
- têm solas aderentes projetadas para trabalhar em uma oficina onde cavacos, refrigerantes e óleos estão frequentemente no chão;
- oferecem proteção contra fadiga.

Sapatos esportivos são uma péssima escolha. Mesmo que sejam confortáveis em princípio, não são projetados para sobreviver no ambiente de uma oficina. Muitas empresas os baniram da oficina.

Dedeiras de ferro Sapatos ou botas com proteções de ferro para os dedos são melhores do que sem elas e podem ser requisitados no laboratório de sua escola ou no seu trabalho. Sempre existe a inevitável queda de objetos pesados. Não acredite nas histórias de alguém que perdeu os dedos mesmo usando a proteção de ferro, quando algo bem pesado caiu em cima. Essa história sempre é contada. Pense sobre isso: se o objeto era tão pesado, o prejuízo ocorreria com ou sem a proteção de ferro!

Sem acessórios

Joias ficam presas em máquinas em movimento (Figura 1-6). Outro aspecto que você talvez não saiba: elas também conduzem eletricidade e calor. Além do aspecto de segurança, as joias devem ser deixadas em seu armário, porque o ambiente das máquinas as estraga. Fique esperto – deixe os acessórios longe!

Cabelo para cima

Pense sobre isso: você puxaria uma mão cheia de cabelos do seu couro cabeludo? É dolorido, mas seria somente um pouco de cabelo! Agora imagine uma máquina arrancando a maior parte de seus cabelos com um pedaço do seu couro cabeludo. Sem brincadeira! Já vi acontecer duas vezes com meus próprios olhos, com um operador descuidado. Cabelos longos podem ser perigosos (Figura 1-7). Eles podem ser levantados por eletricidade

> **Conversa de chão de fábrica**
>
> **A qualidade pode estar ligada a bons sapatos e botas de trabalho** como um operador de máquina, você ficará o dia todo em pé, geralmente sobre o concreto. Adivinhe quando o pessoal comete a maioria dos erros? Isso mesmo, ao final do dia, quando estão cansados. Sapatos de trabalho de boa qualidade contrabalançam alguns dos problemas e ajudam a lhe deixar alerta.

Figura 1-6 Joias são perigosas. Podem ficar presas em máquinas e cavacos e conduzem calor e eletricidade.

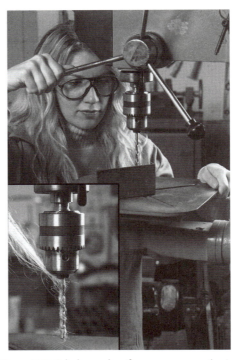

Figura 1-7 Cabelos podem ficar presos em máquinas em movimento. Mantenha-os longe de perigo.

estática produzida durante as operações e assoprado por correntes de ar circulando entre as máquinas em movimento. Uma faixa de cabelo, um lenço amarrado ou um chapéu são necessários quando seu cabelo é maior que 5 cm.

É isso aí! Com essas dicas para se vestir, você está pronto para entrar em uma oficina e, olhando sob um ângulo maior, começar a sua carreira com sucesso.

Revisão da Unidade 1-1

Revise os termos-chave

Cavacos
Partículas de metal removidas da matéria-prima por usinagem apresentam cinco perigos possíveis: calor, fio de corte, projéteis, escorregamento no chão e força suficiente para puxar as mãos para a máquina.

Fibras naturais
Roupas de algodão e lã tendem a resistir a danos de cavacos quentes e pontiagudos.

Fibras sintéticas
Roupas de plástico como náilon e poliéster tendem a derreter quando cavacos quentes as encostam.

Z87 ou Z87.1
É a marca encontrada em óculos de segurança aprovados para o trabalho em oficina, significando que eles vão proteger seus olhos pela frente e pelos lados em um ambiente perigoso.

Reveja os pontos-chave

- Proteção ocular é melhor se confortável e se usada o tempo todo.
- Casacos ou aventais justos feitos de fibras naturais são melhores e não devem ter bolsos, mangas ou cordões soltos.
- Proteção auricular é necessária em muitas áreas do trabalho.
- Calçados devem ser confortáveis e feitos para uso em oficina.
- Qualquer item solto é perigoso, incluindo joias e cabelos.
- Óculos de segurança vão exibir a marca Z87 ou Z87.1 na parte da orelha se passaram por teste rigoroso e foram aceitos para uso em uma oficina.
- Fibras naturais são mais seguras e duram mais no ambiente da oficina.
- Sapatos esportivos, apesar de confortáveis inicialmente, não duram no ambiente da oficina.

Responda
(respostas no fim do Capítulo 1)

1. Os óculos de segurança com lentes *amarelas* são aceitáveis na oficina? E os com lentes *marrons* ou *verdes*?
2. Descreva duas razões para evitar fibras sintéticas e usar roupas de fibras naturais quando operando máquinas.
3. Quais são três aspectos de calçados quanto à segurança?
4. Por que a audição é de vital importância para um operador de máquinas?
5. Quais as duas razões para os cabelos longos se enrolarem em uma máquina em movimento?

» Unidade 1-2

» Manuseando materiais

Introdução: Trabalhar em chão de fábrica requer o uso de muitos materiais. Alguns são químicos e exigem precauções bem específicas e, também quanto ao meio ambiente. Outros são materiais consumíveis que devem ser usados, mas não desperdiçados. Outros, ainda, são pesados e caros. Esta seção vai mostrar como manusear todos eles – como um profissional. Fazer isso já é um ótimo jeito de demonstrar boa postura.

Termos-chave:

Cinta estranguladora
Correia de náilon que tenciona firmemente ao redor de objetos pesados, com um *loop* de cada lado a ser preso em um guindaste.

Disco intervertebral (disco)
Camada flexível entre vértebras da coluna que pode ser danificada pelas técnicas erradas de levantamento.

Guindaste de lança fixa
Dispositivo para levantar grandes pesos que pode ser preso a uma parede ou coluna, para balançar em um arco ou em roldanas portáteis. Muitas vezes é chamado de grua de oficina ou simplesmente guincho.

Número de lote de tratamento térmico
Número original de controle de qualidade para uma barra de metal específica.

Rastreabilidade
Habilidade de vincular uma determinada barra de metal desde seu "nascimento" até sua forma final e seu número de série individual.

Levantando materiais pesados

Sempre use uma máquina se puder!

Afinal, somos *mecânicos de usinagem*. A última coisa que usamos para realizar um trabalho é a força bruta (Figura 1-8). Na maioria das instalações, você vai encontrar um ou mais destes aparelhos:

- guinchos de teto montados em trilhos;
- elevador móvel;
- macacos hidráulicos ou mecânicos para paletes planos de caixas;
- empilhadeiras e guinchos girafa;
- **guindastes de lança fixa** portáteis, conhecidos como "gruas de oficina";
- guindastes de lança de fixa presos a uma coluna para rotacionar em torno de uma área circular.

Use suas pernas (e sua cabeça), e não as suas costas

Tendo dito tudo isso, existe um momento em que levantar utilizando a força bruta é a única maneira

a.

b.

c.

Figura 1-8 *Operadores inteligentes usam equipamentos, não músculos, para levantar objetos pesados.*

de realizar o trabalho. Neste caso, o operador sensato deve pedir ajuda aos outros. Duas pessoas são melhor que uma. Na América do Norte, estima-se que dois em cada cinco adultos sofrem de dores nas costas que poderiam ter sido prevenidas.

Agora vem o ponto principal: isso não ocorre posteriormente na vida, mas começa agora – hoje! Ao contrário do que a maioria das pessoas pensa, problemas na coluna não acontecem quando se chega aos 40, eles são o efeito de levantar coisas erroneamente ao longo do tempo. Todo mundo já ouviu falar do método das costas retas e pernas dobradas. É o melhor, mas por quê?

Para entender, vamos olhar a sua coluna vertebral como um pedaço de uma máquina: um humano levantando algo é como um guindaste. Na Figura 1-9, a pessoa da esquerda transformou sua coluna em uma longa alavanca, com o pivô na sua parte

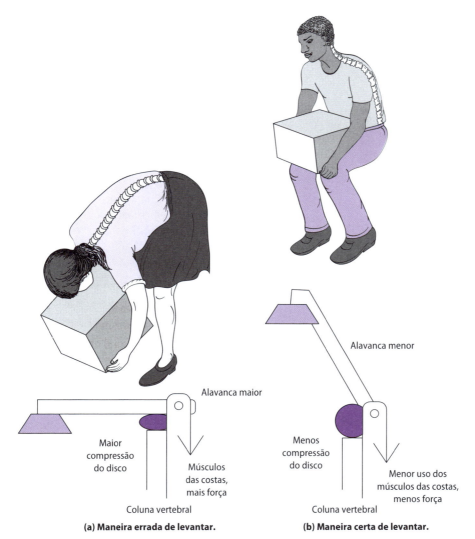

(a) Maneira errada de levantar.   (b) Maneira certa de levantar.

Figura 1-9 Levantando do modo errado e do modo certo. A funcionária da esquerda está preparando um futuro doloroso! Note que o disco espinhal está recebendo muito mais pressão, porque a operadora está dobrando as costas, e não os joelhos.

inferior. *Essa ação errônea causa uma pressão da ordem de centenas de quilos por centímetro quadrado na parte inferior das costas.* Em contraste, a pessoa da direita, com os joelhos dobrados, está com o foco da pressão nos músculos das pernas, e não nas costas.

> **Ponto-chave:**
> Mantenha em mente que, fazendo o movimento errado, a pessoa não está somente pondo o peso no fim da alavanca, mas o seu torso superior inteiro e sua cabeça também estão pressionando a alavanca!

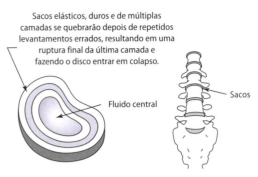

Figura 1-10 O disco espinhal é amortecedor, duro e com várias camadas. Entretanto, levantar-se incorretamente causa um dano progressivo, levando a um desastre no futuro.

Discos nas costas

> **Conversa de chão de fábrica**
>
> **Seu ponto forte é sua inteligência, não seus músculos** Demonstrar superforça não impressiona novos funcionários ou colegas de trabalho. Pode mostrar entusiasmo, mas também mostra imaturidade.

Agora focalize aquele ponto de pressão, a parte inferior da coluna. Suas costas foram criadas com almofadas entre as vértebras, chamadas de **discos intervertebrais** (ou simplesmente **discos**). Eles fornecem flexibilidade e absorvem choques e também mantêm as vértebras separadas para que os nervos não sejam pressionados enquanto você se move. Os discos são fundamentais e podem ser danificados (Figura 1-10). Quando isso ocorrer, você poderá sentir muitas dores e até ficar imobilizado!

Os discos são sacos duros cheios de líquidos, com várias camadas segurando o fluido central no lugar. A técnica errada de levantamento exerce demasiada pressão sobre eles, causando uma ruptura. Esta é a parte que a maioria das pessoas não sabe: quando os discos esticam e quebram, é uma camada interna ou duas que se vai, e normalmente a pessoa machucada não sabe. As camadas não costumam quebrar todas de uma vez, como comumente se acha. Mas com tempo e continuando com técnicas ruins, a última finalmente se rompe, resultando em dor suficiente para que a pessoa não consiga ficar em pé direito!

> **Ponto-chave:**
> Levantar incorretamente não é só um jeito de começar um futuro doloroso, mas também cria uma imagem profissional ruim.

Carregando materiais

Outro aspecto do manuseio de materiais pesados é como carregar barras longas e pesadas pelo chão de fábrica. Seja cuidadoso com a parte da frente – é uma arma! Se a barra for muito pesada para carregar com a mão em segurança (acima de 18 kg) ou se tiver mais de 2 m de comprimento, existem dois métodos aceitáveis.

1. **Carregamento por guincho – uma pessoa**
   No carregamento desequilibrado, segure a barra com uma **cinta estranguladora** perto da parte da frente e puxe usando um guindaste sobre a cabeça. Uma pessoa pode usar esse método de carregamento estando na parte da frente. O processo pode deixar marcas no chão da oficina, dependendo do peso da barra, mas é seguro. A cinta estranguladora é uma correia de náilon forte com um *loop* na

ponta, que faz pressão. Seu instrutor ou chefe de oficina vai demonstrar esse aspecto de levantamento.

2. **Duas pessoas**
Para o carregamento equilibrado, aperte a barra perto do meio e a carregue com as duas extremidades desencostadas do chão. Isso requer uma segunda pessoa para andar na frente, evitando acertar pessoas ou objetos (Figura 1-11).

Balanço do guindaste

Lembre-se, enquanto se move suavemente, de que a barra pesada é uma massa em movimento e não vai parar de uma vez. Ela vai balançar para frente quando você parar de empurrá-la ou de impulsionar o guincho para frente. O ponto-chave é o controle da ponta dianteira (Figura 1-12).

Figura 1-12 Duas pessoas carregam barras longas pelas mãos, prevenindo que a ponta da frente machuque pessoas e objetos.

Levantar grandes cargas é uma habilidade que requer conhecimento do ajuste (os equipamentos de levantamento que estão em contato), dos elevadores e da física do levantamento. Em face das habilidades especializadas e do conhecimento necessários, muitas oficinas contratam uma equipe para levantamento, mas esse assunto é considerado parte do dever de um operador. Se você tiver a menor dúvida de como levantar ou mover um objeto, peça ajuda.

> **Ponto-chave:**
> Nunca entre debaixo, ou pior, ande debaixo de objetos pesados durante um levantamento.

Figura 1-11 Use um guindaste e uma cinta para levantar barras pesadas, enquanto um assistente ajuda a controlar a barra de metal.

Armazenando metais

Muitas vezes, nossa escola recebe uma grande doação de metal caro de uma oficina local, porque um trabalhador descuidado cortou a identificação colorida fora da barra ou perdeu a etiqueta de identificação. Uma vez que se perde isso, a barra fica inutilizada na maioria dos casos, especialmente quando o chão de fábrica faz produtos que transportam pessoas. Em tais situações, em que vidas estão em risco se o produto final falha, quando o **número de lote de tratamento térmico** (o número original de controle de qualidade de manufatura) é perdido, o metal não somente fica sem valor, mas seu uso torna-se ilegal!

Quando os aspectos do *design* devem ser seguidos exatamente – por exemplo, ao fazer componentes de avião –, um histórico contínuo deve ser rastreável, da fundição até o número final da peça. Isso é conhecido como **rastreabilidade**. Uma peça específica terá um número específico atribuído a ela, chamado de número serial (S/N). O fabricante deve fornecer documentos rastreando o S/N até o número de lote de tratamento térmico do fabricante original. O material pode ser testado em um laboratório independente e depois ser certificado de novo, mas normalmente isso é mais caro do que comprar mais metal!

Um de vários bons métodos para guardar metal é em uma estante. Observe que as barras não caem da estante de segurança e que as barras menores não são guardadas aqui. "Barras menores" são guardadas em estantes menores de onde não cairão. Note que as matérias-primas são categorizadas por tipo e liga, de modo que a identificação por cor fique virada para fora (Figura 1-13). Depois vamos dar uma olhada na identificação do material e nas ligas.

> **Ponto-chave:**
> Esses não são pequenos detalhes. Você deve ter o material exato para o projeto e, normalmente, ele deve ser armazenado para um trabalho específico.

Aço ferramenta		
A2 - Recozido Têmpera a ar 5% Cromo	**D2 - Recozido** Endurecimento a ar Alto carbono/cromo	**O6 - Recozido** Têmpera a óleo Graph-Mo®
A6 - Recozido Têmpera a ar Baixa temperatura	**H13 - Recozido** Têmpera a ar Trabalho a quente	**S5 - Recozido** Têmpera a óleo Resistência a choque
A10 - Recozido Têmpera a ar Graph Air®	**O1 - Recozido** Têmpera a óleo	**S7 - Recozido** Têmpera a ar Resistência a choque

Figura 1-13 Matéria-prima armazenada corretamente e identificada por um código de cores.

Revisão Unidade 1-2

Revise os termos-chave

Cinta estranguladora
Correia de náilon que tenciona firmemente ao redor de objetos pesados, com um *loop* de cada lado a ser preso em um guindaste.

Disco intervertebral (disco)
Camada flexível entre vértebras da coluna que pode ser danificada por técnicas erradas de levantamento.

Guindaste de lança fixa
Dispositivo para levantar grandes pesos que pode ser preso a uma parede ou coluna, para balançar em um arco ou em roldanas portáteis. Muitas vezes é chamado de grua de oficina ou simplesmente guincho.

Número de lote de tratamento térmico
Número original de controle de qualidade para uma barra de metal específica.

Rastreabilidade
Habilidade de vincular uma determinada barra de metal desde seu "nascimento" até sua forma final e seu número de série individual.

Reveja os pontos-chave

- Sempre use um equipamento de levantamento como sua primeira opção.
- Se levantar usando força for estritamente necessário, consiga ajuda – todos devem dobrar os joelhos.
- Carregue barras longas com segurança, protegendo a ponta da frente.
- Peça ajuda para levantar qualquer coisa.
- Guarde barras longas em uma estante de segurança e pedaços pequenos longe da estante, em prateleiras projetadas para isso.
- Lembre-se do código de cores e/ou selos – *nunca os corte da barra*.

Responda
(respostas no fim do Capítulo 1)

1. Nomeie pelo menos três facilitadores para levantamento, além da força humana.
2. Uma cinta estranguladora pode ser usada para carregar materiais longos pela oficina, contanto que a parte da frente esteja elevada no ar. Essa afirmação é verdadeira ou falsa? Se for falsa, o que a tornaria verdadeira?
3. Por que a identificação do material é importante para muitos tipos de trabalho?
4. Descreva um disco da sua coluna vertebral.
5. Onde barras curtas devem ser guardadas?

» Unidade 1-3

» Manuseando suprimentos no chão de fábrica

Introdução: O profissional de hoje deve saber as regras para o manuseio de materiais. Além de ser lei, orçamentos cada vez mais apertados requerem isso. Além das questões críticas quanto ao desperdício e a um planeta degradado, as multas por ignorar as regras podem custar não só dinheiro, mas também a imagem da empresa. Operadores devem usar produtos químicos e consumir materiais tendo consciência dos fatores que envolvem cada um deles. Isso significa conservação, reciclagem e descarte de acordo com a lei.

Termos- chave:

Mancais hidrostáticos
Encontrados em máquinas CNC modernas, requerem uma viscosidade de óleo exata para separar dois componentes deslizantes enquanto se movem.

Óleo de eixo
Lubrificante desenvolvido para prevenir atrito de rolamento.

Óleo de guia
Lubrificante usado para controlar a fricção de escorregamento em máquinas (a parte da máquina que desliza é chamada de guia).

Sistema de dados de segurança do material (SDSM)
Resultado da lei dos Estados Unidos "Right to Know", que assegura que os trabalhadores devem ter a informação necessária para manusear os materiais com segurança – encontrada nas folhas SDSM.

Viscosidade
Propriedade avaliada de lubrificantes de resistir ao cisalhamento e à taxa de fluxo.

Seu direito (e obrigação) de saber sobre produtos químicos na oficina

A gerência proativa começa ao descobrir quais perigos um material pode ter e tomar as precauções certas baseadas nesses perigos potenciais. Essas questões e o uso correto de cada produto químico são encontrados em um documento chamado de folhas SDSM – **o sistema de dados de segurança do material** (Figura 1-14). Obrigados por lei federal dos Estados Unidos, os fabricantes de produtos químicos devem fornecer essas folhas, e os empregadores precisam tê-las em arquivo para todos lerem.

Em geral, os produtos químicos de uma oficina não são muito perigosos. Ainda assim, alguns são inflamáveis, outros podem causar reações ao contato com a pele ou produzirem vapores que não devem ser inalados. Quase todos envolvem alguma precaução especial. Instrutores e empregadores precisam de sua cooperação ao manusear esses produtos, e isso significa estar informado.

As seis precauções são:

- perigo de fogo;
- produtos que retiram oleosidade da pele – contato direto;
- *toxicidade* da fumaça e exclusão de oxigênio (deslocamento do oxigênio);
- irritação dos olhos;
- reações alérgicas;
- contaminação de outros fluidos ou produtos com uma possível reação colateral.

Por exemplo, a acetona é usada de vez em quando para limpar e remover tinturas de peças. Usando a SDSM na Figura 1-14, descobrimos que:

- a acetona deve ser guardada em um recipiente resistente a fogo;
- ela nunca deve estar em contato com a pele ou com os olhos;
- você deve evitar respirar excessivamente vapores concentrados de acetona.

Assim, usar acetona corretamente requer várias ações de sua parte. Quais seriam elas, segundo as precauções listadas acima? Usar um recipiente de aço e à prova de fogo. Usar luvas resistentes a produtos químicos e trabalhar em um lugar com circulação de ar – nunca em um ambiente pequeno com janelas e portas fechadas.

> **Ponto-chave:**
> Apesar de produtos químicos de chão de fábrica não serem extremamente perigosos, cada um tem seu conjunto de precauções e procedimentos encontrados em sua própria SDSM. Cada um tem também seu método correto de descarte, que deve ser seguido.

Os cinco tipos de produtos químicos de oficina

1. Lubrificantes
2. Refrigerantes
3. Solventes/revestimentos
4. Produtos de limpeza
5. Gases (comprimidos e liquefeitos)

Após trabalhar na área por um tempo, você pode ser chamado para usar gases comprimidos para solda. Também usamos nitrogênio líquido para

SISTEMA DE DADOS DE SEGURANÇA DO MATERIAL

CRC Industries, Inc. • *885 Louis Drive* • *Warminster, PA 18974* • *(215) 674-4300*

NOME DO PRODUTO CLEAN-R-CARB (AEROSSOL)   #- SDSM05079
                                            PRODUTO- 5079, 5079T, 5081, 5081T

1. INGREDIENTES

Ingrediente	CAS #	ACGIH TLV	OSHA PEL	OUTROS LIMITES	%
Acetona	67-64-1	750 ppm	750 ppm		2-5
Xylene	1330-20-7	100 ppm	100 ppm		68-75
2-Butoxy Etanol	111-76-2	25 ppm	25 ppm	(pele)	3-5
Metanol	67-56-1	200 ppm	200 ppm		3-5
Detergente	–	NA	NA		0-1
Propano	74-98-6	NA	1000 ppm		10-20
Isobutano	75-28-5	NA	NA	1000 ppm	10-20

2. DADOS FÍSICOS : (sem propelente)
Peso específico   : 0,865   Pressão de vapor   : ND
                                     % Volatibilidade   : > 99
Ponto de ebulição   : 176 F inicial Taxa de evaporação   : moderadamente rápida
Ponto de congelamento : ND   Densidade de vapor   : ND
Aparência e cheiro :   pH : NA
    Líquido claro e sem cor, odor aromático

Solubilidade   : Parcialmente solúvel em água.

3. DADOS DE INCÊNDIO E EXPLOSÃO
Ponto de ignição : –40 F Método : TCC
Limites de inflamabilidade : propelente   LEL : 1,8   UEL : 9,5
Produto extintor   : CO_2, pó químico, espuma
Perigos não usuais   : Latas de aerossol podem explodir quando aquecidas acima de 120 F.

4. REAÇÕES E ESTABILIDADE
Estabilidade   : Estável
Produtos de decomposição perigosa
                           : CO_2, monóxido de carbono (térmico)

Materiais a evitar   : Agentes oxidantes fortes e fontes de ignição.

5. INFORMAÇÃO DE PROTEÇÃO
Ventilação   :   Use meios mecânicos para garantir que a concentração de vapor esteja
              :   abaixo de TLV.

Respiração   :   Use aparato de respiração próprio acima de TLV.

    Luvas   : Resistentes a solvente   Olhos e face : Óculos de segurança
Outros equipamentos de proteção : Não requerido normalmente para produto em formato de aerossol.

Figura 1-14 Uma SDSM para acetona. Quando em dúvida, leia estes boletins. É seu direito saber.

resfriamento quando encolhemos peças de metal para montagens especiais. Pórem, essas tarefas estão fora do alcance de iniciantes, pois são necessárias habilidades altamente especializadas para fazê-las. Há ainda as outras quatro categorias, mas vamos nos preocupar agora principalmente com as categorias 1 e 2.

Usando lubrificantes corretamente

Apesar do perigo de incêndio, os lubrificantes de máquinas são seguros e *benignos* (não tóxicos).

> **Dica da área:**
> **Você deve saber!** Máquinas comandadas por computador (CNC) rápidas e modernas são exigentes quanto à quantidade exata de óleo para o trabalho, e existem muitos tipos. Uma máquina cara pode ser danificada ao adicionar o lubrificante errado quase tão rápido quanto colocando nada! Prioridade mais alta: espessura do óleo e resistência ao escoamento, chamada de **viscosidade**, são absolutamente críticas – tanto do ponto de vista de precisão de ação quanto para prevenir desgaste.

Óleos especiais devem ser identificados e mantidos limpos

Vários lubrificantes de aplicação específica são necessários para manter a maioria das oficinas funcionando sem problemas, especialmente quando existe uma variedade de máquinas CNC. Equipamentos deslizantes e giratórios devem ter lubrificação, mas especialmente máquinas mais rápidas equipadas com **mancais hidrostáticos**, os quais dependem da espessura exata do filme de óleo entre os componentes em movimento. Quando usado em uma máquina deslizante, os componentes na verdade "flutuam" a uma certa espessura previsível de óleo, muito parecido com um disco em um *air game*. Introduzir o fluido errado no espaço causa um problema duplo: cria um movimento impreciso da máquina, e, ainda pior, uma camada menor que a necessária pode levar ao contato dos metais, atritando-os, e portanto causar algum dano!

> **Ponto-chave:**
> Mantenha latas de óleo etiquetadas e guardadas em uma área marcada e protegida contra fogo, com suas tampas fechadas para evitar contaminação (Figura 1-15).

Lubrificantes para guias deslizantes e de rolamento

Óleos são usados de duas maneiras bem diferentes: para prevenir atrito de deslizamento ou de rolamento. O óleo de deslizamento é conhecido como **óleo de guia**, porque as partes que ele lubrifica são conhecidas como guias de deslizamento (serão discutidas mais à frente em treinamento de torno e fresadora). O óleo de guia é mais grosso que o óleo de eixo. Ainda mais grossa, a graxa é ocasionalmente usada para prevenir o atrito de deslizamento em algumas máquinas mais antigas, porém é menos comum hoje em dia. Se a máquina precisa de graxa, usar óleo de guia seria um grande erro!

Para mancais que giram, o **óleo de rolamento** é o lubrificante correto. Existem mais tipos de óleos de rolamento do que de guia por causa da grande diferença de mancais para eixo. Esta é a área em que você deve ter muita certeza da quantidade

Figura 1-15 Lubrificantes especiais devem ser guardados em um ambiente à prova de fogo e mantidos livres de contaminação.

> **Conversa de chão de fábrica**
>
> **Profissionais fazem!**
> Geralmente são os pequenos detalhes que identificam um profissional. Aqui estão alguns exemplos. Quando colocar óleo em uma máquina, limpe o funil e a biqueira e não derrame o óleo enquanto os cavacos estiverem voando. Quando terminar de encher, limpe a lata de óleo antes de guardá-la, para que não acumule sujeira. Por último, ponha a lata no armário com a etiqueta virada para fora, para o próximo usuário.

exata de óleo. Alguns mancais são feitos de compósitos cerâmicos, enquanto outros são de cerâmica e aço, e ainda existem outros somente de aço. Alguns eixos são refrigerados para manter a precisão perfeita, enquanto outros não. A precisão do eixo e a vida da ferramenta dependem da lubrificação.

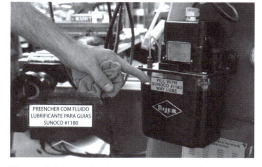

Figura 1-16 Esteja absolutamente certo de colocar o óleo correto, principalmente em equipamentos CNC!

> **Ponto-chave:**
> Saiba qual lubrificante usar, não adivinhe.

Uma dica que vai ser notada pelos colegas na oficina: nunca deixe latas de óleo abertas na área de trabalho ou mesmo na área de armazenamento. Elas são contaminadas com lascas e sujeira. O óleo pode pegar fogo a partir de uma lasca quente.

Como saber qual lubrificante usar?

Instruções de lubrificantes são geralmente encontradas em uma placa de metal fixada na máquina, bem no ponto de entrada. Se nenhuma placa ou outra etiqueta estiver visível, procure no manual do usuário (Figura 1-16) ou pergunte.

Usando refrigerantes

Por muitas razões que você logo conhecerá, os refrigerantes muitas vezes tornam o trabalho com as máquinas mais seguro e mais rápido. Refrigerantes são fluidos à base de água que são borrifados ou colocados sobre a área de corte. Quando usados corretamente, as ferramentas em geral duram mais, a produtividade aumenta e a potência é reduzida como o excesso de calor. Hoje a maioria das oficinas mistura refrigerantes, e a mistura acaba sendo usada em toda a oficina, mas outras preferem tipos específicos para cada aplicação. Uma mistura mais grossa pode ser necessária para fresamento, enquanto uma mais fina funciona melhor para retificação. Os aspectos importantes do refrigerante são:

- Se um vapor ou borrifo for produzido durante a operação da máquina, ele não deve ser inalado. Barreiras de contenção e máscara de respiração são duas boas soluções.
- O xarope não diluído usado para fazer o refrigerante é muito caro. Um barril de xarope não diluído pode custar o salário de uma semana para um empregado.
- A manutenção de refrigerantes é feita checando-se a densidade e adicionando-se água, pois o calor gerado pela utilização da máquina faz evaporar a água, engrossando a solução.
- Os refrigerantes ficam contaminados com os lubrificantes do equipamento e a sujeira das operações, o que é conhecido como "óleo contaminado" e deve ser retirado ou filtrado.
- Os refrigerantes podem ser revitalizados por tratamentos químicos e filtragem, mas em algum ponto ele deve ser jogado fora. Quando chegar esse momento, isso deve ser feito da maneira correta e legal.

Existem três formas de refrigerantes: sintético, orgânico e compostos especiais para roscas. O *refrigerante sintético* é o mais comum, especialmente para máquinas CNC. Os sintéticos não são aderentes, significando que eles saem da peça trabalhada com facilidade, ou seja, a peça sai da máquina limpa e a oficina também fica mais limpa. Eles duram mais na máquina se comparados com os antigos óleos orgânicos. Os *refrigerantes orgânicos* podem estragar devido à ação de bactérias ao longo do tempo. Por último, mesmo sendo à base de água, os refrigerantes sintéticos previnem corrosão em máquinas e em partes de ferro ou aço, similarmente ao anticongelante misturado com a água no motor do seu carro.

Figura 1-17 Refrigerantes sintéticos são produtos químicos da oficina altamente projetados que são misturados com água para deixar a operação mais eficiente e segura.

> ### Dica da área:
> **Conhecendo as proporções do refrigerante** Enquanto normalmente existe uma relação por volta de 40 para 1 para a maioria dos produtos, aplicações diferentes podem requerer uma relação de diluição exata. Por exemplo, um refrigerante pode funcionar melhor com 25/1 para fresamento, mas 45/1 para retificação. Muito xarope agrega quase nenhum benefício e, sim, custo desnecessário; mais importante, colocar muito pouco atrapalha o desempenho da mistura e ainda enferruja as máquinas! Cortar metais diferentes em uma mesma máquina pode requerer diversas misturas: aço pode ser cortado com sucesso com uma mistura mais fina de refrigerante que o titânio, por exemplo.

Os sintéticos (Figura 1-17) foram desenvolvidos para ser antialérgicos às pessoas e não causar reação alguma nos metais. Eles são fornecidos como um concentrado que é misturado em uma taxa de diluição de uma parte concentrada com 20 a 50 partes de água.

Óleos e compostos de corte (Figura 1-18) são lubrificantes que tendem a aderir à peça trabalhada, chamada de propriedade de adesão. Diferente do sintético, esses óleos e compostos ficam na ferramenta ou na peça trabalhada. Cada um tem seu uso. Eles são aplicados com pincel ou derramados durante a operação. Alguns desses produtos são feitos para usinagem de roscas e são excepcionalmente efetivos, mas também são caros! Eles pagam por si mesmo em resultados, mas não os desperdice. Se não forem usados com moderação, podem contaminar os refrigerantes à base de água nos reservatórios da máquina, que viram óleo contaminado.

Reciclagem e descarte de restos

Todas as pessoas responsáveis que trabalham com produtos químicos hoje devem entender como separá-los e descartá-los. Isso também é encontrado nas folhas SDSM. Poucos produtos químicos podem ser lançados como estão de volta no ambiente.

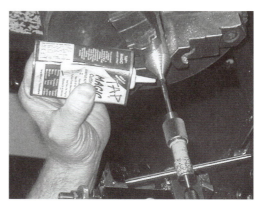

Figura 1-18 O composto para corte de rosca faz uma diferença enorme na qualidade e na vida da ferramenta, mas é caro.

> **Conversa de chão de fábrica**
>
> **Tente essa pesquisa online** Peça para seu instrutor sugerir um solvente, produto de limpeza ou outro produto químico. Agora pesquise como ele deve ser manuseado. Palavras que podem funcionar são: "Agência de Proteção ao Ambiente" e "Procedimentos para despejo de produtos químicos". Você também pode procurar a página de uma agência local que aceite produtos químicos para despejo.

A maioria dos refrigerantes, solventes e óleos deve ser entregue a uma empresa equipada para queimá-los ou neutralizá-los quimicamente, de acordo com o tipo. Essa é uma operação especializada que é regularizada por agências federais e estatais. Não é de surpreender que pode ser mais caro jogar fora os produtos químicos do que comprá-los. Recomenda-se reciclar dentro da oficina. Sua oficina com certeza vai separar os vários tipos de sucata e ter um programa bem definido de restos.

Revisão da Unidade 1-3

Revise os termos-chave

Mancais hidrostáticos
Encontrados em máquinas CNC modernas, requerem uma viscosidade de óleo exata para separar dois componentes deslizantes enquanto se movem.

Óleo de eixo
Lubrificante desenvolvido para prevenir atrito de rolamento.

Óleo de guia
Lubrificante usado para controlar a fricção de escorregamento em máquinas (a parte da máquina que desliza é chamada de guia).

Sistema de dados de segurança do material (SDSM)
Resultado da lei dos Estado Unidos "Right to Know", que assegura que os trabalhadores devem ter a informação necessária para manusear os materiais com segurança – encontrada nas folhas SDSM.

Viscosidade
Propriedade avaliada de lubrificantes de resistir ao cisalhamento e à taxa de fluxo.

Reveja os pontos-chave

- Saiba o uso correto e os possíveis perigos de todos os produtos químicos da oficina.
- Guarde todos os produtos químicos e óleos em recipientes e áreas designadas.
- Esteja certo de que está usando o lubrificante correto para a aplicação.
- Dois tipos de refrigerantes são usados na oficina: o *sintético*, que é um xarope misturado com água, e *óleos* e *compostos de corte*, que são um lubrificante para corte de metal.
- Sempre solicite supervisão ou leia a folha SDSM se estiver em dúvida de como manusear um produto químico.

Responda
(respostas no fim da Capítulo 1)

1. Encontramos informações sobre produtos químicos da oficina nas folhas SDSM. Essa afirmação é verdadeira ou falsa? Se falsa, o que a tornaria verdadeira?
2. Refrigerantes sintéticos são misturados em taxas de diluição de água e xarope a partir de:
   A. 20 para 1 até 50 para 1
   B. 10 para 1 até 20 para 1
   C. 1 para 20 até 1 para 50
   D. 1 para 10 até 1 para 20
3. Lubrificantes de máquinas se enquadram em dois tipos gerais (além da graxa usada em máquinas antigas). Dê seus nomes.
4. Sem olhar, nomeie quantas precauções você puder em relação a produtos químicos da oficina (são seis).
5. Qual é o nome da parte deslizante da máquina que precisa de um tipo específico de lubrificante?

>> Unidade 1-4

>> Manutenção dos equipamentos e do ambiente de trabalho

Introdução: O nosso último assunto sobre profissionalismo não é tão diferente de cuidar do seu carro. Todo mundo sabe que um carro limpo obtém uma quilometragem melhor, mas, de um lado profissional, um carro desorganizado diz muito sobre o motorista. Organização é igual a eficiência. Precisa de provas? Quando trabalha no seu carro, quanto tempo você passa procurando aquela chave-inglesa que acabou de usar?

Enquanto a questão da quilometragem pode ser falsa para o seu carro, uma vida longa e resultados precisos são verdades em máquinas se elas forem mantidas com cuidado. Entregar as chaves de uma máquina CNC nova significa que a gerência lhe confiou o valor de uma dúzia ou mais de automóveis caros e ainda o lucro que pode obter se a máquina ficar em funcionamento.

Termos-chave:

Bloqueio de eixo (sobrepassagem de avanço – CNC)
Uma de muitas opções que o operador pode ter para prevenir qualquer possibilidade de a máquina se mexer enquanto os cavacos estão sendo retirados da caixa de despejo.

Indicador de fluxo
Visor de vidro em máquinas antigas que indica que a bomba está funcionado quando o óleo passa pelo visor.

Indicador de vistoria
Funciona como uma vareta, permitindo que o nível do fluido seja visto e comparado com uma linha.

Lubrificador manual
Bomba lubrificante manual encontrada em máquinas menores, como as de escolas.

Manufatura enxuta
Estudo de como organizar e manter um ambiente de trabalho eficiente.

Quebra do cavaco
Ação de quebrar os cavacos em pedaços menores e mais fáceis de manusear.

Administrando um espaço de trabalho eficiente

Aliada às máquinas e ferramentas da profissão, a área de trabalho é também uma ferramenta e precisa de atenção e cuidados próprios. Uma característica rapidamente reconhecida de profissionais bem-treinados é o orgulho que eles mostram na maneira como organizam e mantêm suas áreas de trabalho. No entanto, isso envolve mais do que orgulho – se administradas corretamente, as tarefas são executadas mais rapidamente e os resultados são mais confiáveis.

Existem vários nomes para o estudo de áreas e ambientes de trabalho eficientes, mas o mais comum na manufatura moderna é a **manufatura enxuta**. O ponto principal desse estudo é achar a maneira mais eficiente e lógica de organizar e administrar uma área de trabalho. Usando os conceitos desse estudo, contamos os passos e minutos necessários para completar uma tarefa e depois fazemos o que for necessário para reduzi-los. Após observarmos a tarefa ou um processo e as pessoas a realizá-lo, perguntamos que ferramentas e materiais são necessários e se eles podem ficar mais próximos do local de trabalho. Uma vez que isso é alcançado, é mais importante criar um sistema para mantê-los no local constantemente. Precisa de provas de que funciona? Quando trabalha em seu carro, quanto tempo você gasta procurando aquela chave-inglesa que usou alguns minutos atrás, mas não guardou no lugar certo?

Esse estudo focaliza o senso comum aplicado a procedimentos de uma oficina. Tudo começa com as pessoas tendo exatamente o que precisam para fazer corretamente o trabalho, eliminando a desordem. Significa, também, devolver as ferramentas para seus lugares durante todo o turno, não apenas no final do período. Pessoas do sistema de manufatura enxuta controlam constantemente o espaço em que trabalham. Isso torna-se um hábito.

Uma imagem diz tudo; veja a Figura 1-19. Sua empresa pode patrocinar *workshops* em que equipes trabalham em conjunto para obter um espaço até este nível de organização, mas nada impede que você tome a iniciativa. Comece com sua caixa de ferramentas e a área imediata na qual você trabalha. Aqui estão mais algumas maneiras de manter um espaço de trabalho organizado e funcionando.

Armazenando com segurança acessórios de máquinas

A maioria dos acessórios para máquinas é preciso, pesado e caro. Use equipamentos especializados para levantá-los e movê-los; assim você evita machucar as costas e minimiza as chances de derrubar o acessório. Guarde-o em prateleiras feitas para a carga que eles representam e os coloque longe da beirada (Figura 1-20). Se o item guardado for um acessório de máquina ou uma peça de metal acabada com tendência a enferrujar e que não vai ser usado agora, é necessária uma camada leve de óleo protetor antes do armazenamento. Utilize um pano ou um *spray* para não colocar em excesso.

Figura 1-20 Acessórios para máquinas devem ser guardados e movidos corretamente. Certifique-se que eles estejam em prateleiras feitas para grandes cargas.

Removendo e manuseando cavacos

Cavacos são um desafio sempre presente para os operadores. Eles saem da peça em dois formatos: curto e longo. Pedaços curtos e quebradiços são os que tentamos produzir, porque são menos perigosos e mais fáceis de limpar. Os longos são horríveis, pois podem prender e cortar as mãos. Porém, qualquer que seja o tamanho do cavaco, aqui está uma lista de possíveis perigos para atentar (Figura 1-21):

- Cavacos ficam *quentes* logo após serem feitos e podem chegar até 1.000°F (ou 538°C) em ope-

Figura 1-21 Cavacos longos são fitas compridas e afiadas que prendem na roupa e cortam a pele. Todos os cavacos, até os mais seguros em forma de "C", à direita, podem ser perigosamente quentes.

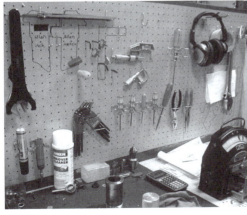

Figura 1-19 Estação de trabalho organizada.

rações padrão, esquentando mais quando ferramentas de corte de cerâmica são usadas. Pior ainda, depois que são feitos, eles esquentam ainda mais enquanto estão no chão ou dentro da sua camisa. Por quê? Você vai conseguir as pistas para resolver esse mistério na teoria de formação de cavacos no Capítulo 7.

- Cavacos são *afiados* – algumas vezes tão afiados quanto uma lâmina – uma vez que a ponta pode ter apenas alguns microns de largura por causa da forma como são retiradas da peça.
- Cavacos *voam como balas*, podendo chegar a 150 milhas por hora (ou 240 km/h) em máquinas manuais e 250 ou mais em máquinas CNC (400 km/h).
- Cavacos são *fortes*. O tipo longo pode prender e arrastar o operador desavisado para dentro da máquina – esse é o maior perigo. Também podem cortar profundamente se forem arrastados por cima da pele.
- Cavacos são *escorregadios* no chão de concreto.

Pensando em mudar de curso agora? Espere, com um pouco de preparação e prevenção esses perigos podem ser controlados. Existem muitas maneiras que vamos aprender quando estudarmos furação, fresamento e torneamento.

Duas maneiras diferentes de limpar cavacos

Por enquanto, falaremos sobre como retirá-los do local. Há duas maneiras de retirar os cavacos das máquinas, dependendo da operação que está sendo realizada:

- quando a máquina está ligada e produzindo cavaco;
- quando está desligada, por exemplo, com o reservatório de cavaco cheio na troca de turno ou no final do expediente.

Por segurança, cada opção requer uma ação muito diferente.

Máquina fora de operação Cavacos acumulam-se rapidamente (Figura 1-22). Com os eixos super-rápidos de hoje, literalmente montes podem ser produzidos em segundos. Muitas máquinas CNC possuem alguma forma de sistema automático para removê-los, enquanto outras requerem que o operador ou mesmo um ajudante sem habilidade intervenha, seja assoprando ou utilizando o rodo ou uma escova para retirá-los. Em geral, nos livramos dos cavacos durante a operação, mas algumas vezes eles estão um passo à frente e até mesmo os sistemas automáticos em máquinas CNC ficam travados, parando a operação se não lidarmos com o problema. Qualquer que seja a razão, é hora de parar a máquina e retirar os cavacos do caminho. Isso significa esvaziar o reservatório, o que quase sempre coloca alguma parte do seu corpo em risco, caso a máquina ligue.

Trave ou bloqueie

Antes de tentar limpar a máquina, esteja completamente seguro de que ela está travada ou bloqueada contra acionamentos acidentais, caso você esbarre na máquina ou alguém a ligue por acidente (Figura 1-23). Muitas CNCs possuem uma função de **blo-**

Figura 1-22 Cavacos podem acumular-se rapidamente e sempre devem ser retirados da máquina.

queio de eixo. Outras máquinas, como tornos mecânicos manuais, requerem que o botão de acionamento seja desligado, mas isso pode ser um desastre em uma máquina antiga computadorizada, por causa da perda de dados e/ou do posicionamento.

> **Ponto-chave:**
> Nunca coloque a mão dentro da máquina para retirar cavacos, a não ser que ela esteja travada ou a porta esteja fechada. Se for necessário ir atrás da máquina, avise alguém para que não ocorra um acionamento acidental.

Caso não seja possível travar a máquina ou desligá-la:

A. deixe o botão de sobrepassagem (*override*) do eixo CNC em zero, para que nenhum movimento ocorra;
B. deixe em cima do painel uma placa com os dizeres: "*operador limpando reservatório de cavaco*";
C. avise outro operador que você está limpando atrás da máquina ou fora de vista.

> **Dica da área:**
> **Quebrando cavacos** Existem duas maneiras de quebrar cavacos grandes em pequenos pacotes. Na primeira, usando operações mais pesadas de usinagem, são formados cavacos mais grossos e duros, que não conseguem se dobrar ao serem retirados da matéria-prima. Assim, quebram-se em pequenas formas de "C". A outra maneira é usar uma ferramenta de corte com um rebaixo para quebrar o cavaco (Figura 1-24). O obstáculo redireciona o cavaco de forma que ele se quebre. Veremos mais sobre essas técnicas adiante em geometria de ferramentas.

Agora com a máquina seguramente travada ou bloqueada, ponha luvas e retire os cavacos com segurança. Se você está ajudando outro operador (não é você quem está operando a máquina), tenha certeza de que quem a está operando saiba que você está trabalhando no reservatório da máquina.

Retirando cavacos de máquinas em operação

Este é um procedimento diferente do ponto de vista de segurança. Normalmente é necessário retirar os cavacos da máquina à medida que elas são formadas. Esse é o primeiro dever do operador. Seguem os detalhes:

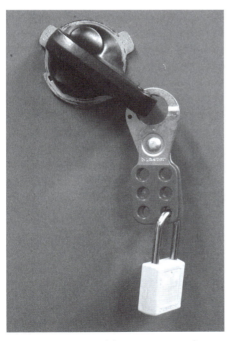

Figura 1-23 Trave-a ou bloqueie-a; nunca faça manutenção em uma máquina que pode ser acionada acidentalmente.

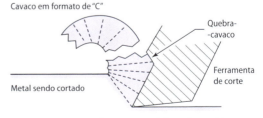

Figura 1-24 O quebra-cavaco dobra tão rapidamente o cavaco que está sendo retirado que ele se solta em pequenos formatos de "C" em vez de longos cavacos.

- Se a máquina está em movimento, *não use luvas*. A falta de sensibilidade que a luva proporciona aumenta o risco de as mãos ficarem presas na máquina.
- Nunca coloque a mão ou uma ferramenta de aperto, como alicates ou sargento, dentro da máquina. Consegue adivinhar por quê? Porque não é possível soltar a ferramenta rápido o suficiente se os cavacos ou a máquina prenderem-se nela.

Aqui estão quatro maneiras seguras de remover cavacos da máquina:

- uma escova robusta;
- jato de refrigerante;
- ar comprimido;
- rodo ou gancho de cavaco.

Figura 1-25 Separar cavacos e pedaços de metal e depois reciclá-los aumenta o lucro da oficina e ainda economiza 80% da energia requerida para extrair e refinar a matéria-prima.

Conversa de chão de fábrica

Reciclar cavacos de metal é bom para o planeta A maioria das oficinas atuais recicla, como parte de um esforço ambiental e por causa da redução de custos também. Os pedaços maiores de metal são separados dos cavacos, pois cada um é reciclado de uma maneira e seus valores são diferentes. Uma separação correta garante valor. A longarina de asa na figura começa pesando mais de 227 kg, mas no fim do processo pesa somente 4 kg – 96% do peso vira cavaco (Figura 1-25). Reciclar alumínio a partir do cavaco requer *80% de energia a menos* para derreter e transformar em alumínio útil de novo, comparado com o beneficiamento da matéria-prima extraída do ambiente.

A escova é uma ferramenta segura e autoexplicativa usada em furadeiras e fresadoras, mas não em tornos e operações CNC, uma vez que a sua mão fica muito perto da ação da máquina. Apesar de algumas vezes as escovas serem "comidas" pela máquina, você não consegue segurar firmemente a escova a ponto de se machucar. A escova é a primeira opção para operadores iniciantes em treinamento, quando o volume de cavacos é pequeno.

Usando rodo ou gancho de cavaco

Um gancho de cavaco mais longo puxa os cavacos de fita para fora da máquina, enquanto o rodo remove os cavacos quebrados. Ambos são ferramentas feitas com empunhaduras que não vão prender sua mão, caso a ponta utilizada para retirar os cavacos se prenda acidentalmente na máquina. A empunhadura não deve se tornar um *loop* fechado. A Figura 1-26 mostra o formato correto. Note que a ponta com gancho também não está em 90°. O gancho aberto tende a não prender na máquina e também a soltar os cavacos com facilidade.

Ar comprimido

Quase todas as oficinas usam ar comprimido como fonte de energia para ferramentas manuais, para ativar ações de máquinas como um grampo pneumático e para fazer a limpeza. O ar é uma ferramenta eficiente e segura para remover cavacos na usinagem moderna, mas ele pode ser mal usado contra pessoas e máquinas. Use estas duas diretrizes para ficar fora de perigo (Figura 1-27).

**Diretriz 1. Perigo pessoal – nunca sopre cavacos da sua pele ou roupa ou aponte o ar

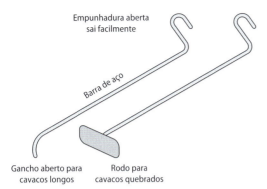

Figura 1-26 Ganchos e rodos de cavaco possuem empunhaduras abertas, desenhadas para não ficarem presas em máquinas em movimento.

Figura 1-27 Ar comprimido é uma boa ferramenta para remover cavaco e para a limpeza, quando usado corretamente.

comprimido para companheiros de trabalho! Você pode inserir cavaco na pele ou até mesmo injetar ar debaixo da pele. É possível introduzir ar em veias e artérias, o que pode acarretar em sérias consequências. Parecido com a embolia que mergulhadores podem experenciar, o ar no sangue pode parar seu fluxo para o coração ou impedir a circulação para o cérebro. Qualquer abertura corporal e os órgãos internos podem ser rompidos com ar comprimido (mesmo à distância). Deveria ser óbvio: nunca aponte o jato de ar, com ou sem cavacos, para outro operador. No mínimo, poderá causar danos a computadores e ferramentas de medição delicadas, e fazer a sua reputação balan-

çar. Quando usar ar comprimido em uma máquina operada manualmente, é melhor posicionar uma parede de proteção atrás ou ao lado da máquina, para proteger os colegas. Máquinas CNC em geral possuem anteparos de contenção que protegem perfeitamente.

Diretriz 2. Segurança da máquina – nunca aponte ar comprimido em vedações da máquina. Todas as ferramentas de máquinas são equipadas com vedações para manter sujeiras e cavacos de metal fora das superfícies deslizantes de precisão. Contudo, essas vedações não conseguem suportar ar sob pressão. O ar pode forçar o cavaco para baixo das vedações, acabando com sua capacidade de deter outras invasões.

> **Ponto-chave:**
> Um cavaco jogado dentro da máquina por ar comprimido pode levantar uma vedação, deixando-a inutilizada. Esses cavacos também podem arranhar superfícies de precisão.

Usado corretamente, o ar comprimido trabalha bem mantendo os cavacos fora da área imediata de usinagem, em especial quando a máquina está em movimento. Um jato de ar permite retirar cavacos sem manter nenhum objeto sólido entre você e a máquina. Ele não pode ser preso e puxado para a máquina. Contudo, a limpeza com ar e a retirada de cavacos é controversa. Muitos supervisores, instrutores e livros dizem que não pode ser usado, mas nas oficinas do mundo real ele é utilizado praticamente todos os dias.

> **Ponto-chave:**
> **Pergunte antes** Esteja ciente de que, devido ao potencial de danos a máquinas, algumas oficinas possuem regras estritas contra o uso de ar comprimido como ferramenta para remoção de cavacos.

> **Dica da área:**
> **Refrigerante como substituto do ar** Onde o ar é banido para o controle de cavacos, tente um jato direcionado de refrigerante com menos velocidade, porém com mais massa. Ele pode realizar o trabalho tão bem quanto o ar comprimido e sem o perigo para as vedações. Além disso, o jato direcionado manualmente melhora a vida da ferramenta, uma vez que o operador pode concentrar o refrigerante exatamente onde e quando é preciso durante as operações de desbaste pesado da máquina. Essa dica funciona especialmente em máquinas CNC com sistemas potentes de refrigeração e anteparos completos para conter o respingo. Um adaptador colocado na mangueira que ejeta o refrigerante pode ser conectado em qualquer mangueira flexível ou de jardim. Esse acessório funciona muito bem. Faça o teste!

Manutenção da área de trabalho

Por mais que uma lista seja chata, não podemos evitá-la. Para saber o que os outros operadores vão esperar de você quando entrar no ofício, aqui estão algumas regras não escritas para manter sua oficina organizada:

- Sempre que possível, mantenha ferramentas de medição longe da máquina e dentro da sua caixa.
- Quando soltar ferramentas de medição ou chaves, não as apoie em partes deslizantes da máquina, como o barramento de um torno. Coloque uma toalha embaixo delas.
- Mantenha trapos, pedaços de metal e especialmente papéis velhos organizados. Mantenha o mínimo de itens pessoais também.
- Limpe os cavacos.
- Se você perceber algo que precise de manutenção, conserte ou avise, mas não ignore.

Conferindo os níveis de fluido na máquina

Óleos são consumidos, e os níveis de refrigerantes diminuem devido aos respingos, evaporação e pequenas quantidades que ficam na peça, chamados de *agarramento*. Quase todas as máquinas CNC novas possuem sensores e alarmes para nível de fluido baixo, mas nem todas estão equipadas assim e nenhuma máquina manual tem essa proteção. Para determinar os níveis de fluido nessas máquinas, pode existir uma vareta ou um **indicador de vistoria**, como o mostrado no desenho: uma pequena janela de vidro do lado do reservatório. Adicione o lubrificante ou o refrigerante até a linha indicada (Figura 1-28).

> **Dica da área:**
> **Refrigerante para limpar máquinas** Na falta de limpadores específicos para máquinas, utilize um refrigerante sintético. Ele funciona bem e não causará ferrugem. Porém, assim como no controle de cavacos, limpe somente quando a máquina estiver desligada. Depois de retirar o óleo e a sujeira das superfícies deslizantes de precisão, lembre-se de recolocar o óleo do tipo correto. Como essas superfícies serão lubrificadas automaticamente na próxima utilização, quando a máquina começar a se mover, o óleo deve ser colocado ali.

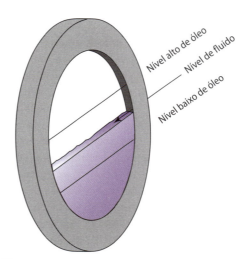

Figura 1-28 Indicadores de vistoria são pequenas janelas no recipiente de óleo da máquina que mostram o nível de fluido.

Indicadores de fluxo de lubrificante

Para manter ferramentas de máquinas antigas, é necessário saber a diferença entre um indicador de vistoria para checar o nível de fluidos e um **indicador de fluxo** para refrigerantes e lubrificantes. Um *indicador de vistoria* possui uma linha para ver o nível crítico de fluidos, como uma vareta indicando quanto óleo ou refrigerante deve-se adicionar.

Se não houver qualquer linha no vidro ou ao redor da janela do lado de fora, significa que é um *indicador de fluxo*. É uma maneira sem falhas de ver que a bomba de fluido está funcionando. Um indicador de fluxo mostra quando o óleo está se movendo para o ponto mais alto, local onde está a janela de vidro. Encontrado em máquinas manuais, não CNC, quando a bomba está funcionando, o óleo passa através desse vidro.

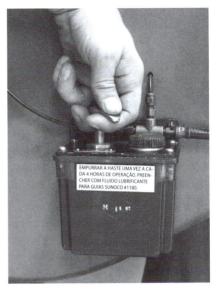

Figura 1-29 Bomba *one-shot*. Use-a ao menos uma vez a cada meio dia ou no cronograma indicado pelo seu instrutor.

> **Ponto-chave:**
> Cuidado! As máquinas podem ter mais de um reservatório com óleos diferentes em cada um.
>
> Em máquinas menores, como aquelas usadas primeiramente em cursos de usinagem, provavelmente existe uma bomba central manual para óleo lubrificante para superfícies deslizantes. Ela deve ser acionada sempre quando você começar a usar a máquina ou uma vez a cada hora de operação. Isso é conhecido como **lubrificador manual** (Figura 1-29).

Ajustes ao equipamento

Naturalmente, existem muitos ajustes rotineiros que devem ser feitos nas máquinas – para entrar no ritmo, não fuja deles! Faça os ajustes quando forem necessários e obedecendo a um cronograma. Guardas de segurança, por exemplo, ou proteções para os olhos e portas de contenção, guardas de placa, chaves de fim de curso e correias estão em vários lugares de uma oficina e são parte do seu trabalho.

Apoio de ferramentas em esmeris (Figura 1-30) são um exemplo perfeito. Quando o rebolo é

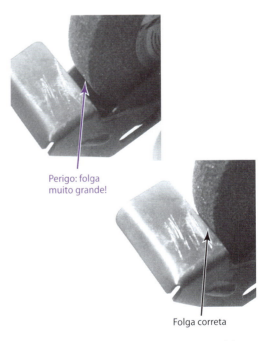

Figura 1-30 Devido ao desgaste do rebolo, a folga de apoio da ferramenta está muito grande e precisa ser ajustada para evitar puxar pequenas peças e dedos!

usado, a folga aumenta. Para minimizar o ponto de pressão criado entre o rebolo e o apoio, continue a ajustar a folga para um mínimo de 1/16 polegada ou menos. Uma folga zero é aceitável, porque assim o item não pode ser puxado para dentro dela, e o apoio pode se desgastar com o tempo.

Revisão da Unidade 1-4

Revise os termos-chave

Bloqueio de eixo
Uma de muitas opções que o operador pode ter para prevenir qualquer possibilidade de a máquina se mexer enquanto as lascas estão sendo retiradas da caixa de despejo.

Indicador de fluxo
Visor de vidro em máquinas antigas que indica que a bomba está funcionado quando o óleo passa pelo visor.

Indicador de vistoria
Funciona como uma vareta, permitindo que o nível do fluido seja visto e comparado com uma linha.

Lubrificador manual
Bomba lubrificante manual encontrada em máquinas menores, como as de escolas.

Manufatura enxuta
Estudo de como organizar e manter um ambiente de trabalho eficiente.

Quebra do cavaco
Ação de quebrar os cavacos em pedaços menores mais fáceis de manusear.

Reveja os pontos-chave

- Dependendo se a máquina está funcionando ou parada, as maneiras de remoção de cavacos com segurança podem ser bem diferentes. Identifique-as ou descreva-as.
- Ar comprimido é uma ferramenta de limpeza e remoção de cavacos segura, mas algumas oficinas banem o seu uso.
- Lubrificação exige técnica e, com frequência, é responsabilidade do operador. Usar o óleo errado pode danificar equipamentos tanto quanto não usar óleo algum.
- Operadores experientes mantêm os olhos abertos para condições que precisam de sua atenção e resolvem eles próprios os problemas.

Responda
(respostas no fim do Capítulo 1)

1. Por que o ar comprimido nem sempre é permitido como uma ferramenta de limpeza?
2. Luvas são aceitáveis quando se estiver removendo cavacos longos. Essa afirmação é verdadeira ou falsa? Se falsa, o que a tornaria verdadeira?
3. Por que os indicadores de fluxo não são encontrados em máquinas CNC modernas?
4. Nomeie os quatro métodos para remover cavacos com segurança de máquinas em movimento.
5. De que forma são feitos ganchos e rodos de cavacos nas oficinas?

REVISÃO DO CAPÍTULO

Unidade 1-1

Nenhuma parte da Unidade 1 ou do Capítulo 1 é desnecessária. Tudo foi colocado deliberadamente. Demonstrar uma atitude profissional na maneira como se veste no ambiente da oficina é uma das melhores ferramentas que você pode desenvolver para mostrar cedo ao seu instrutor e empregador que está no caminho para se tornar um grande profissional.

Unidade 1-4

Uma vez levei minha turma de CNC para visitar uma oficina local. Quando entramos, vi uma antiga aprendiz que havia treinado guardando uma lata de óleo de cinco galões. Sem perceber que a estávamos observando, ela limpou a tampa cuidadosamente e virou a lata para que o rótulo pudesse ser lido; somente depois ela fechou a porta do gabinete à prova de fogo. Fiquei realmente orgulhoso e também percebi o aceno do supervisor dela de aprovação!

Acredite em mim, são detalhes como esses, tomar cuidados com os suprimentos da oficina, saber seu valor e usá-los com responsabilidade e também um respeito pelos acessórios das máquinas e ferramentas, que dão ao iniciante o porte de um oficial. Eles serão notados ou, mais importante, quando forem ignorados, serão notados mais rapidamente.

Questões e problemas

1. Descreva um operador bem-vestido. Use pelo menos cinco dicas do que fazer ou não fazer (Obj. 1-1).
2. Verdadeiro ou falso? Não há problema em escutar música com fones de ouvido se você retirar um fone para poder ouvir sua máquina. Se falso, por quê (Obj. 1-1)?
3. Liste do melhor ao pior modo de levantar objetos pesados (Obj. 1-2).
4. Nomeie duas (de três) precauções profissionais para guardar barras de metal (Obj. 1-2).
5. Explique por que devemos usar a técnica de dobrar os joelhos para levantar objetos pesados, em 10 palavras ou menos (Obj. 1-2).
6. O que você espera encontrar em uma folha de SDSM (Obj. 1-3)?
7. Lubrificantes são classificados em dois grupos para prevenir quais tipos de atrito? (Obj. 1-3).
8. Verdadeiro ou falso? Não há problema em substituir o lubrificante, contanto que o novo tenha uma viscosidade maior que a do óleo requerido para prevenir atrito melhor que o original (Obj. 1-3).
9. Por que não usamos luvas perto de máquinas em movimento (Obj. 1-4)?
10. Verdadeiro ou falso? Ar comprimido é permitido como ferramenta para limpeza e retirada de cavacos em todas as oficinas modernas. Se falso, por quê (Obj. 1-4)?

Questões de pensamento crítico

11. Uma barra de aço-mola foi colocada no local errado, mas você encontrou outra e tem certeza de que é do mesmo material. A barra pode ser utilizada para o trabalho? Existe um modo de manter a rastreabilidade (Obj. 1-2)?
12. Verdadeiro ou falso? Óculos com lentes escuras atrapalham a visão e nunca são usados em uma oficina. Se falso, por quê (Obj. 1-1)?

Perguntas de CNC

13. Sua fresadora CNC parou após completar um ciclo de peça, e uma lâmpada vermelha está piscando enquanto seu painel de operador indica que o lubrificante de guia está baixo. Cite três ou mais procedimentos necessários para fazer a máquina voltar a funcionar (Obj. 1-2).

14. Na Questão 13, por que você acha que a máquina completou o ciclo antes de desligar por causa da pequena quantidade de um fluido vital ao seu funcionamento (Obj. 1-2)?

15. Por que um lubrificante específico deve ser usado na maioria dos mancais de máquinas modernas CNC (Obj. 1-3)?

RESPOSTAS DO CAPÍTULO

Respostas 1-1

1. Sim para lentes amarelas, não para escuras, a menos que esteja trabalhando perto de luz de solda incidente. Observação: lentes escuras não vão proteger seus olhos, caso olhe diretamente para a luz de solda; elas só protegem de luzes refletidas da parede e do teto.
2. Fibras naturais resistem a cavacos quentes para que eles não derretam ou queimem o usuário, tirando sua concentração.
3. Tração, proteção do pé e fadiga.
4. Fora o prazer de escutar, é o seu controle principal do processo.
5. Correntes de ar e eletricidade estática.

Respostas 1-2

1. Três ou mais: guinchos de teto montados em trilhos, elevador móvel, elevador para paletas planas de trabalho ou de caixas, empilhadeira, guinchos portáteis tipo girafa conhecidos como "gruas de oficina", guindaste de lança fixa preso a uma coluna para rotacionar em torno de uma área circular.
2. Falso: a ponta da frente no ar está fora de seu alcance e de seu controle.
3. Por duas razões: uma vez que a identidade se perdeu, não é possível provar qual é a liga de metal sem um teste de laboratório; a rastreabilidade exige um caminho do fabricante original até a parte específica – com a identidade perdida isso não existe mais.
4. Um fluido central cercado por várias camadas de pele dura.
5. Em uma prateleira onde elas não possam cair.

Respostas 1-3

1. Verdadeiro.
2. A.
3. Deslizante (óleo de guia) ou rolante (óleo de eixo).
4. As precauções são: perigo de incêndio, retirada de óleo da pele por reação química – contato direto, vapores tóxicos e exclusão de oxigênio (retirada de oxigênio), irritação do olho, reações alérgicas, contaminação de outros fluidos ou produtos químicos com possíveis reações.
5. Guias.

Respostas 1-4

1. Pode ser banido por causa do dano potencial a vedações das máquinas.
2. Falso: use luvas somente quando a máquina não estiver se movendo.
3. Elas são equipadas com sensores e alarmes de nível de óleo.
4. Ganchos e rodos de cavacos, jato de ar, jato de refrigerante, escova.
5. Eles são feitos de forma que "nenhuma das extremidades possa ficar presa na máquina ou nas mãos".

Respostas da revisão do capítulo

1. Use óculos de proteção, sapatos desenvolvidos para oficina, roupas justas de fibras naturais, um avental ou jaleco de oficina. Não use joias ou luvas, nem deixe os cabelos longos soltos. O avental ou jaleco não deve ter bolsos ou laços.
2. Falso: qualquer impedimento de audição atrapalha o controle da máquina.
3. Dispositivos mecânicos (guinchos, macacos, elevadores etc.), duas ou mais pessoas trabalhando juntas mediante uma técnica correta, uma pessoa usando o método de dobrar os joelhos.
4. Nunca guarde barras curtas na estante de barras longas, pois elas podem cair. Guarde-as com a identificação visível e nunca corte o selo ou o código de cores da barra.
5. Para prevenir pressão em excesso e danos aos discos da coluna.
6. Instruções para o uso e a eliminação com segurança de produtos químicos, como guardá-los e precauções especiais.
7. De rolamento e deslizante.
8. Falso.
9. Luvas retiram a sensibilidade da mão, fazendo que os dedos fiquem presos na máquina.
10. Apesar de o ar comprimido ser usado por muitos como uma ferramenta de limpeza, ele também pode danificar a vedação da máquina e outros itens próximos. Por isso, pode ser banido de várias oficinas.
11. A resposta curta é não, pelo menos não por você. Entretanto, se o número de lote de tratamento térmico da nova barra estiver armazenado e sua especificação for igual à da barra perdida, a documentação poderá ser adequada para fazer a substituição, assim a rastreabilidade não fica perdida.
12. Geralmente é verdade. Mas algumas vezes é necessário trabalhar com soldas elétricas. Neste caso, eles são utilizados para prevenir dano aos olhos por causa da luz.
13. A. Determine o lubrificante de guia específico para a máquina.
    B. Depois de conseguir o óleo certo, tenha certeza de que o funil e a lata estão limpos, antes de abrir o reservatório de óleo da máquina (para evitar contaminação).
    C. Encha até a marca mostrada no indicador de vistoria.
    D. Feche a lata e a devolva para a área de armazenamento (para prevenir perigos de incêndio e impedir que a lata seja contaminada).
14. Máquinas CNC modernas indicam quando os fluidos necessários estão baixos, antes que atinjam um nível crítico. Portanto, é possível terminar um ciclo antes de parar.
15. Elas dependem de uma viscosidade exata para precisão e para uma vida útil longa.

» capítulo 2

Habilidades matemáticas

Trabalhar em manufatura significa muita matemática. Não importa se você é um dos melhores ferramenteiros, um programador ou um iniciante, quase todas as suas ações na oficina serão baseadas em números, e a maioria deverá ser calculada de alguma forma. Não há escapatória. Cada passo, desde desenhar o projeto até a inspeção final, necessita de matemática.

Hoje, calculadoras são tão comuns na caixa de ferramentas do operador quanto o micrômetro. Porém, essa necessidade de ter habilidades com números só aumentará à medida que nos comprometermos ainda mais com a tecnologia. Você está preparado, ou uma pequena revisão seria necessária? O Capítulo 2 vai lhe ajudar a responder essa questão e oferecerá algumas dicas sobre como abordar a matemática de oficina. Além disso, este capítulo também funciona como uma autoavaliação e um aquecimento. Se, após tentar resolver os problemas, sua pontuação ficar abaixo das expectativas, então um curso de reciclagem de matemática ou um estudo por conta própria seria indicado.

Objetivos deste capítulo

- » Falar de polegadas decimais usando a linguagem da oficina.
- » Usar medidas em um milésimo de polegada ou menor.
- » Converter unidades métricas para imperiais e vice-versa (revisão).
- » Avaliar suas necessidades para posteriores revisões.
- » Testar suas habilidades básicas de matemática.

>> Unidade 2-1

>> Entendendo a precisão

Introdução: O que significa precisão? A resposta varia dependendo da ciência ou da profissão em que a palavra é empregada. Em tecnologia de usinagem, significa cortar e medir características da peça em poucos milésimos de polegadas ou décimos de milímetro. Erre o alvo em muito ou pouco e seu trabalho vira sucata!

Por trabalhar o dia todo com pequenos números decimais, os operadores acabaram desenvolvendo seu próprio modo de pronunciá-los. Além de soar dentro do contexto, aprender esse dialeto ajuda a eliminar mal-entendidos e, mais importante para o estudante, acelera o domínio de instrumentos de medição, leitura de desenhos e operação de máquinas.

Termos-chave:

Décimo (de um milésimo)
0,0001 pol. Para o operador, é um décimo da unidade básica falada nos Estados Unidos, o milésimo de uma polegada; assim, é um décimo no jargão da oficina.

Imperial
As unidades baseadas na Inglaterra imperial – a régua que inclui pés e polegadas.

SI – Sistema Internacional de Unidades
O sistema de medidas baseado em valores métricos.

"Precisão falada" – milésimos de uma polegada

Quando trabalhamos com polegadas, nos referimos à polegada como nossa unidade de trabalho, mas falamos como se fosse um milésimo de polegada, e isso é diferente do mundo da não precisão. Como você pronuncia *0,01 pol.*?

Se você disse "um centésimo de polegada" ou "vírgula zero uma polegada", acertou para a matemática geral ou quando está usando ferramentas métricas, pois dimensões "vírgula zero um" estão corretas. Entretanto, quando se trata de usinagem com dimensões em polegadas, você dirá "dez milésimos de polegada"! Ou pode ser reduzido a dez milésimos ou, ainda, "dez mil", na gíria.

Ponto-chave:
Na oficina, pronunciamos valores em decimais de polegadas como se todos fossem estendidos à terceira casa, e 0,01 se torna *0,010 pol.*

Dica da área:
Quando um número decimal de polegada não está estendido à terceira casa decimal, adicione os zeros que faltam para encaixá-lo em milésimo de polegada.

Agora é a sua vez

A. 0,13　　B. 0,013　　C. 1,31
D. 0,2　　　E. 0,25　　　F. 0,303

Respostas

A. Cento e trinta milésimos de polegada – ou cento e trinta milésimos.
B. Treze milésimos.
C. Uma polegada, trezentos e dez milésimos.
D. Duzentos milésimos.
E. Duzentos e cinquenta milésimos.
F. Trezentos e três milésimos.

Quão pequeno é um milésimo de polegada?

É difícil visualizar uma polegada dividida em mil partes (0,001 pol.). Entretanto, aqui há alguns exemplos diários:

- Um fio de cabelo humano tem de 0,002 a 0,005 pol. de espessura.
- O papel em que este livro é impresso terá de 0,003 a 0,004 pol. de espessura.

Uma moeda de dez centavos de dólar tem aproximadamente 0,04 pol. (quarenta milésimos) e uma caneta tem algo em torno de 0,390 pol. de diâmetro – trezentos e noventa milésimos de uma polegada ou reduzido na fábrica para trezentos e noventa milésimos.

Agora é a sua vez

Pronuncie as dimensões horizontal e vertical da peça mostrada na Figura 2-1 e o diâmetro do furo.

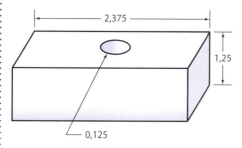

Figura 2-1 Fale estas dimensões em milésimo de polegada.

Respostas

Duas polegadas, trezentos e setenta e cinco milésimos.

Uma polegada, duzentos e cinquenta milésimos.

Cento e vinte e cinco milésimos de polegada de diâmetro.

Ainda menores – décimos de um milésimo

Milésimos de uma polegada ainda não são precisos o suficiente para alguns projetos, então as dividimos em 10 partes menores. Como operador, você irá pronunciá-las como "**décimos**". De novo, diferente do mundo externo, não são décimos de uma polegada (0,1 pol.), mas décimo de uma base unitária falada, o milésimo.

Por exemplo, *0,0001* pol. é um décimo de milésimo.

Um fio de cabelo humano pode medir 0,0037 pol. de espessura, maior que 3 milésimos em 7 décimos. Pronuncia-se três e sete décimos de milésimos ou reduzido na fábrica para três e sete décimos. Por mais estranho que isso soe para alguém de fora, qualquer pessoa no mercado entenderia perfeitamente. Diga a um inspetor ou a um engenheiro "O diâmetro é cinco décimos menor", e eles entenderiam que mais 0,0005 pol. deve ser retirado do furo para ficar do tamanho certo (Figura 2-2).

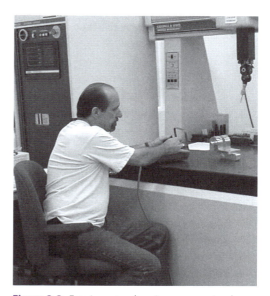

Figura 2-2 Este inspetor de usinagem precisa de habilidades matemáticas para ler o desenho e depois programar a máquina computacional de medição coordenada (CMM).

Agora é a sua vez

0,1259

Respostas

Cento e vinte e cinco milésimos e *nove décimos*.

Dica da área:

Primeiro pronuncie os milésimos, depois adicione os décimos.

Agora é a sua vez
A. 0,0067   B. 1,5678   C. 0,9999
D. 0,0878   E. 0,0087

Respostas
A. Seis milésimos e sete décimos, ou seis e sete décimos de milésimos (qualquer expressão seria aceita mesmo não sendo correta fora do campo de usinagem).
B. Uma polegada, quinhentos e sessenta e sete e oito décimos de milésimo.
C. Novecentos e noventa e nove e nove décimos de milésimos, ou novecentos e noventa e nove e nove décimos.
D. Oitenta e sete milésimos e oito décimos.
E. Oito e sete décimos de milésimos.

Conseguindo maior exatidão usando uma calculadora

Quando os cálculos são feitos em calculadora, simplesmente não pode haver resposta nada menos que 100% correta. No mundo real, qualquer outro resultado é resto ou lucro perdido! Assim, antes de seguir para os problemas de revisão, aqui estão algumas sugestões de como conseguir os melhores resultados usando uma calculadora em matemática aplicada.

Arredondando

Nunca arredonde número algum até o resultado final.

Depois, *sempre arredonde para o décimo mais próximo (0,0001 polegada)*.

Use o número decimal inteiro durante os cálculos.

Mantenha todos os números e resultados na calculadora usando chaves da memória.

Arredonde para cima se os dígitos da direita forem maiores ou igual a 5. Arredonde para baixo se eles forem menores que 5. Exemplo: arredondando para o décimo mais próximo (de um milésimo de polegada):

1,346652 pol. = 1,3467 (arredondado para cima)

1,346648 pol. = 1,3466 (arredondado para baixo)

Tirar vantagens dos "dígitos misteriosos"

O visor não é o valor total que a calculadora está usando. Em algumas calculadoras cujos decimais se estendem além do ponto, o processador poderá usar um número que se estende duas ou três casas além do visor, dependendo da sofisticação da calculadora.

Se o número na tela for escrito no papel para ser usado depois, os decimais não vistos na tela serão perdidos. Entretanto, usando a memória de uma calculadora para intermediar resultados, o número inteiro ficará guardado, incluindo os dígitos não vistos. Usualmente não precisamos desta exatidão excepcional, mas pode fazer diferença ao efetuar diversas multiplicações de números em série. Por mais que a diferença possa ser pequena, tenha em mente que estamos lidando com coisas pequenas. Ignorar esta dica pode resultar em perda de um ou dois décimos, o suficiente para causar um problema.

Arredondamento de calculadora

Sua calculadora pode ter uma função de decimal fixo (arredondamento). Use-a para arredondar resultados para a tolerância de trabalho de milésimos ou décimos. Mas isso não diminui a exatidão? *Não*. Diferente do arredondamento com lápis e papel, nada é perdido na calculadora. Apenas o número na tela é arredondado. O número final continua com a capacidade máxima do processador.

Pequenas dicas

Use a memória para guardar resultados intermediários Certamente, deve-se escrevê-los no papel também, mas *não dependa de números escritos*, pois eles criam a chance de ocorrer erros.

Use dados atualizados Quando é dada a escolha entre dois números para resolver um problema, opte sempre pelo número que está mais próximo da informação original no desenho. Não use resultados já calculados se puder evitar. Eles podem estar arredondados, transpostos ou errados.

Fale consigo mesmo Ao colocar os números na calculadora, evite erros de transposição acidental e "dedo gordo", dizendo-os em voz alta devagar quando tocar nas teclas. Enquanto faz isso, olhe no visor. Sem brincadeira, isso funciona quando você escreve números no papel também. Tudo bem falar com você mesmo enquanto faz os cálculos na fábrica!

Simplificando frações Para converter uma fração em um número decimal, divida o numerador (em cima) pelo denominador (embaixo); essa é a regra. As calculadoras modernas muitas vezes apresentam uma tecla de fração direta. Pode ser um *A/B* no teclado ou diversas teclas de fração envolvendo *A/B* e *C* como variáveis. Essas teclas permitem duas entradas para um mesmo problema; assim, ambos os números decimal e fracionário podem ser usados ao mesmo tempo. Se um desenho mais antigo foi dimensionado com frações, usar esta tecla pode acelerar e simplificar a matemática. Encontre essa função e aprenda a usá-la. Pode ser muito útil nos problemas que aparecerão.

Ponto-chave:
Use a calculadora para arredondar números sem perda de exatidão, simplificar frações e guardar números intermediários executados de acordo com a capacidade da calculadora.

Revisão de conversão: unidades métricas e imperiais

Por vezes, é necessário converter unidades **imperiais** (pé-polegada) em métricas (**SI**), especialmente ao fabricar produtos para o mercado mundial. Ao entrarmos na concorrência internacional, teremos mais trabalho dimensionando em unidades do SI. Aqui está uma breve reciclagem sobre conversão. A maioria das calculadoras apresenta funções de conversão direta – leia o manual ou teste estes exemplos:

Convertendo unidades imperiais em métricas

Multiplique	por	para obter
polegadas	25,4	milímetros

Exemplos:
Quantos milímetros têm 2,125 pol.?
2,125 × 25,4 = 53,975 mm

Converta 0,0935 pol. para milímetros.
0,0935 × 25,4 = 2,3749 mm

Convertendo unidades métricas para imperiais

Multiplique	por	para obter
milímetros	0,03937	milésimos de polegadas

Exemplos:
Quantos milésimos de polegadas têm 23 mm?
23 × 0,03937 = 0,9055 pol.

Converta 245 mm para polegadas.
245 × 0,03937 = 9,6457 pol.

Agora é a sua vez

A. Em uma folha de papel separada ou nas teclas, usando a Figura 2-3, converta as dimensões imperiais para milímetros.

B. Da Figura 2-4, converta a impressão métrica para unidades imperiais.

Respostas

A. Convertendo para unidades métricas:
   Largura 4,500 pol. = 114,3 mm
   (4,5 × 25,4 = 114,3 mm)
   Altura 2,875 pol. = 73,025 mm
   Ranhura 0,75 pol. = 19,05 mm

B. Um bloco métrico de 80 × 40 × 14 mm corresponde a 3,1496 por 1,5748 por 0,5512 pol.

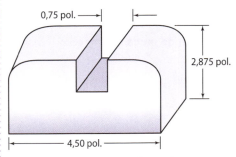

Figura 2-3 Converta estas dimensões para unidades métricas.

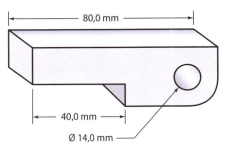

Figura 2-4 Converta esta impressão métrica para unidades imperiais (polegadas).

Revisão da Unidade 2-1

Revise os termos-chave

Décimo (de um milésimo)
0,0001 pol. Para um operador, é um décimo da unidade básica falada nos Estados Unidos, o milésimo de uma polegada; assim, é um décimo no jargão da oficina.

Imperial
As unidades baseadas na Inglaterra imperial – a régua inclui pés e polegadas.

SI – Sistema Internacional de Unidades
O sistema de medidas baseado em valores métricos.

Reveja os pontos-chave
- Operadores pronunciam decimais como se o milésimo de polegada fosse sua base.
- Para obter o máximo de sua calculadora, deve-se estudar suas variadas funções.

Responda
Siga para a Unidade 2-2 para resolver a primeira leva de problemas de autoavaliação.

» Unidade 2-2

» Autoavaliação de matemática de oficina

Introdução: Esses problemas são típicos daqueles encontrados em um treinamento inicial. Uma pontuação abaixo de 100% indica que deve ser feita uma revisão de matemática, mas não em todos os casos; veja a Instrução B.

Termos-chave:

Corte
Faixa estreita de matéria removida pela espessura da lâmina da serra.

Ponto de erro previsível (PEP)
Erros que ocorrem frequentemente; o operador deve estar atento a PEPs para evitá-los.

Instruções da Unidade 2-2

A. As respostas são encontradas no fim deste capítulo. Busque cada conclusão sobre o problema. Se uma explicação detalhada for necessária, vá para a Unidade 2-3.

B. Alguns problemas têm **PEPs** embutidos (**pontos de erro previsível**). São armadilhas em que todos nós tropeçamos ocasionalmente. A explicação completa vai esclarecê-lo sobre como evitá-las no futuro. Se você cair em uma ou mais, *elas não são indicadoras da necessidade de mais revisão.*

C. Engenheiros, programadores e operadores geralmente desenham esboços para organizar seus pensamentos. É uma boa hora para você começar. Registre cálculos em um esboço desenhado próximo a um modelo em escala do problema, mas não se esqueça de usar a memória da calculadora também.
D. Como esses são também problemas reais de oficina, poderá haver termos ou símbolos que você não entenda. Caso ocorra, peça a um instrutor uma explicação.
E. O objetivo é estar 100% certo – nada menos. Leve o tempo necessário para estar certo de sua resposta.
F. Ao completar e corrigir esses problemas, vá para as respostas da Unidade 2-2 para ver se o aquecimento foi suficiente ou se é necessária mais uma revisão. Você é o juiz!

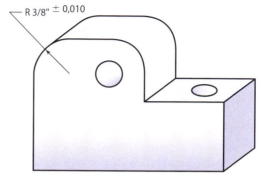

Figura 2-5 Problemas 1 e 2, suporte de articulação.

Problemas básicos de oficina

1. Um suporte de articulação exige raios de cantos fresados, um canto arredondado. O desenho pede um raio de $\frac{3}{8}$ pol. com uma tolerância permitida de $+/-$ 0,010 pol. na dimensão. Você encontrou uma fresa que corta um raio de 0,275 pol. Você poderá usá-la para o trabalho da Figura 2-5?

2. Qual faixa de tamanho de fresa de raio pode ser usada para o suporte de articulação da Figura 2-5? Em outras palavras, quais são o maior e o menor raio aceitável para esse trabalho?

3. Usando a Figura 2-6, o gabarito de furação, qual é a distância vertical entre o furo superior esquerdo de $\frac{3}{16}$ pol. e o furo de $\frac{9}{16}$ pol.? (*Dica:*

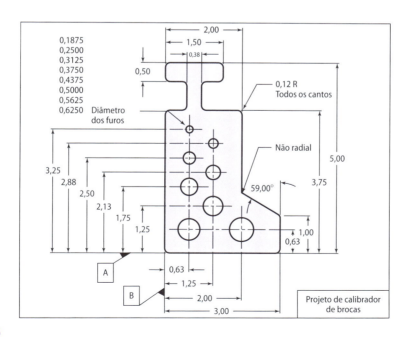

Figura 2-6

essa é uma distância de centro a centro de dois furos na mesma coluna vertical.)

4. Você precisa furar e escarear uma série de furos em uma barra de metal conforme o desenho na Figura 2-7. Há uma distância inicial de 1,0 pol. da borda ao centro do primeiro furo (denominados *espaçamentos de borda* e *final*) em ambas as extremidades. Assim, os cinco furos estão igualmente espaçados dentro da distância restante. Todos os furos têm $\frac{5}{8}$ pol. de diâmetro.

    A. Qual será a distância igualmente espaçada, centro a centro?
    B. Qual é a distância borda a borda se eles forem furados como no desenho?

5. O desenho mostrado na Figura 2-8 pede um degrau fresado de $1\frac{5}{16}$ pol. A tolerância é de mais 0,015 pol. e de menos 0,000 pol.

    A. A dimensão real é 1,318 pol. após a usinagem. É aceitável ou não?
    B. Quanto mais da peça deve ser fresado para ter $1\frac{5}{16}$ pol.?

6. Foi lhe dado um trabalho para fazer 25 peças a partir de uma barra de $21\frac{5}{8}$ pol. de comprimento. Pela Figura 2-9, cada peça deve ter $\frac{3}{4}$ pol. de comprimento, e cada corte de serra requer um adicional de 0,10 pol. de material (denominado **corte**). Você pode fazer todas as 25 peças a partir da barra? Se não, quantas você consegue produzir?

7. A ordem de trabalho instrui: "Op 20 (operação 20) – O furo retangular bruto com $\frac{1}{16}$" de sobremetal". Isto

> **Conversa de chão de fábrica**
>
> A redação do Problema 7 é típica de uma ordem em uma oficina – abreviada e sem conjunções.

é para o acabamento posterior. Por enquanto, você deve deixar $\frac{1}{16}$ acima das dimensões de acabamento, material para ser usinado posteriormente, nas quatro faces internas do furo (veja a Figura 2-10). Qual será a largura e o comprimento interno brutos quando você tiver terminado?

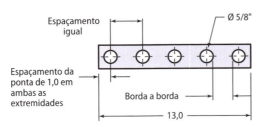

Figura 2-7 Problema 4.

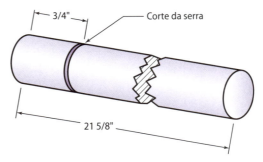

Figura 2-9 Problema 6.

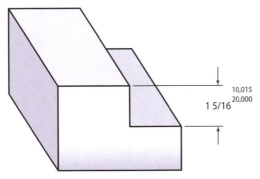

Figura 2-8 Problema 5.

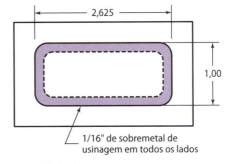

Figura 2-10 Problema 7.

Revisão da Unidade 2-2

Revise os termos-chave

Corte

Faixa estreita de matéria removida pela espessura da lâmina da serra.

Ponto de erro previsível (PEP)

Erros que ocorrem frequentemente; o operador deve estar atento a PEPs para evitá-los.

Reveja os pontos-chave

- Documentação de usinagem vem normalmente na forma abreviada.

Responda

Depois de corrigir seus cálculos, suas respostas foram estas?

1. 100% corretas – parabéns! Pule para a Unidade 2-3 e vá para a Revisão para resolver problemas mais desafiadores.
2. Perdeu um ou mais PEPs, mas você entendeu – Então reveja a verificação de PEP na Unidade 2-3 e vá para a Revisão do Capítulo 2.
3. Menos de 100% – Primeiro teste a Unidade 2-3 para ver se o aquecimento ajudou. Se também achou difícil, peça um pacote de revisão de matemática básica a seu instrutor ou para ele sugerir algum texto.

>> Unidade 2-3

>> Solução dos problemas

Introdução: Aqui há uma explicação detalhada dos problemas básicos de oficina da Unidade 2-2. A maioria dos problemas exigiu a conversão de frações em decimais, depois combinadas por adição, subtração, multiplicação ou divisão. O Problema 7 pôde ser resolvido diretamente em fração ou na forma decimal. Lembre que se você caiu em alguma PEP (armadilhas comuns), como no Problema 4, não é um indicador de que precisa de mais treino, mas é uma lição para tomar mais cuidado.

Termo-chave:

Pi (π)

A razão entre o diâmetro de um círculo comparado à sua circunferência é igual a 3,1415926. Qualquer círculo é mais de três vezes maior fazendo o seu contorno do que o atravessando.

Resolvendo os Problemas 1 e 2

Esses problemas envolvem mudar uma fração para um decimal e depois somar ou subtrair tolerâncias para saber qual faixa é aceitável.

1. $\frac{3}{8}$ pol. = 0,375

    Solução – Número 0,275 pol. é pequeno demais para este trabalho. Você determinou que 0,275 seria um tamanho aceitável? Um PEP comum em usinagem e medição é o erro bruto de 0,100 pol. Veja a resposta para o Problema 2 e fique atento a este PEP – acontece!

2. A tolerância decimal foi somada ou subtraída para 0,375, criando um campo de *0,365* mínimo a *0,385 pol.* máximo para um possível tamanho de corte.

Resolvendo o Problema 3

Ache as figuras certas no impresso e depois subtraia os números decimais. O truque real é determinar qual é o furo de $\frac{9}{16}$ pol., o furo inferior esquerdo. Veja a Figura 2-11: 3,25 pol. − 0,63 pol. = *2,62* pol.

Resolvendo o Problema 4

Você respondeu 2,20 pol.? O PEP aqui é que cinco furos determinam *quatro espaços*! Solução: a distância total era 11 pol. dividida por 4 = 2,75 pol. de distância centro a centro (veja a Figura 2-12). Para achar a distância borda a borda, subtraia o raio do furo duas vezes de 2,75. O diâmetro é $\frac{5}{8}$ pol. convertido em decimal = 0,625 pol. 2,75 − 0,625 = 2,125 pol. borda a borda.

Centro a centro é 2,750 pol.

Borda a borda é 2,125 pol.

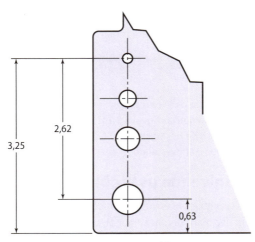

Figura 2-11 Resposta para o Problema 3.

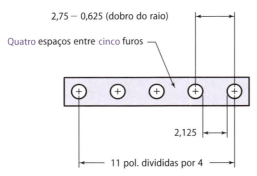

Figura 2-12 Resposta para o Problema 4.

Resolvendo o Problema 5

Esta foi uma conversão direta e uma subtração de números decimais. O tamanho de $1\frac{5}{16}$ pol. torna-se 1,3125 pol. O lado fresado tem 1,318 pol., dentro da faixa de tolerância de 0,0055. Este é o material a ser removido para ficar perfeito.

A. Sim, está dentro da tolerância.
B. 1,318 − 1,3125 = 0,0055 pol. pode ser removida.

Resolvendo o Problema 6

O problema envolve a divisão de números decimais. O material consumido por uma peça tinha 0,85 pol. de comprimento com 0,10 de *corte* adicionado a 0,75 da peça.

$21\frac{5}{8}$ = 21,625 divididos por 0,85 = 25,44 pol.
Sim, você pode fazer 25 peças.

Resolvendo o Problema 7

Uma vez que $\frac{1}{16}$ pol. deve ser deixado em ambos os lados de cada dimensão, o bolsão bruto será $\frac{1}{8}$ pol. menor. Há três maneiras diferentes de se resolver:

1. Use um gráfico decimal e ache $\frac{1}{8}$ pol. a menos que cada dimensão.
2. Converta o bolsão final para a forma decimal e depois subtraia 0,125 de cada dimensão.
3. Resolva o problema na forma de fração subtraindo $\frac{1}{8}$ pol. de cada dimensão. O tamanho deverá ser de $2\frac{5}{8}$ pol.

$2\frac{5}{8}$ menos $\frac{1}{8}$ = $2\frac{4}{8}$, que se reduz a $2\frac{1}{2}$ pol.

1 polegada é igual a $\frac{8}{8}$ menos $\frac{1}{8}$ = $\frac{7}{8}$ pol.

Trabalhando dentro da forma fracionária

Antes de subtrair uma fração de outra, elas devem ter um *denominador comum*. Você lembra como converter uma dada fração para outra com um novo denominador? Lembre-se de que o denominador é o número debaixo da fração. Siga este exemplo.

Problema exemplo: Quanto é $\frac{1}{32}$ pol. menos $\frac{7}{8}$ pol.?

Divida o novo denominador (32) pelo velho denominador (8) e veja que há 4 (32 partes por numerador). Agora, como há 7 numeradores, multiplique 7 × 4 = 28. $\frac{7}{8}$ pol. = $\frac{28}{32}$ pol.

Resultado, há $\frac{28}{32}$ em $\frac{7}{8}$ pol.

Primeiro converta $\frac{7}{8}$ pol. em 32 partes para subtrair como unidades:

$$\frac{7}{8} \text{ pol.} = \frac{28}{32} \text{ pol.}$$

Agora subtraia:

$$\frac{28}{32} - \frac{1}{32} = \frac{1}{27} \text{ pol.}$$

REVISÃO DO CAPÍTULO

Introdução: Agora que fez uma revisão dos problemas anteriores, veja quanto já melhorou. Lembre-se de pedir ajuda quando não conhecer termos e símbolos.

Instruções

A. Este é um autoteste, não um aquecimento.
B. Não olhe para cada resposta; esteja seguro de que você está certo em todos os problemas.
C. Corrija seu próprio trabalho e conclua prontamente as experiências laboratoriais.

Questões e problemas

Escreva esses decimais em palavras (Objs. 2-1 e 2-2):

1. 0,809 pol.
2. 0,056 pol.
3. 2,345
4. 6,09
5. 0,12 pol.

6. 0,0089 pol.
7. 0,0324 pol.
8. 3,0506 pol.
9. 0,5427 pol.
10. 5,3387 pol.

No seu caderno, converta números imperiais para métricos (Obj. 2-1):

11. 4 pol.
12. 2,5 pol.
13. 4,75 pol.
14. 20,0 pol.

No seu caderno, converta números métricos para polegadas imperiais – para o mais próximo décimo de milésimo (Obj. 2-1):

15. 25 mm
16. 120,5 mm
17. 358 mm
18. 225 mm
19. 4,75 mm
20. 2,5 mm

Questões de pensamento crítico

21. Um desenho pede uma peça retangular feita de chapa de aço. Ela deve ser usinada para 3$\frac{3}{4}$ por 5$\frac{3}{8}$ pol. quando acabada (veja a Figura 2-13). A operação 30 pede 0,150 pol. de sobremetal de usinagem adicionado a cada borda do material serrado bruto. A lâmina de serra consome 0,060 pol. para cada corte. Quanto material será consumido da chapa para um retângulo (Objs. 2-1 e 2-2)?

22. Um cliente pede 50 ganchos de ferramentas. Esse trabalho é feito a partir de uma barra de aço de $\frac{3}{8}$ pol. Cada gancho requer um comprimento de 4$\frac{3}{8}$ pol. de material, mais 0,06 de corte com bedame por torneamento, a partir

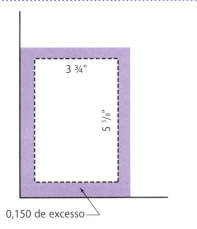

Figura 2-13 Problema 21.

da barra. Quanto material em polegadas você deve trazer para seu torno para fazer as 50 peças, arredondando para a polegada mais próxima? Responda em pés e polegadas (Obj. 2-2).

23. O desenho requer um furo personalizado de 0,875 pol. de diâmetro. Você precisa selecionar uma broca que seja $\frac{1}{32}$ pol. menor que o tamanho do furo acabado para sobremetal de usinagem (metal deixado para usinar após furar). Qual tamanho de broca será usado para pré-furar essa operação (Obj. 2-2)?

24. Usando o gráfico decimal do Apêndice, qual é o próximo diâmetro de broca em milímetro inteiro que é *menor* que a dimensão da broca em polegada da Questão 23?

Perguntas de CNC

25. Escrevendo a rotina para uma furadeira CNC, você precisa completar a palavra de comando **S** para dizer ao controlador para girar na velocidade do eixo estabelecida. O número seguinte ao prefixo **S** dirá ao controlador a velocidade em RPM. Calcule a RPM e preencha o comando **S**.

    Para este tarugo de aço endurecido, a velocidade da superfície recomendada é 80 pés/minuto. O diâmetro da broca é de $\frac{7}{16}$ pol. A fórmula para achar a RPM correta da broca para furar um tarugo de aço é:

    $$RPM = \frac{\text{velocidade da superfície} \times 12}{\pi \times \text{diâmetro da broca}}$$

    $$\pi = 3{,}1416$$

    (Objs. 2-1 e 2-2)

RESPOSTAS DO CAPÍTULO

Respostas 2-2

1 e 2. *Com certeza não*. A faixa dos raios aceitáveis é de 0,365 a 0,385. A fresa de 0,275 é pequena demais. Se você disse sim, caiu em uma armadilha comum de usinagem – "o erro do 0,1".

3. 2,6

4. Centro a centro é 2,750 pol.; borda a borda é 2,125 pol.

5. Sim, está dentro da tolerância. Você pode remover mais 0,0055 pol.

6. Vinte e cinco partes completas, com um pouco de sobra.

7. O bolsão bruto terá $2\frac{1}{2} \times \frac{7}{8}$ ou $2{,}500 \times 0{,}875$ pol. na forma decimal.

Você pôde fazer esses problemas com 100% de acertos? Se sim, então não há necessidade de mais revisões. Pule para os problemas de revisão do Pensamento Crítico para resolver os problemas-desafio e completar o Capítulo 2. Se você não marcar 100% de acertos, vá para a Unidade 2-3 para ver a explicação completa das soluções. Lembre-se, perder um ponto de erro previsível não foi um erro matemático. Então, se as soluções fizerem sentido e você perceber que elas ajudaram, vá para os problemas-desafio na seção de revisão. Se você achar que agora pode acertar 100% nesses problemas, que são um pouco mais difíceis, então era só se aquecer um pouco mais em matemática de oficina. Se não, peça ao seu instrutor por sugestões de revisão de matemática.

Respostas da revisão do capítulo

Note que "de uma polegada" pode ser dito onde os parênteses aparecerem, mas provavelmente não seriam adicionados na vida real em uma oficina.

1. Oitocentos e nove milésimos (de uma polegada).
2. Cinquenta e seis milésimos (de uma polegada).
3. Duas polegadas, trezentos e quarenta e cinco milésimos ( ).
4. Seis polegadas, noventa milésimos ( ).
5. Cento e vinte milésimos ( ).
6. Oito milésimos e nove décimos *ou* oito e nove décimos de milésimos ( ).
7. Trinta e dois e quatro décimos de milésimos ( ) *ou* trinta e dois milésimos e quatro décimos.
8. Três polegadas, cinquenta milésimos e seis décimos *ou* três polegadas, cinquenta e seis décimos de milésimos ( ).
9. Novecentos e quarenta e dois e sete décimos.
10. Cinco polegadas e trezentos e trinta e oito e sete décimos.
11. 101,6 mm
12. 63,5 mm
13. 120,65 mm
14. 508 mm
15. 0,9843 pol.
16. 4,7441 pol.
17. 14,0945 pol.
18. 8,8583 pol.
19. 0,1870 pol.
20. 0,0984 pol.
21. O retângulo acabado será de 3,75 × 5,375 pol. O retângulo de maiores dimensões quando serrado terá 4,05 × 5,675 pol. Adicionar 0,06 de corte para cada borda serrada completa o tamanho do retângulo cortado da chapa.

    4,11 × 5,735 pol.

    (*Dica*: havia apenas dois cortes para remover o produto da chapa!)
22. Você precisa de 221,75 arredondado para 222 pol. da barra de aço. Em pés e polegadas, 18 pés – 6 polegadas.
23. A broca terá $\frac{27}{32}$ pol.
24. Uma broca de 21 mm é a menor broca próxima em milímetro inteiro abaixo da broca de $\frac{27}{32}$ pol.
25. A RPM correta é 698,4.

capítulo 3

Leitura de desenhos técnicos

Os desenhos técnicos e os documentos associados a eles – as folhas de processo (FP) – são os meios pelos quais os profissionais de usinagem recebem instruções formais. Eles também conectam toda a indústria, ligando gestão, clientes, engenheiros, planejadores, programadores e pessoas do controle de qualidade. Esses dois documentos, embora bem diferentes, trabalham juntos para criar um modo perfeitamente seguro de entregar as mercadorias, isto é, eles são à prova de falhas se todos os envolvidos os compreenderem.

Objetivos deste capítulo

- Identificar as seis vistas ortográficas.
- Visualizar objetos utilizando projeções em terceiro diedro.
- Resolver problemas típicos de visualização simples para treinamento.
- Identificar vistas auxiliar, de detalhe e de seção transversal.
- Visualizar objetos, linhas ocultas e linhas-fantasma em desenhos.
- Reconhecer linhas de guia, quebra, centro, chamada e dimensão em desenhos.
- Definir a espessura e a forma corretas de uma determinada linha.
- Selecionar os objetos corretos a partir das vistas limitadas.
- Visualizar objetos tridimensionais através de vistas ortográficas.

O desenho é o documento mestre de engenharia. Em imagens, símbolos e palavras, ele mostra exatamente como as partes devem ser formadas e/ou montadas, mas não diz ao operador de máquina como fazê-lo – é a folha de processo que servirá a esse propósito. O corpo principal da folha de processo é uma sequência cuidadosamente planejada de operações. São instruções elaboradas, passo a passo, de como seguir o desenho e produzir a peça. Aprender a usar as folhas de processo é tão importante que vamos explorá-las mais duas vezes em capítulos posteriores. O Capítulo 3 é sobre a leitura de desenhos técnicos; ele visa dar aos novos alunos de usinagem informações básicas que são suficientes para começar as tarefas de laboratório. Contudo, será necessário posteriormente um curso formal sobre a leitura de plotagens além dessas informações iniciais.

Documentos eletrônicos *on-line* ou em papel

Hoje quase todos os desenhos são criados a partir do *software* CAD (*computer-aided drawing/design*). Foi com ele que as ilustrações deste capítulo foram desenhadas. Eles são arquivos de computador, mas podem ser impressos em papel para serem usados nas oficinas.

Desenhos impressos no papel são utilizados de diversas maneiras em uma empresa, e é provável que jamais sejam completamente eliminados. Porém, cada vez mais, operadores estão recebendo desenhos e folhas de processo na forma digital em seus postos de trabalho CNC. Não muito tempo atrás, isso tornou necessário que o operador de máquina tivesse acesso a um computador, mas hoje isso não ocorre se eles trabalharem em um chão de fábrica moderno.

Muitos comandos CNC evoluíram a partir de programas monotarefa para computadores multitarefa, chamados de comandos baseados em PC. Estes são acessados com teclados-padrão e funcionam nos mesmos sistemas operacionais encontrados em PCs de escritório. Os dados da empresa são integrados (em rede), e os operadores de máquinas podem acessar os programas, desenhos e planos de processo direto de seus postos de trabalho CNC. Eles podem se comunicar com programadores e pedir ajuda de outras pessoas para trazer ferramentas ou lubrificantes, por exemplo, ou com outros operadores de máquinas em locais diferentes. Utilizando esses meios, o operador de máquina se torna um gerenciador de dados e pode adicionar rastreamento de tarefas, informações e garantia na qualidade dos dados. O programa solicita e retorna alterações sugeridas para o programador, além de executar muitas outras tarefas – tudo a partir do seu comando CNC. O chefe da oficina vê instantaneamente o número de partes concluídas e não concluídas (espera-se que nenhuma) e geralmente realiza um trabalho muito melhor na gerência da oficina.

Essa tendência de trabalhar sem papel não só economiza o armazenamento de milhares de desenhos em papel e as pessoas necessárias para a organização mas também torna possível ao mesmo tempo controlar e distribuir atualizações no desenho para todos que estão trabalhando nele em todo o mundo, além de preservar as florestas.

> **Conversa de chão de fábrica**
>
> Desenhos técnicos também são chamados de vários nomes diferentes na oficina: plotagens, desenhos, desenhos de engenharia e um termo em inglês, *blueprints* ou plotagens azuis. Mas por que "azul", se eles são em preto e branco? Continue a ler.

» Unidade 3-1

» Projeção ortográfica

Introdução: Na Unidade 3-1, vamos observar o sistema utilizado pelo desenhista para expor as diversas vistas que você vê no papel – a **projeção ortográfica**. Projetar significa mostrar alguma coisa sobre uma superfície plana, uma tela de computador ou um papel, por exemplo. Do latim, *ortho* significa situado a 90°, e *graphicus*, desenhos. Portanto, desenhos ortográficos são as várias vistas de um mesmo objeto sob a perspectiva de um observador a 90° de diferença entre cada vista. Quando atribui-se um trabalho com um conjunto de instruções, o operador de máquina deve ser capaz de compreendê-lo o mais rápido possível. Porém, é fundamental que nenhum metal seja removido até que a verdadeira natureza da peça seja completamente compreendida. Isso significa eficiência na visualização da peça mostrada no desenho.

Termos-chave:

Linhas de dobra
Linhas imaginárias onde o desenho em papel pode ser dobrado para recriar um modelo de caixa de vidro; linhas de dobra simulam dobradiças entre as superfícies de vidro.

Linhas de projeção
Linhas que não estão no desenho, mas, quando adicionadas, conectam detalhes de uma vista para outra; desenhar uma linha de projeção é estar a 90° das linhas de dobra.

Projeção em primeiro diedro
O segundo método mais popular de projetar desenhos ortográficos – não muda a imagem, mas reorganiza sua localização no papel.

Projeção em terceiro diedro
O sistema mais comum para organizar as perspectivas na América do Norte: uma caixa de vidro imaginária cujas partes do desenho são vistas de três dos quatro lados possíveis.

Projeção ortográfica
Vistas tomadas de várias perspectivas de 90°.

Vista auxiliar
Vista tomada como se uma folha extra de vidro fosse adicionada à caixa que mostra detalhes não visualizados de qualquer outra perspectiva.

Vista de detalhe
Vista ampliada – maior do que o desenho principal – para mostrar detalhes não visualizados claramente.

Vista em corte
Vista tomada internamente para mostrar detalhes não visualizados claramente do lado de fora de uma parte do desenho.

Habilidades necessárias para a leitura de desenhos

Não importa em qual formato o desenho chega a você – em uma tela de computador ou em um papel –, pois a habilidade de compreendê-lo e de aplicá-lo ao seu trabalho permanece a mesma. A leitura de desenhos se divide em duas categorias:

1. *Visualização* é a habilidade de olhar a imagem e entender a ideia do que o projetista viu enquanto criava o desenho. É a habilidade de olhar para um plano, uma imagem bidimensional em uma tela ou em papel e criar um objeto tridimensional na sua mente. É nessa habilidade que vamos concentrar nossos esforços no Capítulo 3.

2. *Interpretação* é a segunda e mais complexa de um série de habilidades para leitura de desenhos. Esta compreende o que talvez possa ser chamado de aspectos "formais" de transformar um desenho em realidade. Interpretar um desenho requer uma compreensão de regras, símbolos, nomenclatura e procedimentos da manufatura.

A seguir são listados três exemplos das muitas coisas que os operadores de máquina precisam entender para interpretar corretamente o desenho que vamos aprender em outros capítulos deste livro, quando for necessário:

1. Desenho e sistemas de numeração das peças utilizados na indústria para mostrar o detalhe exato que está sendo solicitado na ordem de trabalho.

2. O sistema de revisão para atualizar plotagens quando os desenhos sofrerem mudanças.

3. Ler as dimensões e tolerâncias no desenho para produzir a forma e o tamanho do objeto corretos.

As seis vistas ortográficas padrões

Há seis possíveis vistas-padrão, mas raramente mais do que três ou quatro são necessárias para transmitir a imagem de qualquer peça. Elas podem ser entendidas como projeções dos seis lados possíveis de uma caixa de vidro imaginária que a rodeia: *superior, inferior, frontal, traseira, lateral direita e esquerda* (Figura 3-1). (Os desenhos CAD também podem incluir uma visão pictórica para acelerar a visualização.)

A caixa de vidro imaginária fornece um modelo de como cada visão se refere a todas as partes planas do desenho. Ela pode ser visualizada em superfícies sobre as quais as vistas foram projetadas – do objeto até o vidro – e, em seguida, dobrada para formar um desenho. Como os desenhos não são realmente feitos dessa forma, a Figura 3-2 ilustra a melhor maneira de começar a aprender visualização. Cada vista no papel é como se a caixa tivesse dobradiças e cada superfície tivesse sido desdobrada.

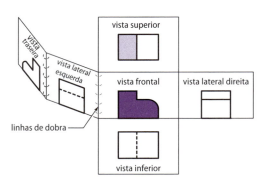

Figura 3-2 Cada vista do desenho é apresentada como se o observador estivesse diretamente voltado para as diversas superfícies da caixa de vidro.

Todas as vistas que mostram a altura do objeto são chamadas de vistas de *elevação*: elevação frontal, elevação lateral direita, elevação traseira e assim por diante. Geralmente são denominadas apenas vistas frontal, lateral direita, traseira e lateral esquerda. O termo elevação é mais utilizado em desenhos de arquitetura (edificações).

Projeção em terceiro diedro

Embora existam outros sistemas para projetar objetos em superfícies planas, o mais comum na América do Norte e em outros lugares do mundo é a **projeção em terceiro diedro**. Nesse sistema, os leitores dos desenhos visualizam cada vista como se estivessem fora da caixa e o que eles veem em qualquer posição (superior, frontal e assim por diante) é projetado para a superfície de vidro *entre o objeto e o observador*. Em outras palavras, cada vista é como se você estivesse caminhando ao redor da caixa e observando cada lado.

O símbolo utilizado para alertar o leitor de que o desenho foi produzido com projeção em terceiro diedro é um cone com vistas frontal e lateral, como se estivesse na caixa. Quando houver a chance de mais de um método ser utilizado, como por uma corporação internacional ou para aquele que tem clientes internacionais, você verá esse símbolo na área do título para indicar que o desenho é uma projeção em *terceiro diedro* (Figura 3-3). Com a pro-

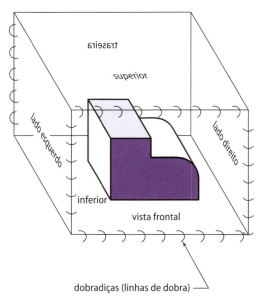

Figura 3-1 Caixa de vidro *imaginária* ao redor do objeto.

Figura 3-3 O símbolo da projeção ortográfica em *terceiro diedro* é um cone com vista superior e lateral direita.

jeção em terceiro diedro, a borda frontal superior da caixa é considerada a principal borda (ou dobradiça) da qual todos os outros pontos de vista se desdobram.

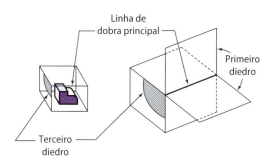

Figura 3-4 A caixa de projeção em terceiro diedro surge a partir do terceiro dos quatro possíveis quadrantes.

Conversa de chão de fábrica

Por que eles são chamados de *blueprints*?

Naturalmente, a resposta é encontrada voltando no tempo, antes de os desenhos originais dos engenheiros serem arquivos, quando eram desenhados manualmente a lápis sobre papel semitransparente (papel vegetal). As cópias do desenho original eram feitas para oficinas.

Não havia máquinas fotocopiadoras. As cópias eram feitas uma de cada vez. Para fazer a cópia, o papel vegetal era colocado sobre um papel quimicamente tratado, e uma luz forte era colocada sobre eles. O papel tratado ficaria azul se não fosse sombreado por linhas a lápis no papel acima. Essas linhas tornavam-se brancas, mas o papel exposto ficava azul. Os desenhos antigos eram difíceis de ler quando muito complexos e também tendiam a desaparecer no longo prazo. O processo felizmente não é mais utilizado, mas o termo prevalece além da tecnologia.

Ponto-chave:

As imagens da projeção em terceiro diedro são criadas como se a superfície de projeção (vidro) estivesse entre o observador e o objeto. Esses são os desenhos que você vai utilizar neste livro e provavelmente no seu treinamento também.

Projeção em primeiro diedro

O outro método utilizado em alguns lugares do mundo é similar e funciona tão bem quanto a projeção em terceiro diedro. Nesse método, as vistas são organizadas de forma diferente, como se a imagem fosse projetada de fora do objeto para a superfície do vidro – a superfície mais distante do observador do outro lado da caixa. Isso não muda a aparência das seis vistas padrão. Desenhos produzidos com a **projeção em primeiro diedro** reorganizam a localização da imagem no papel.

Para a projeção em primeiro diedro, a caixa de vidro ainda é utilizada, mas a linha principal da dobradiça fica em outro lugar da caixa. Para ver a diferença entre as projeções em primeiro diedro e em terceiro diedro, examinamos os quatro quadrantes possíveis criados pela interseção de dois planos de vidro, como é mostrado na Figura 3-4. Este é o universo de quatro caixas. No mundo industrializado, muitos usam a terceira caixa, mas poucos usam a primeira.

O universo da caixa de vidro

Quando dois planos de vidro imaginários são cruzados, criam-se quatro possíveis áreas de caixa de vidro. Essa linha de interseção se torna a principal borda ou dobradiça para cada plano. Nos desenhos em terceiro diedro, o objeto é colocado na terceira das quatro caixas possíveis. Os desenhos em primeiro diedro são retirados da primeira caixa possível. Em razão do seu uso comum na América do Norte, de agora em diante no Capítulo 3, vamos estudar apenas desenhos em terceiro diedro. Deixaremos os desenhos em primeiro diedro para o curso de desenho técnico. Nenhum dos dois sistemas é melhor. Uma vez compreendidos, eles são usados com a mesma facilidade. No mundo de concorrência internacional de hoje, é muito provável que você encontre desenhos em primeiro diedro.

> **Ponto-chave:**
> A caixa do terceiro diedro utiliza os planos de topo e frontal como principais. Outras vistas irradiam-se a partir desta vista frontal e da principal linha de dobra (estudadas a seguir).

Dobras e linhas de projeção

Para acelerar a visualização do projeto mentalmente, imaginamos *linhas de dobra* entre cada vista. Elas representam o lugar onde as dobradiças deveriam estar entre as superfícies de vidro se a caixa fosse real. Enquanto as vistas estão corretamente dispostas no papel, é possível cortar e em seguida dobrar o papel ao longo dessas linhas para fazer um modelo de caixa de papel completo com as vistas projetadas.

O desenhista (pessoa que cria o desenho) usa os conceitos de dobra e **linhas de projeção** quando gera a imagem em papel ou na tela do computador. Você pode usá-los para visualizar o objeto. Por exemplo, observe a Figura 3-5: em ambas as vistas frontal e traseira, a parte inferior do objeto toca a parte inferior da caixa, e o topo tem a mesma altura que vistas adjacentes de elevação. O canto da caixa é uma linha de projeção. Os detalhes encontram-se diretamente no outro lado da linha de dobra. Eles são projetados vista a vista. Observe novamente a Figura 3-5: para garantir que a medida fosse da mesma altura em ambos os pontos de vista, uma linha de projeção temporária foi estendida a partir da vista frontal para o lado direito. Em seguida, as linhas verticais foram aparadas. O último passo será excluir as linhas de projeção entre as vistas.

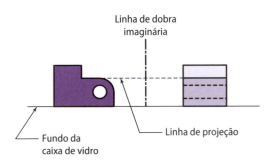

Figura 3-5 Detalhes do projeto para a mesma altura acima da parte inferior da caixa de vidro em ambas as vistas.

Verificação com régua

Para ver como isso funciona, confira o furo na Figura 3-5 com uma linha reta ou uma régua. Estendendo as linhas tracejadas, vimos que elas representam o furo, na direita, até a vista frontal.

> **Dica da área:**
> **Projeção com régua** Use essa técnica da linha de projeção para testar a relação entre linhas confusas ou detalhes de uma vista para outra.

Vistas auxiliar, em corte e de detalhe

Há diversas outras vistas que podem ser adicionadas para mostrar detalhes não vistos claramente em qualquer das seis vistas-padrão. Examinaremos as três mais comuns: **vista auxiliar**, **em corte** e **de detalhe**.

Vista auxiliar

Às vezes, a caixa de vidro de seis lados não fornece uma vista em um ponto de vista que revele o verdadeiro tamanho ou forma do objeto, ou algum detalhe no objeto, no ponto de vista correto. Por exemplo, na Figura 3-6, em cada vista padrão, o furo na superfície angular aparece como uma elipse ou escondido na vista. Para mostrar esse furo em verdadeira grandeza, uma folha de vidro extra (*auxiliar*) é adicionada para fornecer uma vista maior

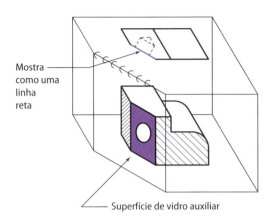

Figura 3-6 Uma folha extra (auxiliar) de vidro é adicionada para mostrar o buraco em sua verdadeira dimensão e forma.

para o detalhe; em outras palavras, para olhar diretamente para o furo, onde ele aparece como um círculo. Note que a linha de dobra está na parte superior da caixa, onde a superfície angular é mostrada como uma linha reta. Esta é a única vista de que a nova vista auxiliar pode ser projetada como uma verdadeira superfície.

Ponto-chave:
Regra da auxiliar Uma vista auxiliar deve ser projetada para fora de uma vista anterior, onde a face a ser mostrada aparece como uma linha reta.

Removido ou rotacionado por conveniência
Por causa da regra de projeção auxiliar, muitas vezes encontramos vistas auxiliares projetando para fora ou dobrando-se para posições contrárias em um desenho ortográfico padrão, como aparece na Figura 3-7. Para resolver esse problema, em geral elas são transferidas para uma localização melhor no desenho e *normalmente* se fornece uma nota ao lado da vista para o leitor saber o que foi feito – que o ponto de vista não se encontra diretamente através da linha de dobra imaginária, mas foi colocado em outro lugar para deixar o desenho mais conciso. A vista será encontrada em um lugar mais coerente no papel, e não no local em que foi projetada (Figura 3-8).

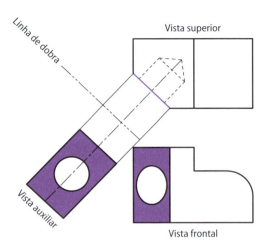

Figura 3-7 Esta vista auxiliar está em sua posição correta: perpendicular à linha de dobra.

Ponto-chave:
Quando a vista auxiliar não estiver mais em sua posição ortogonal correta, o truque da linha de projeção não vai funcionar. Lembre-se, vistas auxiliares são feitas para mostrar alguns detalhes do objeto que não são vistos claramente na vista-padrão em perspectiva.

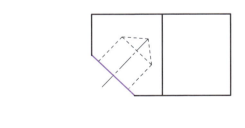

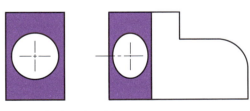

Vista auxiliar (rotacionada)

Figura 3-8 A vista auxiliar foi movida para uma melhor localização no papel, mas não se projeta a partir da vista superior.

Vista em corte

Outra vista secundária surge quando o desenhista precisa mostrar alguma característica interna que não é vista claramente do lado de fora do objeto. Existem vários tipos de vistas em corte, mas todas compartilham o conceito de que são desenhadas como se o material fosse fatiado e retirado do objeto, e você está vendo o interior da peça. A vista em corte é retratada como se o material entre o observador e o objeto remanescente tivessem sido removidos.

Há dois tipos de vistas em corte comuns, o *corte completo* e o *corte parcial*. Cada um esclarece detalhes de dentro desta conexão de mangueira usinada de bronze (Figura 3-9).

São usadas duas regras como diretrizes para a criação de vistas em corte:

1. **Regra do plano de corte**

    A superfície teórica ao longo da qual o material foi cortado e aberto é chamada de plano de corte. Na Figura 3-10, observe que a linha grossa tracejada, com setas em cada extremidade, é a linha de plano de corte. Ela representa a extremidade do corte. A vista criada pelo plano de corte será apresentada como se o observador estivesse olhando na direção das setas. O material que será removido na vista da seção está por trás das setas, entre o

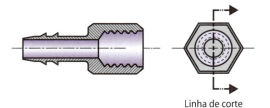

Linha de corte

Figura 3-10 A linha de corte mostra onde a seção foi tomada. Esta é mais espessa do que todas as outras linhas no desenho.

observador e o objeto restante. Se for possível, a vista em corte será colocada em sua posição ortográfica correta no papel; porém, com vistas auxiliares, talvez seja necessário localizá-las em outra parte do desenho (Figura 3-10). A pessoa que o desenhou pode ou não escolher fazer a linha do plano de corte, como no caso da Figura 3-9. Além disso, a linha pode ou não ter setas na extremidade, dependendo da simplicidade da vista em corte.

2. **Regra de secionamento**

    Após a vista em corte ser desenhada, linhas mais finas provavelmente serão adicionadas para esclarecer onde o corte interno foi feito. Linhas de secionamento não são necessárias e são acrescentadas somente quando o desenhista sente que elas esclarecem uma vista ou detalhe. Elas também são chamadas de linhas de *hachura*, como mostram as Figuras 3-9 e 3-10.

Vista de detalhe

Vistas de detalhe são ampliações de pequenas características da peça que não são mostradas claramente na escala de todo o desenho. Deve existir um rótulo de quanto a vista foi ampliada (explodida) e um círculo indicando a partir de qual vista foi criada – de novo, essas são opções que o desenhista pode ou não usar. Por exemplo, "**Escala 3X**" na Figura 3-11 significa que a vista é três vezes maior que o tamanho do desenho normal.

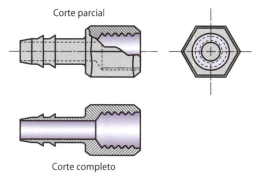

Figura 3-9 Dois tipos diferentes de vistas de corte mostram os detalhes internos.

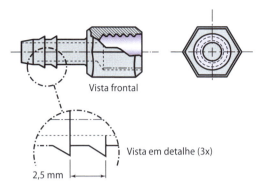

Figura 3-11 Uma típica vista de detalhe aumentada – três vezes o tamanho do desenho real.

Conversa de chão de fábrica

Por que não recebemos desenhos com vistas pictóricas coloridas?

Nós, instrutores, muitas vezes ouvimos essa pergunta. Afinal, as vistas pictóricas acelerariam o processo de visualização e eliminariam uma série de suposições similares àquelas perspectivas nos desenhos utilizadas nas respostas. A primeira parte da resposta é que os objetos usados aqui foram simples. Representações pictóricas se tornariam difíceis de desenhar em formas complexas. Muitas vezes leva mais tempo para desenhar do que usinar! Em certo nível de complexidade, elas não são tão fáceis de ler também. No entanto, com os *softwares* CAD tornando-se cada vez mais capazes, as perspectivas estão se tornando práticas, fáceis de renderizar e, portanto, de baixo custo. Estamos vendo-as agora em desenhos aeroespaciais e em outras indústrias também. As cores nos desenhos em papel são outra questão de custo em virtude dos métodos de impressão, mas também são um meio para ajudar a esclarecer as imagens. Quando se desenha em CAD, a cor é uma das principais ferramentas de diferenciação entre os diversos tipos de linhas. O desenhista pode escolher linhas de objeto amarelo-escuro e dimensões em azul brilhante. Como a cor já faz parte de todos os desenhos em CAD, as versões *on-line* virão em cores – apenas as cópias em papel não têm cor, em razão dos custos de impressão.

Revisão da Unidade 3-1

Revise os termos-chave

Linhas de dobra
Linhas imaginárias onde o desenho em papel pode ser dobrado para recriar um modelo de caixa de vidro; linhas de dobra simulam dobradiças entre as superfícies de vidro.

Linhas de projeção
Linhas que não estão no desenho, mas, quando adicionadas, conectam detalhes de uma vista para outra; desenhar uma linha de projeção é estar a 90° das linhas de dobra.

Projeção em primeiro diedro
O segundo método mais popular de projetar desenhos ortográficos – não muda a imagem, mas reorganiza sua localização no papel.

Projeção em terceiro diedro
O sistema mais comum para organizar as perspectivas na América do Norte: uma caixa de vidro imaginária cujas partes do desenho são vistas de três dos quatro lados possíveis.

Projeção ortográfica
Vistas tomadas de várias perspectivas de 90°.

Vista auxiliar
Vista tomada como se uma folha extra de vidro fosse adicionada à caixa que mostra detalhes não visualizados de qualquer outra perspectiva.

Vista de detalhe
Vista ampliada – maior do que o desenho principal – para mostrar detalhes não visualizados claramente.

Vista em corte
Vista tomada internamente para mostrar detalhes não visualizados claramente do lado de fora de uma parte do desenho.

Reveja os pontos-chave

- Há seis vistas ortográficas padrões: frontal, traseira, superior, laterais direita e esquerda e inferior.
- Todas as vistas-padrão são imagens com defasagem de 90° entre elas.
- A vista *frontal* deve descrever melhor o objeto. Estude-a primeiro quando iniciar um novo trabalho. É a vista-mãe a partir da qual todas as outras se originam.
- Vistas auxiliar, de detalhe e em corte esclarecem um detalhe não demonstrado claramente nas vistas-padrão.
- Vistas de corte mostram detalhes internos escondidos pelo material. Elas apresentam os detalhes como se o material interposto fosse removido.

Responda

1. Com suas próprias palavras, descreva uma projeção ortográfica.
2. Interpretar um desenho significa reunir todas as vistas juntas em sua cabeça e, em seguida, criar uma imagem 3D na sua mente. Esta declaração é verdadeira ou falsa? Se for falsa, o que a tornaria verdadeira?
3. Na América do Norte, o que é mais utilizado: projeção em primeiro diedro ou projeção em terceiro diedro?
4. Enquanto elas não estão em desenhos reais, nomeie duas linhas imaginárias que ajudam na compreensão de projeções ortográficas.
5. Ligue as letras aos números.
    A. Vista em corte
    B. Vista auxiliar
    C. Vista de detalhe
    1. Uma vista expandida que mostra algumas pequenas características que não podem ser vistas claramente no desenho principal.
    2. Uma vista projetada em uma superfície de vidro imaginária que não é uma das seis vistas-padrão.
    3. Uma vista que mostra alguns aspectos internos do objeto.
    4. Uma vista que apresenta algum material removido do objeto.
    5. Uma vista que está em escala maior (ampliada) do que o desenho principal.

>> Unidade 3-2

>> O alfabeto das linhas

Introdução: A segunda família de dicas de visualização ajuda os leitores a construir a imagem 3D em sua mente, fazendo várias linhas comporem diferentes imagens. Vamos analisar sete tipos básicos. Vimos o oitavo e nono tipos como linha de plano de corte e linha de hachura na Unidade 3-1. Quando você se familiarizar com essas linhas diferentes, será muito mais fácil ver a imagem. Com alguma prática, essas linhas quase farão os detalhes saltar para fora do papel em direção à sua mente!

Termos-chave:

Linha de contorno visível
Linha sólida e espessa que descreve superfícies e arestas que podem ser vistas daquele ponto de vista.

Linha de dimensão ou de cota
Linha fina e contínua que indica tamanho e forma e geralmente termina em setas.

Linha de extensão ou de chamada
Linha fina e contínua que conduz a visão para fora do objeto, fornecendo uma dimensão do local.

Linha fantasma
Linha tracejada leve que mostra uma posição auxiliar ou uma parte relacionada que na verdade não está neste desenho.

Linha indicativa
Linha fina e contínua que transmite informações especiais ou aponta uma nota para um local específico.

Linha invisível ou escondida
Linha leve e tracejada que retrata superfícies e bordas não diretamente vistas naquela perspectiva.

Linhas de quebra
Descrevem o material que foi removido do desenho, *mas não na peça real*, para simplificar ou compactar o desenho.

Simetria
Idêntico em ambos os lados de um eixo central.

Visualização
Processo de elaborar mentalmente um desenho a partir de projeções ortográficas.

Forma e espessura das linhas

A ideia do que uma linha transmite é a sua forma. Por exemplo, se a linha é composta de traços ou de linhas sólidas, ou combinações de ambos, seu significado muda. A espessura é a largura relativa em comparação com as outras linhas no desenho. Linhas de corte variam da espessura fina à extragrossa (a linha mais espessa em qualquer desenho).

1. **Linhas de contorno visível**
   Ao visualizar um desenho, as principais linhas que você verá serão as **linhas de contorno visível**. Linhas contínuas e espessas representam as arestas e as superfícies que são visíveis. Assim, essas são também chamadas de *linhas de objeto* ou visíveis. Depois das linhas de plano de corte, essas são as linhas mais espessas no desenho.

2. **Linhas invisíveis**
   Estas linhas tracejadas descrevem os detalhes invisíveis, como se um raio X revelasse mais informações de dentro ou do lado oposto do objeto. Linhas invisíveis são leves, compostas de traços igualmente invisíveis. **Linhas invisíveis** descrevem superfícies reais, bordas e características escondidas por outros materiais. Elas são mais leves do que as linhas de contorno, porém mais espessas do que as linhas de corte.

3. **Linhas-fantasma**
   Linhas-fantasma são traços duplos repetidos e ligeiramente mais longos. Elas são usadas de duas maneiras diferentes e representam posições alternativas de um objeto. Primeiro, as linhas podem mostrar a parte restante de uma dobradiça em sua posição totalmente aberta. Segundo, elas descrevem um objeto que se relaciona com o objeto desenhado, mas na verdade não está no desenho. Como exemplo, veja a segunda peça que compõe a dobradiça na Figura 3-12.

4. **Linhas de centro**
   As linhas de centro não representam o material, mas mostram o eixo central de um objeto ou a característica da peça. Elas são de espessura média, mais longas e com um traço simples. Muitas vezes, mas nem sempre, o objeto pode ser **simétrico** (igual) em ambos os lados da linha. Se for assim, pode haver uma nota ou um símbolo declarando isso. Várias linhas de centro comuns são mostradas nas Figuras 3-12 e 3-13.

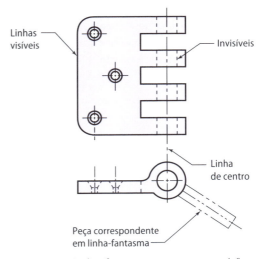

Figura 3-12 Linhas fantasma representam posições alternativas ou peças relacionadas que não estão no desenho.

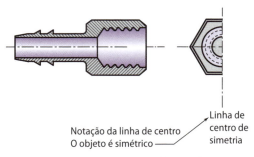

Notação da linha de centro
O objeto é simétrico

Linha de centro de simetria

Figura 3-13 Este acessório é igual em ambos os lados do eixo central.

5. **Linhas de dimensão ou de cota**

   As **linhas de dimensão** e os dois próximos tipos de linhas são da mesma espessura e forma. Elas não descrevem o material, mas são usadas para esclarecer o significado de dimensões e notas. Elas indicam a distância ou o tamanho do objeto. Essas linhas quase sempre terminam em setas e podem ser interrompidas por uma dimensão, mas sua forma é contínua. Muitas vezes são usadas com as linhas de extensão, como aparece na Figura 3-14.

6. **Linhas de extensão ou de chamada**

   As **Linhas de extensão** são linhas de detalhe que estendem uma característica da peça para onde uma linha de cota pode ser usada, mostrando o tamanho sem interferir na vista. Por elas não retratarem o material, as linhas de extensão não se conectam ao objeto por um pequeno espaço. A diferença ajuda a evitar que sua visão seja levada para fora do objeto quando o **visualizamos**. Elas têm a mesma espessura e forma que as linhas de dimensão: são contínuas e leves.

7. **Linhas indicativas**

   As **Linhas indicativas** são linhas úteis e semelhantes às linhas de dimensão e extensão, as quais não fazem parte do objeto, mas esclarecem detalhes sobre ele, e apontam para uma determinada zona ou detalhe com uma seta no final. Elas indicam onde um símbolo ou nota se aplica à peça. Ou, se a nota é muito grande para colocar naquele local, elas podem incluir uma letra ou um número, o qual é introduzido a uma nota encontrada em outro lugar no desenho. Linhas indicativas podem ser curvas, mas normalmente são inclinadas e retas. A curva ou inclinação é uma tentativa de evitar a confusão com as linhas de contorno visível.

8. **Linhas de quebra**

   As **linhas de quebra** mostram onde o material desnecessário foi removido para simplificar o desenho. Por exemplo, um projeto de mastro de bandeira não precisa ser de 50 pés de comprimento se é o mesmo de cima para baixo. Como pode ser visto na Figura 3-15, este mastro é igual em todo seu comprimento e pode ser quebrado para economizar espaço. Existem vários tipos de linha de quebra nos desenhos, e todos eles são fáceis de reconhecer.

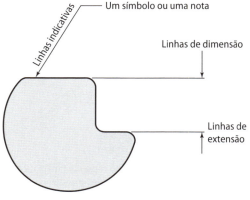

Figura 3-14 Linhas indicativas, de extensão e de dimensão têm as mesmas espessuras e forma.

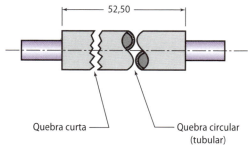

Figura 3-15 Dois tipos de linhas de quebra mostram material removido para economizar espaço.

Revisão da Unidade 3-2

Revise os termos-chave

Linhas de quebra
Descrevem o material que foi removido do desenho.

Linha de dimensão ou de cota
Linha fina e contínua que indica tamanho e forma e geralmente termina em setas.

Linha de extensão ou de chamada
Linha fina e contínua que conduz a visão para fora do objeto, fornecendo uma dimensão do local.

Linha invisível
Linha leve e tracejada que retrata superfícies e bordas não diretamente vistas naquela perspectiva.

Linha indicativa
Linha fina e contínua que transmite informações especiais ou aponta uma nota para um local específico.

Linha visível
Linha sólida e espessa que descreve superfícies e arestas que podem ser vistas daquele ponto de vista.

Linha-fantasma
Linha tracejada leve que mostra uma posição auxiliar ou uma peça relacionada que na verdade não está neste desenho.

Simetria
O mesmo em ambos os lados de um eixo central.

Visualização
Processo de elaborar mentalmente um desenho a partir de projeções ortográficas.

Responda

1. Por que o desenhista coloca setas nas linhas de planos de corte?
2. Verdadeiro ou falso? A linha-fantasma mostra o material que está escondido atrás de outras características.
3. Por que os desenhistas utilizam as linhas de quebra?
4. A linha de centro representa _____ de uma característica da peça.
5. Qual é o outro nome para as linhas visíveis?

» Unidade 3-3

» Colocando tudo junto – Problemas desafiadores

Introdução: Agora, vamos investigar como combinar as informações fornecidas para começar o processo de visualização. Depois de algumas dicas sobre como montar vistas em sua cabeça, vamos resolver alguns quebra-cabeças. Lembre-se, seu objetivo é obter conhecimento suficiente para ler recomendações de projetos e desenhos em seu treinamento.

Termos-chave:

Apelido
Truque mental da profissão que ajuda a acelerar a visualização de um objeto desenhado.

Vista a vista
Processo de montar mentalmente um desenho ortográfico.

Uma dica da área para formar a imagem 3D

Descobri que esta dica reduz o tempo necessário para visualizar um novo desenho. É absolutamente fundamental que o operador tenha uma visão clara do objeto antes de cortar o metal. Erros caros ocorrem quando fazemos o contrário! Mas o tempo também é limitado, e o trabalho precisa avançar. A seguir, listamos um conjunto de ferramentas mentais para auxiliar na montagem da imagem o mais rapidamente possível. Siga-os na ordem apresentada.

1. **Primeiro estude a vista frontal**
   Ela descreverá melhor o objeto. Mas não fique lá muito tempo; basta obter a forma aproximada no início, um retângulo, uma forma "L" ou um oval, por exemplo. Não tente ver todos os detalhes de uma vez.

2. **Escolha uma característica principal/óbvia na vista frontal**
   Escolha uma característica única mostrada na vista frontal; pode ser um furo, uma rosca ou uma grande superfície, por exemplo. Em seguida, relacione-a com outras vistas usando o método de projeção de régua e o alfabeto das linhas. Isso é chamado de processo **vista a vista** (V-T-V – *view-to-view*).

3. **Repita o processo vista a vista**
   Continue usando os recursos *que você entende*, vista a vista, muitas outras vezes, escolhendo detalhes cada vez mais finos. Isso solidifica a forma geral e deixa a imagem pronta para a próxima fase.

4. **Agora, escolha detalhes que você não vê claramente na vista frontal**
   Comece a investigar linhas e características vista a vista que você não vê claramente. Use o truque da linha de projeção entre vistas adjacentes até que comece a ficar claro.

5. **Resuma mentalmente uma imagem mais detalhada do objeto**
   Neste ponto, você deve ver claramente uma definição aperfeiçoada da forma geral do objeto. Por exemplo, uma forma cilíndrica com uma alça na parte superior, uma forma cúbica com dois grandes furos, um cotovelo com um rasgo até a extremidade e assim por diante. Se isso não funcionar, comece de novo com o processo vista a vista.

6. **Apelide o objeto se você puder**
   Assim que possível, a qualquer momento no processo, tente nomear o objeto com um **apelido** de algo do seu dia a dia, se puder estabelecer uma relação.

Esta dica faz maravilhas para completar a imagem, e isso realmente ajuda a falar sobre a peça com os outros na oficina. Por exemplo, trabalhei em peças que todos nós chamamos de bastões de hóquei, frigideiras, bistecas de porco, chapéus de papel e pirulitos! Você pode vê-los, mesmo sem uma plotagem (Figura 3-16)?

Esse pequeno segredo da profissão não só grava o que você vê, mas também fornece uma aderência forte sobre a imagem quando se discute com os outros. Usando essa ferramenta de comunicação, eu poderia dizer "precisamos fazer o furo no cabo da frigideira". Em um instante, você sabe aproximadamente onde o furo deve ser feito e para onde olhar para ver as dimensões do desenho! Funciona!

Situações especiais

Na indústria, às vezes o produto é complexo, e não há tempo suficiente para visualizá-lo completamente antes da hora de fabricá-lo. Esta é uma situação indesejável que, no entanto, todos enfrentaremos em algum momento. Há três maneiras de ajudar a superar a dificuldade de fazer uma peça que você realmente não compreendeu.

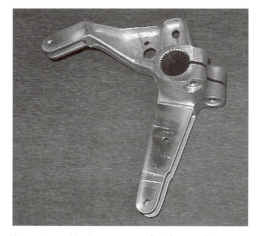

Figura 3-16 Você consegue adivinhar qual era o apelido desta peça na nossa oficina?

Amostras da peça

Se as peças foram feitas anteriormente, a oficina deve ter uma peça que não pôde ser repassada ao cliente por causa de suas imperfeições. Chamada de amostra de peça padrão, ela pode ser pintada de uma cor brilhante, geralmente de vermelho, e ser deliberadamente cortada ou carimbada para garantir que nunca será retornada à linha de produção.

Siga a folha de processo e pergunte ao seu supervisor

Durante os períodos em que você deve "atirar sem ver o alvo", conte com as instruções passo a passo da folha de processo. Peça ajuda a outros que fizeram as peças anteriormente quando você tiver dúvidas. E, principalmente, seu trabalho na oficina é estar lá para também ajudar em situações difíceis.

> **Ponto-chave:**
> Se você não tem uma visualização completa da peça e precisa seguir com o processo, então não suponha, pergunte!

Imagens digitais

Em muitas oficinas modernas, pode haver uma imagem pictórica de qualquer peça do CAD ou da trajetória da ferramenta CNC, ou ambos, conforme mostra a Figura 3-17. A trajetória da ferramenta é uma provável fonte de informação, uma vez que geralmente é verificada pelo programador antes de liberar o novo programa para o chão de fábrica. Esses arquivos podem acelerar o processo de visualização. A propósito, chamamos as peças mostradas na Figura 3-16 de bumerangues.

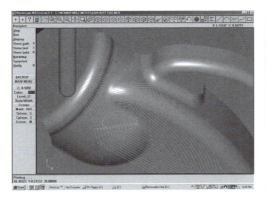 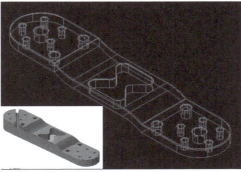

Figura 3-17 As imagens da tela do programa muitas vezes podem ajudar a visualizar os objetos. Cortesia do Mastercam (trajetória de ferramenta) e Metacut Utility Software (modelo sólido).

Revisão da Unidade 3-3

Revise os termos-chave

Apelido
Truque mental da profissão que ajuda a acelerar a visualização de um objeto desenhado.

Vista a vista
Processo de montar mentalmente, vista a vista, um desenho ortográfico.

Reveja os pontos-chave

- Nunca adivinhe como uma forma deve ser usinada, sempre pergunte a um líder da oficina.
- Use o processo vista a vista para acelerar o processo de visualização do desenho.
- Apelidar peças é um caminho saudável para melhorar a visualização e a comunicação.

Responda

1. Por que você estuda a vista frontal primeiro quando é apresentado a um novo desenho?
2. Como as folhas de processo e os desenhos trabalham juntos para produzir um produto final? Quais são seus objetivos no processo de fabricação?
3. Ao realizar o processo vista a vista para visualizar um desenho, quais três dicas são usadas? (*Dica*: Todas elas são linhas.)
4. Além de utilizar a projeção ortográfica para visualizar uma peça, nomeie outras maneiras de "vê-la" antes de usiná-la. Em outras palavras, quais são as outras fontes de informação sobre como a peça tridimensional se parece na realidade?
5. Quatro tipos de vista especiais podem ser adicionados ao desenho para esclarecer detalhes não mostrados nas seis vistas ortográficas padrões. Quais são elas e quais informações elas adicionam à visualização?

REVISÃO DO CAPÍTULO

Unidade 3-1

Ser um operador de máquinas também significa que você será um gestor de informação. Trabalhar lado a lado com as folhas de processo, programas e desenhos é a primeira diretiva do nosso ofício. Eles nos mostram o quê, mas não como. Embora existam outras maneiras de visualizar uma peça usando esboços, modelos e imagens da tela em alta tecnologia, projetar vistas de superfícies planas, de vários lados do objeto, é indiscutivelmente o melhor método não só para transmitir o formato da peça mas também para gravar as especificações e as dimensões. As vistas dividem-se nas seguintes categorias:

- seis vistas padrão, com defasagem de 90° entre elas;
- detalhes aumentados além da escala do desenho para ampliar pequenas características;
- vistas auxiliares tiradas de pontos de vista não ortográficos das vistas de corte da peça;
- vistas internas que revelam detalhes não vistos claramente de fora do objeto.

Unidade 3-2

Visualizar um objeto é uma questão de adaptação da sua mente ao uso de um conjunto universal de diretrizes – ou, como dito na Unidade 3-3, colocar as vistas todas juntas para transformar as vistas planas em uma concepção 3D. Um dos maiores conjuntos de diretrizes é o alfabeto de linhas. Usando a espessura relativa e a forma, ele mostra:

- linhas de contorno visível e superfícies diretamente vistas a partir dessa perspectiva;
- linhas invisíveis e superfícies escondidas por outras partes do objeto;
- linhas-fantasma e superfícies representadas, mas não de fato sobre o objeto;
- dimensão e detalhes da linha de centro para adicionar clareza às especificações.

Unidade 3-3

Esta unidade foi elaborada não apenas para ajudar você a entender as primeiras folhas de tarefa do laboratório mas também para demonstrar a necessidade de formação contínua na leitura de desenhos. Uma ou outra vez, os estudos da indústria mostram que os estagiários frustrados dizem que o maior bloqueio para o sucesso na carreira é a falta de habilidade na leitura de desenhos. Certifique-se de fazer um curso formal que utilize essa habilidade. Mas, muito além do curso, o processo para a leitura de desenho continua ao longo da vida como autoaprendizagem. Graças à rápida evolução tecnológica, a prática de longo prazo nunca vai acabar!

Questões e problemas

1. A leitura de desenho se enquadra em duas categorias gerais. São elas:
   A. visualização e tolerância
   B. interpretação e dimensionamento
   C. visualização e interpretação
   D. projeção e ortográfica
   (Obj. 3-1)

2. Nomeie a vista ortográfica que deve transmitir o máximo de informação sobre a forma geral do objeto (Obj. 3-1).

3. Verdadeiro ou falso? Nos Estados Unidos, é utilizado o sistema em primeiro diedro, mas alguns países usam o terceiro. Se for falso, o que o torna verdadeiro (Obj. 3-1)?

4. Ao rotacionar entre as vistas, quais duas linhas imaginárias, não encontradas no objeto desenhado, ajudam a relacionar mais detalhes (Obj. 3-1)?
5. Que forma e espessura tem a linha de centro (Obj. 3-2)?
6. Liste pelo menos quatro linhas usadas em desenhos ortográficos que sejam contínuas (inteiras) e suas espessuras relativas (Obj. 3-2).
7. A vista deve ser tomada internamente, com material removido para vê-la claramente. Que tipo de vista é essa (Obj. 3-1)?
8. Referindo-se ao Problema 7, que linha é usada para mostrar exatamente onde a vista interna é tomada sobre o objeto? Quais são a forma e a espessura usadas para essa linha (Objs. 3-1 e 3-2)?
9. Referindo-se à Pergunta 8, o que as setas mostram quando são anexadas às linhas onde a vista em corte foi tomada (Obj. 3-2) (Dois fatos)?
10. Em uma folha de papel separada, esboce a vista em corte como se ela estivesse no espaço indicado no desenho da Figura 3-18 (Obj. 3-3) (*Dica*: Veja o Problema 11 para mais informações.)
11. As setas foram omitidas da linha de plano de corte na Figura 3-18. Se você fosse adicioná-las, elas apontariam corretamente para a esquerda ou para a direita na página? Explique (Objs. 3-2 e 3-3).
12. Dada a vista frontal na Figura 3-19, identifique qual(is) objeto(s) é/são descrito(s) como vista(s) pictórica(s). Observe, no objeto A, o furo central que se estende através da peça (Obj. 3-3).
13. Em uma folha de papel separada, assumindo que a Figura 3-19 seja o objeto A, esboce a vista superior correta; e assumindo que a Figura 3-19 seja o objeto C, esboce a vista superior correta (Obj. 3-3).

Questões de pensamento crítico

14. Por que uma vista traseira sempre possui uma linha de dobra relacionada a uma vista à direita ou à esquerda? Veja a Unidade 3-1, Figuras 3-2 e 3-3 (Obj. 3-1).
15. Com suas próprias palavras, descreva por que um desenhista deve usar uma vista auxiliar (Obj. 3-2).

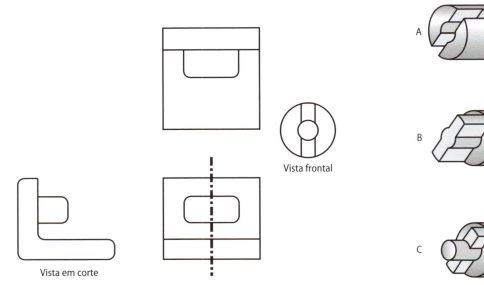

Figura 3-18 Desenhe a vista em corte em um pedaço de papel.

Figura 3-19 Qual(is) objeto(s) é(são) mostrado(s) com a vista frontal: A, B ou C?

Perguntas de CNC

16. Uma folha de processo e um desenho lhe foram dados para fazer um pedido urgente de peças. O objeto é complexo, e o supervisor diz que o trabalho é "urgente". "Carregue o programa e faça a preparação; em seguida, inicie a usinagem das peças de imediato", diz ele. Você está desconfortável com sua situação porque não há tempo para visualizar o objeto. O que você pode fazer para obter uma visualização o mais rápido possível?

17. **A.** Qual objeto na Figura 3-20 está representado na Figura 3-21?
    B. As duas vistas ortográficas na Figura 3-20 estão completas sem a vista pictórica? Explique. (Obj 3-3).

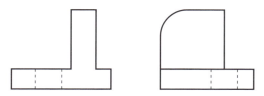

Problema 17 – Vista superior faltante

Figura 3-20 Usando a Figura 3-21, identifique este objeto.

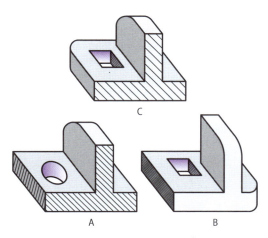

Figura 3-21 Qual objeto é representado na Figura 3-20?

18. Em uma folha de papel separada, esboce três vistas da Figura 3-22, na sua relação ortográfica correta. O tamanho não é necessário; encaixe seu desenho ao seu papel. Observe que a vista que deve ser sua perspectiva frontal em seu desenho é indicada por uma seta.

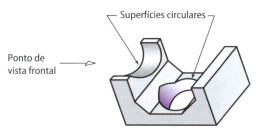

Problema 18 – Bloco de apoio

Figura 3-22 Usando esta vista pictórica, desenhe três vistas ortográficas para este bloco.

19. Sobre a resposta ao Problema 18 (Figura 3-26), em sua opinião, o engenheiro selecionou a melhor vista do bloco de apoio para utilizar como vista frontal (Figura 3-22)? Explique.

20. Dadas estas vistas da bucha ranhurada (Figura 3-23), encontre o erro no desenho ortográfico (não as dimensões). Explique.

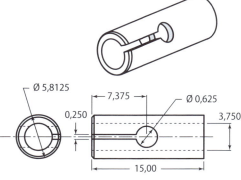

Problema 20 – Bucha ranhurada

Figura 3-23 O que há de errado nas vistas ortográficas?

RESPOSTAS DO CAPÍTULO

Respostas 3-1

1. Desenhos ortográficos são várias vistas defasadas de 90° de um mesmo objeto. Em outras palavras, olha-se para ele de vários lados.
2. Falsa. Esta é a definição de visualização, não de interpretação.
3. Projeção em terceiro diedro.
4. Dobras e linhas de projeção.
5. A = 3 e 4; B = 2; C = 1 e 5.

Respostas 3-2

1. Para mostrar a direção em que a vista foi tomada. Para mostrar de que lado da linha de plano de corte o material foi removido, por trás das pontas de setas.
2. Falso. Uma linha-fantasma mostra posições alternadas ou objetos que se relacionam com o desenho, mas não estão neste desenho.
3. Para descrever o material que está sobre o objeto, mas não é necessário para definir o objeto. O material foi removido do desenho para economizar espaço.
4. Eixo.
5. Linhas visíveis.

Respostas 3-3

1. A vista frontal é escolhida pela pessoa que cria o desenho por ser a melhor representação do objeto.
2. A folha de processo diz como fazer as peças com base nas especificações do desenho. O desenho fornece a forma, o tamanho e outras especificações.
3. Linhas de projeção, linhas de dobra e o alfabeto de linhas.
4. As imagens da tela de um desenho CAD ou de um programa (Figura 3-17); vistas pictóricas; peças de amostra*; descobrir se foi dado um "apelido" por outros operadores de máquina*.
5. Vista de detalhe, descreve características pequenas não mostradas claramente na escala do desenho; vistas de seção, mostram detalhes internos não vistos claramente do lado de fora (como se o material fosse fatiado externamente para ver dentro do objeto); vista auxiliar, uma vista de outra perspectiva para esclarecer o tamanho e a forma que não são mostrados claramente no padrão de seis perspectivas (como se uma outra folha de vidro fosse adicionada à caixa de vidro); e pictórica (isométrica), uma representação gráfica da parte geral acrescenta uma imagem do objeto, bem como as vistas planas.

Respostas da revisão do capítulo

1. C. Interpretação e visualização.
2. A vista frontal em geral é escolhida para representar mais claramente a forma do objeto.
3. Falso. Usamos projeção em terceiro diedro, alguns outros usam o primeiro.
4. Linhas de dobra e de projeção.
5. Traço longo e curto usando a espessura fina.
6. Linhas visíveis, espessa; dimensão, extensão e as linhas indicativas, finas; linhas de corte, finas.
7. Vista em corte.
8. Linha de plano de corte, traço e linha extraespessa.

---

* Supondo que as partes foram feitas antes.

9. O material foi removido por trás das setas, entre o observador e a linha de plano de corte; a exibição será no sentido das pontas das setas na vista em corte.
10. As linhas de corte de 45° são opcionais, mas devem estar lá para esclarecer o material naquele corte.
11. Elas devem apontar para a esquerda, como mostra a Figura 3-24. Uma ou ambas as respostas estão corretas.
    (A) Porque a localização da vista em corte significa que ela é vista como se o material fosse removido para a direita (atrás das setas viradas para a esquerda) da linha de plano de corte.
    (B) Porque o ponto da vista em corte está do lado direito da peça, como se estivéssemos olhando para o lado oposto (à esquerda na vista frontal).

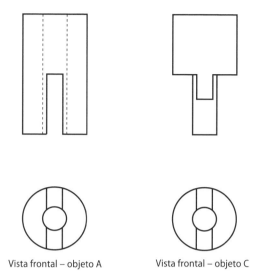

Vista frontal – objeto A   Vista frontal – objeto C

Figura 3-25 Como a vista superior deve ser. Note que as vistas devem estar nessa posição para que estejam corretas.

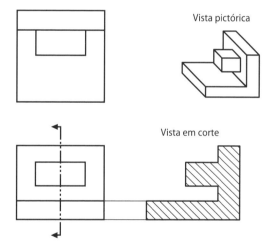

Figura 3-24 A vista em corte precisa ser desenhada, mostrando o centro da aba retangular do metal sólido.

12. Pode ser o objeto A ou o C (pois o círculo central é contínuo, logo a resposta não pode ser objeto B).
13. As duas vistas superiores dos objetos A e C (Figura 3-25).
14. Dobrar a vista de outro modo significa que a sua elevação não ficaria vertical. Em outras palavras, a peça não estaria corretamente para cima se ela não fosse dobrada nas duas vistas existentes. Volte para a Figura 3-2 e desenhe como seria a vista superior, por exemplo. Ela ficaria de cabeça para baixo no papel!
15. Sua resposta deverá ser parecida ou uma combinação das seguintes:
    Todas as outras vistas não mostram o objeto em tamanho real e forma.
    Nenhuma das seis vistas padrão mostra claramente o objeto ou o detalhe.
    Nenhuma das outras vistas esclarece algum detalhe ou característica sem observá-los atentamente.
    Os seis planos de vidro não mostram os detalhes em suas verdadeiras perspectivas.
16. **A.** Pergunte se há uma peça de amostra (ou alguma peça similar).
    B. Verifique se o desenho pode incluir uma visão pictórica (lembre-se de que este poderia ser um documento eletrônico e deve haver uma vista digital do objeto).

C. Procure alguma relação familiar com essas peças e pergunte sobre a instalação, os apelidos das peças e a forma em geral.

17. A. Deve ser mostrado o objeto B.
B. A vista ortográfica deve incluir a vista superior para ser completa. As duas vistas não mostram se o canto da base é redondo ou não, ou se o furo é quadrado ou redondo. Você só sabe essas coisas através das vistas. Se elas estiverem faltando, você não poderá decidir a forma e o tamanho do objeto.

18. As três vistas devem ser parecidas com a Figura 3-26.

19. Dificilmente (isso é questionável para este objeto). Provavelmente escolheria a vista frontal como aquela orientada para você na vista pictórica, porque ela dá uma impressão inicial melhor da forma geral do objeto. (A vista lateral direita na resposta, veja a Figura 3-25 para a vista frontal.)

20. O diâmetro do furo de 0,625 aparece em ambos os lados da bucha, portanto o furo deve ser representado com linha contínua na vista lateral, como mostra a Figura 3-27.

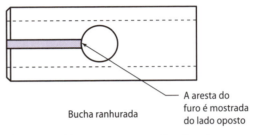

Bucha ranhurada

Figura 3-27 Um pequeno erro – o furo deveria parecer contínuo.

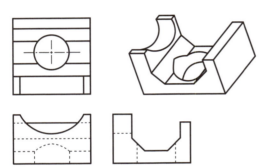

Figura 3-26 As três vistas como devem aparecer, dada a vista frontal.

>> capítulo 4

Introdução à geometria

Depois de mais de 40 anos do início da revolução dos computadores, com a era do jato ganhando altitude e os antecessores das máquinas CNC de hoje operadas sem computadores, como as caixinhas de música, tornou-se óbvia a necessidade de atualização do sistema de dimensionamento e toleranciamento do desenho de engenharia. Os métodos que levaram a tecnologia tão longe não forneciam mais a flexibilidade ou as características de controle requeridas para desenvolver os produtos atuais ou de um futuro próximo.

Objetivos deste capítulo

>> Expressar os termos *elemento* e *característica* com suas próprias palavras.

>> Definir os cinco grupos de tolerância geométrica.

>> Descrever por que o DTG é melhor em comparação aos métodos antigos.

>> Encontrar referências nos desenhos.

>> Utilizar parâmetros de referência de modo certo em suas instalações e programas.

>> Explicar por que referências definem o jeito certo de começar um trabalho e de medi-lo.

>> Listar e descrever os 14 controles geométricos por símbolo e propósito.

>> Descrever elementos e eixos de controle e ser capaz de reconhecer a diferença nos desenhos.

Um grupo de líderes militares, engenheiros e fabricantes que se uniram para resolver essa necessidade perceberam que o mundo industrial continuaria a evoluir. Sabiamente, eles estabeleceram que fosse criado um novo sistema de dimensionamento e toleranciamento para ser usado não apenas pela tecnologia da época, mas um sistema que tivesse a habilidade de se adaptar a novas necessidades que surgissem. Este novo sistema tornou-se conhecido como dimensionamento e toleranciamento geométrico (DTG).

Visionários, eles não poderiam deixar de prever a explosão da era técnica em que vivemos atualmente. O sistema que criaram ainda continua servindo bem em uma era onde tudo mudou. O DTG tornou-se um ser vivo, com seus usuários se reunindo regularmente para fazer atualizações.

Nos Estados Unidos, a Sociedade Americana dos Engenheiros Mecânicos, em seu comitê Y14, assumiu o dever de revisar o sistema, escrevendo e publicando as mudanças necessárias. Grupos similares fazem o mesmo em cada nação industrializada. Eles trazem suas ideias regularmente ao comitê da Organização Internacional de Padronização (ISO), o mesmo grupo global que monitora o sistema métrico.

Assim como no Capítulo 3, nosso objetivo geral neste capítulo é auxiliar antecipadamente as atribuições dos laboratórios de escolas técnicas e familiarizar estudantes de usinagem com informações suficientes para começar o treinamento. O Capítulo 4 também demonstrará como você deve proceder quando o desenho usa dimensionamento e toleranciamento geométrico.

> **Ponto-chave:**
> Haverá uma diferença nas configurações e nos métodos de medida quando o desenho usar o dimensionamento e o toleranciamento geométrico, comparado ao sistema antigo de dimensionamento e toleranciamento.

Nossa terceira meta é reconhecer os símbolos geométricos e ter uma ideia do que eles significam. Vamos fornecer uma base suficiente para esclarecer esses símbolos e prepará-lo para fazer um estudo completo do tema em sua formação profissional.

» *Unidade 4-1*

» O que é dimensionamento e toleranciamento geométrico e por quê?

Introdução: O sistema DTG foi projetado para melhor satisfazer a *função* em comparação aos projetos que utilizavam métodos antigos (algumas vezes denominados dimensionamento coordenado; aqui vamos nos referir *dimensionamento padronizado*). Função é o modo como as partes específicas que usinamos devem trabalhar ou ser montadas e operar. A fim de compreender melhor este foco, examinaremos algumas definições básicas e veremos rapidamente o significado dos símbolos usados no sistema. Esta lição é feita para provar por que usamos o DTG hoje.

> **Ponto-chave:**
> O DTG foi inventado para melhor satisfazer a *função*.

Linguagem simbólica Vamos fazer uma comparação entre dois sistemas diferentes: dimensionamento e toleranciamento geométrico e padronizado. Na Figura 4-1, a posição e tolerância para um furo é mostrada usando exemplos de ambos os métodos. Uma segunda especificação controla a circularidade do furo em 0,5 mm (o círculo na segunda caixa de texto). À primeira vista, parece que o DTG apenas reafirma os símbolos que já estavam lá. Não é verdade. Cada um desses símbolos geométricos foi criado para resolver uma necessidade não atendida ou expandir alguma capacidade não encontrada no dimensionamento padronizado.

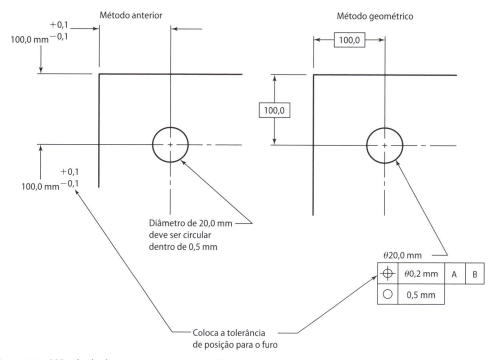

Figura 4-1 Método de dimensionamento geométrico comparado ao dimensionamento padronizado.

Vamos estudar o que esses símbolos significam na Unidade 4-3, mas por ora chegamos à primeira vantagem do DTG: é uma linguagem simbólica, o que elimina palavras nos desenhos. Palavras podem ser ambíguas, mas, com um pouco de estudo, todos conhecem o significado exato de um símbolo.

Símbolos também eliminam a desordem no desenho e diminuem o tamanho do arquivo do CAD, se comparado a escrita e notas. Mas o mais importante: eles são claramente compreendidos no mundo todo. Nações podem compartilhar desenhos usando controles geométricos independentemente da língua que falam.

No entanto, esses símbolos só deixam as informações dos desenhos mais claras quando o leitor do desenho estuda seu significado. Por exemplo, as caixas de texto em volta das dimensões de 100 mm na Figura 4-1 têm um significado preciso e um propósito – vamos descobrir isso mais tarde.

Ponto-chave:
Cada caixa de texto, círculo ou símbolo em um desenho que usa o DTG transmite um significado que o operador da máquina deve entender. Não entendê-los é trabalhar com um obstáculo.

Termos-chave:

Batimento
Controla a oscilação da superfície em objetos que giram em torno do eixo de referência.

Elemento
Qualquer aspecto singular de uma parte que pode ser dimensionada e apresentar tolerância; por exemplo, uma linha, uma abertura ou um furo.

Forma
Um controle da forma superficial exterior regular de um objeto (exceção – um eixo, que pode ser controlado com retilineidade).

Função

Modo como as coisas trabalham ou são montadas.

Localização

Controla a posição da linha axial da forma de acordo com a referência; os controles são: posição, simetria e concentricidade.

Orientação

Controla o ângulo da linha axial ou superfície da forma de acordo com o referencial; inclinação, paralelismo e perpendicularidade são os controles de orientação.

Perfil

Controla o contorno superficial externo dos objetos onde o contorno não pode ser definido com controles de forma.

Referencial

Um ponto de partida de referência em que muitos comandos se baseiam.

	Tipos de tolerância	Características	Símbolo
Para elemento individual	Forma	Retilineidade	—
		Planicidade	▱
		Circularidade	○
		Cilindricidade	⌭
Para elemento individual ou associado	Perfil	Forma de uma linha	⌒
		Forma de uma superfície	⌓
Para elemento associado	Orientação	Inclinação	∠
		Perpendicularidade	⊥
		Paralelismo	∥
	Localização	Posição	⊕
		Concentricidade	◎
		Simetria	⌯
	Batimento	Batimento circular	↗ *
		Batimento total	↗↗ *

*A ponta da seta pode ser preenchida ou não.

Figura 4-2 Os cinco grupos de controles geométricos. Fonte: Sociedade Americana dos Engenheiros Mecânicos.

Princípios geométricos para operadores?

Sem uma base de estudo, os conceitos geométricos parecem focalizar apenas dimensionamento e tolerâncias de desenhos. Eles aparentam ser somente uma nova maneira de transmitir a mesma velha informação, mas as informações fundamentais permanecem iguais. É um grande equívoco pensar que, geométricas ou não, as ações do operador da máquina serão as mesmas – isso definitivamente não é verdade! Os conceitos dos símbolos afetam, e muito, o que você faz ao se preparar para usinar, planejando sequências de corte, escrevendo programas, medindo resultados e usando ferramentas de fixação. Isso tudo se baseia em princípios geométricos.

Duas definições importantes – Elementos e características

Examine por um momento a Figura 4-2. Os 14 símbolos na coluna da direita são as chaves do sistema. Voltaremos para este quadro novamente. Talvez você queira colocar um marcador aqui.

As características são o alvo Cada símbolo na Figura 4-2 representa uma condição ou um relacionamento desejado (o alvo) para um aspecto da peça – deve ser arredondado ou exato, por exemplo, o que é conhecido como *característica geométrica*. Reconhecer cada símbolo e o que ele representa são os objetivos principais de todo este capítulo. Uma vez que as características forem definidas, então a tolerância para a aceitação será colocada no elemento.

O dimensionamento geométrico e a tolerância fazem isso.

1. **Defina a característica-alvo**

    Uma *característica* desejada é pedida. Por exemplo, o furo na Figura 4-1 tem de ser circular.

2. **Colocando a variação admissível – a tolerância**

    Essa é a variação admissível do alvo perfeito (a tolerância). Neste exemplo, isso define o quanto o furo pode desviar a partir da circunferência perfeita de 0,5 mm, encontrada na parte do quadro inferior.

Os elementos são qualquer coisa que pode ser dimensionada e ter tolerância Uma característica se aplica apenas a um único **elemento** na peça trabalhada; uma abertura, uma linha ou um furo, por exemplo. A característica então é o alvo para esse elemento individual.

A definição do DTG

> **Conversa de chão de fábrica**
>
> **Fabricação avançada**
>
> Habilidades de trabalho em geometria são especialmente úteis para o uso de um equipamento de medição computadorizada, desenhos assistidos por computador ou programação assistida por computador, ou ao aplicar controle estatístico de processos em seu trabalho.

Vamos recapitular tudo: o DTG é um sistema de 14 controles que definem uma condição desejada (característica) para algum elemento da peça. Eles também mostram qual é a máxima variação permitida para o elemento passar na inspeção. Todas as 14 características resolvem algumas necessidades fundamentais que não eram atendidas antes de o DTG ser introduzido.

Cinco grupos de características

O controle do DTG divide-se em cinco famílias classificadas segundo seu propósito. Voltando para a Figura 4-2, perceba que os símbolos estão agrupados como:

Forma: Controla o contorno da superfície exterior de elementos regulares: circularidade, retilineidade, planicidade e formas cilíndricas. (Exceção: quando a retilineidade pode ser aplicada a uma linha de centro de um elemento.)

Perfil: Controla o contorno da superfície exterior dos elementos fechados. Itens que não são retilíneos, planos ou circulares. O perfil é muito similar à forma, exceto na natureza da forma exterior.

Orientação: Controla o relacionamento de um elemento quanto à referência. Por exemplo, o ângulo de uma superfície ou a perpendicularidade (esquadro) em relação à referência.

Localização: Controla a posição do centro do elemento em relação à referência.

Batimento: Controla a oscilação do exterior de um objeto rotacional.

> **Ponto-chave:**
> O **referencial** é um ponto de partida em que muitos comandos se baseiam. Veremos mais sobre referenciais na Unidade 4-2.

Vantagens geométricas

Princípios geométricos constituem tudo que fazemos

Os desenhos que você usa talvez utilizem o DTG, mas o projeto geométrico vai além da versão expressa no papel. Indo diretamente ao ponto, *o desafio do trabalho em si é, e sempre foi, a geometria*. Essa é a verdade na qual o comitê Y14 baseou seu trabalho.

> **Ponto-chave:**
> A fabricação é geométrica independentemente se o desenho do projeto for feito ou não pelo DTG.

Razões para criar controles geométricos Além da linguagem universal já discutida, o projeto geométrico está mais em sintonia com a função do produto para proporcionar:

- mais *controle e flexibilidade* para o projetista e o fabricante, se comparado com os métodos antigos;
- toda a *tolerância natural e completa* possível com a função do objeto, visando fazer um produto de melhor qualidade; (o DTG não deixa

haver tolerâncias maiores; o que ele faz é remover a necessidade de tolerâncias apertadas em excesso "apenas para ter certeza");

- uma compreensão instantânea das *prioridades funcionais* dos elementos a serem usinados.

Entender as prioridades do projeto mostra ao usuário por onde começar a usinar. As prioridades funcionais determinam a ordem de importância dos elementos na peça. Compreendê-las é importante para o operador porque elas indicam:

- como fixar a peça para usinar;
- quais cortes devem vir primeiro;
- como medir os resultados.

Como operador, você não precisa entender como o objeto que está sendo feito realmente funciona, mas precisa saber quais elementos da peça são os mais críticos, isto é, qual tem maior prioridade. Com o projeto geométrico, você vai identificar rapidamente os elementos e as funções críticas e depois estabelecer o começo e a sequência das operações desses elementos e funções. Veremos exemplos disso na Unidade 4-2.

> **Ponto-chave:**
> Se tivesse de resumir em uma palavra a razão do sistema DTG ter sido criado, você diria **função**.

O sistema DTG se aplica melhor à nossa maneira de fazer objetos e ao modo como eles trabalham. Um ponto final: o DTG é um verdadeiro sistema. Assim que você aprender mais, vai começar a ver muitas relações e conexões entre controles e princípios. Olhar para as conexões entre conceitos e controles denomina-se abordagem de sistema para o aprendizado. Vamos explorar isso aos poucos nas próximas unidades.

Revisão da Unidade 4-1

Revise os termos-chave

Batimento
Controla a oscilação da superfície em objetos que giram em torno do eixo de referência.

Elemento
Qualquer aspecto singular de uma parte que pode ser dimensionada e apresentar tolerância; por exemplo, uma linha, uma abertura ou um furo.

Forma
Um controle da forma superficial exterior regular de um objeto (exceção – um eixo, que pode ser controlado com retilineidade).

Função
Modo como as coisas trabalham ou são montadas.

Localização
Controla a posição da linha axial da forma de acordo com a referência; os controles são: posição, simetria e concentricidade.

Orientação
Controla o ângulo do eixo de um elemento de acordo com o referencial; inclinação, paralelismo e perpendicularidade são os controles de orientação.

Perfil
Controla o contorno superficial externo dos objetos onde o contorno não pode ser definido com controles de forma.

Referencial
Um ponto de partida de referência em que muitos comandos se baseiam.

Reveja os pontos-chave

- Cada caixa de texto, círculo ou símbolo em um desenho com DTG transmite um significado que o operador precisa entender. Não entendê-los é trabalhar com um obstáculo.

- O sistema geométrico foi inventado para resolver problemas funcionais técnicos decorrentes da fabricação.
- Cada aspecto do sistema gira em torno da função.
- O DTG permite o controle flexível de todo o processo de fabricação.
- O DTG é uma padronização viva. É supervisionado por um grupo internacional, assegurando-lhe que evolua com o tempo e com a tecnologia. O operador precisa estar atualizado com as revisões à medida que ocorrem.
- Por ser simbólico, o DTG supera qualquer barreira linguística.

Responda

1. Que grupo supervisiona o DTG nos Estados Unidos?
2. Qual é a base do sistema DTG? No que ele é melhor do que o sistema anterior?
3. Quando se inicia a fabricação utilizando um desenho DTG, o que as prioridades funcionais mostram para o operador fazer? Como você começa um trabalho DTG? Liste três itens.
4. Liste e brevemente descreva as cinco características dos grupos de controle.
5. Qual é a única exceção da forma de controle de retilineidade? O que é isso?

Essa referência é sempre um ponto de partida no DTG. Na Figura 4-3, dois referenciais são estabelecidos: os pontos A e B. Eles são simbolizados pela colocação de uma caixa em torno de uma letra maiúscula.

Termos-chave:

Elemento
Qualquer detalhe no desenho que é dimensionado e apresenta tolerância.

Elemento de referência
Qualquer parte regular da forma que é usada para estabelecer uma referência em um desenho.

Referenciação (termo do autor)
Considerar as irregularidades de um objeto real colocando-o sobre uma superfície teoricamente perfeita para medição ou usinagem, ou calcular uma média de irregularidades na forma para derivar um eixo de partida. A Figura 4-18 usa a precisão do pino para originar a sua localização.

Referência formal
Elemento designado por uma letra maiúscula no desenho.

Referência informal
Qualquer elemento usado como referência para outro elemento. Não tem designação alguma no desenho.

Referência
Superfície teoricamente perfeita ou eixo usado como referência. O referencial é estabelecido por elementos

>> Unidade 4-2

>> Reconhecendo referenciais em projetos e usando-os na fabricação

Introdução: O uso de referenciais é uma das mais importantes diferenças entre um projeto DTG e um que não é DTG. Nove das 14 características originaram-se do referencial. Por exemplo, a localização do furo precisa ser posicionada "a partir" de algo.

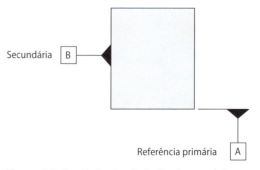

Figura 4-3 As referências são indicadas com letras maiúsculas em uma caixa quadrada, conectada ao objeto.

na peça – ele não está na peça. Ele simula a montagem global fora da peça.

> **Ponto-chave:**
> No DTG, o referenciamento do elemento "de alguma coisa" sempre se baseia no referencial.

Referências realizam três tarefas vitais

1. **Estabelecem uma base exata para o controle geométrico.**
2. **Eliminam ambiguidades (fatos incertos e suposições).**

    Sem os referenciais, os operadores acabam fazendo suposições sobre as instalações e as medidas dos projetos, como será claramente demonstrado a seguir.

3. **Estabelecem prioridades funcionais.**

    Um desenho geométrico ajuda a decidir como começar o trabalho. Pela prioridade do referencial, mostram-se quais operações das máquinas devem vir primeiro, como fixar a peça e quais elementos são críticos. O trabalho é facilmente organizado. Não é sempre possível ir direto para a prioridade principal, mas, mesmo quando cortes intermediários devem ser feitos, o objetivo é estabelecer a Referência A (se não foi ainda estabelecida) o mais rápido possível, depois B, C e assim por diante.

Tenha certeza de ter entendido todos esses três conceitos quando completarmos a Unidade 4-2, pois eles são os pontos principais e vão aparecer toda vez que você usinar e medir um produto.

Referencial – A base exata, o ponto de partida

Sem um **referencial**, muitas medidas (e operações de usinagem) não são cientificamente exatas. Para ilustrar isso, responda a questão colocada na Figura 4-4: exatamente quão alto é o objeto, com suas

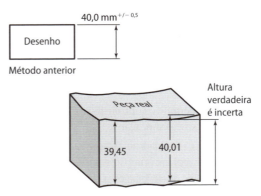

Figura 4-4 Quão alto é o bloco usinado?

irregularidades exageradas? É difícil dizer. Onde você posiciona os instrumentos de medição? Medir em diversos lugares gera respostas diferentes. O problema é que a medição não tem uma base formal, e a questão da altura não pode ser respondida. **A espessura pode ser medida, mas a altura não.** No entanto, se essa parte for agregada à outra, a questão funcional é o quão alta, e não o quão espessa ela é. O problema reside no modo como o desenho é dimensionado. Ele simplesmente mostra que um par de superfícies precisa estar separado por 40 mm, mas não especifica como tratar a medida.

Uma referência resolve o problema. Na Figura 4-5, colocando a peça em uma mesa plana precisa, denominada mesa de inspeção ou de disposição, a resposta se torna clara. A altura *funcional* é o ponto mais alto acima da referência – acima da mesa onde a peça repousa. Isso é o quanto de espaço vertical o objeto ocupa e o quanto de espaço de montagem será necessário para preencher a outra parte com duas superfícies paralelas – uma abertura, por exemplo. Reformulando em termos de montagem funcional, qual é o menor espaço em que o bloco pode encaixar?

O projetista atribuiu a referência ao fim do bloco, como mostra o A na caixa de texto. Esta é a superfície exata de referência da altura funcional que *deve* ser determinada. É errado medir de outra forma; ela deve ser medida a partir da referência.

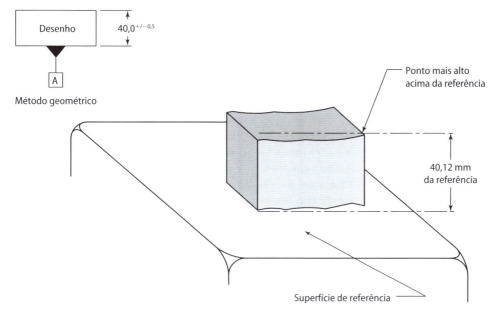

Figura 4-5 A superfície plana da mesa é a referência. Assim responde-se à pergunta.

A referência prioritária da peça da Figura 4-3 é que a Referência A detém a prioridade funcional mais alta (devido à importância para o funcionamento da peça), enquanto a Referência B é secundária. A ordem alfabética mostra o seu ordenamento em termos de importância da peça.

A referência pode ser indicada pela extensão da superfície, como a Referência A, ou conectada com a própria superfície, como a Referência B. Em um desenho, quando a caixa de texto é desenhada em torno da letra maiúscula, é denominada *identificador de referência* ou *quadro de referência*. Esse símbolo sinaliza ao operador que o elemento a que ela está conectada é significante e o referencial será usado como referência por outros elementos na peça.

Ponto-chave:
A referência não é a peça, mas preferencialmente é representada por uma mesa plana sobre a qual a peça repousa. A referência, que é considerada perfeita, apresenta as irregularidades na peça verdadeira. Ela simula o mundo externo onde a peça é montada.

Ponto-chave:
O referencial é necessário não só para medir a peça, mas também é utilizado como base da máquina, como mostram os exemplos a seguir.

Referências nos desenhos

O projetista especificará o elemento da peça que vai estabelecer a referência. Por exemplo, o elemento da Referência A é o fundo da peça, que foi escolhido em ordem de importância para a funcionalidade do produto. Note que a seta, o triângulo na Figura 4-6, conecta a parte de fora da superfície

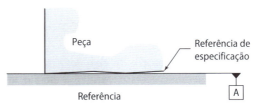

Figura 4-6 A Referência A é estabelecida pela superfície do elemento, denominada elemento de referência A.

da peça – simboliza a referência tocando a parte de fora do elemento –, mas *ela não é o* **elemento**. Esse fato faz uma grande diferença em como proceder com ajustes iniciais e cortes de usinagem.

Dois tipos de referência – Superfícies e centros de eixo

> **Conversa de chão de fábrica**
>
> **Sobre os alvos** Você pode ler mais sobre alvos de referência no documento de padronização ASME Y14.5M, começando pelo parágrafo 4.2, ou aprender sobre eles em um curso formal de DTG. Eles estão além do nosso objetivo introdutório aqui.

As referências normalmente estão em contato com as superfícies exteriores Qualquer elemento regular do objeto pode ser designado como referência. O projetista escolhe a ordem de importância com base no funcionamento do objeto ou na atribuição do procedimento.

Superfície de referência Quando uma referência é conectada à superfície da peça, o elemento em contato é denominado **elemento de referência**. Assim, quando se estabelecem contatos de referências durante a usinagem ou a medição, o elemento de referência é apoiado em uma superfície com qualidade de calibrador, como uma mesa de inspeção, morsa de fixação ou mesa fresadora. Desse modo, a referência é estabelecida relativamente ao elemento da peça trabalhada.

Quando toda a superfície de trabalho não é necessária para estabelecer a referência, pontos específicos na superfície podem ser atribuídos ao que chamamos de *alvos de referência*. O desenho mostra onde os pontos específicos de contato estão localizados. O operador deve incorporá-los em suas fixações iniciais ou medições.

Referências de centro de eixo Por razões funcionais, às vezes é necessário usar o centro de um objeto como referência. Um exemplo é o eixo automotivo. Sua função mais crítica é aquela em que todas as especificações são centradas em volta do eixo – desse modo, a linha de centro é a Referência A. Referências de eixo também podem ser as superfícies planas no centro de uma ranhura ou de uma aba quadrada, por exemplo.

Referências de eixo em desenhos A Figura 4-7 ilustra duas maneiras como uma referência de eixo pode ser especificada em um desenho: tanto conectando a seta à linha de centro do próprio eixo, como na esquerda, ou conectando-a à dimensão (da ranhura).

Se a referência não for o centro do eixo, a seta entrará em contato com a superfície do objeto ou uma extensão da superfície.

> **Ponto-chave:**
> Se *qualquer* DTG pedir conexões com a dimensão do elemento, então ela será aplicada ao centro do eixo e não à superfície.

Referências de eixo são matemáticas Trabalhar com o centro do elemento sempre requer um pouco de trabalho dedutivo, porque a referência não existe de fato até que toda a superfície que a estabelece, juntamente com suas irregularidades, seja completa. Por exemplo, na Figura 4-8, o centro do furo foi encontrado colocando-se um pino redondo preciso. O maior pino que vai apenas deslizar pelo furo determina o maior espaço circular disponível – o furo funcional. Portanto, o centro teoricamente perfeito do pino se torna uma referência confiável.

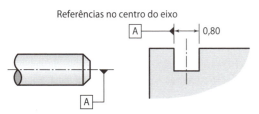

Figura 4-7 Dois modos de como uma referência de eixo pode ser definida.

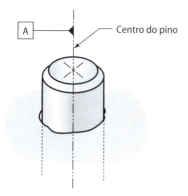

Figura 4-8 O pino de teste cilíndrico estabelece a referência de centro.

Suas ações de fábrica – Usinando e medindo

Referências definem prioridades para o trabalho

Embora possa haver muitas referências em um desenho, existe uma principal, denominada referência *primária*. Esta deve ser usada para começar o trabalho sempre que possível. Existem exceções, mas a meta é fazer os cortes com a máquina, estabelecendo esse elemento como superfície confiável de referência o mais rápido possível, se isso não existir ainda. Se a referência primária já estiver lá, então estabelecer a Referência B usando a Referência A como referencial se torna o primeiro objetivo da usinagem.

Às vezes, é necessário fazer um ou mais cortes intermediários que conduzam ao estabelecimento do elemento de referência. Como explicado antes, o operador planeja antecipadamente as ações com base nas prioridades da referência em sua ordem no desenho. A letra mais baixa do alfabeto no desenho (normalmente A) é a primeira referência daquele projeto. Certas letras não são usadas para marcar referências, O e I, por exemplo, devido à possível confusão com números ou outras letras.

> **Ponto-chave:**
> Um plano de trabalho ou programa bem-escrito ordena as operações de modo que as prioridades funcionais sejam alcançadas em ordem, com base nas prioridades da referência.

Medindo uma borda perpendicular – Primeiro exemplo

Se as prioridades de referência forem ignoradas, diversos erros poderão ocorrer, causando problemas de qualidade no produto e custos adicionais também. Considere medir um lado no esquadro, definido na Figura 4-9. O desenho especifica um retângulo 2×4 com o lado esquerdo em 90° com a Referência A.

Discutiremos o significado da tolerância em breve; por agora, observe qual lado é a referência de especificação A – o lado mais baixo no desenho. A informação próxima à peça é inserida em um símbolo especial do DTG denominado quadro de controle do elemento. A informação no quadro diz: "Esta superfície deve ser perpendicular, dentro de 0,010 pol., em relação à Referência A".

Em outras palavras, para essa peça passar na inspeção, deve ser provado que a aresta esquerda está no esquadro com a Referência A, quando o lado inferior (elemento de Referência A) está repousando na superfície de referência (Figura 4-10). Uma vez

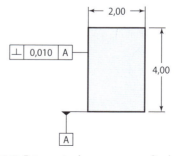

Figura 4-9 Esta aresta deve ser perpendicular (90°) dentro de 0,010 pol. em relação à Referência A.

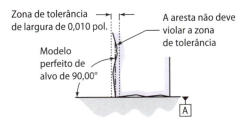

Figura 4-10 A aresta controlada não deve violar a zona de tolerância de largura de 0,010 pol., construída em volta de um modelo perfeito de alvo de 90° traçado da Referência A.

que a origem de referência é estabelecida, deve ser provado que a aresta esquerda está dentro da tolerância de perpendicularidade. A aresta esquerda pode variar em qualquer direção, contanto que não viole os 0,010 pol. de largura da zona de tolerância, ou seja, perfeitamente no esquadro em relação à Referência A. A Figura 4-11 mostra o modo certo de medir isso; um esquadro preciso é usado. Note que, em ambos os métodos, o elemento A está posicionado sobre uma superfície plana de referência, a base do esquadro ou a mesa plana, e os dois se tornam a Referência A. A partir daí, a variação é checada corretamente ao longo do controle da aresta. Se não achar qualquer diferença que exceda os 0,010 pol., a aresta está dentro da tolerância de perpendicularidade. Ambos os testes procuram pela variação de uma aresta controlada em relação à Referência A.

Agora, usando o método certo, suponha que o erro encontrado esteja além do tolerado, isto é, o lado falha no teste do esquadro quando uma folga de 0,012 pol. é detectada (Figura 4-12). Mas suponha também que, ao não reparar na prioridade da referência, a parte ruim é incorretamente medida (Figura 4-13).

Na Figura 4-13, o operador colocou de modo incorreto o elemento errado contra a referência e depois testou para ver a folga no lado errado. Claramente, dentro do sistema DTG, esse é um teste errado! Uma vez que a aresta incorretamente testada é menor, mostrará o erro menor. Enquanto o requerimento perpendicular está, na verdade, fora da tolerância, ele passa sem ser detectado devido à mistura de prioridades, resultando em uma folga de apenas 0,006 pol.

Adivinhando sem uma referência Deste exemplo, você percebe que, sem uma base de referência

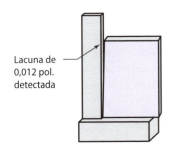

Figura 4-12 Esta peça falha no teste por mostrar uma lacuna de 0,012 pol.

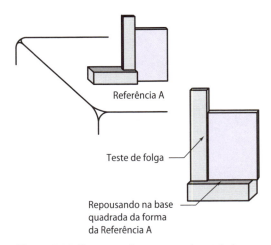

Figura 4-11 Duas maneiras corretas de estabelecer a Referência A ao medir o lado controlado.

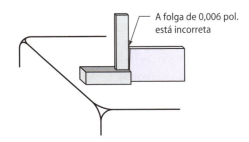

Figura 4-13 A maneira errada de fazer uma medição – uma peça ruim pode ser aceita!

geométrica para o controle, poderiam existir duas respostas para o lado no esquadro? Lembre que as referências eliminam as ambiguidades e deixam mais claras as prioridades funcionais. Antes do DTG, os métodos de tolerância e dimensionamento definiam apenas que duas arestas tinham de estar no esquadro entre si, não qual aresta deveria estar no esquadro com relação à outra.

Usinando o lado no esquadro

Há uma maneira certa de usinar este exemplo prático também. Novamente, isso deve se basear em princípios geométricos. Precisa-se começar estabelecendo o elemento de Referência A (Figura 4-14), e o resto do procedimento vem em sequência, referenciado a partir daí. Acompanhe o elemento de Referência A na medida em que progride pelos próximos três desenhos. Na primeira operação, o elemento de Referência A é usinado. Nas Figuras 4-15 e 4-16, a segunda fixação é feita de modo que o Referencial A (a morsa de precisão) toque o elemento A. O corte de 90° é feito relativamente a essa referência.

> **Ponto-chave:**
> A morsa de precisão (não deslizante) torna-se a Referência A dos cortes 2 e 3.

A morsa de fixação, que é considerada perfeita, distribui as irregularidades da peça. Neste livro, vamos denominar o contato da superfície real da

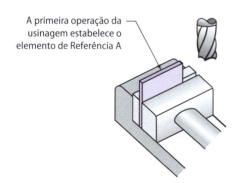

Figura 4-14 A primeira operação da usinagem estabelece o elemento de Referência A.

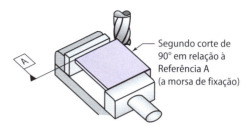

Figura 4-15 O segundo corte estabelece o ângulo de 90° de relacionamento com a morsa de fixação, Referência A.

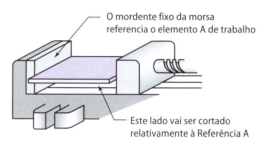

Figura 4-16 O terceiro corte é paralelo ao lado controlado – esquadro com relação à Referência A.

peça contra a superfície teoricamente perfeita de **referenciação** (essa é a minha definição).

> **Dica da área:**
> **Morsa de fixação de referência** Para essa fixação trabalhar corretamente, a morsa deve primeiro ser alinhada ao eixo principal da máquina e precisa ser lisa e plana.

Agora, na Figura 4-17, um segundo controle foi adicionado – o lado oposto à Referência A deve ser paralelo. Então a peça é colocada verticalmente, e o chão da morsa se torna a Referência A. Nesta hora, isso deve ser usinado na dimensão de 4,00 pol. também. Os cortes 3 e 4 podem ser feitos em ordens diferentes, mas todas essas operações dependem de uma morsa de fresadora precisa e bem conservada tocando o Elemento A.

Embora esse esquadrejamento de arestas seja um exemplo simples, ele representa planos de usinagem muito mais complexos para objetos maiores.

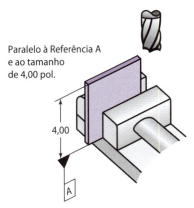

Figura 4-17 Paralelo à Referência A – a superfície da morsa.

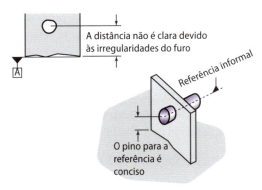

Figura 4-18 Qual é a distância desse furo broqueado até a Referência A? O pino resolve esse problema.

Eles devem ser sequenciados com relação ao referencial. Planejar as operações pelas prioridades da referência torna-se mais crítico quando usamos máquinas CNC, porque, fazendo de outra forma, se introduzem variações desnecessárias. Toda e qualquer dimensão e/ou controle do desenho que remete à Referência A deve ser preparado de modo que os dispositivos de fixação estejam em contato com o elemento A para estabelecer a referência. Isso segue similarmente para as Referências B e depois C, se existirem.

Por ora, você percebe o uso funcional da referência na usinagem? O conceito é absolutamente vital para o sucesso da usinagem. Mesmo quando o desenho não é geométrico, essas decisões devem continuar sendo feitas. No entanto, usando desenhos não geométricos, as escolhas são frequentemente obscuras, uma vez que as prioridades funcionais não estão sempre claras.

Referências formais e informais

As referências mostradas até aqui foram indicadas por letras maiúsculas pelo projetista. Elas são as **referências formais** no desenho. Mas há momentos na produção em que você terá necessidade de conceitos sem uma atribuição formal. A Figura 4-18 coloca uma questão para ajudar a entender esse conceito. Qual é a distância do furo acima da linha de referência?

Esse furo tem irregularidades de execução, como todos têm. Não está claro onde o centro do furo deve estar posicionado. Para responder precisamente, devemos referenciar as irregularidades para achar o espaço funcional disponível, inserindo o maior pino de teste que encaixa justo no furo. Considerada perfeita, a superfície do pino estabelece a referência informal em seu eixo central. Agora é possível uma medição exata da distância funcional acima da referência para o furo.

Às vezes, uma referência informal é expressa no desenho, como mostra a Figura 4-19. O desenho faz isso claramente, mostrando que existe uma condição de montagem que depende do espaço entre dois furos. Também é mostrado o fato de que o furo esquerdo é referência para o direito.

Referência em desenhos antes de 1994

Você vai encontrar desenhos geométricos antigos e textos que mostram referências levemente

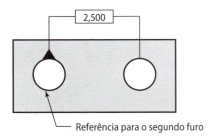

Figura 4-19 Uma referência informal.

Conversa de chão de fábrica

Por que aprender símbolos de referência antigos?

A bandeira triangular da referência (símbolo de desenho) foi adaptada para ajustar as práticas dos Estados Unidos ao desenho geométrico mundial ISO. Embora o novo padrão seja o mais recente, é importante que o operador seja capaz de reconhecer versões antigas.

Os desenhos podem não ser atualizados imediatamente e continuarem a ser usados na fabricação. Atualizar um desenho técnico, até mesmo os feitos no computador, é um processo industrial caro e complexo. O grande problema está na distribuição das cópias revisadas a todos os envolvidos e, também, ter certeza de que todos os operadores no ciclo inicial usem o projeto atualizado em um tempo coordenado. Com o novo símbolo de referência, os conceitos e procedimentos não mudam, mas poderiam mudar. Operadores modernos devem continuar informados sobre padrões e práticas atuais, as quais são apresentadas no livro de padronização ASME Y14.5.

---

diferentes da forma como venho ilustrando. Na Figura 4-20, a referência ainda estará na caixa, mas vai estar entre dois traços: **-A-** ou **-B-**, por exemplo. A linha principal para a referência não vai terminar na base triangular. Por quê? Porque houve uma mudança para deixar similares todos os desenhos feitos mundialmente.

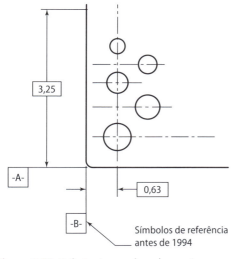

Figura 4-20 Referências em desenhos antigos.

Revisão da Unidade 4-2

Revise os termos-chave

Elemento
Qualquer detalhe no desenho que é dimensionado e apresenta tolerância.

Elemento de referência
Qualquer elemento regular que é usado para estabelecer uma referência em um desenho.

Referência
Superfície teoricamente perfeita ou eixo usado como referência. O referencial é estabelecido por elementos na peça.

Referência formal
Elemento designado por uma letra maiúscula no desenho.

Referência informal
Qualquer elemento usado como referência para outro elemento. Não tem designação qualquer no desenho.

Referenciação (termo do autor)
Considerar as irregularidades de um objeto real colocando-o sobre uma superfície teoricamente perfeita para medição ou usinagem. Uma média das irregularidades no elemento. A Figura 4-18 usa a precisão do pino em um furo para referenciá-lo.

Reveja os pontos-chave

- Uma referência pode ser obtida em qualquer elemento regular de uma peça: superfície, furo, linha de centro ou até um conjunto de *pontos designados* (não abordados no texto).
- A referência não está na peça, mas é estabelecida pela peça.

- A referência é considerada perfeita para o propósito de controle dos elementos individuais.
- A referência simula o mundo de montagem externo ao elemento.
- A referência considera as irregularidades médias das peças.
- A referência elimina ambiguidades e estabelece prioridades funcionais.

Responda

1. Em um desenho, como é denominada uma caixa retangular em volta de uma letra maiúscula?
2. Que palavra única resume a razão ou o propósito do sistema DTG?
3. Explique por que começar um trabalho geométrico de usinagem usando um desenho DTG é mais fácil do que um que não usa o DTG.
4. Liste os cinco tipos de grupo de tolerância para símbolos de controle dos elementos.
5. Muitas das 14 especificações de controle requerem uma base como ponto de partida. Explique.
6. Descreva uma referência atribuída a um elemento de superfície no desenho.
7. Além de superfícies, a que podem ser atribuídas as referências?

>> Unidade 4-3

>> Controles geométricos

Introdução: Ao controlar as especificações de superfície ou seu eixo, todas as 14 características geométricas realizam três tarefas:

1. Definem o modelo perfeito da característica desejada.
2. Indicam a variação aceitável do modelo perfeito – a tolerância.

E um novo conceito:

3. Mostram como a característica deve ser medida.

    A característica não mostra ao operador da máquina que ferramenta de medição ou método deve ser usado, mas especifica o referencial (ou não). Esse é o primeiro fator – você deve estabelecer uma ou mais referências para medir o elemento corretamente? Existem outros fatores únicos para verificar se cada controle foi completo. Se eles não forem atendidos, poderão surgir confusões como o lado esquadrejado no exemplo da Figura 4-10.

Como estudamos símbolos individuais de controle, tenha em mente que todos os 14 seguem os três estágios do processo de definição do alvo perfeito e, portanto, a tolerância. Assim, sabendo a natureza do controle, você entende o método provando que está certo como medir.

Termos-chave:

Batimento
Dois controles que lidam com a oscilação da superfície em objetos rotacionais (referência de eixo).

Bônus
Tolerância adicional possível, com base na função e medição real do tamanho do elemento.

Contorno
Controle que lida com os elementos de formas externas irregulares. Dependendo da função, o contorno pode ou não precisar de uma referência de origem.

Elementos
Linhas de superfície que correm na direção do controle.

Entidade
Tanto um elemento de superfície quanto um centro da especificação que devem ser mostrados que estão alinhados a fim de atender a um padrão.

Forma
Quatro controles do DTG que definem a superfície exterior das superfícies regulares dos objetos. A forma não tem origem de referência.

ITM (indicador total de movimento)
Diferença de medida entre pontos altos e baixos na superfície do objeto, rotacionada em torno de 360°.

Localização
Três controles que definem a tolerância do centro de uma forma, respeitando a referência.

Modelo perfeito
Alvo da característica desejada.

Orientação
Três controles que definem a relação angular de uma superfície ou centro do elemento, respeitando a referência.

Superfície ou controle de eixo

O método de medida é determinado pelo que é aplicado à especificação da superfície ou a seu eixo? Precisamos discutir os dois tipos.

> **Ponto-chave:**
> No DTG, o controle se aplica tanto para a superfície exterior da especificação quanto para seu centro de eixo.

Elementos no exterior

Se o controle lida com a especificação da superfície, como a circularidade na Figura 4-21, então o controle individual é denominado *elemento*. Os elementos se situam na parte exterior da especificação da superfície. **Elementos** são linhas que podem ser desenhadas na superfície com um lápis. Eles correm na direção do controle. A Figura 4-21 ilustra dois cenários de elementos – a circularidade e a retilineidade em um pino cilíndrico. Para o pino entrar na tolerância de circularidade, cada elemento circular testado deve ser capaz de se ajustar em um par de círculos concêntricos perfeitos – a tolerância zero. O espaçamento entre as duas zonas de tolerância circulares é a tolerância.

Figura 4-21 Elementos são linhas no exterior das superfícies. Existem dois tipos aqui: elementos circulares e retilíneos.

Se o controle é a retilineidade, os elementos correm em uma linha reta, com a direção indicada pela linha do símbolo de controle; logo veremos exemplos ilustrados. Recapitulando a medida do lado no esquadro na Unidade 4-2, o operador estava testando elementos retilíneos correndo perpendicularmente à referência.

Existe um número infinito de elementos em qualquer superfície que pode ser testado para provar que a especificação está dentro da tolerância descrita. O número escolhido para medir é uma questão de experiência. Por exemplo, suponha que o pino tenha 1 pol. de comprimento. Então testar em dois ou três elementos circulares provavelmente estaria bem. Mas suponha que agora fossem 3 pol. de comprimento e talvez tenha sido feito em um torno usado. Nesse caso, seria prudente testar mais elementos.

> **Ponto-chave:**
> **Elementos**
> A. Elementos são as entidades de controle da superfície externa.
> B. Para a especificação estar dentro da tolerância, os elementos devem ser mostrados como situados dentro da zona de tolerância.
> C. Existe um número infinito de elementos em qualquer superfície.

Controlar o centro de eixo é matemático

Quando o controle lida com a forma do eixo, e não da superfície, o eixo existe apenas depois de alguma inspeção de toda a superfície que o gerou. Por exemplo, controlando o local de um furo perfurado (Figura 4-22), sua linha de centro deve estar na zona de tolerância. Mas não existe linha de centro até a soma das circularidades do furo e da retilineidade (cilindricidade) ser considerada.

Na Figura 4-22, o processo de três passos é definido com o *quadro de controle do elemento* (QCE) (o retângulo contendo as especificações). Vamos estudar as características de posição mais tarde; agora usaremos o quadro para ilustrar a forma do eixo como controle individual. Esse desenho diz: "A posição da linha de centro do furo deve estar dentro da zona circular de 0,5 mm localizada relativamente às Referências A e B".

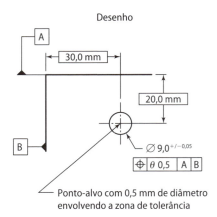

Figura 4-22 O quadro de controle do elemento especifica. A posição da linha de centro do furo deve estar dentro da zona circular de tolerância de 0,5 mm em relação às Referências A e B.

> **Ponto-chave:**
> Sabemos que a especificação da zona de tolerância na Figura 4-22 é circular, porque 0,5 mm é precedido pela letra grega teta, significando *diâmetro* no sistema DTG e simbolizada na matemática por um círculo com uma linha atravessando-a.
>
> Dependendo do programa de CAD, o símbolo de diâmetro teta pode ser menor que os números da tolerância – ou ser do mesmo tamanho da fonte. Em qualquer caso, se ele precede a tolerância, a zona de tolerância é circular ou cilíndrica.

A Figura 4-22 segue o processo dos três passos:

1. Para um *modelo perfeito*, o alvo para a localização do eixo do furo é um ponto situado em 20 e 30 mm das Referências A e B (das referências, não dos lados da peça). Essa é a meta de qualidade.

2. A *zona de tolerância* de 0,5 mm de diâmetro é definida ao redor do alvo. A linha de centro do furo deve estar dentro da zona de tolerância circular.

3. Isso *indica* como isso deve ser *medido*. Esse controle aplica-se a um eixo posicionado relativo a duas referências. Assim, qualquer teste em sua localização deve usar o conceito de referência e determinar onde o eixo do elemento controlado se posiciona em relação às referências. Esse aspecto nunca é mostrado na especificação de controle, mas deve ser conhecido pelo usuário.

Como você sabe que o controle se aplica ao eixo?
O quadro de controle é ligado ao controle da dimensão do furo, o controle é aplicado ao centro. Vimos a mesma regra sendo usada para indicar referenciais que são eixos.

Um teste funcional

Verificar a localização do furo do eixo com o pino-base de maior diâmetro que vai apenas escorregar sem se movimentar mostra onde está o maior espaço circular. Essa é a função se um parafuso for colocado no furo, por exemplo. O pino-base ocupa o maior espaço cilíndrico disponível. Chamamos esse tipo de medição de *teste funcional*. É funcional porque faz duas coisas: detecta o maior parafuso que poderia ser colocado no furo e simula a localização do eixo daquele furo para o parafuso. A linha de centro do pino de teste se torna a linha de controle.

Existem apenas duas possibilidades de controles individuais: elementos exteriores ou centros de eixo. Você deve determinar com qual modo o elemento de controle será aplicado. Se o quadro conecta diretamente ao centro da especificação ou à sua dimensão, como nos dois desenhos à esquerda na Figura 4-23, então a **entidade** é um eixo.

O caso especial – Retilineidade de um eixo

A Figura 4-23 ilustra o caso especial para a retilineidade que é aplicada ao centro do pino. Neste caso, a linha axial deve estar posicionada dentro de um cilindro de 0,005 pol. de diâmetro. Na parte direita do desenho, o quadro conecta a superfície da especificação – assim é controlada a retilineidade das linhas auxiliares.

Dimensões básicas

Outro símbolo geométrico fundamental é a caixa localizada em torno de duas dimensões na Figura 4-22. Elas indicam que a dimensão define o modelo perfeito. Quando colocadas na caixa desta maneira, elas são denominadas dimensões *básicas* e sempre se originam de referências e são alvos perfeitos específicos (posição verdadeira, neste exemplo). Elas mostram onde está o centro do alvo e não têm tolerância própria, mas a tolerância será construída em torno do local de seus alvos.

Isso é muito diferente do dimensionamento padronizado, em que a distância para o centro do furo devia ter tolerância. Funcionalmente, no método não geométrico, o ponto-alvo pode variar. Ele tem tolerância, *mas não no sistema geométrico*. Aqui o centro do alvo continua estacionário, enquanto a tolerância é construída ao redor dele.

> **Conversa de chão de fábrica**
>
> Como o DTG fixa a localização perfeita do eixo do elemento e constrói tolerâncias em volta dele, no sistema anterior era às vezes denominada *posição verdadeira*, antes de se tornar conhecida como *dimensionamento e toleranciamento geométrico*.

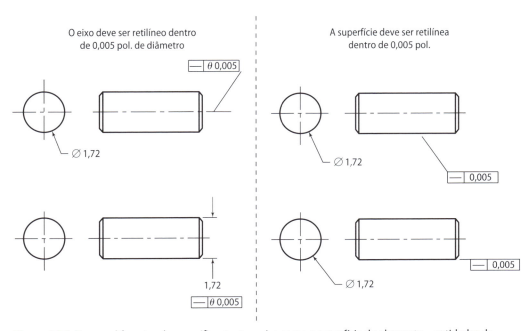

Figura 4-23 Formas diferentes de especificar tanto o eixo como a superfície do elemento – entidades de controles.

A forma da zona de tolerância geométrica construída em torno do alvo pode variar, mas a tolerância é sempre a dimensão da zona. Na Figura 4-22, é um círculo de dimensão 0,5 mm. É hora de ver como o processo dos três passos se aplica a todos os controles.

> **Ponto-chave:**
>
> **Resumo**
> Para medir corretamente qualquer controle geométrico, você deve determinar se:
> - o controle requer origem de referência ou não;
> - ele é aplicado a elementos de superfície ou a um eixo.

As 14 características geométricas

Ao passarmos por esses controles, nosso objetivo é atingir a familiaridade. No entanto, você poderia começar a ver mais profundamente o sistema para descobrir relacionamentos entre os controles. Muitos controles individuais têm também mais controles mesclados como subconjuntos. Medir o elemento para verificar um controle estabelecido implica a verificação de um segundo e até mesmo de um terceiro controle. Por exemplo, testar a cilindricidade (ser um cilindro perfeito) para estar com 0,005 pol. de tolerância também testa a circularidade e a retilineidade com 0,005 pol. Quando um controle é subconjunto de outro, ele é denominado *embutido*.

Você também pode procurar por modos de controle que possam ser combinados como uma construção de blocos básica. Quando um controle específico não está disponível, dois ou mais controles individuais podem ser colocados juntos para formar algo novo. Por exemplo, depois de um pouco de estudo, como devemos combinar dois ou mais controles para definir um cone perfeito (veja na Figura 4-24)? Na verdade, existem diversas maneiras de realizar isso: algumas sem e outras com

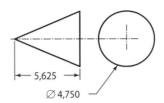

Figura 4-24 No DTG, os controles podem ser colocados juntos para definir funções como a deste cone.

uma origem de referência. O controle combinado precisa de algum caminho para definir o ângulo do cone e sua circularidade. Mantenha esse desafio em mente, pois você vai ser perguntado sobre como fazer o controle do cone nas questões finais. Para isso, precisará selecionar os controles das 14 opções que seguem.

Grupo 1 – Controles de forma

Todos os quatro controles no grupo de **formas** aplicam-se à superfície externa da característica; assim, provam que os *elementos* estão dentro da tolerância (exceto a retilineidade, que pode ser aplicada a um eixo).

- **Retilineidade**
- **Planicidade**
- **Circularidade**
- **Cilindricidade**

Retilineidade

Na Figura 4-25, um controle de retilineidade foi exigido para o topo da peça. Para passar na inspeção, deve ser provado que cada linha testada está dentro da tolerância de 0,003 pol. de largura. Isso significa que cada elemento pode variar em qualquer direção, contanto que não saia do sanduíche de 0,003 pol., como mostra o final do desenho.

A forma mais conveniente de testar retilineidade é colocar um gabarito reto contra a superfície, com o

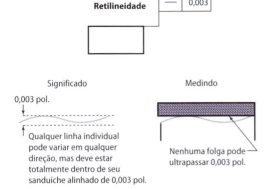

Figura 4-25 Retilineidade por desenho e seu significado.

lado disposto na direção do elemento de controle (da esquerda para a direita no desenho). Uma régua de precisão de alta qualidade poderia servir, ou uma ferramenta que não tenha graduação denominada lâmina retificada de precisão. Usando uma lâmina de 0,003 pol. de espessura (um calibrador de folga), verifique se alguma folga é maior que a tolerância do desenho entre a superfície e o lado reto. Veja a Figura 4-26.

Teste individual de linha – Fator de medição 3 Linhas retilíneas são testadas uma de cada vez, o que é conhecido como *teste individual de linha*. Outra maneira de nomeá-lo seria por meio deste de retilineidade bidimensional. É importante entender esse conceito porque é o terceiro fator que dita como um controle deve ser inspecionado. Vários controles que ainda serão estudados também são controles individuais de linha.

Quando o controle é individual de linha, cada uma deve passar no seu próprio teste. Isso significa que cada linha tem de mostrar que se ajusta entre duas linhas separadas por 0,003 pol. no exemplo. Nenhum dos testes tem ligação. A Figura 4-27 ilustra o conceito. Os dois objetos são retilíneos em uma única direção. Uma lâmina retificada de precisão pode ser usada para inspecioná-los. A retilineidade não controla a superfície além de um elemento de cada vez, e o elemento tem uma direção definida.

Para testar a lancheira, alguém colocaria o lado retilíneo paralelo à direção de controle, em diversos lugares no topo, e depois olharia para as folgas que excedessem a tolerância de 0,010 pol. Muitas linhas são testadas para verificar o quão confiável o elemento em questão pode ser. Como a lancheira tem a forma de uma cúpula, muitas linhas devem ser checadas da frente para trás, enquanto o cone pode ser testado em três ou quatro locais.

> **Ponto-chave:**
> Retilineidade é um controle individual de linha. Ele é bidimensional.

Figura 4-26 Testando retilineidade.

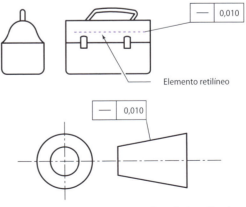

Figura 4-27 Um controle de retilineidade aplicado ao topo do controle em uma lancheira e em um cone.

capítulo 4 » Introdução à geometria

89

Exceção – Retilineidade aplicada a eixos Como mencionado anteriormente, a retilineidade pode ser aplicada à linha de centro de um elemento. A Figura 4-28 é um bom exemplo de quanto significado existe nos símbolos DTG. Não a superfície, mas o eixo do pino tem a tolerância para ser retilíneo em 0,003 pol. Sabemos que o controle se aplica à linha de centro, porque o quadro de controle do elemento se conecta à dimensão. Segundo, sabemos agora que a zona de tolerância não é bidimensional (2D) por causa do símbolo teta que vem antes de 0,003 pol. Isso mostra ao leitor que a zona de tolerância é cilíndrica.

Como ilustrado na Figura 4-28, a região de tolerância se torna um cilindro de diâmetro de 0,003 pol. O eixo do pino pode variar em qualquer direção, contanto que não viole a zona de tolerância cilíndrica.

Planicidade

Planicidade é uma extensão tridimensional de retilineidade (Figura 4-29) que controla os *controles combinados* ou *compostos*, significando que a superfície inteira deve ser testada ao mesmo tempo. Quando o controle requer teste de todas as linhas, existem linhas individuais, mas elas estão conectadas à superfície. Aqui, foi dado ao fundo da lancheira uma tolerância de 0,2 mm. O quadro de controle do elemento lê: "esta superfície tem de ser plana dentro da tolerância de 0,2 mm".

Testando planicidade Diferentemente da retilineidade, *todas as linhas* na superfície controlada devem ser vistas para se ajustar no sanduíche tridimensional (3D) de largura de 0,2 mm, no exemplo. Teoricamente, para medir planicidade, um gabarito plano perfeito é colocado contra a superfície, e as folgas são medidas similarmente para checar a retilineidade com um lado-base. No entanto, isso é impossível se a superfície for muito grande.

Para testar essa superfície plana com o gabarito de lado, primeiro usar elementos da direita para a esquerda e depois virar em 90° e testar elementos da frente para trás **não vai funcionar** – esse é um teste de retilineidade bidirecional. Pense mais além, cada elemento de linha, tanto da esquerda para direita como de frente para trás, pode passar em um teste de retilineidade de 0,2 mm; ainda assim, sua variação total não se encaixaria no sanduíche plano tridimensional de 0,2 mm.

Então como fazer um teste de planicidade? Existe um método prático de fábrica que usa um relógio

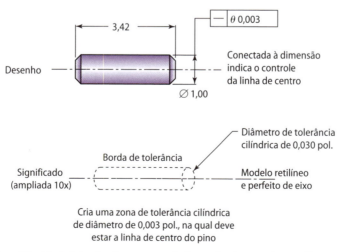

Figura 4-28 Aqui a retilineidade foi aplicada ao centro da forma do eixo, não à superfície.

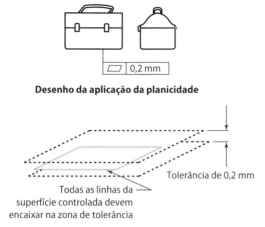

Desenho da aplicação da planicidade

Tolerância de 0,2 mm
Todas as linhas da superfície controlada devem encaixar na zona de tolerância

Figura 4-29 Planicidade vista em desenhos e sua interpretação.

comparador (veja o Capítulo 6) para varrer a superfície e procurar pelo ponto mais alto comparado com o ponto mais baixo. No entanto, embora esse teste funcione bem, na verdade é um teste de paralelismo, não de planicidade. Ele mostra que toda a superfície é paralela à mesa de referência.

Veja na Figura 4-36 nesta unidade como isso é feito. Enquanto ele testa o paralelismo, a planicidade está embutida nele. Então, se o objeto passar no teste de paralelismo com 0,2 mm, ele também deve estar plano dentro de 0,2 mm. Ele pode estar levemente inclinado e ser perfeitamente plano; ainda assim, ele passa no teste.

> **Ponto-chave:**
> Planicidade é a versão 3D de retilineidade.

Mantenha esse relacionamento 2D/3D em mente quando explorarmos controles futuramente. Entender a diferença auxilia a escolher o modo certo de medir um determinado controle. Aqui está o próximo exemplo: circularidade é um controle bidimensional, enquanto cilindricidade estende a circularidade a um controle tridimensional.

Circularidade

Continuando nossa aproximação sistemática ao DTG, a circularidade pode ser vista como retilineidade enrolada em um círculo perfeito. A zona de tolerância se torna um par de círculos concêntricos, cujo espaçamento forma a zona de tolerância para cada elemento individual.

Na Figura 4-30, a circularidade é mostrada na forma como apareceria no desenho. A segunda ilustração apresenta como é avaliada. Cada elemento circular deve ser redondo, com 0,005 pol. – isto é, cada elemento deve ser capaz de se ajustar entre um par de círculos perfeitos espaçados por 0,005 pol.

Cada elemento pode ter um diâmetro diferente dentro da tolerância total de diâmetro, como um rolamento de rolo cônico, mas cada um precisa

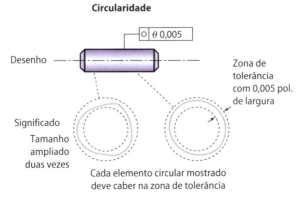

Figura 4-30 Um controle de *circularidade* é um controle individual de linha.

ser circular na tolerância de 0,005 pol. Em outras palavras, a zona de tolerância de circularidade se adapta a cada elemento.

> **Dica da área:**
>
> **Não caia na armadilha circular!** Às vezes, a circularidade pode ser enganosa para a avaliarmos. É comum a avaliarmos usando uma ferramenta de medir distância denominada micrômetro (Capítulo 6). No entanto, o problema é que os micrômetros medem distância, não circularidade. A forma mostrada na Figura 4-31 é raramente produzida se a máquina for preparada corretamente. Mas isso acontece frequentemente! Denominada tricoide, ela não é circular com três lóbulos e é circular nos lados. Mesmo a tricoide não sendo circular, quando testada com o micrômetro-padrão, cada ponto mede a mesma distância entre si!
>
> Para detectar a tricoide, um segundo tipo de micrômetro é utilizado, o qual se apoia no objeto em três pontos de contato, chamado de micrômetro com ponta de encosto em V. Vamos estudar micrômetros e outros métodos de teste mais tarde; por enquanto, saiba que há muito mais para aprender sobre avaliações geométricas.
>
>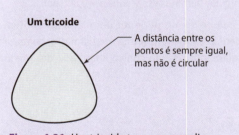
>
> **Figura 4-31** Um tricoide tem a mesma dimensão diametral, em todos os locais, mas ainda assim não é circular.

Controles de forma não usam referência Você já percebeu que nenhum dos controles de forma foram referenciados a partir de uma origem? Isso porque eles não precisam de referências exteriores. Pense na zona de controle como um padrão apropriado de sanduíche que se aplica a cada elemento ou superfície "como ele é". Se o elemento pode ser mostrado para se ajustar em sua própria zona padrão do sanduíche, então ele passou no teste. Em outras palavras, um objeto é simplesmente retilíneo sem qualquer referência exterior.

Cilindricidade

A cilindricidade é tridimensional; todas as linhas de controle estendem-se circularmente na superfície cilíndrica. A zona de tolerância é um par de cilindros flutuantes perfeitos dentro dos quais todas as linhas circulares do elemento controlado devem se alinhar (Figura 4-32). Em outras palavras, precisa ser provado que todo o cilindro pode caber entre dois cilindros de tolerância hipotéticos, que são espaçados por uma distância especificada (0,015 pol., no exemplo). Similar a outros controles de forma, a zona de tolerância se conforma à superfície como ela é.

Grupo 2 – Controles de contorno

Os controles geométricos de **contorno** foram criados para dois objetivos: primeiro, para definir e limitar a superfície de um objeto de forma singular e, depois, para orientar (posicionar) a forma relativamente ao referencial. Por exemplo, eles são usados para fazer a matriz que fabrica calhas de chuva ou o topo de uma lancheira.

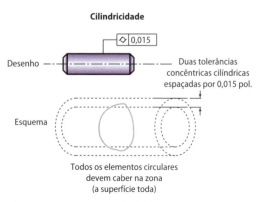

Figura 4-32 Uma controle de forma para cilindricidade.

Os controles de linhas individuais e linhas combinadas são usados para definir o exterior da superfície do elemento e são similares aos controles de forma de retilineidade e planicidade. Se pegarmos o controle de retilineidade e o dobrarmos para alguma forma especial, ele se tornaria o contorno da linha (2D). E se pegarmos a planicidade e a dobrarmos em apenas uma direção, como uma folha de papel, sem enrugar, esta forma especial se tornaria o contorno de uma superfície (3D).

- **Contorno da linha**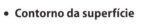
- **Contorno da superfície**

Existem duas diferenças entre contorno e forma: para o contorno, o modelo perfeito deve ser definido. Isso pode ser feito pelo dimensionamento-padrão, se a forma for simples o suficiente, ou por um gabarito-mestre. O contorno-mestre pode também ser definido por uma tabela de pontos *X* por *Y*, normalmente no banco de dados, e a forma pode ser definida com equações.

A outra diferença em relação à forma é que esses dois controles podem ou não requerer uma referência, dependendo da função. Enquanto os controles de forma nunca se aplicam ao referencial, controles de contorno podem precisar de uma referência para orientar a forma para as condições de montagem. Por exemplo, na lancheira da Figura 4-33, se a forma da cobertura estiver apontada para cima, o fundo deve ser atribuído como referência e o contorno se referenciar a partir dela.

> **Ponto-chave:**
> Controles de contorno podem ou não requerer referência de origem, dependendo da função.

Versões 2D e 3D

Os dois controles de contorno exibem o relacionamento 2D/3D. A linha individual do contorno se estende a um contorno superficial 3D. Para isso, uma linha retilínea é adicionada na extensão da superfície.

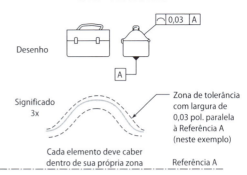

Figura 4-33 O contorno de uma linha é um controle 2D (elemento individual). Esse contorno é orientado para a montagem global com relação à Referência A.

Contorno de uma linha

A linha de contorno é similar à circularidade, desde que um elemento singular seja testado contra um gabarito cortado na forma certa para avaliação.

A Figura 4-33 mostra que essa forma de superfície deve ser contornada com 0,03 pol. em relação à Referência A.

Você pode ver que a função é que todo o domo deve ser paralelo ao fundo da caixa ou ficar fora de esquadro. Portanto, esse controle remete ao referencial. Se o contorno fosse tudo que importasse, assim como com a circularidade, então o controle não teria origem de referência – estampando uma calha, por exemplo. Que diferença faria se a matriz estivesse inclinada, desde que a calha pronta estivesse na forma correta?

Contorno de uma superfície

Seguindo o relacionamento 2D/3D, a linha de contorno é estendida com uma linha retilínea para formar um controle de superfície. Todas as linhas devem agora se ajustar no sanduíche formado, como mostra a Figura 4-34. Os elementos em questão são a forma e a retilineidade, a 90° entre si. Pense na zona de controle como um controle plano mas curvado em apenas um eixo. Com os padrões de hoje da ASME, sempre haverá uma linha retilínea na superfície em uma direção. O sistema DTG não

Contorno de uma superfície

Figura 4-34 Contorno de uma superfície. Esse controle não tem referencial. Ele é sua própria referência nessa aplicação.

é usado para definir superfícies que se curvam em duas direções, denominadas curvas compostas, além das esferas.

> **Ponto-chave:**
> Uma vez que o topo do objeto na Figura 4-34 é conformado isoladamente, não existe referência para controlar a orientação do contorno neste exemplo. A forma é tudo o que importa.

Nota sobre contorno – Esferas

Existe uma exceção para formas 3D definidas pelo sistema geométrico: a esfera. Uma esfera é curvada em duas direções e não tem linha retilínea embutida. O caso especial da superfície de contorno é a *esfericidade* (ser esférico), que é o único controle de contorno geométrico sem uma retilineidade embutida (Normas ASME Y14.5 M 1994).

Grupo 3 – Controles de orientação

Agora olhamos para os três controles que estabelecem o relacionamento de um elemento com um referencial. Eles têm duas novas propriedades. Primeiro, cada controle de **orientação** pode ser um controle de linha individual 2D ou um controle de linhas compostas 3D, dependendo da função do objeto. Segundo, controles de orientação podem ser aplicados à superfície ou a eixos, dependendo da função.

- **Paralelismo**
- **Perpendicularidade**
- **Inclinação**

Esses três controles são quase o mesmo. Cada um define um relacionamento angular perfeito com o referencial. No entanto, a diferença envolve:

- o ângulo no qual o modelo está em relação ao referencial;
- se o controle se aplica tanto a uma superfície quanto a um eixo;
- se é um controle de linhas individuais ou compostas.

> **Ponto-chave:**
> A partir deste ponto, incluindo orientação, todos os controles se remetem a um referencial.

Analisando orientação

Os controles de orientação são muito mais fáceis de se avaliar do que os de forma, por causa da adição do referencial de origem. Normalmente, um relógio comparador (uma ferramenta precisa de medição de distância) é usado na mesa de medição, e esta se torna a referência.

Na Figura 4-35, o controle de paralelismo é aplicado ao topo da lancheira. Neste caso, é um teste de linha individual. O paralelismo não se aplica à superfície inteira, mas a cada linha da direita para a esquerda testada. Você percebe que o teste de retilineidade é embutido no teste de paralelismo.

Paralelismo

O alvo perfeito de posição está a 0 grau em relação à referência. Nas Figuras 4-35 e 4-36, cada linha deve estar paralela à referência, mas não à super-

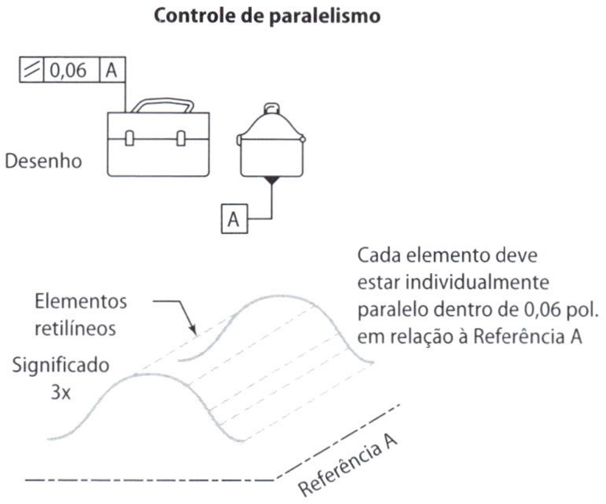

Controle de paralelismo

Figura 4-35 Um controle de paralelismo para o topo da lancheira. Neste exemplo, é um controle de linha individual.

fície toda. Esse é um controle de linha individual. O quadro de controle do elemento estabelece que cada elemento deve estar paralelo dentro de 0,060 pol. em relação à Referência A.

Questão 1 – Pensamento crítico

Agora, vamos testar sua compreensão do sistema. O paralelismo pode ser um controle de linhas compostas, como no objeto da Figura 4-36. Isso significa que a superfície inteira deve ser paralela à mesa de referência. Portanto, dois controles são embutidos. Você pode nomeá-los? Isso é fácil, mas a próxima questão não é. A resposta se encontra antes da Revisão da Unidade 4-3.

Figura 4-36 Usando um relógio comparador para avaliar o paralelismo de uma superfície.

Perpendicularidade

A fabricação é um mundo ortográfico X-Y-Z. Relacionamentos a 90° são comuns. A perpendicularidade é um controle conveniente para ocorrências frequentes, quando a orientação está a 90° em relação à referência. Embora usemos a inclinação para fazer o mesmo trabalho, o sistema DTG inclui casos especiais como este.

Na Figura 4-37, a perpendicularidade foi aplicada a toda a lateral da lancheira; portanto, é um controle de todas as linhas. A superfície inteira deve caber no sanduíche da zona de tolerância vertical de 0,15 mm. Similarmente ao paralelismo da superfície, esse controle de perpendicularidade inclui a planicidade, e esta, por sua vez, contém a retilineidade como subconjunto adicional.

Questão 2 – Pensamento crítico

Converse sobre isso com um colega. Resolvendo o problema, você vai ganhar conhecimento no DTG. Os controles embutidos podem possuir tolerâncias diferentes daquelas do controle-pai? Por exemplo, na Figura 4-37, com a tolerância de perpendicularidade de 0,15 mm na lateral da lancheira, a planicidade poderá ser tolerada em 0,2 mm ou 0,1 mm, ou ambos? Depois de tomar sua decisão, ache a resposta. Parte da solução vem do ponto-chave; a resposta inteira se encontra antes da Revisão da Unidade 4-3.

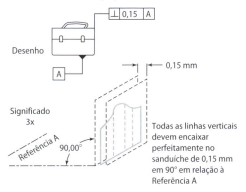

Figura 4-37 Um controle de perpendicularidade.

Inclinação

Perceba na Figura 4-38 que o ângulo de 60° é colocado no quadro básico. Isso significa que o ângulo é o modelo perfeito. Além do quadro básico, o conceito não é diferente da perpendicularidade ou do paralelismo, em que o ângulo-alvo foi subentendido para ser um 90° ou um 0° perfeito.

Para a perpendicularidade, é entendido que 90° não têm tolerância; este é o alvo. Então, igualmente, 60° também não têm tolerância. A tolerância é construída com base nisso.

Medindo um ângulo geométrico Um modo simples de medir um ângulo geométrico é usar um transferidor preciso (uma ferramenta de medição de ângulo que será discutida no Capítulo 7), mostrado na Figura 4-39. O transferidor é *fixado* no exato ângulo de 60°. O usuário checa se há folgas que excedam a tolerância quando comparadas à lâmina do transferidor, em várias linhas. O elemento A deve se apoiar no referencial que é a base de medição. Este teste é similar ao de perpendicularidade, com a exceção de que neste caso o *esquadro* está em 60°.

> **Ponto-chave:**
> Controles embutidos podem dar uma tolerância menor que seu controle-pai, mas não podem dar uma tolerância maior, uma vez que não podem violar a fronteira do controle-pai que os contém.

Grupo 4 – Controles de localização

Os três controles de **localização** sempre posicionam o eixo do elemento com relação ao referencial.

- **Posição**

- **Concentricidade**

- **Simetria**

> **Ponto-chave:**
> Todos os três controles de localização sempre remetem ao referencial e sempre controlam o *centro do elemento*, nunca uma linha de superfície.

Posição

Seguindo o processo dos três passos, este controle define o modelo perfeito de posição relativa a uma ou mais referências. Assim, a zona de tolerância é construída em torno do alvo perfeito e tomará diferentes formas, dependendo do elemento a ser controlado. Vamos limitar nossa discussão à posição do furo usinado, o qual produz uma zona de tolerância circular. (Na verdade, é um cilindro estendido através da peça, mas vamos restringir essa demonstração a 2D.) Na Figura 4-40, o modelo de posição define onde a linha de centro do furo deve estar; assim, a tolerância define a zona onde ele pode ser locali-

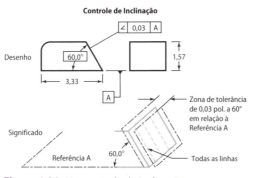

Figura 4-38 Um controle de inclinação.

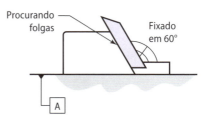

Figura 4-39 Medindo um ângulo geometricamente definido, testando por folgas que excedam a tolerância.

zado dentro da tolerância. Para estar em conformidade, o eixo do furo deve estar na zona circular de tolerância construída em torno da localização-alvo. Sabemos que é uma posição perfeita pela caixa básica em volta das duas dimensões.

O quadro de controle do elemento da Figura 4-40 mostra que a posição da linha de centro (furo de 9,0 mm) deve estar dentro de uma tolerância circular de 0,5 mm relativa às Referências A e B.

Na Figura 4-40, o furo foi feito levemente fora do alvo, para a esquerda acima, mas seu centro está incluído no círculo-alvo de 0,5 mm. Isso é aceitável.

Ponto-chave:
O centro do furo de 9,0 mm na Figura 4-40 pode variar em qualquer direção, contanto que ele não exceda o raio de 0,25 mm do ponto-alvo perfeito.

Concentricidade

A concentricidade é projetada para controlar o centro de objetos rotativos. É um controle similar à posição, pois o centro do elemento está sendo controlado em relação à referência. A diferença é que a referência também é sempre um eixo. A concentricidade especifica que o centro de um elemento deve se alinhar com a zona de tolerância construída em volta do eixo de outro elemento (a referência). É o controle eixo a eixo mostrado na Figura 4-42. Ser concêntrico significa dividir centros com outra coisa; recorde isso no DTG, a "outra coisa" é sempre uma referência.

Ponto-chave:
A concentricidade é corretamente aplicada à localização de elementos que rotacionam.

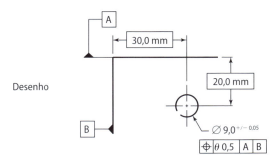

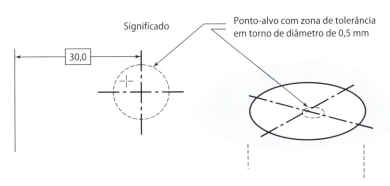

Figura 4-40 Um controle de posição.

Dica da área:

Dê um bônus a si mesmo (tolerância é isso)!

Dependendo da função, a tolerância de posição de um determinado elemento não é sempre a "palavra final". Tolerâncias **bônus** podem ser ganhas se você souber as regras. Quando o símbolo Ⓜ está presente no quadro de controle, existe uma possibilidade de tolerância adicional (Figura 4-41). A ideia é que tolerâncias devem sempre se basear na possibilidade mais apertada para montagem. Por exemplo, suponha que você estava usinando um furo de 1,00 pol. com a tolerância de mais ou menos 0,020 pol.

O caso de montagem mais apertado, dentro da faixa do tamanho, poderia ser um furo de 0,980 pol. Esse é o princípio de máximo material (tamanho) e é abreviado como PMM. É simbolizado com um Ⓜ em um círculo, como na Figura 4-41. Assim, como o elemento se afasta da condição mais apertada (um furo maior), o tamanho do alvo pode aumentar em vários casos, o que é denominado tolerância bônus.

O quadro de controle do elemento da Figura 4-41 atesta: "A posição da linha de centro deste furo deve estar em uma zona de tolerância de 0,010 pol. de diâmetro, quando o elemento está no tamanho PMM, em relação às Referências A e B."

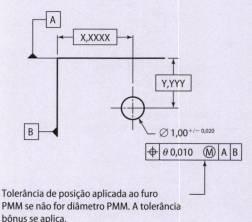

Tolerância de posição aplicada ao furo PMM se não for diâmetro PMM. A tolerância bônus se aplica.

Figura 4-41 Esta especificação de controle do quadro inclui o símbolo PMM.

Ponto-chave:

PMM é o tamanho onde o elemento tem mais metal dentro da tolerância ou, em outras palavras, a montagem mais apertada. A tolerância de posição de 0,010 se aplica ao furo de 0,980 pol. de diâmetro.

E se o furo não fosse de 0,980 pol.? Qualquer diâmetro maior que o PMM poderia ter mais tolerância de localização em razão do maior espaço de montagem criado. Aquele furo poderia se mover um pouco mais e, aonde quer que fosse, continuaria se encaixando. Portanto, com base na função, se o projetista permitir o bônus, o símbolo PMM será adicionado ao quadro de controle.

Você vai precisar estudar mais sobre isso em seu treinamento geométrico formal; mas, de uma forma condensada, aqui está a regra dos quatro passos quando o símbolo Ⓜ é mostrado:

- determine o tamanho real usinado;
- determine o tamanho PMM;
- ache a diferença entre os dois números, a qual será o bônus;
- adicione esse bônus à tolerância no quadro.

Vamos tentar. Suponha que o furo na Figura 4-41 é usinado em 1,003 pol. Calcule a tolerância de posição para esse furo contando com o bônus. Tente responder antes de olhar.

A resposta da tolerância bônus é esta: 1,003 é 0,023 pol. maior que o tamanho PMM de 0,980. Seu bônus é de 0,023 pol. adicionado à tolerância local. A resposta é 0,033 pol. para esse furo. Fazer isso é possível apenas se o Ⓜ estiver presente, mas pode ser um bônus esperando ser solicitado pelo operador de máquina. Este é um exemplo de controle adicional que o sistema geométrico transmite para a fabricação.

Controle de concentricidade

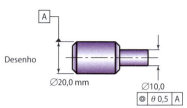

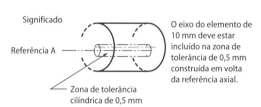

Figura 4-42 A concentricidade posiciona uma linha de centro do elemento em relação à outra linha de centro do elemento de referência.

Na Figura 4-42, a zona de tolerância é especificada para ser um cilindro de 0,5 mm. O diâmetro do cilindro é o limite para a linha de centro dos objetos.

Nunca há um bônus para a concentricidade
Como a concentricidade é usada para controlar funções como vibração ou centro de massa de objetos rotativos, não pode ser-lhe dado uma tolerância bônus. A função não permite. Isso também é válido para o próximo controle: a tolerância bônus não se aplica à simetria.

Simetria

A simetria representa igual distribuição de um elemento em relação a um alvo central (o mesmo em ambos os lados). Similar à posição, a simetria requer que a linha de centro controlada do elemento se alinhe com a zona de tolerância construída em volta do alvo perfeito (Figura 4-43). A diferença é que o alvo é normalmente uma linha de centro também. Simetria é um controle conveniente que posiciona objetos que não estão rotacionando. Na verdade, a posição pode ser usada para o mesmo propósito, e o foi no passado.

Controle de simetria

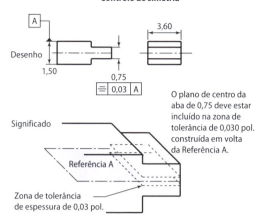

Figura 4-43 A simetria controla o elemento que é igualmente distribuído ao redor da origem.

Conversa de chão de fábrica

Mudando padrões

O sistema geométrico tem a vantagem de ser supervisionado por um comitê. Quando melhorias são encontradas, elas são adicionadas ao sistema. Por exemplo, entre 1984 e 1994, as simetrias não eram usadas como um símbolo na América do Norte, uma vez que era virtualmente o mesmo controle geométrico de posição – exceto que nenhuma tolerância extra era possível.

Na verdade, a simetria é um controle de posição – ela especifica onde o eixo de um elemento deve estar alinhado com a respectiva referência. No entanto, há ocasiões em que a simetria se aproxima do modo como vemos a função: para pensar em "centralizar" mais do que localizar, como objetivo. Assim, ela foi reintroduzida em 1994. Isso também levou os padrões norte-americanos a se alinharem com os padrões mundiais da época.

Grupo 5 – Controles de batimento

- Batimento de linha individual
- Batimento total

O **batimento** é projetado para controlar a oscilação da superfície exterior de objetos rotacionais com relação ao eixo central da referência. Diferentemente da concentricidade, o batimento sempre se aplica à superfície de elementos. Olhando mais profundamente, você deve ver controles de forma embutidos nesses também. Na verdade, o batimento pode ser descrito como um tipo de controle de forma relativo à referência. Também similar aos controles de forma, a relação 2D/3D está novamente envolvida.

Batimento de linha individual

O batimento bidimensional, algumas vezes denominado batimento circular, pode ser aplicado a superfícies cilíndricas ou cônicas, como mostra a Figura 4-44, ou a uma extremidade superficial plana. Cada elemento é um teste individual. Na Figura 4-44, para estar na tolerância, nenhum elemento pode exceder 0,01 pol. *ITM* (indicador total de movimento, a ser explicado em seguida).

Medindo batimento Para medir o batimento, um relógio apalpador é colocado na superfície em questão, e a peça é rotacionada 360° em torno do eixo de referência. O indicador mostra o movimento em milésimos de polegada ou frações decimais de um milímetro. Com a rotação do objeto, observa-se o ponto mais alto (próximo) e o ponto mais baixo (afastado).

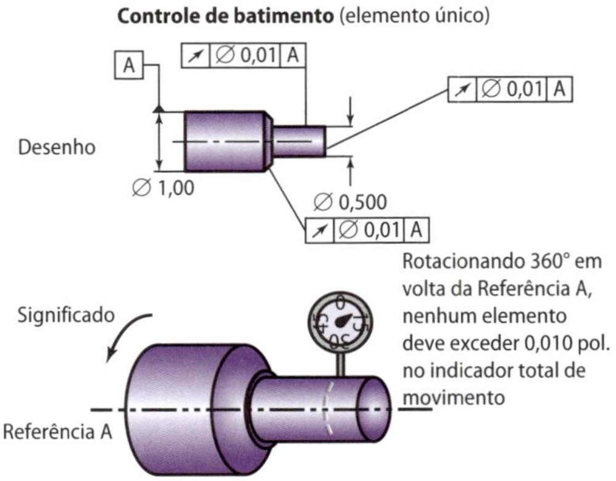

A diferença entre o ponto mais alto e o mais baixo é denominada **ITM** (**indicador total de movimento**) ou, algumas vezes, *indicador total de leitura (ITL)*. O ITM para um círculo é o batimento da linha individual. Para obedecer à tolerância do batimento, o ITM para cada linha testada não pode exceder a tolerância (Figura 4-45).

> **Ponto-chave:**
> Cada linha requer um teste individual, e nenhuma pode exceder a tolerância.

Batimento total – Controle de uma superfície

Este é um controle de linhas combinadas na versão 3D. Ele controla uma superfície rotativa inteira com relação ao eixo de referência. Ele é testado do mesmo modo que um batimento de linha individual, mas o relógio deve ser movido pela superfície inteira

> **Conversa de chão de fábrica**
>
> **O operador completamente informado**
>
> Seria uma boa ideia relembrar o nome do documento que controla o DTG nos Estados Unidos: "ASME Y14.5 M" (Figura 4-47). Você o verá como fonte de referência em muitos desenhos técnicos.

Figura 4-44 Batimento aplicado a três superfícies do objeto.

Figura 4-45 Teste de batimento em um torno usando um relógio apalpador para achar o ITM.

para testar todos os elementos. O ponto mais alto é encontrado e comparado ao ponto mais baixo, e a diferença é o ITM total para a superfície. Na Figura 4-46, há uma visualização desse controle como cilindricidade em relação ao referencial.

Comparando concentricidade e batimento

À primeira vista, parece que concentricidade e batimento são os mesmos controles, mas, embora ambos lidem com elementos rotacionais e um eixo central, eles são diferentes. Aqui estão alguns exemplos. Considere um came em um eixo de cames (Figura 4-48). Seu perfil precisa rotacionar

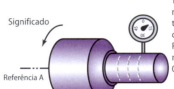

Controle do batimento total (todas as linhas)

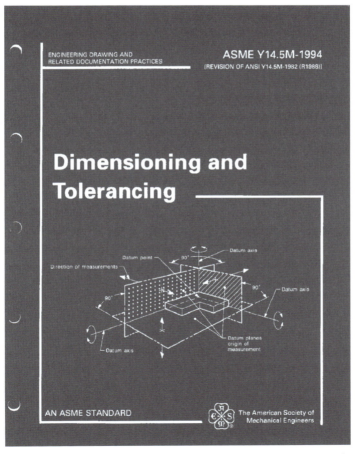

Figura 4-46 Batimento total – o controle de superfície de todas as linhas é simbolizado pela flecha dupla.

Figura 4-47 ASME Y14.5, o documento vivo que controla aplicações geométricas nos Estados Unidos. Foto da capa, cortesia da Sociedade Americana dos Engenheiros Mecânicos.

Ambos os elementos são concêntricos.
Ambos exibem uma grande quantidade de batimentos.

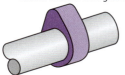

Figura 4-48 Comparando batimento com concentricidade.

em volta de um centro exato – ele deve ser concêntrico. Para funcionar direito, o came tem uma quantidade de batimento projetada. No segundo exemplo, a cabeça sextavada é concêntrica ao parafuso; ainda assim, tem bastante batimento. A partir disso, tem-se que a *concentricidade* controla o *eixo* do elemento em relação ao eixo de um segundo elemento de referência, onde ambos devem ter o mesmo centro. O *batimento* controla a especificação da superfície relativamente a um eixo de referência.

Respostas do pensamento crítico

Resposta 1

Retilineidade e planicidade fazem parte do teste de paralelismo de superfície.

Resposta 2

A planicidade da lancheira na Figura 4-35 pode ser tolerada quando apertada em 0,1 mm, mas tolerar em 0,2 mm é insignificante, já que deve estar no plano dentro de 0,15 mm para atender ao requisito de perpendicularidade.

Revisão da Unidade 4-3

Revise os termos-chave

Batimento
Dois controles que lidam com a oscilação da superfície em objetos rotacionais (referência de eixo).

Bônus
Tolerância adicional possível, com base na função e medição real do tamanho do elemento.

Contorno
Controle que lida com os elementos de formas externas irregulares. Dependendo da função, o contorno pode ou não precisar de uma referência de origem.

Elementos
Linhas de superfície que correm na direção do controle.

Entidade
Tanto o elemento de superfície como o centro da especificação que devem ser mostrados para alinhar com a zona de tolerância a fim de atender a um padrão.

Forma
Quatro controles que lidam com a forma exterior de objetos de formatos regulares. A forma não tem origem de referência.

ITM (indicador total do movimento)
Diferença de medida entre pontos altos e baixos na superfície do objeto, rotacionada em torno de 360°, medida com um relógio apalpador.

Localização
Três controles que definem a tolerância do centro de uma forma, respeitando a referência.

Modelo perfeito
Alvo da característica desejada.

Orientação
Três controles que definem a relação angular de uma superfície ou centro do elemento, respeitando a referência.

Reveja os pontos-chave

- Um controle geométrico se aplica tanto a linhas da superfície de elementos quanto a seus eixos de centro.
- Elementos são as entidades de controle da superfície exterior.
- Para o elemento estar dentro da tolerância, cada linha testada deve estar alinhada dentro da zona de tolerância.
- Existe um número infinito de linhas em qualquer superfície.
- Cada linha corre na direção do controle.
- Linhas podem ser desenhadas com riscos a lápis sobre a superfície da especificação.
- Existem inter-relações dentro do sistema DTG, e muitos controles individuais podem ser combinados em blocos de construção para criar definições de controle.

Responda

1. Liste os cinco grupos de controle.
2. Resuma a razão para um sistema DTG, comparado aos métodos de dimensionamento e toleranciamento, em 10 palavras ou menos.
3. Repita a Questão 2 usando apenas uma palavra.
4. Uma referência é sempre uma superfície confiável em uma peça. Essa afirmativa é verdadeira ou falsa?
5. Um desenho tem referências A, B e C atribuídas a superfícies. Se já não estiverem estabelecidas na peça, que especificação de referência poderia provavelmente ser usinada primeiro? Por quê?

REVISÃO DO CAPÍTULO

Estudo em andamento

O Capítulo 4 foi escrito para você ir ao laboratório com uma boa base do DTG. A segunda meta foi demonstrar que muitos conhecimentos geométricos ainda não foram revelados, pois seria muita informação neste ponto do seu treinamento. Depois de estudar o Capítulo 4, conforme desafios de usinagem surgem na fábrica, pense sobre o funcionamento e como os princípios que estudamos se aplicam. Logo você estará pronto para mais um estudo formal.

Unidade 4-1

Enquanto a tecnologia estava evoluindo lentamente, o modo como os desenhos das peças eram dimensionados e toleranciados evoluiu mais ou menos sem um controle central, e isso funcionou bem por algum tempo. Mas os recentes avanços na tecnologia mostraram que esses velhos métodos deixavam a desejar quanto às necessidades funcionais da fabricação moderna. Os novos controles foram cuidadosamente criados por engenheiros, cientistas e líderes de fabricação não apenas para expressar dimensões e tolerâncias de desenho, mas também para

- estabelecer prioridades funcionais utilizando origens de referência;
- especificar funções de trabalho;
- e eliminar ambiguidades.

Unidade 4-2

A referência de origem é o núcleo do sistema DTG e representa a principal melhoria em relação aos velhos métodos. Referências vinculam a peça ao mundo real, relacionando suas dimensões a superfícies e linhas, teoricamente perfeitas, exteriores ao objeto. O projeto é feito externamente a partir de um conjunto de referências, começando com a função mais importante. O elemento de maior prioridade é relacionado com a referência de maior prioridade – isso faz toda a diferença em como deve proceder um operador, inspetor ou programador.

O modo antigo criou um projeto que deixou a peça flutuando no espaço, sem um ponto de partida específico para modelá-la de um metal bruto para a peça acabada. Usando desenhos não geométricos, os operadores têm de adivinhar por onde começar. Com a referência de origem, ficam claramente definidos os alvos funcionais e por onde começar a cortar. Ela não mostra como cortar. Esse aspecto continua sob o domínio das habilidades. Mas usando referências de origens, um projeto geométrico mostra claramente os alvos funcionais.

Unidade 4-3

O sistema DTG coloca mais responsabilidade no operador, porque muita informação está implícita nos símbolos. Não saber as regras do jogo cria altos custos – desnecessários – na fabricação. No entanto, uma vez que o sistema é compreendido, o artesão experiente tem o controle que não estava disponível aos operadores antigos, usando métodos antigos de dimensionamento e toleranciamento. Depois dos símbolos de referência nos desenhos DTG, quase toda a informação restante é transmitida em um campo retangular denominado quadro de controle do elemento. Dentro do QCE, uma de 14 possíveis características é expressa com um símbolo que você deve ser capaz de reconhecer. A tolerância aceitável é também estabelecida no QCE, juntamente com outras informações críticas, tanto na forma de símbolos como na de números. Tudo isso deve ser compreendido!

Questões e problemas

Responder as seguintes questões sobre o sistema DTG vai ajudá-lo a se preparar para o teste final.

1. Qual característica esse símbolo representa (Obj. 4-1)?

2. Quais são os dois controles embutidos no controle da Questão 1 (Obj. 4-3)?

3. O que esse símbolo representa (Obj. 4-1)?

4. Descreva o controle da Questão 3 (Obj. 4-3).
5. O que é uma referência (Obj. 4-2)?
6. Verdadeiro ou falso? Uma referência não pode ser um eixo, uma vez que um eixo é uma entidade matemática. Se isso é falso, o que o tornaria verdadeiro (Obj. 4-2)?
7. Denomine o documento que padroniza o DTG nos Estados Unidos (Obj. 4-3).
8. Quando um controle geométrico se aplica a superfícies do elemento, qual é a entidade de controle? (Obj. 4-3).
9. Em uma folha de papel, esboce o símbolo do DTG para:
   A. perfil de linha;
   B. a linha composta (3D) em contrapartida à retilineidade;
   C. os três controles de orientação, em qualquer ordem;
   D. os três controles que definem o ângulo do eixo de um elemento relativamente à referência;
   E. os controles de posição que *podem ter* tolerância bônus;
   F. os controles que *nunca* são referenciados a partir de uma referência;
   G. os quatro controles de forma (Obj. 4-3).
10. Explique como um desenho DTG mostra ao operador como organizar os primeiros cortes na peça (Obj. 4-2).

Questões de pensamento crítico

Estes são difíceis – discuta-os com um ou dois colegas. A Questão 11 conduz à 12 e, depois, à 13, aumentando a dificuldade. Na Figura 4-49, o maior diâmetro, o elemento de Referência A, é perfeitamente centrado no mandril do torno e rotacionado em volta do eixo. O menor diâmetro é testado com um relógio comparador. O ITM é estabelecido para ser 0,0035 pol. por toda a superfície.

11. Este é um teste de concentricidade ou de batimento?
12. Quais controles estão embutidos neste teste?
13. Que *série* de possibilidades existe para a concentricidade do elemento testado? Em

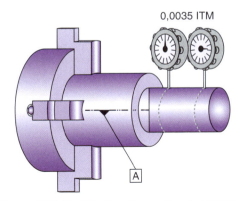

Figura 4-49 Qual é este teste e quais outros testes encaixam-se nele?

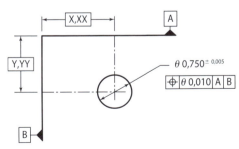

Figura 4-50 Qual é a tolerância de posição se esse furo foi usinado com um diâmetro de 0,7467 pol.?

outras palavras, qual é a dimensão do campo de tolerância e quanto o centro do elemento pode estar fora do eixo de Referência A? Aviso: este é um verdadeiro quebra-cabeça!

14. O furo de 0,750 pol. tem uma tolerância de tamanho de $\pm$ 0,005 pol. e tem uma tolerância de posição de 0,010 pol. Qual é a sua tolerância de posição depois de considerar o tamanho da perfuração?

Perguntas de CNC

15. Tornos usinam objetos circulares. Em um torno CNC, a dimensão no eixo X denota posições de diâmetro da ferramenta de corte, enquanto a dimensão do eixo Z denota distância. Se você comanda a ferramenta para ir para X3,500, estará pronto para cortar um diâmetro de 3,500 pol. Você está planejando um programa para um torno CNC para usinar um eixo com muitos diâmetros críticos. Em termos de função, onde você espera que esteja a referência primária?

16. Referente à Questão 15, qual valor teria o eixo X quando ele fosse a referência primária?

RESPOSTAS DO CAPÍTULO

Respostas 4-1

1. ASME Y14 (Sociedade Americana dos Engenheiros Mecânicos).
2. Função.
3. As prioridades funcionais mostram a você:
   A. Como fixar a peça para usinar.
   B. Quais cortes fazer primeiro.
   C. Como medir os resultados.
4. Forma, controla o formato da superfície exterior de elementos regulares: circular, retilíneo, plano e formas cilíndricas; perfil, controla o formato da superfície exterior de elementos contornados. Itens que não são retilíneos, planos ou circulares; orientação, controla o relacionamento de um elemento relativamente à referência; localização, controla o posicionamento do centro de um elemento em relação à referência; batimento, controla a oscilação do exterior do objeto em rotação.
5. A retilineidade pode ser aplicada a um eixo em vez da forma exterior.

Respostas 4-2

1. Quadro de referência ou identificador de referência.
2. Função.
3. Prioridades de referência estabelecem a sequência dos cortes iniciais.
4. Forma, perfil, localização, orientação e batimento.
5. Uma referência.
6. A referência é uma superfície teoricamente perfeita em contato com o elemento em questão.
7. Eixos.

Respostas 4-3

1. Forma, contorno, orientação, localização, batimento.
2. Como configurações de controles que oferecem controle flexível.

3. Função.
4. É falso por duas razões: primeiro, as referências podem ser eixos assim como superfícies; segundo, as referências são estabelecidas por superfícies, mas não são a superfície.
5. Referência A, porque ela fixa a prioridade funcional mais alta (referência primária); as Referências B e C são a segunda e a terceira.

Respostas da revisão do capítulo

1. Cilindricidade.
2. Retilineidade e cilindricidade.
3. Posição.
4. Controla o eixo de um elemento em relação a uma ou mais referências.
5. A referência é uma superfície teoricamente perfeita ou um eixo utilizado como referência para orientação ou localização. Não é a peça, mas é estabelecida pela superfície do elemento da peça e suas irregularidades.
6. Falso. Um eixo pode ser uma referência desde que sejam adicionadas as irregularidades de sua superfície.
7. ASME Y14.5M.
8. Linha.
9. A. ⌒
   B. ▱
   C. ∥ , ⊥ e ∠
   D. ∥ , ⊥ e ∠
   E. ⊕
   F. ▬ , ▱ , ○ e ⌀
   G. O mesmo que F.
10. As prioridades de referência indicam importância funcional.
11. O teste é tocar e somar linhas de superfície – é um teste de batimento.
12. Retilineidade, paralelo ao eixo; circularidade, de linhas individuais; cilindricidade, da superfície inteira, desde que todas as linhas tenham sido testadas juntas; concentricidade, do eixo do cilindro.
13. *Máximo erro possível*: Dado o ITM, ele pode ser tão grande como 0,0035 ITM pol., assumindo que o pequeno elemento seja perfeitamente cilíndrico. Fisicamente isso significaria que os dois eixos estariam afastados 0,00175 pol. de cada lado (meio ITM). Mas não poderia ser nada mais que isso, uma vez que a concentricidade é um subconjunto do batimento.
    Erro mínimo: Pode ser 0,0000, desde que a superfície esteja perfeitamente centrada, mas não cilíndrica; por exemplo, esmagada, mas centrada!

> **Conversa de chão de fábrica**
>
> A palavra para essa variação entre dois centros é excentricidade, significando fora de centro.

14. A resposta verdadeira é 0,010 pol., desde que *não tenha permissão PMM para pedir bônus! Sem o símbolo M no quadro!* No entanto, se você calculou 0,0117 pol., entendeu o principal:
    Tamanho do PMM = 0,745 pol. (furo mais apertado possível)
    Tamanho usinado = 0,7467 pol.
    Bônus possível = 0,0017 pol.
    (diferença = bônus)
    Tolerância do desenho = 0,010
    Resultado = 0,0117 (desenho mais bônus, *se* isso for permitido!)
15. A Referência A poderia ser o eixo central.
16. A ferramenta estaria em $X = 0,0000$ (o centro do diâmetro).

>> capítulo 5

Antes e depois da usinagem

O Capítulo 5 possui dois objetivos gerais: aprender a interpretar ordens de serviço e a executar um conjunto de tarefas que são feitas fora das máquinas. Esses são os passos para deixar o material pronto para a usinagem ou para acabamento posterior.
Algumas dessas operações são efetivamente de usinagem, pois dão forma às peças; entretanto, são executadas manualmente em uma bancada ou em pequenas máquinas que dão suporte às grandes CNCs. Dessa forma, elas podem ser chamadas de operações fora de máquina, secundárias ou de bancada. Na maioria dos casos, são menos complicadas que um trabalho em CNC, mas não menos importantes, pois sem elas o trabalho não poderia ser finalizado. Frequentemente, o trabalho fora de máquina é atribuído ao empregado recém-contratado.

Objetivos deste capítulo

- >> Usar ordens de serviço, números de peça, planejamento de processo e revisões
- >> Ler e utilizar uma típica sequência de trabalho
- >> Compreender os números da peça e os números de detalhe em plotagens
- >> Identificar cinco metais básicos
- >> Rebarbar, limar e chanfrar uma peça
- >> Aprender sobre produção
- >> Marcar e identificar peças
- >> Aprender sobre roscas e rosqueamento manual
- >> Aprender sobre alargamento manual
- >> Montar com interferência

» Unidade 5-1

» Utilização das ordens de serviço – Entendendo o planejamento de processo

Introdução: Quase todas as oficinas, grandes e pequenas, usam algum tipo de ordem de serviço. Elas complementam o desenho formalmente, mediante instruções passo a passo que orientam o trabalho à conclusão final. As ordens de serviço conduzem a um trabalho organizado e ao mesmo tempo de qualidade, consistente e seguro. Geralmente, há muito mais informações nelas do que em uma sequência de planejamento de processo, embora esta seja o principal objetivo para o operador da máquina. Uma ordem de serviço lista:

Número da peça: O produto específico a ser fabricado, abreviado por *N/P*.

Quantidade em um lote: Abreviado por *Qtd*.

Nível de revisão: Mostra o nível do projeto, abreviado por *Rev*.

Sequência de operações: As instruções lógicas passo a passo, abreviado por *Ope*.

Tipo do material: A forma e o tamanho do metal bruto fornecido.

Normas: padrões nos quais o produto deve ser construído.

Instruções para a Garantia de Qualidade Acabamento e Acondicionamento: além de outras instruções de manuseio.

Requisitos especiais: para ferramentas ou outros itens necessários.

> **Ponto-chave:**
> Além dos símbolos, existem muitas abreviações usadas nos documentos de fabricação. Elas economizam tempo e espaço para as instruções, tanto no papel como no banco de dados.

Operação	Instruções	Posição
Ope 45	Furar 0,375 dia @ 3,0 ref Plano A x 4,375 ref Plano B	Fresadora Bridgeport
Ope 50	Furar e rosquear Rosca 5/8-11 filetes	Bancada

Sequência de um planejamento de processo
O núcleo de uma ordem de serviço é formado por uma série de instruções específicas cuidadosamente planejadas, que dirigem o trabalho do início ao fim. Elas descrevem cada passo e operação que deve ser realizada na sequência exigida. Muitas dessas instruções são abreviadas; por exemplo, a operação 45 diz para você fazer um furo de 0,375 pol. localizado a 3 pol. do ponto A, seu *referencial*. Para furar essas peças, o planejador agendou esta operação em uma máquina particular chamada de fresadora Bridgeport.

Encontrando a melhor sequência Cada novo projeto requer uma solução semelhante à de um quebra-cabeça para encontrar a melhor maneira de fazer a peça. Frequentemente, esse desafio pode ser resolvido de diversas maneiras. Por exemplo, o trabalho que acabamos de examinar também poderia ser feito em uma furadeira, remetendo à operação 20. Cada caminho de solução gera um produto finalizado; ainda que um ou dois caminhos sejam mais rápidos, de maior qualidade e de maior impacto para você, eles devem ser seguros. Encontrar o melhor plano exige um conhecimento pleno de todos os processos de usinagem disponíveis na oficina.

Em razão da grande importância de um bom planejamento, as ordens de serviço são escritas somente por pessoas muito experientes e bem pagas. Sendo um novo funcionário, seu objetivo será o de seguir precisamente o plano de processo, sem se desviar, a menos que as ordens sejam dadas diretamente por seu supervisor. Uma maneira de aprender a planejar quando seguir uma sequência é pensar no porquê daquilo ter sido escolhido daquela maneira.

Aqui, no Capítulo 5, vamos estudar como usar as ordens de serviço da melhor maneira possível. Para dar o pontapé inicial, no final deste capítulo você terá a chance de resolver alguns quebra-cabeças de planejamento.

Sequência operacional Algumas vezes, a ordem de serviço se sobrepõe ao desenho de projeto então temos de nos desviar do desenho, seguindo as instruções especiais contidas nela. Por exemplo, deixar material extra nas dimensões a fim de que as peças possam ser enviadas para um tratamento térmico e depois retornarem à oficina para a usinagem final. Por exemplo,

Ope 55   Fresar 3,00 até 3,060 (sobremetal para retificação)   Fresadora Bridgeport

Perder esta indicação e fabricar as peças exatamente como no desenho, 3,000 pol. em vez de 3,060 pol., seria um erro enorme! Algum tempo depois, essas peças serão mandadas para acabamento em uma máquina retificadora de precisão. Aqui, na operação 55, elas são usinadas de forma grosseira para depois serem retificadas até a dimensão final. Isso é tão importante que, em setores como os de aeronaves comerciais, cada operação no plano deve ser completamente certificada por inspetores de auditoria antes de o processo prosseguir. Os registros devem ser mantidos para provar a verificação das etapas.

> **Ponto-chave:**
> Sem registros adequados provando que os passos foram seguidos na sequência até mesmo as peças perfeitamente produzidas tornam-se ilegais para se colocar em um avião.

É esperado de todo operário que mantenha suas "documentações" corretas. Isso parece complicado no começo, mas não é depois de usá-las por um tempo.

> **Termos-chave:**
>
> **Número de peça**
> Números de desenho e de detalhe combinados para identificar uma única peça.
>
> **Número de detalhe/sequencial**
> Identificação individual de uma peça.
>
> **Nível de revisão**
> Letra que mostra quantas vezes o desenho foi redesenhado.
>
> **Operações secundárias**
> Tarefas necessárias, geralmente não realizadas nas máquinas, essenciais para iniciar ou finalizar um trabalho. Às vezes chamadas de trabalho fora de máquina.
>
> **Ordem de serviço**
> Documento-mestre para iniciar um trabalho na oficina.
>
> **Planejamento de processo**
> Série de passos lógicos de uma ordem de serviço, escolhida para guiar um trabalho com segurança e eficiência no labirinto da oficina.

O que você deve saber sobre planejamento de processo

Um **planejamento de processo** pobre conduz a armadilhas caras ou até mesmo perigosas na usinagem. É possível que você fique encurralado. Ou seja, a peça mal planejada fica incompleta, e não há maneira prática alguma de mantê-la ou de usinar as operações remanescentes. Ou, devido ao mau planejamento, a peça poderia até ser finalizada, mas somente com um grande custo ou risco para a máquina e seu operador.

Para simular um trabalho real, aqui no Capítulo 5, vamos acompanhar as instruções de uma ordem de serviço para um lote de 12 peças. Faremos uma dúzia de calibradores de broca (QTY-12) usando a ordem de serviço de n° S5-U1-1 (Figura 5-1) e o desenho da Figura 5-2. Marque-os, pois os citaremos várias vezes. Esta é a forma típica de proceder o trabalho na oficina: voltar para a ordem de serviço e o desenho de fabricação frequentemente.

Ordem de trabalho S5-U1-1	Companhia de Usinagem McGraw	Data: 6 de jan, 20xx
Desenho FYM-101	Detalhe-1	Revisão: Novo
Quantidade 12	Cliente: Estudante	Emitido Por: Fitz

Sequência	Operação	Completo
10	Serrar blocos de 0,125 alumínio, deixar sobremetal de 0,1 – todos os lados	
20	Esquadrejar – fresadora vertical 3,0 x 5,0	
30	Rebarbar os blocos	
40	Inspecionar a operação 20	
50	Traçar furos segundo indicações do desenho	
70	Localizar, furar e alargar furos – furadeira	
80	Rebarbar furos	
90	Traçar detalhes do calibrador	
100	Serrar detalhes deixando sobremetal de 0,1	
110	Contornar forma na fresadora	
120	Acabar peça – cantos vivos e raios de alívio 1º lugar	
130	Limar raios de canto 0,12	
140	Marcar todos os furos da peça segundo desenho	
150	Inspeção final	
160	Anodizar – preto	
170	Contar, embalar e empacotar	
180	Enviar ao cliente	
190		
200		

Figura 5-1

Números de peça e de desenho

Muitas vezes, o desenho técnico mostra uma única peça em detalhe; outras vezes, mostra vários detalhes – são peças individuais no mesmo número do desenho. O detalhe é uma **peça** única, às vezes chamado de **número sequencial** ou **serial**.

Ponto-chave:
Lembre-se, diferentes números sequenciais podem ser encontrados em um mesmo número de desenho.

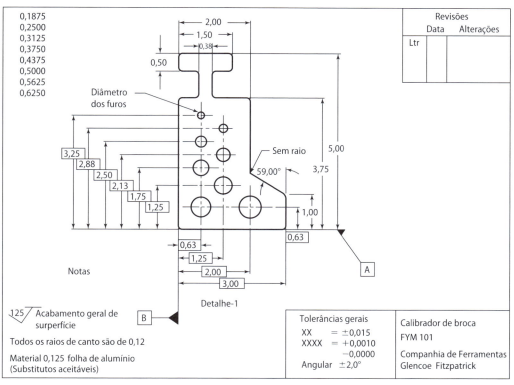

Figura 5-2 Desenho do calibrador de broca – folha 1 de 1.

A Figura 5-3 mostra três números sequenciais. Para saber fazer qualquer um deles, você precisaria do desenho correto e das dimensões do número sequencial indicados na **ordem de serviço.**

203B-605-3 (Pistão)
203B-605-5 (Biela)
203B-605-7 (Pino)

Composição de números de peça

Existem diferenças de indústria para indústria; no entanto, **números de peça** geralmente são compostos desta forma: no nosso exemplo, o produto completo é um 203B. Por exemplo, digamos que é uma motosserra modelo 203 e foi projetada para o nível B. Então esse desenho está em uma folha de detalhes da seção 605 das serras 203B – peças do motor.

Finalmente, há três detalhes neste desenho. Por exemplo, 203B-605-3 e os -5 e -7 (chamados de "série 5" e "série 7", no jargão da oficina). Quanto mais complexa for a montagem da qual as peças farão parte, maior será o número da peça. Esse número possui três campos de dados e um número de série; outros podem ter cinco ou seis, ilustrando a complexidade do trabalho que eles controlam.

> **Ponto-chave:**
> Quando o número de desenho (203B-605) é combinado com o número de detalhe (-3), forma-se o número da peça: 203B-605-3.

Algumas vezes, há uma pequena diferença entre um detalhe e o próximo. Por exemplo, uma peça série 5 e uma série 6 podem ser imagens espelhadas uma da outra: a mesma peça, porém nas versões direita e esquerda. Ou a -5 é de 1,500 pol. de comprimento, enquanto a -7 é de 1,550 pol. de comprimento; pequenas coisas, contudo, de grande importância.

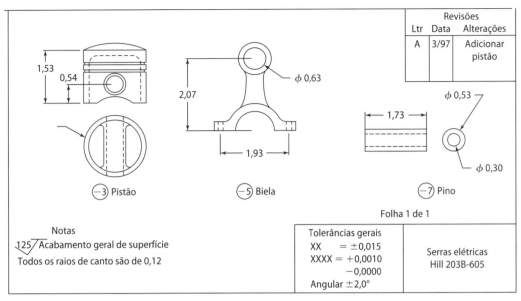

Figura 5-3 Número de desenho 203B-605.

Múltiplas folhas em um desenho

O desenho de número 203B605 também poderia ter mais de uma folha. Preste atenção na anotação "Folha 1 de XX".

Embora seja correto dizer "uma" impressão ou "um" desenho, não necessariamente significa que haverá somente uma folha de papel. Este desenho poderia ter várias páginas:

　　203B-605 Folha 1 de 3
　　203B-605 Folha 2 de 3
　　203B-605 Fol. 3 de 3 (abreviação comum)

Se o desenho está em uma única folha, ele ainda pode ser dizer Folha 1 de 1, para que não haja dúvidas.

> **Dica da área:**
> **Notas gerais sobre desenhos com múltiplas folhas** *Cuidado!* Não seja pego sem as informações necessárias! É essencial que as notas gerais em desenhos com muitas folhas estejam localizadas na Folha 1. Nunca faça um trabalho sem ter ou sem conhecer a Folha 1, mesmo quando o detalhamento requerido está em outra folha.

Revisões – A versão correta de um número de peça

O item final do número da peça a ser classificado pelo operador é a *versão* da peça a ser feita. Além de garantir que o número do desenho e o número da folha correspondam à ordem de serviço, é necessário verificar se o desenho que você recebeu faz parte da *versão* correta da peça. A versão também estará registrada na O/S (abreviação para ordem de serviço, também abreviada apenas como OS).

Conforme os projetos originais são melhorados e os erros corrigidos, os desenhos são atualizados para uma versão mais recente. Essas melhorias são rigorosamente monitoradas e registradas, o que é chamado de sistema de **nível de revisão**. Cada vez que o desenho é alterado, ele recebe uma nova letra de *REV*. Os desenhos começam como versões *NOVAS*, em seguida, na primeira alteração do projeto/desenho, tornam-se *Rev A*. O segundo projeto é a *Rev B* e assim por diante.

Cada letra de revisão progressiva significa que o projeto foi redesenhado e que um número qualquer de alterações feitas poderia ter sido incorporado à plotagem. Visualize no canto superior direito das Figuras 5-2 e 5-3 os exemplos de plotagens. Você deve saber o nível do desenho.

Dica da área:
Além de usar letras para acompanhar as revisões na sua oficina, as revisões de desenhos também podem ser gerenciadas por números ou pela data na qual foram atualizadas.

Conversa de chão de fábrica

Peças de reposição Tenha em mente que as oficinas também produzem peças de reposição para produtos mais antigos, *não somente para a versão atual*! Neste caso, devem ser feitas muitas inspeções. As alterações feitas ao longo do tempo devem ser novamente registradas, desde o atual nível de Rev até os níveis já ordenados. Cada mudança precisa ser examinada para ver se é mantida a coerência com relação às últimas peças. Elas serão substituídas ou será que o planejador precisa modificá-las para que se ajustem ao produto mais antigo? Esses temas de pesquisa podem ser incrivelmente complexos e devem ser feitos antes da liberação do trabalho na oficina. A boa notícia é que os profissionais de usinagem iniciantes nunca têm de fazê-los! Após o planejador resolver os problemas, ele ou ela escreve um plano de processo que cobre os passos necessários para fazer a versão mais antiga das peças. Tudo o que você precisa fazer é segui-lo. O plano o orientará a fazer corretamente as peças para um trabalho específico.

Verifique a caixa de revisão Observe o canto superior direito do desenho do calibrador de broca (Figura 5-2). Não houve revisões, este é um NOVO registro de desenho. Ele pode ser bem antigo, porém nunca foi revisado. A segunda plotagem, 203B-605, faz parte da Rev A. Ela foi atualizada uma vez, provavelmente quando a serra foi melhorada. Breves notas na caixa de Rev dão dicas sobre quais foram as mudanças. Normalmente, você não precisa se preocupar com quais foram as mudanças; elas são descritas à medida que você precisar e estão incorporadas à plotagem. O importante é garantir que os próximos pontos-chave sejam seguidos.

Ponto-chave:
Quando receber um trabalho, sempre verifique se:

A. o número da peça corresponde à OS;

B. o nível de revisão do projeto e da ordem de serviço são compatíveis.

Revisão da Unidade 5-1

Revise os termos-chave

Número de detalhe sequencial
Identificação individual de uma peça.

Planejamento de processo
Série de passos lógicos de uma ordem de serviço, escolhida para guiar um trabalho com segurança e eficiência no labirinto da oficina.

Número de peça
Números de desenho e de detalhe combinados para identificar uma única peça.

Nível de revisão
Letra que mostra quantas vezes o projeto foi redesenhado.

Operações secundárias
Tarefas necessárias, geralmente não realizadas nas máquinas, essenciais para iniciar ou finalizar um trabalho.

Ordem de serviço
Documento-mestre para iniciar um trabalho na oficina.

Reveja os pontos-chave

- Aprender as informações apresentadas aqui e nas próximas unidades não vai mudar muito a sua experiência técnica, mas lhe fará ser visto como uma pessoa bastante competente no trabalho.

- Mesmo que o detalhe a ser usinado esteja em uma folha qualquer que não seja a folha de número 1, seria errado prosseguir sem ela, sem as notas e tolerâncias gerais.
- Você poderia ter o número de desenho e o número sequencial corretos e ainda fazer a peça errada. Como? Seguindo o nível de revisão incorreto!
- Muitas vezes, existem passos intermediários que são necessários antes de realizar a usinagem, a qual dará a forma final do produto. Esses passos são encontrados no planejamento de processo dentro da ordem de serviço.

Responda

Você está pronto para executar uma ordem de serviço? Responda o seguinte para descobrir:

1. Cite pelo menos duas razões para que o número de sequência 40 possa estar na ordem S5-U1-1 (Figura 5-1).
2. Por que seria um grande erro executar todos os furos nos tamanhos mostrados no desenho FYM 101 (Figura 5-2)? Qual linha na OS cobre isso?
3. De acordo com a OS S5-U1-1, qual nível de revisão deve ser usado?
4. O que significa a instrução da ordem de serviço na linha 120?
5. Para qual tamanho os blocos de 0,125 pol. de espessura devem ser usinados na linha 10?

>> Unidade 5-2

>> Seleção do material apropriado ao trabalho

Introdução: O primeiro aspecto para deixar um trabalho pronto para as máquinas é escolher o metal certo, na condição e na forma corretas.

Existem, literalmente, centenas de *ligas* (combinações de metais) diferentes; no entanto, a Unidade 5-2 focalizará as cinco mais comuns. Como um novo operador de máquinas, você deve ser capaz de identificá-las, seja por cor, peso relativo, marcas de código ou outras características que analisaremos.

Não é suficiente apenas ter a liga certa; os operadores de máquina também têm de ver se a forma e a condição do metal estão adequadas ao trabalho. Isso começa com a aprendizagem dos termos necessários.

Termos-chave

Aço doce/baixo teor de carbono
Aço de utilidade geral, com menos de 0,3% de carbono. Não é possível realizar um tratamento térmico simples para alterar suas características físicas. Um endurecimento não é comum ou possível.

Aço-ferramenta
Família de aços que tem formulação complexa e específica na aplicação de ligas de aço; também são mais caros. Usado geralmente para fazer ferramentas de corte, matrizes e moldes que devem suportar condições extremas.

Aço inoxidável
Grupo de metais que tem por base o ferro, com a adição de cromo e níquel. Algumas ligas são metálicas, e outras não. A usinabilidade varia entre moderada e muito baixa, é resistente à corrosão e não compromete suas características físicas após ser endurecido.

Aço-liga
Família de aços usada para a produção de peças. Os aços-liga variam desde aços com baixo teor de carbono até aços projetados com alto teor de carbono.

Alumínio
Metal branco/prata leve e não magnético. Classificado como um metal de altíssima usinabilidade.

Compósitos
Material adaptado composto de resinas plásticas, metais e fibras. Os compósitos fornecem uma boa relação resistência-peso, o que não é possível em metais comuns.

Endurecimento no trabalho
Característica de algumas ligas que sofrem alterações em sua dureza devido a ações incorretas de usinagem. Uma vez ocorrendo o endurecimento, é difícil ou até impossível usinar o material até que seja tratado termicamente, o que o fará voltar para um estado mais mole.

Extrusão
Pré-forma feita forçando o metal aquecido e amolecido em uma matriz. Alumínio, cobre e bronze geralmente são fornecidos através de extrusões.

Ferro fundido
Grupo de metais pesados de cor cinza fosco. São magnéticos.

Forjamento
Pré-forma feita depois de martelar e forçar o metal a adquirir formas mais detalhadas. É mais resistente do que o fundido, porém com menos complexidade das formas. Pode ser feito em metal quente ou frio. O produto final é caro, mas muito resistente.

Fundição
Quando o metal fundido é derramado em um molde. Os materiais fundidos são menos resistentes que os forjados, porém podem ter muitos detalhes internos.

Grão
Viés da característica de resistência, criado pela maneira como o metal foi originalmente formado. Diferentes formas do metal (barras ou extrusões, por exemplo) têm diferentes quantidades da estrutura do grão.

Latão/bronze
Dois grupos de metal relativamente pesado, feitos de uma base de cobre. As cores variam desde o amarelo-ouro ao avermelhado. Nem todas as ligas são magnéticas.

Liga
Fórmula específica de um metal em um determinado grupo. Combinação exata de um metal-base, metais secundários e quantidades menores de minerais.

Ligar
Colocar um metal dentro do outro.

Identificação do material e características

Ordem de serviço S5-U2-1 Op 10 (Ope 10)

Para a sua primeira viagem ao mundo da metalurgia, veremos o alumínio, o ferro fundido, o latão, o aço e o aço inoxidável.

Esses materiais podem ser diferenciados por cor, peso, magnetismo, cor da faísca, padrão (quando retificados) e por seu selo de fábrica. Após a conclusão desta leitura, você será convidado a ir à oficina e encontrar alguns exemplos desses metais; em seguida, vai responder a algumas perguntas sobre eles.

Usinabilidade

Uma importante característica de alguns metais é a usinabilidade. Ela é o guia que compara a facilidade ou a dificuldade de cortar uma liga em particular, pois se baseia na dureza e na tenacidade do metal.

Uma alta usinabilidade indica um metal fácil de cortar, como o alumínio, por exemplo, enquanto uma

> **Conversa de chão de fábrica**
>
> **Ligas e alquimia** Por centenas de anos, criar uma nova liga era simplesmente um método de tentativa e erro realizado com um pouco de magia. No começo da ciência, os *alquimistas* tentaram fazer ouro por meio da fusão e da combinação entre metais pesados e polidos – sem sorte, no entanto. Contudo, desses primeiros experimentos, eles descobriram que muitas de suas criações eram melhores do que suas peças e que elas apresentavam características melhores do que aquelas que pertenciam aos seus elementos de origem! Hoje, em virtude do poder da computação e de alguns recentes modelos matemáticos destinados a essas misteriosas propriedades, os *metalúrgicos* (os novos magos do metal) agora podem modelar as ligas antes mesmo de fundir e combinar os elementos. Então, usando os métodos científicos, você acha que eles podem sintetizar o ouro?

usinabilidade baixa significa que um cuidado extra é necessário. Os metais de baixa usinabilidade, como o aço endurecido ou o aço inoxidável, exigem velocidades de corte mais lentas, ferramentas afiadas e refrigerantes. Os metais de alta graduação, como o latão, podem ser cortados de forma muito mais rápida, com muito menos preocupação com a temperatura, o desgaste da ferramenta de corte ou uma avaria.

A dureza do metal é o ponto-chave. Quanto maior a dureza, menor a usinabilidade, ou seja, será bem mais difícil usinar. As ferramentas de corte se desgastam rapidamente e, além disso, a dimensão e o acabamento são mais difíceis de controlar. Algumas ligas excedem os limites práticos de usinabilidade devido à sua dureza. Elas não podem ser cortadas com ferramentas comuns e precisam ser usinadas por retificação ou eletroerosão (todas estudadas neste livro). Outra alternativa seria amolecer as ligas mediante um tratamento térmico e depois fazer a usinagem.

A metalurgia é um assunto extenso, mas, por ora, conhecer os cinco grupos é o necessário para que você entre na oficina e inicie seu novo trabalho como operador de máquinas. Cada grupo tem um nível diferente de usinabilidade. Isso faz toda a diferença quando se trata da velocidade na qual o material deve ser cortado sem destruir a ferramenta ou o próprio trabalho.

Grupos e ligas

Os metais são classificados em dois títulos – a *família em geral* e a *liga específica*. A denominação de família é dada sempre por um único elemento. Por exemplo, nos nossos cinco tipos básicos, o aço tem por base o ferro, enquanto o latão é feito à base de cobre. Mas, além disso, existem muitas **ligas** diferentes dentro de um determinado grupo, dadas pelas suas composições exatas. Diferentes elementos em uma liga têm diferentes finalidades.

Então, partindo do metal de base, cada ingrediente agregado proporciona alguma melhora para o seu uso como produto. Por exemplo, começando com o ferro, o mineral carbono é adicionado para dureza, e o cromo e o molibdênio (ambos elementos metálicos) são adicionados para resistência e tenacidade. Com essa composição única de elementos, isso se torna um aço *cromomolibdênio*, que é usado comumente em estruturas para bicicletas.

> **Ponto-chave:**
> Na maioria dos casos, a liga exata na ordem de serviço e no desenho é a que deve ser usada para o trabalho. Seu trabalho durante a preparação do material é fazer desta maneira: pegar e serrar o material adequado.

Fundamentos sobre metais

Há muito para saber sobre os metais, mesmo nesta primeira lição abreviada. É tanta coisa que o campo de estudo tem um nome: *metalurgia*. O cientista é um metalúrgico. Mas os operadores de máquinas também precisam saber muito sobre os metais. Coletar todos os dados será uma atividade de toda a sua carreira. Para esta lição, deve-se apenas associar os fatos mais importantes com o metal. Acima de tudo, lembre-se dos fatos que afetam o início da usinagem, como a usinabilidade do metal, a expectativa de vida da ferramenta de corte em ação e se a refrigeração será necessária ou não.

Formas físicas – Extrudados, forjados e fundidos

Começaremos vendo três formas nas quais um determinado material pode chegar à sua máquina, sem que sejam blocos cortados, chapas ou barras: fundidos, forjados e extrudados.

Todos os três economizam tempo de usinagem, porque já estão conformados em relação ao produto final. Os cinco metais que estudaremos variam em termos do formato no qual podem ser fornecidos.

Os **forjados** (Figura 5-4) foram fortemente martelados a partir de um bloco sólido (chamado de tarugo) para uma forma quase finalizada. Os martelos de forjamento são máquinas enormes que deformam o metal com golpes muito fortes,

Figura 5-4 Estas peças comporão conjuntos de juntas de acionamento, de modo que requerem a forma física mais forte do metal, uma peça forjada.

Figura 5-5 Os materiais extrudados são forçados contra as matrizes, que dão forma ao produto, em comprimentos longos.

esmagando-os em etapas, utilizando um molde de precisão. O forjamento pode ser feito a quente ou a frio. Os forjados são excepcionalmente resistentes por causa do trabalho feito sobre o metal. Por causa das ferramentas iniciais necessárias para produzir as matrizes e do manuseio individual de cada peça depois de forjada, sua produção fica cara, porém economiza muito tempo de usinagem.

> **Ponto-chave:**
> Quando uma tarefa requer uma peça que exige a versão mais resistente do metal, geralmente o forjamento é a melhor alternativa.

Os extrudados são formas longas e complexas pré-moldadas, obtidas forçando-se o metal contra as matrizes de extrusão, muito semelhante a quando se aperta a pasta de dentes para fora do tubo. Antes de sofrer uma extrusão, o metal é aquecido e amolecido até chegar a um estado plástico no qual pode sofrer extrusão usando uma matriz (Figura 5-5). Nem todas as ligas podem ser extrudadas. Alumínio, latão e cobre, metais relativamente moles, são os metais mais comuns de serem extrudados.

Um exemplo de extrusão é a esquadria de uma janela ou a antena de rádio do seu carro. Primeiramente, na extrusora, o metal é alongado de forma contínua em um comprimento de várias centenas de metros. Depois ele é cortado em partes de 20 pés. O extrudado é cortado no comprimento desejado dentro da oficina e, depois, usinado para dar forma final ao produto. Os extrudados também são caros, devido aos custos das ferramentas para produzir as matrizes, mas são muito econômicos para se produzir peças, uma vez que requerem bem menos manuseio do que as peças forjadas.

As peças **fundidas** são os produtos resultantes do metal derretido que foi derramado ou injetado dentro de moldes ou matrizes. As peças fundidas são obtidas por dois processos distintos, dependendo da precisão exigida: fundição em moldes de areia (molde descartável), menos precisa, e fundição em coquilha (molde permanente), mais próxima de um formato final e suave.

Fundição em molde de areia Todos os dias, peças fundidas são feitas pelo vazamento de metal líquido em uma cavidade na areia compactada. Antes dessa etapa, a cavidade é criada forçando-se uma caixa de areia levemente umedecida em torno de um protótipo do fundido, chamado de *modelo*. O modelo é cuidadosamente removido da caixa para deixar uma cavidade precisa na areia (Figura 5-6).

Depois que o metal líquido esfria, a areia é quebrada e jogada fora, deixando a forma final. A superfície de um fundido é tão áspera quanto a areia a

Figura 5-6 Peças fundidas são feitas por vazamento de metais fundidos como o aço (grampo), o ferro (bigorna pequena) ou o alumínio em molde de areia, que resulta em uma superfície áspera, como na moeda grande.

Os cinco metais básicos

Alumínio

O alumínio (abreviado por AL) é um metal relativamente leve, o que é uma virtude para a usinagem. Ele tem a maior classificação de usinabilidade possível. Pode ser usinado e cortado a taxas muito elevadas de remoção de material, com muito pouco desgaste da ferramenta. (Cuidado, existem exceções para esta afirmação – como a liga de silício superduro.) De todos os cinco metais, o alumínio é o que exibe a tonalidade mais esbranquiçada dos metais prateados que vamos examinar (Figura 5-7).

Algumas ligas de alumínio podem ser tratadas termicamente para exibir diferentes características físicas (tenacidade e dureza), mas nenhuma delas jamais se tornará forte o suficiente para mudar a sua usinabilidade. O alumínio é amplamente empregado em aviões e em outros produtos onde a razão resistência-peso é um fator. Ele é fornecido em todas as formas: barras longas, blocos, chapas finas laminadas, fundidos, forjados e extrudados. Ferramentas de corte têm uma vida muito longa ao cortar a maioria das ligas de alumínio, ou seja, elas não se tornam cegas (sem fio) por um longo tempo.

A usinagem de alumínio melhora utilizando-se um refrigerante ou óleo sobre a ferramenta de corte,

partir do qual foi moldado. Alguns exemplos típicos podem ser o bloco do motor de seu carro ou uma frigideira de ferro.

Fundição em coquilha Quando as peças exigidas devem ser mais precisas, o metal líquido é despejado em um molde de precisão. Este é o tipo mais caro de fundição, pois utiliza matrizes complexas. Contudo, a fundição em coquilha é geralmente precisa o suficiente para que várias partes da peça não necessitem de usinagem adicional. Alguns exemplos típicos podem estar em seu carro, como a estrutura de metal do corpo do rádio ou a carcaça do carburador.

Ambos os tipos de fundidos são semelhantes aos forjados, porém não são tão fortes. Uma vez que não são moldadas por um martelo, as peças fundidas podem apresentar características internas complexas, o que não é possível com forjados, mas exibem uma estrutura cristalina bruta extensa, a qual não lhes confere a resistência de um forjado ou de um extrudado.

> **Ponto-chave:**
> As peças fundidas são menos fortes que as peças forjadas, mas podem ter detalhes internos complexos, o que é possível somente pela fundição.

Figura 5-7 O alumínio é um metal leve com a tonalidade mais clara dos metais que veremos.

> **Conversa de chão de fábrica**
>
> **Rochas de alumínio** O alumínio puro é tão mole que é quase inútil em aplicações mecânicas. O silício mineral é adicionado para dar-lhe a resistência necessária. Quantidades moderadas são adicionadas para a maioria das ligas; assim, a liga fica mole para as ferramentas. Mas as mais recentes superligas desgastam ferramentas de corte tão rapidamente quanto os aços duros! Por quê? O silício é um material encontrado em rochas, areia e vidro de janela; é mais rígido que as ferramentas de corte! Hoje, ferramentas de corte com partículas de diamante acrescentadas sobre suas superfícies de corte parecem ser a melhor solução para resistir à abrasão do silício.

mas ele também pode ser usinado a seco. O refrigerante reduz o calor, ajuda na remoção de cavacos, melhora o acabamento e alonga a vida da ferramenta. Ligas de alumínio mais moles têm a tendência de acumular e obstruir ferramentas de corte, conhecida como empastamento da ferramenta de corte. Quando isso acontece, o espaço necessário entre os dentes da ferramenta de corte é preenchido com alumínio indesejado. Consequentemente, a ferramenta deixa de cortar e pode até quebrar se a situação não for corrigida. Metal mole como este é denominado *aderente*, e os refrigerantes são a principal solução para o problema. Veja a Figura 5-8.

Curiosidades do alumínio

O alumínio não adere a um ímã.

O alumínio não faísca quando retificado.

Há uma família de ligas de alumínio-silício extremamente dura, cujo desgaste em ferramentas de corte ocorre mais rápido que na maioria dos aços. Essas superligas são frágeis, mas muito resistentes ao desgaste. Elas são usadas em aplicações automotivas, como em cilindros de pistões, por exemplo.

Cavacos de alumínio quente não mudam de cor durante a usinagem (muitos outros metais mudarão).

Figura 5-8 A usinagem do alumínio pode resultar em longas fitas de cavacos, se não for deliberadamente quebrado.

A *maleabilidade* do alumínio (capacidade de ser esmagado, esticado, ou deformado sem quebrar) tende a causar cavaco em fitas longas no torno. Como já discutimos anteriormente, isso é perigoso e deve ser evitado, se possível.

Latão e outros metais baseados em cobre

O latão é uma liga de cobre acrescentada de estanho. Adicionando-se zinco e vários outros ingredientes, cria-se o bronze. O bronze é mais rígido, mais duro e mais forte que o latão, porém, devido ao custo, é menos comum em laboratórios escolares. No entanto, você pode ver latão no treinamento e talvez cobre, que é o metal similar, de cor avermelhada. O cobre em si é muito mole, por isso, pouco usinado. Em razão de sua grande maleabilidade, o cobre é extrudado, laminado e trefilado (puxado) em tubos e fios elétricos. O cobre, sem outros ingredientes de liga, é aderente quando usinado.

Latão Os ingredientes da liga do latão (Figura 5-9) transformam o cobre mole vermelho em latão amarelo ou amarelo-avermelhado e o tornam mais resistente, forte e durável sob forças mecânicas e atrito. O cobre é um metal pesado; portanto, latão e bronze também são metais relativamente pesados, cerca de duas vezes o peso por volume do alumínio. Existem muitas variedades de latão e bronze, diferindo na dureza e tenacidade. Ambos podem ser fundidos e forjados e também são usualmente fornecidos como barras e placas. O bronze também é extrudado, mas não tanto como o alumínio.

Muitas ligas de latão e bronze têm boas qualidades de deslizamento para mancais e, portanto, são usadas quando há contato metal-metal. Eles também são usados em objetos decorativos, pois podem ser polidos para ganhar um brilho intenso.

A maioria dos latões é considerada de usinagem fácil (termo usado para a boa usinabilidade), logo abaixo do alumínio. Refrigerantes são utilizados apenas para remover o calor e escoar os cavacos. O refrigerante não melhora o acabamento da usinagem ou a vida da ferramenta na maioria das ligas, exceto bronzes muito duros. Uma vez que o latão pode ser usinado sem fluido refrigerante, é chamado de metal "seco".

> **Ponto-chave:**
> O latão pode ser usinado sem refrigerante, mas este é necessário para os bronzes mais duros.

> **Dica da área:**
> **Endurecimento no trabalho** O **endurecimento no trabalho** é um problema de usinagem quase sempre *causado* pelo operador de máquina. É o resultado direto de uma ação errada no corte; atrito excessivo no corte, ferramentas de corte sem fio e excesso de velocidade são os principais fatores. O atrito acontece quando uma ferramenta permanece em contato com o material enquanto ele gira, mas nenhum cavaco é retirado. Chamamos isso de corte *em vazio*. O tempo de parada pode ser útil em um programa para melhorar o acabamento, mas se ele é demasiadamente grande em algumas ligas, o trabalho pode se tornar impossível de se continuar na máquina. Além disso, a ferramenta perde o fio de corte e se torna inútil também.
>
> Velocidades de corte exageradamente rápidas podem também causar o endurecimento no trabalho. Esses erros causam dureza superficial em algumas ligas e em outras não. Você deve saber quais são propensas ao endurecimento no trabalho e quais não são. Por exemplo, metais comuns não vão endurecer; no entanto, muitas das ligas de bronze endurecerão quase imediatamente após o tempo de parada. Para efeito de comparação, nenhuma liga de alumínio vai endurecer.

Curiosidades do latão e do bronze

- O **latão** ou o **bronze** não vão aderir a um ímã.

- Eles não faíscam durante uma retificação; no entanto, esta é considerada uma técnica ruim para usiná-los. O metal mole tende a obstruir os poros no rebolo e torná-lo inútil até que este esteja dressado para remover o metal contaminador. Isto também é verdade para o alumínio – não o retifique em rebolos comuns.

- Devido ao alto teor de cobre, ambas as ligas são usadas onde a eletricidade é conduzida em molas de contato, por exemplo. O latão comum amarelo é o material adequado para fazer a pequena cabeça do martelo.

Figura 5-9 Produtos característicos do latão.

Estranho: Adicionar apenas 2% de berílio e 2% de outros metais (cobalto e/ou vanádio e/ou níquel) ao cobre puro produz o cobre berílio, que pode ser endurecido o suficiente para usinar aço doce, apesar de ser feito de 96% de cobre mole!

Com algumas ligas de latão ou bronze, os cavacos se transformam nas cores de um arco-íris fascinante durante a usinagem, enquanto para outras ligas eles permanecem inalterados.

Ferro fundido

O ferro fundido (Figura 5-10) é um metal bruto de cor cinza amplamente utilizado para fazer equipamentos pesados e peças de transporte terrestre. Muitas vezes abreviado para FoFo, é fácil de usinar e tem uma classificação de alta usinabilidade, porém algumas poucas ligas sensíveis podem endurecer além da usinabilidade prática. Além disso, devido ao processo de fundição, o FoFo pode formar uma crosta exterior muito dura e fina. Outro desafio único para ele são as bolsas surpresa e indesejáveis de areia retida que sobraram do molde, as quais podem causar uma falha catastrófica da ferramenta: sempre quebram a ferramenta de corte. O FoFo é quase sempre fornecido na forma fundida, mas às vezes também é levado à máquina em forma de blocos.

O FoFo é considerado um metal seco; não requer refrigeração durante a usinagem, exceto para escoamento dos cavacos e da poeira de carbono livre produzida e para resfriar as ferramentas de corte.

> ### Dica da área:
> **Precauções de segurança para o ferro fundido** Quando usinado, o FoFo produz um pó fino e preto de carbono (Figura 5-11). Use uma máscara protetora para evitar respirar este pó. Fazer uma limpeza após a usinagem também é importante, tanto para você mesmo quanto para prevenir o entupimento das máquinas pela poeira.

As ferramentas apresentam um tempo de vida médio-longo na usinagem do FoFo. A principal razão para o desgaste da ferramenta é o endurecimento e a crosta da superfície. Se você não tiver que cortar através da crosta, as ferramentas durarão bastante.

Curiosidades do ferro fundido

- Cavacos do FoFo raramente mudam de cor, mas algumas ligas tornam-se marrom-fosco.
- O ferro fundido se prenderá muito bem a um ímã.
- Quando o FoFo é retificado, as faíscas são de um vermelho muito fosco e compacto (não geram rupturas na forma de estrelas). Veja a Figura 5-12.

Figura 5-10 Um típico objeto de ferro fundido, esta mesa de máquina aparenta ser acinzentada, mesmo depois da usinagem e retificação.

Figura 5-11 Cavacos de ferro fundido sempre quebram em pequenas lascas e também criam uma poeira negra de carbono, que é um problema para a saúde.

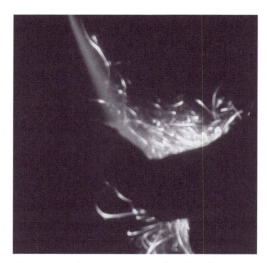

Figura 5-12 Quando usinado, o ferro fundido cria uma faísca viva muito vermelha, devido ao excesso de carbono.*

- Ele oxida muito rápido quando exposto à umidade.
- O ferro fundido está sobrecarregado com o carbono livre, que deve ser removido na fundição (por injeção de oxigênio no metal derretido) antes de o ferro ser transformado em aço.
- Devido ao excesso de carbono, refrigerantes ficam rapidamente contaminados na usinagem do FoFo.
- Quando usinado, o ferro fundido produz pequenos cavacos de ruptura, juntamente com o pó de carvão, o qual entra em sua pele e é difícil de lavar.

Ligas de aço

Quando o ferro é refinado, o excesso de carbono é o primeiro a ser completamente removido; em seguida, quantidades muito controladas são reintroduzidas para produzir o aço. Existem literalmente centenas de ligas de aço, subdivididas em duas grandes categorias de aplicação:

---

* N. de E.: Para ver esta foto colorida, acesse o site **www.grupoa.com.br** e busque pelo título do livro. Na página do livro, acesse o **Conteúdo Online**.

1. **Aços-ferramenta**

   Mais caros e, em geral, as ligas mais tecnicamente complexas, os aços-ferramenta são usados para fazer ferramentas de corte que usinam outros metais; fabricar matrizes e punções para moldar ou cortar; ou para qualquer aplicação que exija extrema dureza, resistência ao desgaste, durabilidade e resistência mecânica. Em virtude de serem classificados como de baixa usinabilidade, aços-ferramenta podem ser muito desafiadores para a máquina.

2. **Aços-liga**

   Aços-liga são comumente utilizados nas peças de consumo, por exemplo, eixos de um automóvel, para-lamas e postes. No entanto, algumas ligas de aço foram muito bem projetadas para um determinado propósito e são quase tão desafiadoras para a máquina quanto o aço-ferramenta.

Ambos os tipos são fornecidos como peças fundidas e forjadas, barras, tarugos e chapas, mas nunca como extrudados.

Curiosidades do aço

Um pouco de carbono é significativo para o aço! Semelhante ao silício no alumínio, o carbono mineral no aço é o ingrediente mais importante depois do ferro de base. Aumentar a quantidade de carbono faz a diferença na dureza do aço e, portanto, em sua usinabilidade. Abaixo de 0,3% (3/10%), o aço é chamado de *aço doce*. Acima do nível de 0,3%, o aço pode ser endurecido em algum grau, dependendo da quantidade de carbono na liga. O teor de carbono raramente sobe acima dos 2,5% na maioria dos aços, sendo 4% o limite superior.

O aço doce é uma liga também chamada de **aço de baixo teor de carbono.** Ele tem um único estado mole. Pelo processo especial chamado cementação, o estado físico do aço pode ser alterado com a adição de carbono.

A usinagem do aço melhora com a refrigeração. Todos os aços se prenderão a um ímã.

O aço faísca quando retificado; e o aço doce faísca centelhas brancas ou laranjas brilhantes, porém, com o aumento da liga de carbono, as centelhas se tornam progressivamente mais vermelhas e globulares (Figura 5-13).

O aço doce raramente endurece, nem pode ser tratado termicamente para mudar a sua dureza. Outras ligas de aço também endurecem, dependendo do conteúdo de carbono.

O aço de corte fácil (ACF), ou "chumballoy," no jargão da oficina, é uma liga de aço com uma classificação única de alta usinabilidade. É feito pela adição de chumbo e/ou enxofre enquanto o aço é derretido, durante o vazamento original na *siderúrgica* (uma fábrica de metais brutos a partir de elementos de base). O chumbo praticamente desaparece na liga e modifica a estrutura, deixando-a fácil de usinar. O ACF apresenta quase todas as características do aço-carbono na aplicação, mas pode ser cortado em quase o dobro da velocidade.

Ponto-chave:
Lembre que o aço doce tem menos de 0,3% de carbono presente em sua composição.

A usinabilidade do aço varia de um pouco mais difícil do que o ferro fundido, para o aço doce, até muito mais difícil, especializada e dura, tanto para o aço-ferramenta como o aço-liga, que devem ser cortados com extremo cuidado, diminuindo a velocidade da fer-

Aço de alto carbono | Aço doce

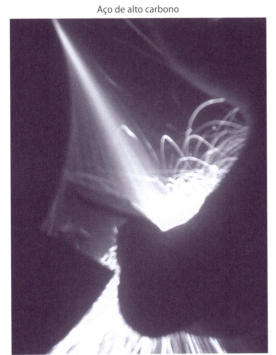 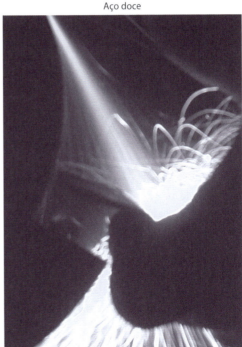

Figura 5-13 Faíscas de aço variam desde a cor vermelho-fosca, para os aços de alto carbono, até centelhas brilhantes de cor laranja, para os aços de baixo carbono.*

---

* N. de E.: Para ver estas fotos coloridas, acesse o site **www.grupoa.com.br** e busque pelo título do livro. Na página do livro, acesse o **Conteúdo Online**.

ramenta de corte, adicionando fluidos refrigerantes e prestando atenção estritamente para a afiação da ferramenta de corte.

O aço doce não está propenso a endurecer durante o trabalho, embora isso possa ocorrer. Geralmente, quando isso acontece, a região dura pode ser usinada separadamente, utilizando uma nova ferramenta afiada e reduzindo a velocidade de corte. Mesmo assim, ele pode até queimar as ferramentas. Os cavacos do aço comumente se tornam amarelo-amarronzado e, em seguida, azul quando usinados, à medida que aumenta o aquecimento por causa do atrito. O ferro combina com o oxigênio do ambiente para formar vários óxidos, quando aquecidos acima de 400 °F. Na Figura 5-14, os cavacos cortados em uma temperatura mais baixa estão à esquerda, e os cortados a uma temperatura mais alta estão à direita.

Dois métodos de conformação do aço: a quente e a frio   As barras e as chapas são laminadas em formas no laminador, em uma de duas maneiras diferentes: laminados a quente (ALQ) e laminados a frio (ALF). O aço laminado a frio é o material mais forte e de acabamento mais fino por causa do trabalho a frio (alongamento da estrutura do metal). A temperatura elevada é necessária para amolecer o aço durante a laminação a quente (Figura 5-15), formando então uma casca negra de carbono na parte externa. A forma do ALQ não é tão bem definida em relação ao ALF, exigindo mais uma usinagem para acabamento.

Figura 5-14   Os cavacos do aço mudam de cor conforme aumenta a temperatura na usinagem.

Embora seja inicialmente mais caro, o aço laminado a frio é liso e brilhante externamente, devido à ação da laminação, e muitas vezes requer menos usinagem para chegar ao tamanho requerido. Em razão de sua aparência limpa e melhor formato, muitas vezes o ALF pode ser usado como estiver.

Aço inoxidável

Os aços inoxidáveis são também ligas de ferro/aço, porém com maior teor de níquel e cromo que os aços-ferramenta ou os aços-liga. O **aço inoxidável** pode ser fundido e forjado, mas não tão facilmente, por causa de sua dureza natural; assim, geralmente é fornecido em barras e chapas. O aço inoxidável é chamado também de aço resistente à corrosão, abreviado por ARC.

Na família ARC, existem vários subgrupos de aço para diferentes aplicações. Os agrupamentos podem ser caracterizados como: moles, mas muito resistentes à corrosão (chamado de série 300); os tipos mais duros, usados em motores a jato e instrumentos cirúrgicos (série 400, que pode ser tratada termicamente do modo como está); e a terceira série, chamada de PH (endurecimento por precipitação), significando que outros elementos podem ser adicionados ao metal para deixar sua superfície mais dura.

O aço inoxidável tem um aspecto um pouco diferente dos aços regulares na cor. É difícil descrever em palavras, mas é fácil ver a diferença entre um aço regular e um inoxidável (Figura 5-16). Eu acho que o aço inoxidável tem uma tonalidade um pouco mais acima, ou talvez mais brilhante. Você terá a oportunidade de ver amostras dos dois a seguir.

> **Ponto-chave:**
> A ferrugem é um bom indicador de que o metal *não é inoxidável*!

As ferramentas de corte não duram muito quando estão usinando um aço inoxidável. Vários aços inoxidáveis apresentam classificações de usina-

(a) Aço laminado a quente

(b) Aço laminado a frio

Figura 5-15 Compare a aparência das duas formas de aço: o aço laminado a frio (ALF – superfície brilhante, lado direito) com o aço escuro laminado a quente, à esquerda.

bilidade de moderadamente difícil até completamente desagradável. O controle absoluto da velocidade de corte é essencial. Manter um fluxo constante de líquido refrigerante e monitorar a afiação da ferramenta de corte também é decisivo. Até um mínimo de falta de corte fará a maioria das ligas endurecer no trabalho. Na usinagem de aço inoxidável, examine as ferramentas de corte frequentemente e, ao menor sinal de desgaste, troque-as. Qualquer ligeira mudança no som, vibração ou acabamento da superfície do material na usinagem é um sinal claro de que o desastre está bem próximo de ocorrer.

Curiosidades do aço inoxidável

A atração magnética é um problema para várias ligas de aço inoxidável.

Todas as ligas comuns de aço inoxidável (série 300) não se aderem a um ímã. A adição de níquel e cromo fragmenta a estrutura do cristal do metal até o ponto onde não houver qualquer atração líquida ao ímã. Em teoria, cada grão de cristal se aderiria a um ímã, mas, combinado, sua natureza microscópica cancela essa propriedade. Alguns com uma proporção mais elevada de ferro prendem-se fracamente (série 400), outros se seguram quase tão bem quanto um aço regular (séries PH).

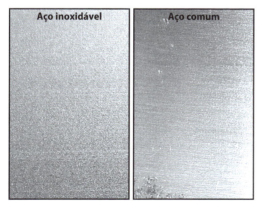
Figura 5-16 Compare a cor do aço inoxidável com a do aço comum.*

---

* N. de E.: Para ver estas fotos coloridas, acesse o site **www.grupoa.com.br** e busque pelo título do livro. Na página do livro, acesse o **Conteúdo Online**.

Alguns inoxidáveis faíscam como o FoFo, com centelhas vermelhas foscas quando retificados; outras ligas mal faíscam.

Os cavacos do inoxidável geralmente não mudam de cor; no entanto, existem algumas exceções especiais.

> **Ponto-chave:**
> Um metal pesado, prateado, brilhante, com nenhum sinal de ferrugem e que não se prende a um ímã é definitivamente inoxidável.

Materiais compósitos

Compósitos são materiais industriais feitos de combinações (Figura 5-17) de um núcleo de cerâmicos, uma película exterior e uma resina para segurá-los juntos. Os núcleos podem ser de metal ou fibra de plástico, e a película pode ser de plástico ou de metal. Esses materiais são bem projetados e extremamente fortes em relação ao seu peso. Uma vez que o corte desses materiais exige ferramentas e processos especiais, provavelmente você não os verá nos laboratórios práticos, mas eles são usados na indústria e estão ganhando popularidade.

Na usinagem de compósitos (Figura 5-18), você deve usar proteção respiratória contra vapores ou poeira. Outra precaução é a prevenção de incêndios, pois muitos compósitos são partes de metal e de plástico. As ferramentas de corte especiais parecem mais com um cortador de carne do que com o padrão de ferramentas de corte de metal. Fixar compósitos durante a usinagem é um desafio, visto que eles são extremamente fortes para seu peso ao longo de um de-

> **Conversa de chão de fábrica**
>
> **Pesquise ou pergunte**
> Antes de usinar qualquer material novo, descubra a sua usinabilidade e dureza com um operador de máquina experiente ou pesquise em um livro de referência para operadores de máquinas. Há muitas coisas surpreendentes dentro do tema da metalurgia. Por exemplo, há dois metais que realmente pegam fogo, dadas as condições satisfatórias. São eles o magnésio e o titânio. Blocos sólidos desses metais são impossíveis de inflamar, mas, quando seus cavacos são envolvidos com oxigênio nas condições ambiente e aquecidos durante a usinagem, eles vão queimar! Quando usinados, alguns metais criam partículas cancerígenas que não devem ser respiradas ou expostas à pele nua.

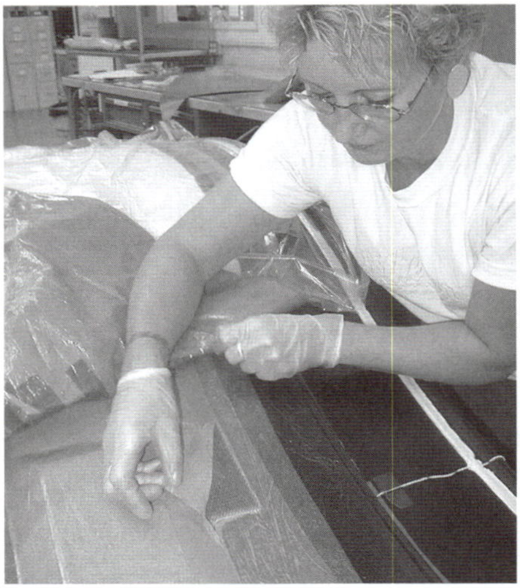

Figure 5-17 Materiais compósitos são combinações de fibras, resinas e metais. Eles possuem uma impressionante relação de resistência-peso.

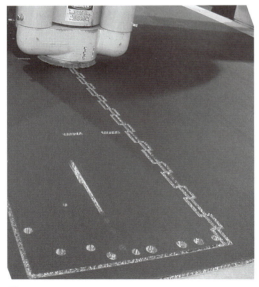

Figura 5-18 Um compósito sendo usinado.

Introdução à manufatura

128

terminado eixo, porém podem se quebrar se não estiverem protegidos.

Características físicas dos metais

Além de selecionar a liga adequada para um trabalho, há mais exigências de uma ordem de serviço que devem ser certificadas – a orientação dos grãos e as condições do tratamento térmico, ou seja, quão duro é.

> **Ponto-chave:**
> A dureza de uma peça de trabalho pode ser alterada à medida que avança a sequência da ordem de serviço.

Vamos deixar o estudo de dureza para um capítulo posterior.

Estrutura e direção de grãos

Quando um metal é fundido após a fusão, ele se torna um lingote sólido ou um tarugo. Nesta hora, ele é um bloco de cristais conectados não muito diferente do gelo liso. Mas, quando o bloco é utilizado para o consumo, em barra, fundido, extrudado, como chapa ou peça forjada, por exemplo, os cristais são alongados e transformados em *cordões*, que criam a direção de **grãos** no metal. Cada forma apresenta quantidades variáveis de estrutura de grãos. Essa direção de grãos dá ao material uma tendência de resistência semelhante a uma placa de madeira.

Quando flexionado paralelamente à direção, o metal quebra mais facilmente; porém, ele resiste mais à quebra quando dobrado transversalmente ao grão. Dependendo da função do produto acabado, você verá que é muito importante identificar o sentido dos grãos na matéria-prima antes de serrar o tarugo para a usinagem. Quando isso for um fator crítico (e geralmente é), a necessidade de identificação e o rastreamento do grão serão anotados na ordem de serviço.

A Figura 5-19 é uma simulação em computador de como a estrutura de grãos se comporta em um metal. À esquerda, uma seção muito ampliada de metal fundido mostra grandes grãos sem orientação; contudo, quando o computador alonga o tarugo, simulando a laminação em barras ou folhas ou martelando-os por forjamento, os grãos formam cordões – grãos esticados. É fácil ver que, à medida que a barra se torna maior, os cordões também ficam maiores.

Determinando a direção do grão Há três maneiras de saber como é a orientação dos grãos em um pedaço de matéria-prima:

1. **Paralelo ao longo de barras**
   Em barras longas, as cadeias de grãos são alongadas juntas com o comprimento, porque essa é a direção na qual elas foram esticadas durante a laminação.

2. **Paralelo à identificação impressa**
   Letras e números em chapas ficam paralelos ao grão. Quando o metal segue pelo rolo final, a liga e outras informações são impressas em sua superfície. Este é o sentido dos grãos, porque foi o que o metal percorreu pelo laminador.

3. **Selo de grão**
   Uma marca estampada que se parece com uma seta (Figura 5-20), às vezes com a palavra "GRÃO".

Identificação e rastreabilidade do material

Geralmente, não somente a liga exata deve ser utilizada para um trabalho, mas o seu histórico de tratamento térmico e o certificado da liga devem

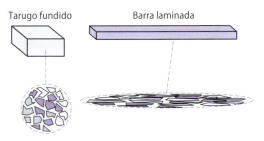

Figura 5-19 A estrutura de grãos é causada pelo alongamento de grãos de cristal, como ilustrado nesta simulação em computador.

Figura 5-20 A estrutura do grão é mostrada com uma marca semelhante a esta.

estar conectados desde à sua formação original como metal bruto. Esse certificado tem de permanecer com o trabalho em determinadas aplicações de movimentação de pessoas (automobilística), tanto para a indústria aeroespacial quanto para o trabalho militar. Este registro crítico é conhecido como *rastreabilidade*. Na fabricação de aviões militares e comerciais, por exemplo, cada peça crítica de voo (peças que afetam a segurança da aeronave) deve mostrar um número de série rastreável desde sua origem pelo seu número de *lote de tratamento térmico*. O lote térmico é o número do certificado de uma amostra de metal a partir da qual aquela peça foi feita. É um registro que identifica o *cadinho* (recipiente de derretimento) que a originou.

> **Ponto-chave:**
> Quando a rastreabilidade é necessária, sem essa linha de evidências, mesmo que o metal seja efetivamente correto para a aplicação, as peças feitas de um metal não rastreável não são legais para serem colocadas em itens onde a vida de pessoas está em risco!

Suponha que falte pedido do material para completar três peças finais do trabalho. Nesse caso, o material licenciado pode ser substituído no lote, *mas não casualmente pelo operador de máquina!* O material pode ser substituído apenas quando os registros provarem que é adequado.

Código de cores Para uma rápida identificação das barras de liga de aço, elas às vezes recebem um código de cores na extremidade (Figura 5-21). Em uma oficina bem-organizada, elas são colocadas

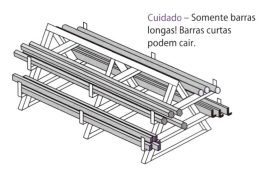

Figura 5-21 O código de cores mantém a matéria-prima identificada até a última parte ser usada (com a codificação nela).

em um cavalete com essa identificação orientada para uma das extremidades.

> **Ponto-chave:**
> Ao cortar seções de uma barra com código de cores, *nunca corte o código de cores, a menos que você esteja tirando a última peça do metal.*

Como foi discutido no Capítulo 1, sem a identificação adequada, o metal torna-se inútil, até mesmo perigoso para se conservar, visto que pode acidentalmente ser usado de forma errada!

Revisão da Unidade 5-2

Revise os termos-chave

Aço doce/baixo teor de carbono
Aço de utilidade geral, com menos de 0,3% de carbono. Não é possível realizar um tratamento térmico simples para alterar suas características físicas. Um endurecimento não é comum ou possível.

Aço-ferramenta
Família de aços que tem formulação complexa e específica na aplicação de ligas de aço; também são mais caros. Usado geralmente para fazer ferramentas de corte, matrizes e moldes que devem suportar condições extremas.

Aço inoxidável
Grupo de metais que tem por base o ferro, com a adição de cromo e níquel. Algumas ligas são metálicas, e outras não. A usinabilidade varia entre moderada e muito baixa, é resistente à corrosão e não compromete suas características físicas após ser endurecido.

Aço-liga
Família de aços usada para a produção de peças. Os aços-liga variam desde aços com baixo teor de carbono até aços projetados com alto teor de carbono.

Alumínio
Metal branco/prata leve e não magnético. Classificado como um metal de altíssima usinabilidade.

Compósitos
Material adaptado composto de resinas plásticas, metais e fibras. Os compósitos fornecem uma boa relação resistência-peso, o que não é possível em metais comuns.

Endurecimento no trabalho
Característica de algumas ligas que sofrem alterações em sua dureza devido a ações incorretas de usinagem. Uma vez ocorrendo o endurecimento, é difícil ou até impossível usinar o material até que seja tratado termicamente, o que o fará voltar para um estado mais mole.

Extrusão
Pré-forma feita forçando o metal aquecido e amolecido em uma matriz. Alumínio, cobre e bronze geralmente são fornecidos através de extrusões.

Ferro fundido
Grupo de metais pesados de cor cinza fosco. São magnéticos.

Forjamento
Pré-forma feita depois de martelar e forçar o metal a adquirir formas mais detalhadas. É mais resistente do que o fundido, porém com menos complexidade das formas. Pode ser feito em metal quente ou frio. O produto final é caro, mas muito resistente.

Fundição
Quando o metal fundido é derramado em um molde. Os materiais fundidos são menos resistentes que os forjados, porém podem ter muitos detalhes internos.

Grão
Viés da característica de resistência, criado pela maneira como o metal foi originalmente formado. Diferentes formas do metal (barras ou extrusões, por exemplo) têm diferentes quantidades da estrutura do grão.

Latão/bronze
Dois grupos de metal relativamente pesado, feitos de uma base de cobre. As cores variam desde o amarelo-ouro ao avermelhado. Nem todas as ligas são magnéticas.

Liga
Fórmula específica de um metal em um determinado grupo. Combinação exata de um metal-base, metais secundários e quantidades menores de minerais. Verbo

Ligar
Colocar um metal dentro do outro.

Reveja os pontos-chave

- Em muitas situações na oficina, a liga exata, o lote do tratamento térmico, a direção dos grãos e o histórico do metal devem ser conservados.
- A usinabilidade do metal é uma classificação relativa que define o quão rápido o material pode ser cortado e quanto tempo pode-se esperar que as ferramentas durem.
- Existem alguns metais que "podem" ser cortados sem líquidos refrigerantes; no entanto, estes ajudam a remover o calor e a desobstruir os cavacos. Usar um fluido refrigerante raramente é a coisa errada a fazer.
- O endurecimento geralmente ocorre quando um operador de máquina não presta

atenção na velocidade correta de corte para um determinado metal ou quando ele permite que uma ferramenta permaneça em espera por muito tempo.
- A maioria das formas de metal apresenta uma orientação de grãos que deve ser analisada com atenção, quando a flexão do produto é uma função crítica.

Responda

1. Um desenho requer que um trabalho seja feito de FoFo. Descreva o material que você está procurando. Em que formato ele será encontrado provavelmente?
2. A ordem de serviço exige que um extrudado de alumínio seja cortado para o trabalho. Descreva o que você vai procurar.
3. Cite as formas de metal que uma ordem de serviço pode exigir que seja serrado em blocos ou por comprimento em um trabalho.
4. Uma vez que os forjados são mais caros que os fundidos, quando um forjado seria requerido para um trabalho?
5. Cite a melhor maneira de identificar o ARC adequado para um trabalho que, uma vez concluído, deve ser vendido para os militares.

≫ Unidade 5-3

≫ Serrando material

Introdução: Você selecionou a liga correta, e o material está dentro da forma especificada na ordem de serviço. A documentação está em ordem, então agora o material deve ser serrado em blocos ou em outras formas para a usinagem que começará. Há uma chance de refugar o trabalho aqui mesmo, antes de os operadores de máquinas tocarem nele! A ordem de serviço normalmente cita a quantidade de metal adicional que deve ser deixada em cada tarugo para permitir que a usinagem ocorra, mas nem sempre traz isso. Se não for citada, decidir quanto maior devem ser os tarugos antes da usinagem pode ser simples ou complexo, dependendo do desenho da peça. Esta unidade explica como calcular o excesso de material e, em seguida, discute sobre o serramento.

Termos-chave:

Carboneto de silício
Abrasivo rígido resinoide usado em lâminas de serras de corte.

Corte de limpeza
Usinagem de matéria-prima que tem por finalidade criar uma superfície confiável, com a remoção de uma quantidade mínima de material da peça.

Dente espaçado
Lâminas de serra de fita com espaço extra entre os dentes para o corte de material mole.

Desdentamento
Fenômeno perigoso, quando os dentes são arrancados de uma lâmina por causa da seleção de um passo de lâmina muito grosseiro para o material.

Largura de corte
Ranhura criada quando se serra. O corte é maior que a lâmina, devido à configuração do dente. O corte em excesso deve ser calculado quando se serra um material.

Passo
O número de dentes por polegada em uma lâmina de serra.

Recozimento
Amolecer um metal – recozer uma lâmina de serra de fita mesmo próxima a uma área recentemente soldada.

Serramento abrasivo
Serramento de *corte* ou *abrasivo* é executado com um disco abrasivo feito por fibra resinoide reforçada.

Serramento de contorno
Serrar em uma linha curva somente é possível em uma serra vertical.

Serramento por fricção
Cortar metais por fusão em vez de corte, mas realizado em uma serra de fita e não em uma serra abrasiva.

Sobremetal
Quantidade calculada de material que é deixada para concluir dimensões, também chamada de excesso ou folga de usinagem.

Travamento (dos dentes das lâminas de serra)
Dobrar ou entortar os dentes da serra a partir da lâmina de base. O travamento dos dentes cria uma largura de corte maior, reduzindo o atrito e permitindo o serramento de contorno.

Velocidade superficial (ou de corte)
Velocidade recomendada para a ação de corte de uma serra de fita, expressa em pés ou metros por minuto.

Planejamento de materiais em excesso

Volte e repare nas operações 10 e 100 no modelo de ordem de serviço da Figura 5-1. Na Ope 10, a matéria-prima é serrada em espaços adequados para a usinagem que virá em seguida. Na Ope 100, um corte intermediário de serra é feito para acelerar a usinagem do perfil final. É importante notar que, a cada operação, o processo de serrar inclui um *excesso* suficiente para usinar a forma final. **Sobremetal** é uma camada de metal extra a ser usinada; também pode ser chamada de *excesso* ou *folga de material de* **corte de limpeza**, a qual fornece o tamanho necessário a ser removido do material bruto, deixando uma superfície 100% limpa (acabada).

Além de fornecer metal para terminar, o sobremetal pode ser planejado para alguns propósitos durante a usinagem. Por exemplo, uma quantia extra é necessária para fixar a peça na placa do torno enquanto está sendo torneada em sua forma, depois sendo removida no último corte – esse sobremetal é chamado de *tolerância de placa*.

Quantia certa de sobremetal

A resposta pode ser simples, como ver o tamanho do corte bruto na OS. Em muitos planos de trabalho, a quantia é conhecida, mas o operador deve calcular o tamanho total incluindo o sobremetal. No entanto, algumas vezes, o operador é quem toma a decisão de qual tamanho é certo.

> **Ponto-chave:**
> Quanto de sobremetal? Usualmente, de 0,100 pol. até no máximo 0,250 pol. para usinagem normal (com muitas exceções). Para retificação de precisão, de 0,005 até 0,060 pol. de sobremetal.

Planejar muito sobremetal reduz o lucro, em razão do tempo extra de usinagem para removê-lo e também o custo de consumir muito mais metal. No entanto, com pouco sobremetal a peça não conseguirá ter uma *usinagem de limpeza*, isto é, a superfície não será completamente usinada quando chegar ao tamanho indicado ou em sua forma. Marcas de corte ainda continuarão. Assim, errar para mais é melhor, até suas habilidades melhorarem. Mas o objetivo é sempre adicionar a quantidade mínima.

Aqui seguem os fatores a ser considerados:

1. Complexidade da peça a ser feita – peças complexas geralmente requerem um pouco mais.
2. Experiências anteriores com a peça – produção já comprovada requer menos sobremetal.
3. Custo do próprio material – material de menor custo pode ter mais sobremetal.
4. Como é a peça a ser usinada? Quais máquinas serão usadas? Existem fixações para prender o material? Quais ferramentas de corte estão disponíveis?
5. Natureza do material – como alumínio é usinado facilmente, adicionar sobremetal pode ser melhor (Figura 5-22). No entanto, deixar uma parte grande de sobremetal em um tarugo de aço inox pode ser um verdadeiro pesadelo!

> **Dica da área:**
> Enquanto está aprendendo ou quando estiver em dúvida, deixe 0,25 pol. de sobremetal em todas as superfícies a serem usinadas (ou nas direcionadas pelo seu instrutor). Isso é muito para os padrões industriais, mas é o certo para aprendizes.

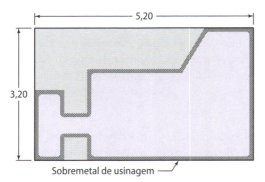

Figura 5-22 O sobremetal de material deve ser deixado na parte não usinada do tarugo.

Tolerância para espessura de largura de corte

Quando estiver serrando, você também deve considerar a espessura do corte da serra, que é chamada de **largura de corte**. Se uma segunda peça fosse ser serrada na chapa da Figura 5-22, seria necessário aproximadamente 0,100 pol. de largura de corte, assim como o sobremetal para a usinagem em ambas as partes. Cada tipo de padrão de dente de serra tem sua própria espessura de largura de corte.

Serrando metal

Nas fábricas de hoje, existem 10 diferentes possibilidades de cortar tarugos para usinar. A escolha pode fazer a grande diferença no sucesso do trabalho. Esse é um exemplo perfeito do desafio de planejar um processo. No final deste capítulo, você será perguntado sobre qual delas pode ser a melhor, dada uma situação específica de material. As primeiras da lista seriam esperadas em uma oficina escolar, portanto vamos estudá-las aqui; enquanto as restantes são métodos CNC de alta tecnologia encontradas na indústria. Aqui estão algumas pistas de como fazer a escolha certa.

Métodos comuns

1. **Serrando manualmente – Serra de arco**
   Embora seja uma ação muito lenta para um trabalho de produção, serrar manualmente é uma habilidade necessária do operador.

2. **Serradora elétrica de fita vertical e horizontal**
   Uma ação de corte contínuo é feita por uma serra de fita montada sobre polias. Uma fábrica completa deve ter ambos os tipos.

3. **Serramento abrasivo**
   O corte de metal ocorre com um fino disco abrasivo especialmente reforçado. Esse método é utilizado primeiramente para cortar longas barras de aço em pedaços menores.

4. **Corte oxiacetilênico**
   Este corte produz uma borda muito áspera, portanto essa opção não é muito aplicável para a maioria dos planos de trabalho. Ela corta através de uma rápida oxidação; assim, apenas metais ferrosos (base de ferro) podem ser cortados dessa forma. Ele cria uma ZTA (zona termicamente afetada), ou seja, uma faixa indesejável de metal modificado próximo ao corte. Normalmente é o último recurso na usinagem. Esse método é mais utilizado em soldagem e trabalhos de fabricação.

5. **Cisalhamento ou guilhotinas**
   O cisalhamento é a ação de fatiar, usado para materiais relativamente finos, como uma chapa de metal, ou para *blanks*, usados em calibradores de brocas. Tesouras podem ser encontradas nas escolas, mas são mais provavelmente encontradas em indústrias, onde existem tesouras que cortam até meia polega-

> **Conversa de chão de fábrica**
>
> **Desdentamento machuca!**
> Quando o dente de uma lâmina de serra quebra em uma serradora elétrica, especialmente em cortes rápidos como alumínio, ele sai voando como tiros de metralhadora! Sem brincadeira, já vi um estudante cometer este erro e, em uma fração de segundos, uma carreira de dentes quentes foram fincados em seus óculos de proteção! Nós penduramos esses óculos na serra como um lembrete – troque a lâmina quando for serrar materiais finos ou encontre outro processo de corte.

da de espessura de aço ou mais! O uso dessa máquina é proibida para menores pelo fato de ser extremamente perigosa.

Métodos industriais

1. **Corte a plasma**
   Em um estado de alta energia, um gás eletrificado corta pela injeção de uma corrente elétrica em uma corrente de ar comprimido. O calor extremo permite um alcance maior do material a ser cortado, comparado com o oxiacetileno. Mas ele cria uma camada indesejável de material modificado próximo ao corte, chamada de ZTA.

2. **Corte a *laser* de alta energia**
   Este método usa bastante calor para remover uma camada fina de material. Ele pode cortar muitos tipos de metal, mas usualmente é aplicado somente naqueles que não são cortados com facilidade por outros meios. Utilizando unidades CNC, podem-se cortar formas complexas. Deixa um ZTA.

3. **Corte a jato de água de alta pressão**
   Este método utiliza uma corrente de água altamente concentrada para cortar uma incrível quantia de material de vidro, sem sequer molhá-lo! Para cortar metais e outros materiais duros, grãos abrasivos são injetados na corrente de água. Utilizando unidades CNC, podem-se cortar formas complexas. Não deixa um ZTA, mas é relativamente lento se comparado com o serramento e cisalhamento.

4. **Serramento circular**
   Similar a uma versão bem vigorosa de uma serra de mesa para madeira, é rígido e tem um serra de corte circular que gira enquanto o material ou a lâmina da serra se move, dependendo da construção da máquina. É mais usado em cortes precisos de placas de tamanho muito grande e encontrado apenas em grandes indústrias.

5. **Serramento alternativo**
   Esta serra robusta e forte é similar a uma grande serra de arco. Devido ao custo da lâmina e a seus pontos de agarramento, está desaparecendo da cena industrial.

Serra de arco

Embora seja improvável em uma operação industrial, serras de arco são básicas em uma caixa de ferramentas do mecânico. Em todas as serras, incluindo as de arco, existe uma lâmina certa para o tipo de material e espessura.

Selecionando o passo da lâmina O passo da lâmina é o número de dentes por polegada (Figura 5-23). Em geral, a serra mais grosseira cortará mais rápido. É usada para cortes pesados ou para metais mais moles. Metais moles cortam melhor com dentes grandes, porém menos por polegada da lâmina. No entanto, existe um limite mínimo de passo para a segurança e para a vida da ferramenta.

> **Ponto-chave:**
> **Regra do passo de três dentes**
> Escolha um passo de modo que no mínimo três dentes da serra permaneçam em contato com a superfície de trabalho todo o tempo.

Três dentes em contato previnem que materiais finos escorreguem entre os dentes. A lâmina da Figura 5-24 é muito grosseira, tem poucos dentes por polegada. Quando isso acontece, o dente pode ser quebrado. Escolher uma lâmina com esse contato é crítico para todas as serras, manual ou elétrica. Dentes arrancados, como na Figura

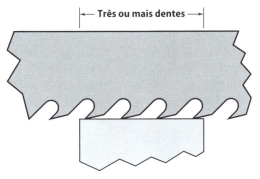

Figura 5-23 Selecione um passo de lâmina em que três ou mais dentes estão em contato com a superfície trabalhada.

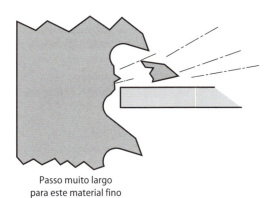

Figura 5-24 *Muito largo* – o dente pode ser arrancado.

5-24, são chamados de **desdentamento**. Para o serramento manual, o desdentamento não é perigoso, mas causará danos à lâmina.

Travamento dos dentes causa um corte mais amplo

O travamento dos dentes é uma especificação da lâmina de serra necessária para criar cortes mais amplos do que os da lâmina base. Sem o travamento dos dentes, a lâmina se arrasta no corte e fica incapaz de executar curvas. Para produzir um corte mais espesso que a lâmina, os dentes são inclinados para lados alternativos, como mostra a Figura 5-25; ou, para dentes muito finos que não inclinam facilmente, a lâmina inteira é inclinada em um padrão de onda.

Uso correto da serra de arco

Existem cinco recomendações, além da seleção do passo, para usar uma serra de arco.

1. **Monte a lâmina de modo que a ponta do dente se afaste da empunhadura.**
   Elas cortam no curso do movimento para a frente (Figura 5-26). Normalmente se pinta uma seta na lâmina, indicando em que direção o dente corta.

> **Dica da área:**
> **Novas lâminas de serra em uma largura de corte antiga** O problema ocorre quando uma lâmina usada é substituída por uma lâmina nova no mesmo corte, tanto para a serra manual quanto para a serra elétrica. Quando a serra antiga se desgasta, ela perde seu travamento e seu corte se torna limitado. No entanto, o travamento da lâmina nova se torna amplo de novo. É um desastre começar a serrar no lugar original. O travamento na nova serra vai instantaneamente se achatar ou o dente será arrancado. Como prevenção, comece serrando de uma distância anterior, onde o corte estava correto, e então lentamente serre de volta até a última posição. Se essa reentrada levar muito tempo, talvez seja melhor começar um novo corte do lado oposto, até encontrar o primeiro.

2. **Não force o corte**
   Com a experiência, você vai aprender que existe uma "leve" pressão além da qual qualquer grande movimento resulta em lâminas quebradas ou cegas.

3. **Aplique pressão no movimento para a frente**
   Tire a pressão da lâmina para o movimento de retorno ou eleve-a em vez de arrastá-la. Essa simples ação vai aumentar a vida da lâmina.

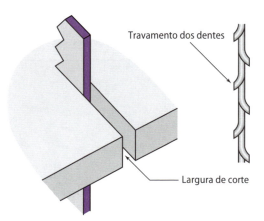

Figura 5-25 A lâmina da serra causa uma largura de corte mais ampla que a espessura da lâmina.

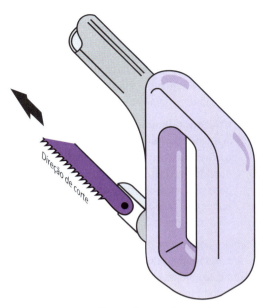

Figura 5-26 Uma lâmina de serra de arco é corretamente montada quando o dente corta no movimento de avanço.

4. **Para materiais duros, reduza sua taxa de movimento**
   Mesmo quando estiver serrando à mão, se o movimento for muito rápido, a lâmina rapidamente se desgasta. Serre de 50 a 70 movimentos por minuto – em torno de 1 por segundo. *Ajuste a sua velocidade de acordo com a usinabilidade da liga que está sendo cortada.*

5. **Lâminas de serra de arco podem despedaçar-se**
   A maioria das lâminas de serra de arco tem dentes duros e a parte de trás mole. Elas não quebram de uma vez. No entanto, algumas lâminas de maior qualidade se endurecem por toda sua extensão (é uma lâmina melhor, mas frágil). Estas quebram instantaneamente, e, se você empurrar com muita força, uma boa esfolada nas juntas virá em seguida! Não se apoie sobre o corte em qualquer circunstância, especialmente quando estiver utilizando lâminas completamente endurecidas.

Dica da área:

Serrando material fino Para materiais muito finos ou se apenas lâminas grosseiras estiverem disponíveis, rotacione o material para cortar ao longo de outra dimensão (lado) ou incline a lâmina da serra para criar um corte mais longo; assim, mais dentes entrarão em contato (Figura 5-27). Na tubulação fina, insira uma bucha de madeira para evitar que o dente seja arrancado. Em chapas finas de material que não podem ser inclinadas, você pode utilizar uma morsa para fazer um sanduíche com madeira compensada ou placas de metal de materiais mais moles antes de serrar.

Serramento elétrico

Geralmente, encontram-se três tipos de serradora nos laboratórios de treinamento ou nas oficinas industriais.

| Serradora vertical | Serradora horizontal | Serradora abrasiva (serra de corte) |

Seleção de lâminas de serra Para serrar de modo eficaz utilizando uma serradora vertical, o ferramenteiro precisa entender a seleção da lâmina. As lâminas precisam ser trocadas em cada aplicação específica.

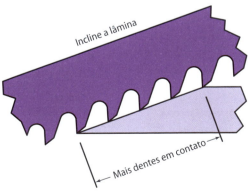

Figura 5-27 Incline a lâmina para obter três ou mais dentes em contato.

Passo é o fato principal, ter três dentes em contato é até mais importante para evitar a quebra dos dentes da lâmina. O desdentamento em uma serra vertical ajustada para uma velocidade de corte rápida para alumínio ou latão pode ser um evento perigoso. Três ou mais dentes em contato com a superfície de trabalho são mais importantes em serras verticais, quando o usuário aplica o movimento de avanço em direção à lâmina. Em serradoras horizontais equipadas com alimentação automática de descida, dois dentes em contato funcionam, uma vez que a serra não pode ir para a frente e arrancar o dente.

Padrão de dente e travamento Lâminas de serra de fita são diferentes das de arco em seus padrões dos dentes de corte e em seu tipo de **travamento** (Figura 5-28). Em geral, o **dente espaçado**, *garra* ou *gancho*, e o *botaréu* (Figura 5-29) são escolhidos por cortar materiais mais moles. É necessária uma folga extra para permitir que cada dente contenha temporariamente o maior cavaco criado em razão do corte rápido. Ele é mantido nas cavidades entre os dentes, até sair da largura de corte e ser removido antes de voltar ao corte novamente.

Ligas de lâmina Ligas de lâmina de serra são fornecidas em três tipos: aço de alto carbono, aço rápido e bimetal. Cada uma tem sua aplicação correta.

Lâminas de aço-carbono são a versão mais econômica. Seus dentes não são tão fortes ou duros como as outras duas lâminas; assim, desgastam-se mais rapidamente. Mas elas têm a grande vantagem de poderem ser soldadas. Isso é útil por diversas razões.

Cortando características internas Quando se cortam furos internos no trabalho (peças vazadas), um furo-piloto é perfurado próximo à linha de corte, então a lâmina é inserida até o fim para ser soldada dentro do furo interno. Depois de cortar a sobra central (metal a mais indesejado – peça vazada), a lâmina é cortada com guilhotina e soldada de volta para outro trabalho.

Utilizando lâminas em massa Visto que o aço-carbono pode ser soldado, é econômico comprar rolos de 100 pés e fazer lâminas quando precisar. As lâminas que quebraram podem ser ressoldadas ou até seções curtas podem ser soldadas no lugar para reparar as seções desdentadas.

Lâminas de aço rápido contêm dentes mais duros; assim, duram mais quando cortam metais difíceis como o aço inoxidável. Elas não podem ser soldadas de volta sem equipamento e processo especial; assim, são consideradas uma lâmina especial em muitas fábricas. São mais caras que as outras duas lâminas.

Lâminas de bimetal estão entre o aço rápido e o aço-carbono, tanto em preço como em desempenho, embora em muitas aplicações resistam quase tão bem quanto as lâminas de aço rápido mais caras. São feitas com um dente muito duro, mas com a base de material muito mole. Você pode reconhecê-las pela faixa escura no metal, devido ao tratamento térmico dado no dente da lâmina. Em razão da dupla vantagem de preço e desempenho, lâminas de bimetal são as mais populares na indústria, enquanto lâminas

Padrão ancinho   Padrão ondulado

Padrão alternado

Figura 5-28 O travamento dos dentes da lâmina cria um corte mais amplo do que a lâmina para prevenir atrito e permitir cortes curvos.

Conversa de chão de fábrica

Pedaços reciclam melhor

Comparado a cortar cavacos de metal, serrar pedaços da peça trabalhada é econômico por outra razão além de uma rápida remoção: elas permitem um retorno melhor na reciclagem. Grandes blocos limpos podem ser reciclados na mesma fundição mais facilmente, porque estão mais próximos de serem metais puros sem contaminação; assim, eles permitem um retorno maior à fábrica. Mas, para ser vantajoso, os pedaços devem ser guardados separadamente dos cavacos.

Escolhendo a forma de dente correta

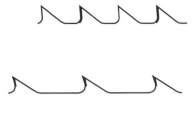

Dente-padrão
Metais gerais – melhor acabamento
Manual ou automático

Dente espaçado
Alimentação rápida em materiais moles
Alimentação automática é melhor para evitar empenamento
Metais gerais – acabamento grosseiro
Útil em grandes cortes – o espaço suporta grandes cavacos

Dente em gancho
Alimentação agressiva – corte rápido
Limitado a materiais moles
Acabamento grosseiro
Bom para serrar em produção

Figura 5-29 Escolha a forma de dente correta com base no método de corte, na dureza da liga e no tamanho do corte. Escolha lâminas com passo largo para cortes em superfícies mais longas ou materiais mais moles.

de aço-carbono são mais populares em laboratórios de treinamento.

Serramento de fita vertical

Frequentemente, um plano de processo eficiente inclui metal removido por corte, como na operação 100 da nossa ordem de serviço. Até no mundo moderno das máquinas CNC de alta velocidade, serrar pode ser a ferramenta de remoção de metal mais rápida na fábrica, quando usada corretamente. Serrar tira todos os "pedaços" de metal em vez de criar cavacos. Quando planejar um trabalho, sempre considere os cortes como uma operação. Além da remoção eficiente de metal, essas grandes peças de sucata são bem mais valiosas para a reciclagem. Veja a Figura 5-30.

Operações de serradora vertical

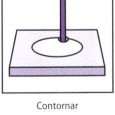
Contornar

Corte de fricção

Limar

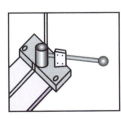
Fixação do trabalho

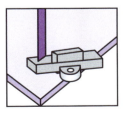
Corte angular

Corte quadrado

Figura 5-30 Operações de serradora de fita padrão e especial.

Tipos principais de serradoras e nomenclaturas Serradoras variam muito com suas especificações e tamanho. Vamos nos concentrar em dois tipos básicos mais prováveis de serem encontrados em uma escola técnica (Figura 5-31).

Segurança da serradora vertical é uma questão séria Como a lâmina se move rapidamente e a alimentação é feita até o fim manualmente, você precisa saber sobre:

- movimentos seguros específicos;
- segurar e empurrar até o fim da serra;
- calcular a velocidade da lâmina.

Mesmo com proteção correta, uma lâmina de serra deve ser necessariamente exposta sobre alguma peça de seu comprimento e com os dentes voltados para você. Lâminas de serra grosseiras, com movimentação rápida, imediatamente cortarão qualquer coisa – incluindo sua mão. Para ficar seguro, siga as instruções listadas a seguir.

Segurança específica

1. **Ajuste a proteção**
   Sempre tenha proteções em lugares cobrindo o máximo possível da lâmina.

2. **Posicione-se**
   Posicione seu quadril ou joelho contra a base da serrador para evitar escorregar para a frente, caso algo se mova inesperadamente (Figura 5-32).

3. **Mãos livres**
   Nunca coloque sua mão diretamente na linha da lâmina da serra. Se empurrar a peça diretamente para a frente da lâmina for absolutamente necessário, use uma vareta de empurrar (bloco de madeira ou metal) para tomar o lugar da sua mão. Sempre use uma vareta de empurrar ou uma guia de serradora, e não a sua mão.

4. **Sem luvas**
   Luvas se prendem em coisas mais rapidamente que a pele.

5. **Guias corretas**
   Tenha certeza de que as guias da lâmina estão baixas tão quanto o conveniente para o material e que estão bem ajustadas. Isso mantém a trajetória correta da lâmina, impedindo-a de inclinar-se quando entrar em funcionamento.

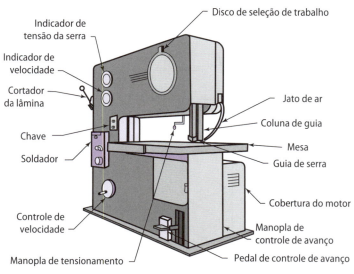

Figura 5-31 Partes básicas de uma serradora de fita vertical.

Figura 5-32 Sempre posicione seu corpo contra a serra, para evitar escorregar para a frente.

6. **Pisos antiderrapantes**

   Se estiver em um chão de concreto liso, varra os pequenos cavacos do corte do local, pois eles se tornam escorregadios. (Note que chão liso em frente de serradoras é banido pelas diretrizes dos Serviços de Avaliação de Saúde e Segurança Ocupacional dos Estados Unidos.) Melhor ainda, tenha certeza de que você está parado em uma superfície antiderrapante (tinta com areia para tração) ou fique em um tapete de borracha antiderrapante se possível. Isso permite que pequenos cavacos de corte caiam através dele diretamente no chão.

7. **Posicione suas mãos**

   Para evitar movimentos repentinos e inesperados de suas mãos – caso a peça acidentalmente escorregue –, vire seus pulsos para baixo em relação à mesa (Figura 5-33). Não segure a peça pelo topo, mas prefira colocar suas mãos na mesa da serradora em vez de empurrar a peça. Isso lhe assegura que, se a peça escorregar, suas mãos não irão junto!

8. **Área de perigo à direita**

   Não permita que outros fiquem à direita da mesa da serradora, pois é onde uma lâmina quebrada tende a ser jogada.

9. **Apenas trabalho estável**

   Finalmente, nunca serre uma peça que tende a ir para a frente quando a lâmina puxar para baixo. Serrar tarugos de seções redondas é

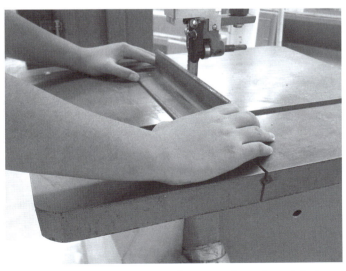

Figura 5-33 Pulsos ou palmas em contato com a mesa da serra, e não em frente à lâmina, criam uma estabilidade segura. Se algo se mover inesperadamente, suas mãos não irão se mover.

o primeiro exemplo desse perigo potencial. Quando a lâmina o agarra, ele tende a rotacionar para a frente, fora de controle, e frequentemente a lâmina se quebra e puxa sua mão junto. Existem duas maneiras de evitar um trabalho instável. A melhor ideia é levá-lo para a serradora horizontal, onde a barra é firmemente segurada por uma morsa e nenhum movimento manual é necessário. Se a peça precisa ser cortada em uma serra vertical, utilize uma morsa de serra especial para fixar firmemente a peça; assim, ela não pode deslizar ou escorregar para a frente.

Ajuste a serradora à velocidade correta da lâmina Ao ajustar todas as máquinas, furadeiras, tornos, fresadoras e serradoras, três coisas devem ser consideradas para escolher a velocidade correta de corte:

- tipo do material;
- dureza do material;
- se há refrigeração disponível.

A dureza da ferramenta de corte é também um fator na maioria das preparações, mas para serras é sempre uma constante, uma vez que as três lâminas são praticamente da mesma dureza.

Em geral, quanto mais duro o material de trabalho, mais lenta a serradoras deve cortar para evitar queimar, cegar a lâmina ou endurecer o material. Serradoras verticais não têm resfriamento, porque não há modo de depois coletar em um reservatório; assim, seu trabalho será mudar a transmissão da serradora para atingir a velocidade certa baseada somente no material da peça.

A velocidade correta da lâmina pode ser obtida de uma tabela como a da Figura 5-34, na forma de um disco seletivo de trabalho. Para usar um seletor rotativo como este, posicione o material na janela e leia a velocidade no índice. Se não tiver a velocidade na tabela, use qualquer livro de referência de usinagem como o *Machinist's Ready Reference*. Ele vai listar a velocidade da serra de um dado material em pés por minuto e por materiais (geralmente sob o tópico de velocidades de corte).

Figura 5-34 Um disco de metal anexo a esta serradora de fita vertical mostra a velocidade correta da lâmina para vários materiais.

> **Ponto-chave:**
> Velocidades de corte da serradora de fita são especificados em pés por minuto, abreviado como P/M ou PPM.

Velocidade superficial Para todas as usinagens onde são feitas ações de corte, existe um número mágico chamado de **velocidade superficial** *recomendada*. Esse número importante é necessário para preparar todos os equipamentos, incluindo as serradoras. Também é chamada de velocidade de corte.

Discutiremos isso novamente em furação e, depois, em torneamento e fresamento também. Para serrar, é um número fácil de saber. É a velocidade da lâmina expressa em pés por minuto (PPM) ou também em metros por minuto (m/M). Se a sua serra não tem tabela de velocidades, lembre-se desse guia tabelado.

Material sendo serrado	Velocidade de corte em PPM
Alumínio	300
Bronze	200
Aço mole	100

Embora sejam muito baixos para indústrias, esses números são fáceis de lembrar no começo. Eles dizem respeito à sobrevivência e à segurança. Depois que tiver alguma experiência serrando, eles podem ser aumentados, especialmente quando estiver serrando alumínio. Note que esses números refletem a usinabilidade do material. O aço, um metal duro, deve ser serrado devagar, enquanto o alumínio, que é mole, é serrado mais rapidamente.

> **Ponto-chave:**
> Para qualquer corte em máquina que gera cavaco, existe uma velocidade de corte ótima, em pés por minuto.

Se a velocidade superficial selecionada for muito lenta, a ação de corte será pobre e a produção baixa. Reciprocamente, se for muito rápida, a lâmina vai cegar rapidamente e, então, queimar, se não for tirada do trabalho – e, o pior de tudo, o material pode ser arruinado se a peça endurecer.

Velocidades de superfície industriais normalmente variam de lentos 30 pés por minuto, para serrar aço duro, até 2.000 pés por minuto, para algumas ligas de alumínio.

Passo a passo – Ajustando uma serradora vertical

Segue uma lista de verificação:

- Selecione a velocidade tabelada da lâmina com o tipo/dureza do material – encontre a velocidade de corte correta.
- Mude as correias da serra e/ou transmissão para obter a velocidade recomendada.
- Cheque o passo da lâmina para o contato mínimo de dentes.
- Posicione e cheque todas as seguranças e guias da lâmina.
- Esteja preparado com um impulsor ou uma morsa de serradora para empurrar a peça pela lâmina. Nunca coloque suas mãos alinhadas diretamente com a lâmina!

Verificação de laboratório *Com o vestuário correto de trabalho e com permissão,* leve seu livro para sua sala de treinamento da serradora de fita vertical. Responda a estas perguntas:

1. A maioria das serras tem 10 ou 12 velocidades de corte selecionáveis. Quantas velocidades a sua serradora tem? O que você faz quando a tabela recomenda uma velocidade da lâmina entre duas dessas velocidades? (*Resposta:* escolha a velocidade mais baixa e observe os resultados. Com a experiência, você vai acabar sabendo se pode aumentar para a próxima velocidade.)
2. Sua serradora tem um disco de seleção de velocidades ou um indicador de trabalho parecido com o da Figura 5-34?
3. Se tiver, qual é a variação de velocidades e que materiais ela mostra?
4. Quais velocidades você poderia escolher para serrar o aço? (*Nota:* eles estarão provavelmente entre 60 e 200 P/M.)
5. Observe – sua serradora tem um dispositivo de soldagem? (Seu treinamento está chegando nisso.)
6. Se a sua serradora não tiver uma tabela de velocidade de superfície (velocidade da lâmina), onde você poderia encontrar essa informação em sua oficina?

Morsa de serradora É uma obrigação ter uma morsa feita especialmente para serradora de fita vertical (Figura 5-35). Ela não apenas garante um modo seguro de empurrar a peça, mas as alças de manuseio ajudam a orientar pelos cortes curvos também. Mantendo sua mão fora do caminho da lâmina, as morsas de serradora amplificam a habilidade do trabalho, utilizando alças estendidas.

Figura 5-35 Uma morsa de serradora proporciona um modo seguro de controlar o corte curvo de contorno na serradora de fita vertical.

Acessórios para a serradora Existem diversos acessórios de serradora vertical utilizados para segurança e eficiência (veja a Figura 5-36). Para peças longas, é utilizado o suporte extra de mesa. Para cortes complexos ou especiais, usa-se a morsa com garras e corrente. Ela pode ser alimentada automaticamente se a serradora tiver essa capacidade. Pisando em um pedal, a corrente puxa a peça para a frente através do corte. Outros acessórios incluem guias de trabalho e batentes.

Serramento de contorno e fricção

Estas duas operações de corte são menos comuns, mas estão no nível de habilidade do iniciante.

Serramento de contorno (cortes curvos) é possível apenas em cortes verticais. Cortes curvos são uma grande vantagem em uma serradora de fita vertical. A razão de ela poder fazer cortes curvos é que a largura do corte permite ao usuário rotacionar a peça em relação à lâmina dentro do seu próprio corte. Guias de lâmina bem ajustadas e lâminas afiadas com um travamento de dentes am-

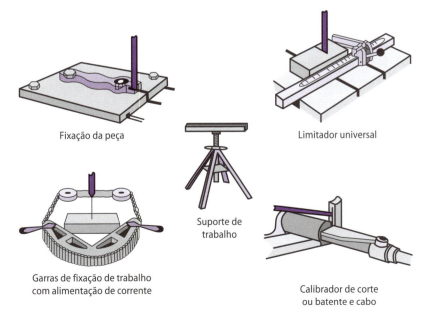

Figura 5-36 Acessórios de serradora.

plo são essenciais. O corte de cortorno é possível em razão da largura do corte.

Na Figura 5-37, pode-se ver que, se uma curva apertada (raio menor) é requerida, então a lâmina larga precisa ser substituída por uma mais estreita, para ser possível executar o seu corte. Quando estiver fazendo isso, você deve reajustar os rolos de escora nas guias da serradora, de modo que os dentes travados não entrem em contato com os lados das guias; se não, o travamento dos dentes será achatado na lâmina mais larga.

> **Ponto-chave:**
> Quando mudar de uma lâmina larga para uma estreita, sempre reajuste os rolos de escora, para que a lâmina estreita ajustada não seja achatada se tocar os lados dos rolos laterais.

Ajustando guias de lâmina Quando substituir uma lâmina por outra da mesma espessura e largura, nenhum ajuste é necessário. Mas, quando um novo tamanho de lâmina é montado na serradora, as guias devem ser ajustadas para controlá-la. Esse passo é comumente negligenciado por iniciantes, ainda que isso tenha tudo a ver com precisão de corte e vida da lâmina.

Observe na Figura 5-38 que uma serradora de fita possui dois conjuntos de guias de lâmina, uma antes do corte e outra depois. Essas guias estabilizam a lâmina contra inclinação e vibração. Na Figura 5-39, uma vista superior em uma guia ajustada, note que há três roldanas no conjunto. Duas suportam os lados da lâmina, e a terceira é o rolamento de escora. Quando você empurra a peça contra a serra, esse rolamento proporciona um apoio, de forma a manter a lâmina na vertical.

Figura 5-38 Aqui a proteção de segurança foi removida para expor as guias superiores da lâmina. Existe um segundo conjunto abaixo da mesa também.

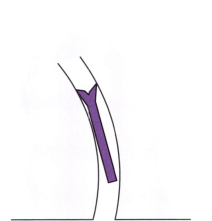

O corte de contorno é possível em razão da largura do corte

Figura 5-37 A largura do corte torna o corte de contorno possível.

Guia rolamentada da serradora de fita

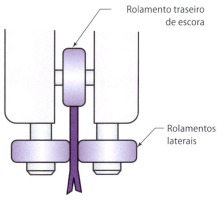

Figura 5-39 Ajuste o apoio de três pontos para encaixar a lâmina em largura e espessura, mas nunca toque o travamento de dentes.

Tanto o conjunto da guia de cima como a de baixo devem ser ajustados para encaixar a lâmina. Cada conjunto cria um apoio de três pontos: os lados e a parte de trás da lâmina. Ajuste o rolamento de escora com o máximo possível de lâmina contido dentro dos rolamentos laterais, *mas sem tocar o travamento dos dentes*. Estes nunca devem tocar as guias da lâmina.

Algumas serradoras usam guias sólidas em vez de rolamentos para suporte lateral da lâmina. Essas guias são usualmente feitas de latão ou bronze e, em razão do desgaste, precisam de manutenção constante; veja a Figura 5-40. Quando se corta em curva, essas guias são consumidas por força de giro e fricção do trabalho de contorno.

Guias sólidas funcionam bem para cortes leves, mas não são práticas na indústria. Elas são ajustadas perto da lâmina, mas não a tocam. São comuns em serradoras feitas para cortar madeira, e não metal, em razão de as cargas laterais serem reduzidas na lâmina.

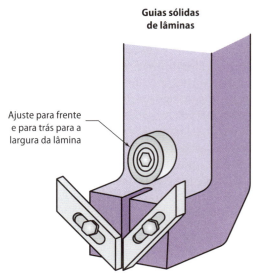

Figura 5-40 Guias sólidas são encontradas em algumas serradoras.

> **Ponto-chave:**
> Trazer o ajuste correto da guia superior da lâmina para perto da superfície de trabalho cria o melhor controle sobre o caminho do corte.

Serramento de fricção Esta técnica de corte requer uma serra poderosa, capaz de *velocidades de corte de 2.500 pés por minuto ou maior*. O **corte de fricção** não é ensinado a alunos iniciantes, em virtude de uma série de possíveis perigos e problemas que causa tanto para a serra quanto para a peça. No entanto, em certos materiais problemáticos, ele funciona muito bem; já outros métodos não fariam o serviço. Por exemplo, você pode serrar outra lâmina de serradora de fita utilizando serra de fricção. Peça uma demonstração e sempre cheque com seu instrutor antes de tentar usar uma serra de fricção.

Serras de fricção não cortam metal, elas derretem a peça em frente à lâmina. Por que a lâmina não derrete também? Porque qualquer porção da serra fica em contato com a peça por uma fração de segundos, depois rotaciona pela volta de toda a serradora para resfriar antes de entrar em contato com a região de corte novamente. A área cortada da peça continua quente. O serramento de fricção (atrito) apresenta diversas vantagens, mas quatro desvantagens.

Vantagens Você vai se maravilhar ao ver o quão rápido pode serrar quando o metal começar a derreter.

- Materiais que são muito duros ou muito finos para serem serrados por métodos-padrão podem ser cortados.
- Materiais finos que poderiam arrancar os dentes são facilmente serrados por fricção.
- Uma lâmina usada sem dentes afiados funciona bem mesmo velha, e as lâminas completamente cegas funcionam melhor e estendem seu período de vida.

Desvantagens e precauções de segurança

- Cortes de fricção criam rebarbas irregulares.
- O calor pode endurecer uma fina zona em volta do corte (a zona termicamente afetada).
- Fogo! Veja o ponto-chave em seguida.
- Quando as lâminas se sobrecarregam, elas se quebram.

A lâmina opera em velocidades tão altas que, se quebrar, começa a se dobrar conforme as partes de trás alcançam a quebra. E as lâminas mais finas não param simplesmente quando se quebram.

> **Ponto-chave:**
> **Cuidado!**
>
> Quando serrar com fricção, tenha certeza de que todas as lâminas, guias e proteção de segurança estão tão próximas da peça quanto possível e que ninguém esteja perto, especialmente à direita do quadro da serradora, onde uma lâmina perdida pode voar.
>
> **Calor e fogo**
>
> A peça aquece rapidamente próximo à linha de corte durante o corte de fricção, e os fragmentos de saída (pequenos cavacos sendo removidos) são fundidos. Antes de cortar com fricção, verifique no recipiente de fragmentos e no interior da serra se há restos de madeira ou plástico de cortes anteriores (veja a Figura 5-41).
>
> Remova todos os materiais inflamáveis do recipiente e em volta da serra.

Desdentamento supersônico Fique alerta, o desdentamento pode ocorrer na velocidade de uma bala! Para evitar esse problema, comece seu corte gentilmente e, depois, aumente a pressão. Use proteção dupla nos olhos – óculos de segurança e máscara total de rosto são boas ideias.

Serramento automático horizontal

Esta técnica é utilizada para cortar grandes barras e peças pesadas. Existem quatros diferenças principais e vantagens de uma serradora horizontal sobre a vertical:

1. **Autoalimentação**
   Construída com um quadro articulado em uma estrutura horizontal, as serradoras de fita horizontais abaixam o quadro e a lâmina para controlar automaticamente a taxa de corte. Isso significa que elas podem ser deixadas sozinhas ao serrar grandes peças e que a regra dos três dentes não se aplica quando se ajustam ao longo da taxa de descida, de modo que o desdentamento não pode ocorrer.

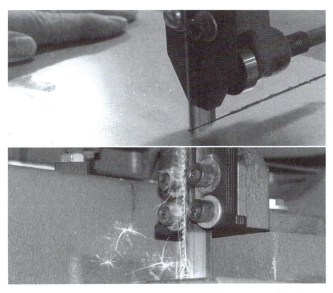

Figura 5-41 De cima, nada parece incomum ao serrar o aço pela fricção, mas, olhando embaixo da mesa da serra, o fluxo de faíscas e metal fundido mostra o alto aquecimento neste processo.

2. **Qualquer comprimento de peça**
   Entre as guias de serradora, a lâmina é inclinada aproximadamente 45° em relação ao plano das polias da serradora. Isso significa que o quadro se posiciona por trás do corte e, portanto, a peça não precisa passar pelo quadro, assim como nas serradoras verticais. Na serradora horizontal, qualquer tamanho de barra pode ser cortado.

3. **Morsa de fixação da peça**
   Uma morsa de grande capacidade faz parte da base da máquina; assim, não é necessário usar as mãos para fixar a peça como na serradora vertical. A peça permanece parada enquanto o braço de suporte articulado e a lâmina avançam até ela. Isso significa que o ferramenteiro estará mais seguro sem empurrar a peça pela serra com as mãos. Essas serradoras são usadas para cortar barras ou blocos com pequenas intervenções do operador. Cortes retos ou angulares na peça são a única possibilidade em uma serradora horizontal (Figura 5-42); contorno e fricção não são feitos aqui.

4. **Sistemas de refrigeração**
   Serradoras horizontais possuem um sistema de refrigeração sob pressão. Sua construção permite a recuperação de refrigeração em um recipiente na base. A refrigeração significa vida mais longa para a lâmina e velocidades de corte maiores.

Figura 5-42 Uma serradora horizontal se autoalimenta pela peça a uma taxa controlada.

Com as guias ajustadas e lâminas afiadas, as serradoras horizontais podem cortar no comprimento com repetibilidade de 0,010 pol.! Comece a aprender as várias partes da serradora horizontal pela Figura 5-43. A serradora é mostrada com a cobertura de segurança aberta para expor a polia movida na frente, e não a polia motora que está atrás.

Características especiais Onde grandes quantidades de material são serradas, diversas características de produções extras são adicionadas à serradora horizontal (Figura 5-44). As versões mais novas também são controladas por CNC para a preparação rápida da operação.

As versões industriais de serradoras horizontais, chamadas de máquinas de corte, incluem:

- Paradas automáticas ou CNC, uma vez que a serra completa o corte.
- Alimentação automática ou CNC. Quando for cortar uma barra longa em pequenos tarugos, a serra pode ser ajustada para avançar automaticamente, serrar e depois avançar novamente.

Segurança na serradora horizontal Serradoras horizontais são relativamente seguras se comparadas com as verticais. Mas esta serradora tem suas precauções particulares:

1. Ao baixar a lâmina até a peça, vá devagar. Novos ferramenteiros geralmente encostam na peça muito rápido, e então uma quebra de lâmina ou um desdentamento pode ocorrer.

2. Quando preparar a peça na morsa para a marca correta de corte, nunca deixe a lâmina da serra em movimento. *Ela deve estar desligada até a peça ser fixada na morsa e suas mãos estarem fora da serradora*. Uma peça fixada incorretamente que de repente escorrega é uma das principais razões de a lâmina quebrar em serradoras horizontais.

3. Não tente pegar a peça com suas mãos quando uma parte for cortada. Deixe-a cair no chão ou prepare uma calha para pegá-la. Ocasionalmente, em um momento de desconexão, a peça vai enganchar e girar em direção à lâmi-

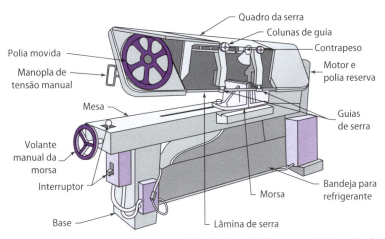

Figura 5-43 As características principais de uma serradora horizontal. Note que a lâmina é inclinada 45° em relação ao plano das polias, para permitir cortes de longo comprimento.

na. Se você a estiver segurando, sua mão pode ser levada até a lâmina!

Ponto-chave:
O ajuste da guia da lâmina é ainda mais importante na serra horizontal, porque as guias inclinam a lâmina em 45° do plano da roda movida e motora para permitir o corte de um tarugo de grandes dimensões.

Serramento abrasivo

O **serramento abrasivo** utiliza um fino disco abrasivo de corte (Figura 5-45), algo como um rebolo. Cortar aço é o seu propósito principal, mas outros metais podem também ser cortados com esse processo, desde que eles não entupam o disco de corte. É também utilizado para cortar pedaços de barras de metal. Comparado ao serramento de fita, o serramento abrasivo é muito rápido.

Figura 5-44 Equipada com uma barra de alimentação, a serradora horizontal pode avançar e cortar tarugos de matéria-prima.

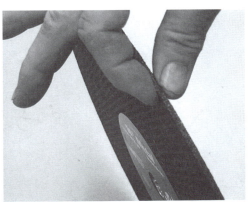

Figura 5-45 Uma lâmina de corte abrasivo é forte ao longo do seu aro, mas se quebra facilmente com cargas laterais.

Quando utilizamos grãos minerais para remover material, em vez de ferramentas de corte, chamamos o processo de *abrasão* ou *abrasivo*; em muitos casos, também é chamado de retificação.

Corte abrasivo cria cavacos também A definição de abrasão é desgastar o material por atrito. Mas, olhando mais de perto, descobrimos que processos abrasivos removem metal cortando com ferramentas de aresta afiada. Existem cavacos sendo criados, mas eles são quase microscópicos, e milhares são criados por segundo. O disco abrasivo desgasta a velocidades lentas; ele se torna eficiente apenas se sua velocidade for aumentada a muitas vezes mais rápida que a das ferramentas de corte.

As ferramentas de corte nesse caso são as arestas afiadas em cada grão individual dentro do disco abrasivo. Esses grãos são muito mais duros que as ferramentas de corte e são capazes de resistir a temperaturas extremas. Quando serramos aço por corte abrasivo, vemos um fluxo de faíscas saindo do disco de corte (Figura 5-46). Isso acontece porque os pequenos cavacos quentes reagem com o oxigênio no ambiente e literalmente queimam.

Precauções de segurança para o corte abrasivo

1. **Sempre inspecione o disco visualmente antes de utilizá-lo**
   Levante a proteção e rotacione-a para ter certeza de que está boa para utilização. Faça isso toda vez que for usar a serradora!

2. **Proteção dupla nos olhos e máscaras antipó**
   Tanto os detritos quentes voando quanto a possibilidade de discos explodindo torna importante utilizar uma máscara total no rosto por cima do óculos de segurança; e a máscara antipó é aconselhável se você estiver fazendo muito desse tipo de corte de metal (Figura 5-47).

3. **Fique ao lado**
   Evite os detritos quentes e possíveis fragmentos voadores de disco. Fique ao lado, nunca em linha com o disco enquanto está cortando!

4. **Cheque proteções**
   Esteja certo de que a proteção do disco abrasivo está no lugar e que ele desce! Esses discos podem explodir quando usados incorretamente!

5. **Prevenção de fogo**
   Esteja certo de que nada atrás da serra é inflamável! Se paredes ou outros itens estiverem no caminho, coloque uma chapa de metal para faíscas na trajetória dos fragmentos.

6. **Olhe antes de operar**
   Avise os outros no local quando você pretende usar a "policorte".

7. **Use proteção auricular**
   O corte abrasivo é barulhento. Se for fazer mais do que um corte, a proteção auricular é obrigatória.

Figura 5-46 Uma serradora abrasiva em ação.

Figura 5-47 Deve-se usar dupla proteção nos olhos quando utilizar a "policorte".

Discos de serra reforçados e flexíveis Para manter o corte estreito e concentrar a ação do corte, os discos de serradoras abrasivas devem ser finos, porém isso os torna propícios a estilhaçar. Para ajudá-los a resistir mais, os discos abrasivos são feitos diferentemente dos rebolos normais de três modos especiais:

- O aglomerante (a cola) que mantém os grãos abrasivos juntos é uma resina plástica que, após o processo de secagem à baixa temperatura, pode flexionar com as mudanças de direção de carga. Os rebolos flexíveis resultantes são chamados de discos *resinoides*.
- Além dos grãos e do aglomerante, os *discos de corte* contêm reforço de fibra similar aos pneus radiais do seu carro.
- Os grãos especiais, chamados de **carboneto de silício**, são ainda mais duros que os rebolos normais (isso é muito técnico para o momento, mas vamos explorar os vários materiais abrasivos quando chegarmos às operações de retificação).

Vantagem da portabilidade O tamanho compacto das serradoras abrasivas é outra vantagem. Elas são pequenas o suficiente para serem movidas para uma prateleira de barras de aço (Figura 5-48). Em vez de levar uma barra pesada até a serra, a serradora de corte pode ser colocada em um carrinho e levada para a prateleira. Isso aumenta a segurança e poupa tempo. A barra é puxada, a serradora é elevada até o nível da barra e, depois, faz o corte sobre a própria prateleira!

Serradoras de corte elétricas Discos de corte normais têm 12 ou 14 pol. de diâmetro. O seu irmão industrial é muito maior em tamanho, usa discos tão grandes quanto 2 pés e possui resfriamento automático. Elas são controladas por CNC ou comando semiautomático; assim, grandes materiais que requerem cortes compridos podem ser começados e monitorados pelo ferramenteiro, que pode fazer outras tarefas durante o corte. É improvável que você encontre essas serradoras em escolas técnicas.

Fator de aquecimento Aços de alto carbono que são propensos a endurecimento podem e vão formar um ZTA quando forem serrados com abrasão.

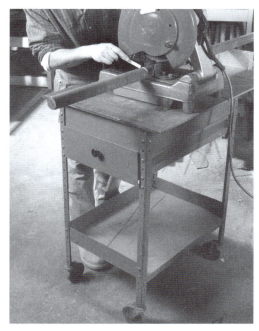

Figura 5-48 A serradora abrasiva não é uma máquina pesada e pode ser levada à prateleira de aço, em vez de ter de mover barras pesadas até a serradora.

Eles podem criar uma superfície dura como vidro na linha de corte (a zona termicamente afetada). Adicionalmente, uma rebarba grosseira se forma no ponto de saída do corte, e as peças em geral ficam muito quentes para serem manuseadas à mão livre.

Não é para metais moles Alumínio e outros metais pastosos não são cortados normalmente com serradoras manuais abrasivas, pois os espaços de ar entre os grãos começam a entupir-se com o material removido e elas param de cortar. Sem espaço entre os grãos, não há como as arestas entrarem em contato com a superfície de trabalho; elas ficam em cima da peça e apenas esfregam. Esse problema acontece em todos os discos de retificação e é chamado de *empastamento*. Em pequenas serradoras onde nenhum refrigerante está disponível, há lubrificantes de contato que fazem o trabalho, mas a maioria das oficinas estabelece uma política sobre cortes de metais moles utilizando abrasão. Em serradoras automáticas grandes, refrigerantes resolvem o problema (Figura 5-49). A versão seca

Figura 5-49 Um rebolo empastado com alumínio mole não pode cortar.

cria uma verdadeira bagunça. Tenha certeza de cortar onde o resíduo do metal queimado e o abrasivo dispendido não contaminarão outras máquinas.

Soldagem da lâmina de serra de fita

Nossa habilidade final de serrar é fazer uma lâmina de rolos de uma bobina de material. Para poupar tempo, a maioria das oficinas compra lâminas pré-soldadas prontas para montar na serradora. No entanto, o oficial competente deve saber como soldar uma lâmina, por quatro razões:

1. Lâminas quebradas que continuam afiadas podem ser reparadas com soldagem.
2. Lâminas custam muito menos quando compradas em rolos de 100 pés.
3. Sem o soldador da lâmina, é impossível serrar por dentro da peça. Aqui a lâmina é inserida por um furo e depois soldada quando estiver dentro; por exemplo, quando se está serrando uma forma circular fora do centro de uma placa.
4. Ao contrário, lâminas afiadas que têm poucos dentes desdentados podem ser consertadas cortando a parte ruim e inserindo uma nova seção.

Observe o dispositivo de soldagem de lâmina mostrado na Figura 5-50.

Soldadores de lâmina (Figura 5-51) usam resistência elétrica para criar o calor necessário. As extremidades aparadas da lâmina são fixadas em garras de cobre ou latão e depois pressionadas juntas. Uma corrente elétrica é passada entre as garras e a junta da lâmina. A junta aquece e derrete e as garras empurram o contato juntamente (Figura 5-52). Quando a eletricidade é desligada automaticamente, as duas metades são fundidas.

Recozendo a solda

Como a solda da lâmina esfria rapidamente, o metal próximo a ela se torna muito frágil e pode romper-se instantaneamente durante o uso. Antes de colocar a nova lâmina soldada em serviço, ela precisa ser amolecida por **recozimento**. O soldador da lâmina pode abrir as garras, de forma mais ampla que a solda, para segurar uma porção maior da lâmina do

Figura 5-50 Como a corrente elétrica passa através da junta da lâmina, o calor derrete a junta ao mesmo tempo.

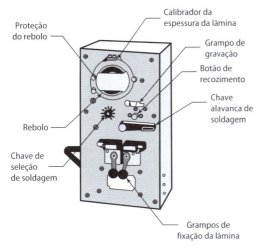

Figura 5-51 As características de um soldador de uma lâmina de serradora de fita.

que a área soldada. Reaquecer a área geral mais lentamente e depois resfriá-la ainda mais lentamente amolecerá os pontos duros.

> **Ponto-chave:**
> O recozimento é um processo de amolecimento que acontece quando o metal é resfriado lentamente a partir de uma temperatura elevada.

Forma final

Depois de recozer, o abaulamento da solda deve ser retificado ou limado fino e suavemente para

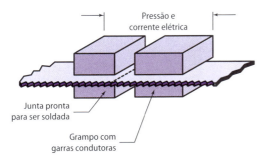

Figura 5-52 As garras condutoras mantêm a junta fundida unida.

permitir que ela passe pelas guias da serra. Quando deixar a solda plana, tenha certeza de que a junta está tão fina quanto a lâmina original, para permitir a passagem pelas guias da serradora. Muitos acessórios de soldagem apresentam retificadoras embarcadas e abertura para testar as condições da lâmina; no entanto, um micrômetro ou paquímetro também lhe diz se a lâmina é fina o suficiente.

Revisão da Unidade 5-3

Revise os termos-chave

Carboneto de silício
Abrasivo rígido resinoide usado em lâminas de serras de corte.

Corte de limpeza
Usinagem de matéria-prima que tem por finalidade criar uma superfície confiável, com a remoção de uma quantidade mínima de material da peça.

Dente espaçado
Lâminas de serra de fita com espaço extra entre os dentes para o corte de material mole.

Desdentamento
Fenômeno perigoso, quando os dentes são arrancados de uma lâmina por causa da seleção de um passo de lâmina muito grosseiro para o material.

Largura de corte
Ranhura criada quando se serra. O corte é maior que a lâmina, devido à configuração do dente. O corte em excesso deve ser calculado quando se serra um material.

Passo
O número de dentes por polegada em uma lâmina de serra.

Recozimento
Amolecer um metal – recozer uma lâmina de serra de fita mesmo próxima a uma área recentemente soldada.

Serramento abrasivo

Serramento de *corte* ou *abrasivo* é executado com um disco abrasivo feito por fibra resinoide reforçada.

Serramento de contorno

Serrar em uma linha curva somente é possível em uma serra vertical.

Serramento por fricção

Cortar metais por fusão em vez de corte, mas realizado em uma serra de fita e não em uma serra abrasiva.

Sobremetal

Quantidade calculada de material que é deixada para concluir dimensões, também chamada de excesso ou folga de usinagem.

Travamento (dos dentes das lâminas de serra)

Dobrar ou entortar os dentes da serra a partir da lâmina de base. O travamento dos dentes cria uma largura de corte maior, reduzindo o atrito e permitindo o serramento de contorno.

Velocidade superficial (ou de corte)

Velocidade recomendada para a ação de corte de uma serra de fita, expressa em pés ou metros por minuto.

Reveja os pontos-chave

- Para estar seguro, uma morsa ou vareta de empurrar deve ser utilizada em serradoras de fita verticais e que seus pulsos fiquem em contato com a mesa, nunca empurre a peça sozinho.
- Para todas as operações de corte, o passo da lâmina deve ser escolhido de modo que três dentes fiquem em contato com a peça o tempo todo.
- A serradora horizontal é utilizada para cortar grandes partes de metal.

- O serramento de fricção é executado em serras verticais com velocidade de lâmina capaz de atingir de 2.000 a 3.000 PPM. Ela é usada quando o material é muito duro para ser serrado de outra forma.
- O serramento abrasivo é usado principalmente em cortes rápidos de barras de aço de grande comprimento.

Responda

As questões seguintes baseiam-se nestes métodos de corte de material: serradoras de fita vertical, serras de arco, serradoras horizontais, serradoras abrasivas e tesouras.

1. Você tem uma chapa de alumínio de $\frac{1}{8}$ pol. de espessura da qual devem ser cortados retângulos de aproximadamente 2,25 por 5,25 pol. para fazer um calibrador de broca. Dos cinco métodos listados, qual poderia ser usado?
2. Por que você não escolheria a serradora abrasiva para a Questão 1?
3. Você tem uma chapa de alumínio de $\frac{1}{8}$ pol. de espessura da qual devem ser cortados 400 quadrados de 4 pol. Dos cinco métodos listados aqui, qual seria o mais prático?
4. É preciso fazer um calibrador de broca a partir de chapa de aço $\frac{1}{4}$ pol. de espessura. Uma serradora horizontal seria uma boa escolha para cortar os tarugos?
5. Seria a serradora abrasiva uma boa escolha para cortar os *blanks* do calibrador de broca? Eles são feitos de aço de baixo carbono.
6. Você vai cortar os *blanks* da Questão 1 e, depois, os *blanks* de aço da Questão 4. Quais mudanças devem ser feitas na serra?

>> Unidade 5-4

>> Acabamento da peça

Introdução: Operações 30, 80, 120, 130 da Ordem de Serviço. Embora tentemos evitar, a usinagem normalmente deixa arestas, cantos vivos, rebarbas e, ocasionalmente, transições incompletas entre superfícies. Para corrigir essas imperfeições, é necessário trabalho manual e acabamento da peça. Como esse tipo de trabalho adiciona custos à manufatura, os programadores fazem todo o esforço para eliminar a necessidade de acabamento secundário. Mas existem claramente situações em que isso não pode ser evitado.

Além do perigo de cortar a mão da pessoa que pegar na rebarba da peça, os cantos vivos parecem estar errados. Quando mestre na profissão, você será capaz de colocar a sua mão na peça usinada e saber se ela precisa de acabamento.

Um teste comprovado pelo tempo Aplicar as habilidades discutidas nesta unidade são normalmente dadas como testes não declarados aos novos empregados. O modo como você dará acabamento às peças vai mostrar sua adequação à profissão. É a chance de demonstrar paciência, uma mão firme e, mais importante, boa atitude sobre qualidade e detalhe do trabalho.

Na Unidade 5-4, vamos abordar a base geral do acabamento das peças – o bastante para completar as tarefas de laboratório e ser digno de nota. Existe muito mais sobre o assunto comparado ao que exporemos aqui, mas o resto você aprenderá na experiência do dia a dia na oficina. Ao concluir esta unidade, você deve entender claramente como manusear produtos usinados para melhorar a qualidade e o acabamento e nunca os manchar ou danificar durante o manuseio.

Termos-chave:

Discos de acabamento
Disco de fibra mole e abrasiva que é muito efetivo no acabamento de imperfeições da peça. Geralmente chamado de disco 3-M.

Escova de metal
Escova multifunções usada para limpar limas empastadas (presas).

Lima fresada
Lima plana com dentes nos quatro lados.

Lima torneada
Lima plana com dentes nos dois lados.

Limagem inclinada
Segura a lima próxima dos cantos. Produz um acabamento mais fino e melhor controle da forma.

Óxido de alumínio
Abrasivo cinza comum utilizado geralmente em rebolos.

Rebarbas
Metal denticulado indesejável que sobra depois que a usinagem é completa; a ferramenta usada para remover rebarbas é também chamada de rebarbador ou lima rotativa.

Vitrificados
Disco de retificação duro que é produzido ao aquecer um aglomerante de argila e um abrasivo, até formar um material similar à louça ou à porcelana.

Colocando o toque final no trabalho – Acabamento da peça

Operação 120 da Ordem de Serviço, "Lime 0,12 pol. de raio", e Operação 130, "Remova raio da fresa 1º Lugar".

Três tipos de acabamento da peça

Essas tarefas de acabamento da peça dividem-se em três categorias:

1. *Acabamento superficial*
    A. Remover rebarbas e cantos vivos
    B. Melhorar o acabamento da superfície
    C. Forma final

> **Conversa de chão de fábrica**
>
> **O que cria rebarbas e como você pode prevenir isso? Rebarbas** são as irregularidades, os últimos cavacos que deveriam ter sido removidos no final do corte, mas não foram porque o metal poderia dobrar, e o corte não foi capaz de cisalhar essa porção (Figura 5-55). Rebarbas custam dinheiro, cortam mãos, riscam partes adjacentes, destroem a exatidão das medidas e atrasam a produção. Os ferramenteiros profissionais produzem o mínimo possível de rebarbas e as removem da máquina se o tempo e a situação permitirem.
>
> Usando um furo brocado como exemplo, note que, quando o furo chega ao fim, um domo de metal não cortado se forma em volta dele. Isso acontece porque o metal na frente da broca consegue se deformar e é alongado para fora. Sem resistência à aresta de corte, este material não pode ser cortado. Na direita, a broca rompeu o domo de material, dobrando-o em torno da parte do furo onde poderia ser cortada – uma rebarba se formou.
>
> Uma pequena atenção do operador para resolver este problema pode poupar horas de trabalho secundário! Usando uma broca afiada, tende-se a formar muito menos rebarba, pois ela corta a camada fora com o passar da broca. Velocidades corretas de usinagem e refrigerantes e força correta, chamada de "avanço", também vão reduzir as rebarbas, mas, claramente, a ferramenta afiada é a resposta número um.

2. *Marcação de numeração da peça* e outras informações
3. *Operações secundárias de usinagem*
    A. Rosqueamento com machos e cossinetes
    B. Montagem de ajustes prensados
    C. Furação, chanframento, alargamento e brunimento

Essas são as maiores habilidades manuais (Figura 5-53); no entanto, as novas tecnologias estão fornecendo alguns métodos interessantes de melhorar e marcar as peças. Nesta unidade e na Unidade 5-5, veremos essas novas habilidades tão bem quanto as tradicionais. Imperfeições de trabalho podem ser corrigidas com equipamentos acionados ou manualmente, usando uma variedade de dispositivos e ferramentas.

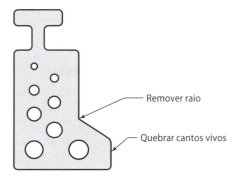

Figura 5-53 Bordas e cantos requerem operações manuais.

> **Ponto-chave:**
> Um pouco de atenção na usinagem previne horas de trabalho manual secundário. Afiar ferramentas de corte é a principal solução.

Ferramentas manuais

Estamos falando da boa e velha coordenação visual e manual. Ela vem com a prática, utilizando limas e ferramentas automáticas – chamadas de limas rotativas e rebarbadores – e uma variedade de outras ferramentas de acabamento (Figura 5-54).

Vamos olhar para as diversas operações para finalizar a ordem dos 12 calibres de furo: Operação 30, "Remova todas as rebarbas", e a nota geral no desenho: "Quebre todos os cantos vivos em 0,005 pol.".

Figura 5-54 Uma seleção de ferramentas de trabalho manual para rebarbação e uma ferramenta pneumática.

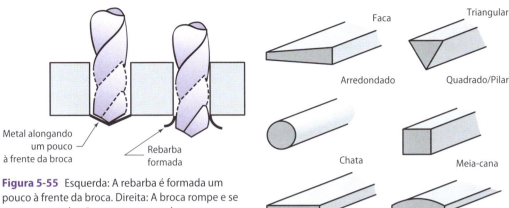

Figura 5-55 Esquerda: A rebarba é formada um pouco à frente da broca. Direita: A broca rompe e se curva para onde não possa ser cortada.

Figura 5-56 Formas comuns de limas.

Isso significa remover o canto vivo, criando um pequeno chanfro ou arredondamento não maior de que 0,005 polegada.

Neste estágio, o *blank* na forma de retângulo foi usinado ao tamanho final de 2×5 pol., e os furos, brocados. Começaremos *quebrando* o canto de fora, ou seja, fazendo manualmente um pequeno arredondamento no canto vivo. Uma quebra de canto varia de 0,005 a 0,015 pol. Você pode escolher qualquer combinação abaixo:

1. Lima manual
2. Ferramentas de quebra de canto
3. Ferramentas manuais motorizadas
4. Esmerilhamento
5. Vibração de pasta cerâmica ("vibra-rebarba")
6. Tamboreamento com pedras de rebarbação

Limas manuais

Existem limas de muitos formatos e com diferentes padrões de dentes e aspereza. Para este trabalho, você vai escolher uma lima chata com dentes finos e um padrão (picado) em linha única ou dupla de corte. Veremos cada característica.

Limar formas É necessário um pouco de treinamento para este tipo de limagem. A maioria das formas disponíveis são mostradas na Figura 5-56. Muitas formas de lima são fornecidas em duas variedades: cônica e reta (Figura 5-57).

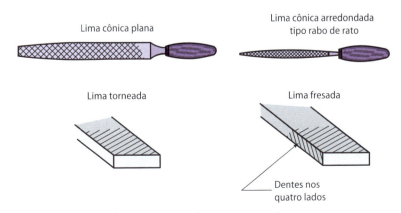

Figura 5-57 Limas cônicas e limas fresadas comparadas com a torneada.

Limas fresadas e torneadas Limas com dentes em todos os quatro cantos, capazes de cortar laterais, são chamadas de **limas fresadas**. Outras com dentes nas duas superfícies maiores são chamadas de limas torneadas. As **limas torneadas** podem ser usadas para limar um canto sem remover o material deste canto (Figura 5-57).

Picado As limas de usinagem têm quatro padrões de dente ou picado, como mostra a Figura 5-58. Cada um tem um propósito:

> **Lima de picado simples: acabamento na peça** Com uma linha de dentes, elas são usadas onde a remoção de metal é pequena e o acabamento precisa ser bom. É uma boa escolha para chanfrar as arestas do calibrador de broca. Em razão do pequeno espaço entre os dentes, as limas de picado simples tendem a entupir ou "ficar empastadas", também chamado de "empastamento", especialmente quando se lima um metal mole como o alumínio. O material preso começa a riscar o produto acabado.

Ponto-chave:
Limas de picado simples removem mais lentamente o metal, porém produzem um acabamento melhor.

Limas de picado duplo: semiacabamento e desbaste Esta lima consegue modelar bem o metal, mas deixa uma superfície áspera para trás. Limas de picado duplo removem mais material e mais rapidamente que a lima de picado simples, mas não seriam a melhor escolha para quebrar cantos.

Lima bastarda Estas tem um conjunto de dentes ajustados em um ângulo para cada um, mas não em um padrão de corte duplo. Observe os dentes descontínuos no padrão. Por causa da maneira como elas se colocam umas às outras, essa lima corta muito rápido. Ela é usada para limagem bruta e remoção pesada de material. É uma escolha muito pobre para quebrar cantos.

Lima grosa Usada para remoção rápida quando o acabamento da superfície não é uma preocupação, esta lima funciona bem em materiais moles como o alumínio, em que o entupimento do dente pode ser um problema para outras limas mais finas. A grosa é feita diferentemente da lima-padrão, na qual os dentes individuais são formados levantando-se o metal do corpo da lima. Elas são afiadas o suficiente para cortar carne! Grosas são mais usadas em trabalhos com madeira do que em trabalhos com metal.

Cabos de lima – Sempre os use!

Cabos de lima (Figura 5-59) protegem as palmas de cortes desagradáveis da *espiga* afiada (a parte pontuda que é forçada para dentro do cabo). Nunca use uma lima sem cabo. Isso é ainda mais importante se limar em um torno, onde a ação da máquina pode prender e devolver a lima em alta velocidade.

Limando o calibrador de broca

Para limar o canto vivo do calibrador de broca, são necessárias duas habilidades:

1. Produzir bons cantos retos sem limar demais.
2. Evitar marcar a peça de alguma outra maneira enquanto estiver fixada.

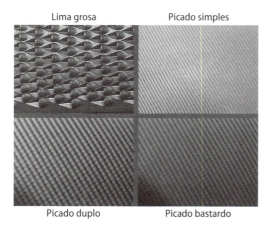

Figura 5-58 Quatro tipos de dente de lima; cada um tem um propósito diferente.

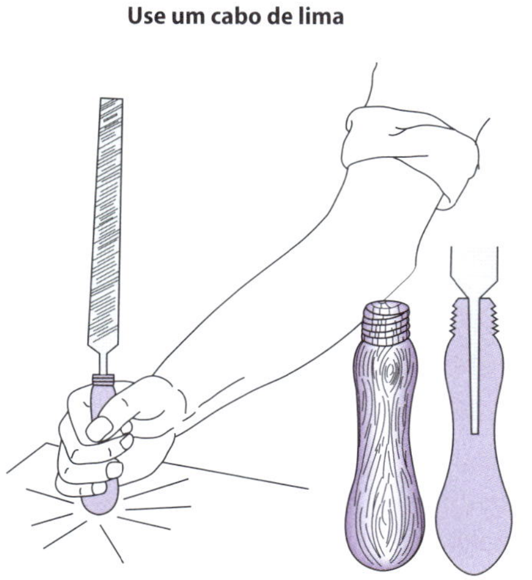

Use um cabo de lima

Curso para frente

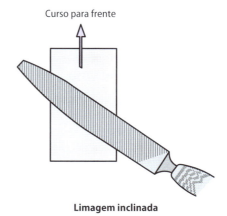

Limagem inclinada

Figura 5-61 A *limagem inclinada* controla melhor a forma e produz um acabamento melhor.

Figura 5-59 Sempre use um cabo nas limas.

Existem dois modos de remover metal usando uma lima:.

1. Alternante (recíproco, para frente e para trás) (Figura 5-60)
2. **Limagem inclinada** (corte angular) (Figura 5-61)

O método de limagem inclinada deve funcionar melhor para as arestas. Para fazer isso certo, posicione sua segunda mão no lado oposto do cabo.

Limpeza da lima

Use uma **escova de metal** para remover partículas de metal encravadas na lima, um processo chamado de empastamento. Escovar com uma fina camada de óleo de corte na peça (ou um giz sobre a lima) pode ajudar, mas existem situações em que você deve parar por causa da carga indesejada de metal produzida na superfície.

Para limpar uma lima, escore-a contra uma bancada e use as três partes de lixa/escova da lima (Figura 5-62). Primeiro, use o lado rígido de arame da escova para tirar e remover as grandes partículas. Depois, use o lado das cerdas para limpar toda a

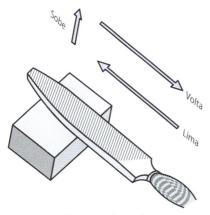

Limagem alternativa

Figura 5-60 A limagem reta remove material mais rapidamente; contudo, pode criar dificuldades em controlar o formato.

Figura 5-62 Limpar com o lado aramado e depois escovar com o lado das cerdas pode remover o metal encravado na lima para que continue cortando de forma limpa.

capítulo 5 » Antes e depois da usinagem

159

superfície. Para as partículas difíceis de metal restantes, use o raspador da escova.

Não cause dano ao trabalho – Fixando a peça para o acabamento

Muitos empregadores reclamam dos egressos da escola técnica, pois causam mais trabalho do que resolvem ao marcar e riscar peças enquanto trabalham nelas.

> **Ponto-chave:**
> Isto é muito importante: sempre proteja o trabalho de marcas. Não cause marcas pelo modo como você manuseia ou arruma as peças.

Quando segurar peças em uma morsa, sempre use protetores. Eles podem ser feitos na oficina de um material mais mole que o da peça, ou podem ser protetores de borracha ou plástico feitos especialmente para a sua morsa. A seguir há um conjunto de pequenas coisas que são importantes – as regras ao manusear as peças:

- Sempre ajuste as peças suavemente.
- Mantenha as peças separadas, se possível, por papel ou em prateleiras ou caixas – não permita que elas colidam entre si.
- Nunca martele ou force contra superfícies usinadas.
- Em preparações de usinagem, atente para as marcas de grampos e morsas.
- Nunca empilhe peças em locais onde elas possam cair.

Usando rebarbadores rotativos

Estes são pequenas limas que cortam ao girar em taxas muito altas – de 10.000 a 20.000 RPM. Os dispositivos de mão que os gira, chamados de rotomotores, lixadeiras ou motores pneumáticos, são movidos, em sua maioria, por ar, a fim de mantê-los leves ainda que poderosos. Motores elétricos de rebarbação também são utilizados onde o trabalho não é muito exigente. Às vezes chamados de pistola de ar, são um motor de alta velocidade no qual uma variedade de ferramentas pode ser colocada (Figura 5-63).

Além dos **rebarbadores**, também montamos ferramentas de lixar no eixo do motor rotativo (Figura 5-64). As ferramentas de lima podem ser uma boa escolha para os cantos vivos do calibrador de broca. Existem discos, cones e cilindros. Com prática, essas ferramentas podem moldar muito bem, produzindo um acabamento fino.

Limas rotativas (às vezes chamadas de "rebarbadores" ou "rotorrebarbadores")

As limas são feitas de carboneto ou aço rápido. Elas são fornecidas em larga escala nas seguintes formas: cônicas, redondas, cilíndricas e muitas outras. Elas removem o metal rapidamente e podem ser usadas para transação de formas e outras características da peça.

> **Conversa de chão de fábrica**
>
> **Abundância de RPM!**
> Motores pneumáticos são movidos por turbinas e giram em torno de 10.000 a 20.000 RPM, dependendo da pressão do ar na oficina e do projeto da turbina. Além da proteção ocular, tenha certeza de que suas mãos estão protegidas: o corte da rebarba pode agarrar e rapidamente puxar a ferramenta através da peça.

São chamadas de rotolimas ou rotorrebarbadoras (Figura 5-65).

Para chanfrar o calibrador de broca, os rebarbadores são muito agressivos. Eles seriam boas opções para remover grandes rebarbas de cortes abrasivos ou

Figura 5-63 Ferramentas de lixar podem ser colocadas em motores pneumáticos.

Figura 5-64 Quebrar cantos com o rebarbador cônico (colmeia) pode ser uma boa escolha.

Lubrificando ferramentas pneumáticas

Os mancais da turbina requerem lubrificação duas vezes ao dia. Um modo fácil é colocar algumas gotas de óleo para ferramentas pneumáticas diretamente na entrada de ar comprimido. Em oficinas onde elas são usadas extensivamente, as próprias linhas de ar são injetadas com o óleo.

Máquina acionada de rebarbar e quebrar cantos e máquina de tombar e vibrar

Existem diversas máquinas para remover rebarbas e quebrar cantos. Duas são feitas especialmente para isso: a acabadora de peça e a tombadora de peça (Figura 5-66). Essas máquinas de acabamento usam uma pasta abrasiva com líquido (água, abrasivo e, algumas vezes, limpador). Esse tipo de rebarbamento/acabamento é automático e muito bom para grandes quantidades de peças. As peças são vibradas rapidamente ou rotacionadas contra um meio abrasivo. As pequenas colisões removem os cantos vivos e as rebarbas. O desafio é encontrar um meio abrasivo que resolva todas as áreas problemáticas e não fique preso em detalhes das peças ou remova muito material. Existem centenas de formas e tamanhos de abrasivos para escolha (Figura 5-67). Essas pedras artificiais são manufaturadas a partir de grãos abrasivos e resina aglomerante.

de cantos ásperos de corte de fricção, por exemplo. Usá-los requer prática e mão firme. Eles são utilizados apenas para a remoção rápida do metal que vai ser passado por lixamento ou limagem futuros. Não são apropriados para nosso calibrador de broca.

Figura 5-65 Limas rotativas (limas frescas) são muito agressivas para chanfrar de leve cantos de alumínio, a menos que sejam usadas com muito cuidado.

Figura 5-66 Máquina para rebarbação mecânica e acabamento.

Figura 5-67 Uma variedade de formas abrasivas para o acabamento mecânico das peças.

A vantagem desse tipo de rebarbamento e acabamento é que ele pode finalizar centenas de peças de uma vez, sem requerer a intervenção de um operador. A desvantagem é que esse processo é lento, e a superfície inteira recebe a superfície tamboreada. Muitas máquinas vibratórias são barulhentas; portanto, os operadores devem usar proteção auricular quando trabalharem perto delas, ou a máquina precisa ser colocada em uma sala à prova de som.

Máquinas comuns de oficina para acabamento de peças: esmeris e discos e cintas de lixa

O método final pelo qual você pode fazer o acabamento do canto do calibrador de broca utiliza uma das três máquinas comuns na oficina.

Esmeris de bancada ou pedestal

Usados para afiar ferramentas e realizar muitas operações de remoção úteis, eles são a mesma máquina, porém com um pedestal (Figura 5-68) para montar a máquina no chão. Se as peças forem de alumínio, não se deve fazê-las com um disco de retificação regular, em razão do empastamento

Figura 5-68 O esmeril de pedestal é usado como ferramenta de afiação, mas é muito grosseiro para o acabamento da peça.

do disco, além de fazer um trabalho muito ruim ao quebrar os cantos do calibrador de broca. No entanto, existem rebolos especiais feitos para acabamento de peças que podem ser montados em esmeris de pedestal (Figura 5-69). Veremos esses rebolos especiais depois de uma introdução sobre as operações mais comuns de retificação de bancada e sobre rebolos em geral.

Construção de um rebolo

Os discos de retificação são compostos de três materiais:

- *grãos abrasivos*;
- um *aglomerante* para manter os grãos unidos e fornecer resistência ao disco;
- *espaços vazios* entre os grãos.

Sem os espaços vazios, o disco não funciona muito bem. Eles criam a folga necessária para acomodar o cavaco, ajudam o refrigerante a chegar até o corte (ar, no caso da retificação de bancada) e fornecem lugares temporários para os cavacos removidos ficarem até que sejam jogados pela força centrífuga.

Discos vitrificados e resinoides Os dois tipos de aglomerantes de discos de retificação usados na usinagem são rígidos (**vitrificados**) e flexíveis (de resina, discutido anteriormente no serramento abrasivo).

Resinoide – o aglomerante flexível Este disco à prova de choque é feito sob pressão e aquecimento a partir de um aglomerante plástico e grãos abrasivos. O abrasivo é normalmente carboneto de silício, mas outros abrasivos são utilizados também. Esses discos suportam mais impactos; por exemplo, os discos utilizados em politrizes de ângulo reto para limpar soldas. Mas eles podem quebrar e sair voando quando empregados de forma errada.

Discos de corte No esmeril de pedestal, quando precisamos cortar um pedaço estreito de uma peça, podemos usar um disco de resina como, por exemplo, o corte de espiras de uma mola. Um disco de corte (Figura 5-70) pode ser usado para qualquer tarefa onde um rebolo regular seria muito largo. São discos feitos com um propósito especial para o esmeris de pedestal e similares, porém mais fracos, que os discos de corte abrasivos.

Vitrificado – o aglomerante rígido O rebolo comum, cinza e duro, usado para a maioria das operações de bancada e de precisão, é colocado junto com argila. Esse material aglomerante é misturado com os grãos abrasivos e depois aquecido de forma similar a um copo cerâmico ou de porcelana. O modo como o espaço de ar é criado é único; você pode adivinhar como é feito? Consulte o Capítulo 5 do livro *Introdução aos Processos de Usinagem* para mais informações.

Figura 5-69 Uma variedade de rebolos de retificação e acabamento para um esmeril de pedestal. Da esquerda para a direita: abrasivo padrão, abrasivo fino de alta pureza, disco de arame de bronze, disco de arame de aço e disco de corte resinoide.

Figura 5-70 Um disco de corte fino e flexível cortando um pedaço de uma peça de aço. (A proteção de segurança foi removida apenas para esclarecer a foto.)

Óxido de alumínio – abrasivo sempre Além da argila, na maioria dos rebolos de esmeris o abrasivo é feito de **óxido de alumínio**. Se forem de alta qualidade, os discos de óxido puro de alumínio serão brancos e brilhantes. Não são utilizados normalmente em aplicações de pedestal. Os discos brancos são empregados em usinagens de retificação de precisão, em que a vida longa e a manutenção da forma são necessárias e o gasto é justificado. O óxido de alumínio de uso diário é cinza.

Devido à fragilidade, os discos vitrificados quebram quando usados de forma errada. Quando atingidos ou quando a peça se move rapidamente sob eles, eles podem quebrar.

"Discos verdes em esmeris de pedestal" Rebolos vitrificados especiais são feitos de carboneto de silício, e não óxido de alumínio. Eles são utilizados apenas para a retificação de ferramentas de carboneto extraduro. O aglomerante desses discos é colorido, para fácil reconhecimento.

Algumas dicas profissionais

1. À medida que o disco se desgasta, o espaço entre o apoio da ferramenta e o disco aumenta. Mantenha o espaço com menos de 2 mm ou $\frac{1}{16}$ pol. ou então objetos finos e os dedos o segurando podem ser instantaneamente sugados para dentro! Roupas soltas e cabelos entram em qualquer espaço, grande ou pequeno.

2. Esteja certo de que há uma cobertura protetora na parte de cima do disco e que ela fecha para baixo no disco. Seu propósito principal é conter as lascas quentes, mas, no caso raro de uma explosão, ele também vai conter fragmentos do disco. (A proteção de cima não é mostrada na Figura 5-71.)

3. Fique ao lado quando ligar o esmeril. Se o disco tiver sido danificado pelo último usuário, ele vai se desintegrar durante a aceleração.

4. Inspecione os rebolos montados antes de ligar a máquina, girando-os enquanto procura por quebras e cavacos.

Montando um disco novo

Antes de colocar o disco no esmeril, faça:

A. *O teste visual* – Procure por pequenas trincas; no entanto, talvez elas não sejam vistas deste modo.

B. *O teste do som* – Segurando um disco vitrificado em seu dedo ou por uma vareta no centro do furo, dê um tapa fraco com o cabo da chave de fenda ou outro objeto de plástico em diversos locais. Eles farão um ruído surdo se estiverem rachados e vão soar claramente se não estiverem. Pense em um copo de porcelana quebrado: soaria parecido. Veja a Figura 5-72.

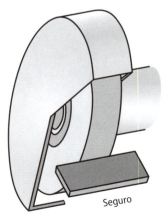
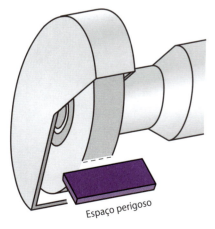

Figura 5-71 O apoio da ferramenta deve estar a 0,100 ou menos do disco.

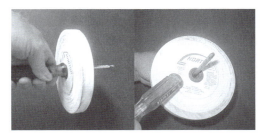

Figura 5-72 Faça o teste do som em qualquer disco vitrificado antes de montá-lo na máquina.

5. Faça um teste de aceleração no disco novo. Depois de montar o novo disco, ao iniciá-lo, aperte o botão de ligar e, depois, aperte rapidamente o botão de parar. Permita que o disco gire por um segundo. Agora aperte o botão de ligar novamente e deixe ele acelerar um pouco mais, antes de apertar para parar. Faça isso três vezes, cada vez deixando o disco ir um pouco mais rápido. Finalmente, ligue o rebolo por um minuto e deixe ele rodar sem carga. Este procedimento garante que a montagem é estável e segura. Fique ao lado, é claro, quando estiver fazendo isso.

6. Quando estiver montando qualquer tipo de disco em qualquer esmeril, sempre use papel de vedação em ambos os lados do disco. Isso assegura não só a pressão das flanges de montagem contra o disco como também ajuda a absorver choques no disco. Não aperte muito a porca do disco.

7. Tenha cuidado com o calor gerado durante a retificação (Figura 5-73). Objetos segurados com a mão podem aquecer rapidamente. Mantenha um pote de água próximo para resfriar a peça.

8. Quando esmerilhar, mova sua peça pela superfície inteira do disco tanto quanto possível para evitar ranhuras na superfície plana. E não force a peça – você vai achar a medida certa de empurrão mínimo que funciona melhor na prática.

Figura 5-73 Para segurança e desempenho, sempre use papel de vedação quando montar rebolos no eixo.

Dressando rebolos

Rebolos se autoafiam em algumas situações, ou seja, o aglomerante quebra-se quando os grãos cegos entram em contato com a peça. A pressão extra causa uma trinca, uma rachadura ou o cisalhamento completo, expondo assim novas arestas de corte. No entanto, com o uso prolongado, os discos de retificação tornam-se cegos e sua superfície ganha uma forma irregular. Esses discos requerem afiação por toque. Existem três escolhas (Figura 5-74 e 5-75):

- ferramenta de dressagem de rebolo;
- dressadores de diamante;
- varetas e blocos de carborundo (um material duro).

Diamantes e carborundo são usados mais para retificação técnica de precisão e serão estudados mais tarde. Para esmeris de pedestal, utilizamos o dressador de rebolo.

Figura 5-74 Os três métodos de dressar um rebolo: uma ferramenta de dressagem de rebolo, um dressador de diamante e uma vareta de carborundo.

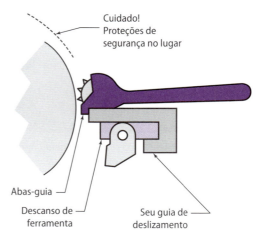

Figura 5-76 Dressando um rebolo usando as abas-guia.

Figura 5-75 O dressador apresenta um conjunto de cortadores em forma de estrela e abas-guia para segurá-lo em linha com o descanso da ferramenta.

Usando o dressador de rebolo

Observe nas Figuras 5-75 e 5-76 que existem pequenas abas-guia na aresta do dressador. Elas são feitas para prender-se na parte dianteira do descanso da ferramenta do esmeril e, assim, ajudar a mover o dressador em linha reta de lado a lado. No entanto, elas funcionam apenas onde o descanso de ferramenta é reto. Se houver um sulco retificado no descanso por tê-lo colocado muito próximo ao disco, então as abas não podem ser usadas como guias. Para usar abas-guia, afrouxe e puxe o descanso da ferramenta de volta o suficiente para permitir que elas passem o disco para baixo e então reaperte o descanso. O dressador deve agora ser aproximado até que as rodas afiadoras entrem em contato levemente com o disco de retificação em rotação. Movê-lo lado a lado enquanto a pressão aumenta fará as rodas do dressador girarem rápido e vibrando. Essa ação arranca os grãos. Peça uma demonstração de seu instrutor de como fazer isso na primeira vez.

Discos de acabamento de peça

Uma opção muito boa para quebrar os cantos do calibrador de broca é um disco macio de acabamento de peça usado em esmeris de pedestal (Figura 5-77). **Discos de acabamento de peça** vêm em diversos graus de rigidez e tamanhos abrasivos, mas todos têm a habilidade de conformar o canto e remover a quantia certa de material. Leva apenas um minuto para aprender a usar um.

Figura 5-77 Um acabamento de peça em um esmeril de pedestal.

Dica da área:

Faça uma guia reta Na maioria das vezes, o descanso é entalhado na sua aresta frontal por um ajuste incorreto próximo do disco retificador e de colisões durante o uso. Se danificado, ele não pode ser usado como guia do dressador. Assim, na maior parte do tempo, colocamos o dressador em cima do descanso e o movemos pelo disco, mas isso cria dificuldades para conseguir uma trajetória retilínea no disco. Aqui está uma dica para conseguir dressar perfeitamente: faça uma guia de deslizamento, como está mostrada na Figura 5-76. Depois de puxar o descanso de volta, monte a guia sobre o descanso, que então sobrepassa a borda desgastada. A guia deve ser feita para se ajustar no esmeril específico, mas a maioria apresenta descansos similares. Faça uma no treinamento e leve-a ao seu primeiro trabalho. Seus colegas provavelmente vão se deslumbrar, a menos que eles também tenham estudado por este livro.

Não cegue os grãos novos Quando dressar um rebolo, remova a mínima quantia necessária para criar uma verdadeira superfície nova. Quando o disco dressador passar por toda a superfície da face do rebolo, não volte pela superfície suavemente "apenas para ter certeza". Isso apenas cega os grãos que você acabou de expor.

Escovas circulares

O último disco para esmeril que devemos usar para o acabamento dos cantos de calibrador de broca em alumínio é um disco metálico aramado (Figura 5-78). Escovas circulares removem rebarbas na peça e podem limpar ferrugem ou películas indesejadas. Seus fios variam em rigidez e composição. A variedade de rigidez é usada para remover rebarbas de aço e ferrugem. No entanto, apenas as versões mais flexíveis poderiam ser usadas para chanfrar cantos do calibrador de broca. Escovas circulares seriam uma escolha errada para peças de alumínio, mas não para dar acabamento a alguns produtos de aço. As escovas circulares vêm com duas precauções especiais:

Conversa de chão de fábrica

Remoção de rebarba e acabamento da peça robotizados O tema neste texto é se adaptar à tecnologia. É a marca essencial de sobrevivência do futuro operador de usinagem. Aqui está um exemplo perfeito: uma empresa francesa moderna adicionou um robô a seu sistema de acabamento de peças para automatizar o tedioso trabalho de remover rebarbas e polir peças. Trabalhando mais rápido e consistentemente, ele se adapta às velocidades altas de usinagem necessárias na oficina.

O ponto é: a produtividade cresce usando cerca do mesmo número de empregados depois da mudança, mas seus papéis são mudados drasticamente. Os empregados menos habilidosos no acabamento são substituídos por programadores, e o pessoal de apoio ao ferramental. Serão eles as mesmas pessoas com novas habilidades? Ou elas ficam deslocadas em razão da mudança tecnológica?

Foto: cortesia de *Stäubli Unimation*®

1. **Segurança**
   As cerdas de metal voam como flechas! Use proteção adequada nos olhos. Tome cuidado com seus olhos e com os olhos dos outros trabalhando perto de você.

2. **Contaminação**
   Escovas metálicas de aço (o tipo comum) causam contaminação na superfície de outros metais. Aço inoxidável que foi escovado com um disco metálico de aço comum enferruja a partir das partículas microscópicas de aço embutidos no material. Existem discos metálicos inoxidáveis e de latão feitos

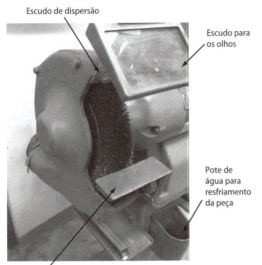

Figura 5-78 Escovas circulares removem rebarbas e cantos vivos, mas podem ser muito brutas para o calibrador de broca. Tenha cuidado com cerdas voadoras e a tendência de puxar objetos para as escovas circulares!

para evitar a contaminação de superfície, mas não são muito comuns em oficinas.

Disco de lixa

Este disco pode ser escolhido para o acabamento de arestas de alumínio. Por ser um removedor de metal agressivo, deve ser usado um disco de lixa fina, que provavelmente ainda removeria metal além do alvo de 0,005 pol. Aqui, os desafios não seriam arredondar em demasia os cantos e criar uma grande quantia de quebra para o canto todo. Ambas as lixadeiras de discos e cintas são máquinas de remoção de metal muito agressivas. Embora elas sejam simples, as lixadeiras têm dois sérios perigos de segurança que são muitas vezes esquecidos.

1. **Mantenha roupas soltas longe do disco!**
   As lixadeiras de disco e de cintas puxam itens soltos em seu caminho em uma velocidade incrível. As roupas somem instantaneamente! Não há tempo de reagir ou puxar de volta. Se for a sua camisa, você vai se machucar! Veja a Figura 5-79.

Figura 5-79 Uma lixadeira de disco pode puxar mangas soltas para o ponto de pinçamento mais rápido do que você possa reagir!

2. **Fique fora da zona de perigo do disco**
   Em lixadeiras de disco, o lado esquerdo puxa a peça para baixo contra a mesa – isso é bom. O lado direito levanta muito rápido e normalmente leva suas articulações para o lado esquerdo do disco – isso é ruim! Veja a Figura 5-80.

> **Ponto-chave:**
> Nunca lixe com a metade direita do disco!

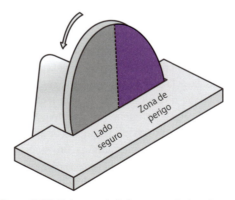

Figura 5-80 Existe um lado bom e um lado ruim em uma lixadeira de disco – saiba a diferença!

Ferramentas rebarbadoras manuais

Aqui estão algumas novas e inovadoras ferramentas removedoras de rebarba e afiadoras de cantos nos catálogos de ferramentas. As Figuras 5-81 e 5-82 mostram dois exemplos. Essas ferramentas são empurradas ao longo do alumínio, enquanto o topo e o fundo da aresta são chanfrados ao mesmo tempo!

Sinta uma aresta acabada – usando as mãos

Um operador não deve enviar uma peça para inspeção ou expedição sem primeiro testar as arestas afiadas. Esse teste dirá se uma aresta usinada está ou não acabada.

Vestido corretamente para a oficina, encontre um pedaço de sucata de aço e/ou alumínio. Para um experimento, deslize suavemente sobre a aresta inacabada uma peça de plástico, como um cabo de chave de fenda. Pressione bem pouco e, se ele descascar, cortar um pouco do plástico ou fincar e não deslizar, o canto está muito afiado para ser um produto com acabamento.

Agora escolha qualquer método já discutido e quebre um pouco o canto, de 0,005 a 0,010 pol. Tente de novo, raspe o plástico e sinta a aresta acabada. Agora toque com sua mão e compare com o que sente ao tocar arestas brutas.

Acabamento de furos

Até agora nos concentramos em cantos do calibrador de broca, mas e quanto ao acabamento dos furos? Existem dois métodos além da máquina de vibração e do tamboramento: as ferramentas manuais ou as furadeiras com escareador.

Escareador manual ou automático Escareadores são cortadores em formato de cone usados para usinar pequenos chanfros na entrada dos furos – se a forma de cone produzida é profunda o suficiente, ela fornecerá um alojamento para a cabeça do parafuso. Eles também são ferramentas eficientes para chanfrar cantos afiados de furos. Veremos os escareadores mais de perto no Capítulo 10, em habilidades de furação.

Um escareador montado em uma furadeira portátil poderia fazer um bom trabalho chanfrando cantos de furo (Figura 5-83). Um escareador montado em um cabo de lima também funciona para essa tarefa (Figura 5-84).

Facas de rebarbação e outras ferramentas manuais

Por causa do modo como são torcidas, essas pequenas ferramentas são chamadas às vezes de "*swizzle*" na linguagem de chão de fábrica (Figura 5-84). Elas chanfram rapidamente os cantos vivos.

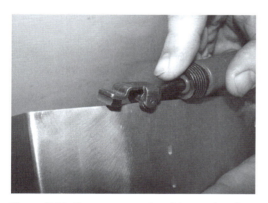

Figura 5-81 Com um pouco de prática, você pode fazer um bom trabalho quebrando cantos do calibrador de broca com esta ferramenta de acabamento.

Figura 5-82 Um rasquete manual feito com uma lima triangular pode ser útil para remover cantos afiados.

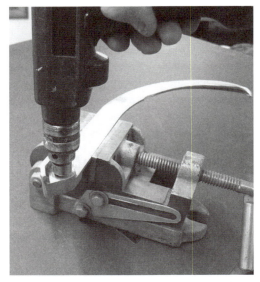

Figura 5-83 Um escareador montado em uma furadeira portátil pode chanfrar as arestas do furo.

Figura 5-84 Uma ferramenta manual rotativa para acabar arestas de furos rapidamente. (São chamados de "varetas *swizzle*".)

Revisão da Unidade 5-4

Revisão dos termos-chave

Discos de acabamento
Disco de fibra macia e abrasiva que é muito efetivo no acabamento de imperfeições da peça. Geralmente chamado de disco 3-M.

Escova de metal
Escova multifunções usada para limpar limas empastadas (presas).

Lima fresada
Lima plana com dentes nos quatro lados.

Lima torneada
Lima plana com dentes nos dois lados.

Limagem inclinada
Segura a lima próxima dos cantos. Produz um acabamento mais fino e melhor controle da forma.

Óxido de alumínio
Abrasivo cinza comum utilizado geralmente em rebolos.

Rebarbas
Metal denticulado indesejável que sobra depois que a usinagem é completa; a ferramenta usada para remover rebarbas é também chamada de rebarbabor ou lima rotativa.

Vitrificados
Disco de retificação duro que é produzido ao aquecer um aglomerante de argila e um abrasivo, até formar um material similar à louça ou à porcelana.

Reveja os pontos-chave

- Rebarbas podem ser minimizadas durante a usinagem mantendo-se as ferramentas afiadas.
- Gastar apenas alguns minutos a mais em preparações e manter ferramentas afiadas pode poupar horas de trabalho de bancada removendo rebarbas.
- Ferramentas pneumáticas com turbinas rotacionam de 15.000 a 20.000 RPM – sempre proteja seus olhos quando utilizá-las.
- Quando manusear e dar acabamento a peças, não lhes cause dano.
- Existem muitas opções para o acabamento de peça. Escolha aquela que dá a qualidade requerida no menor tempo.

- Um verdadeiro especialista nunca entregaria uma peça para inspeção com cantos vivos – a menos que a situação simplesmente não permita que possa ser feito de outro modo. Por exemplo, as máquinas CNC movem-se muito rápido para tirar as rebarbas da peça.

Responda

1. Rebarbas são causadas por:
   A. ferramentas cegas.
   B. habilidade dos metais de entortar em frente à ferramenta de corte.
   C. uma ação de corte muito rápida ou dura.
   D. resfriamento pobre ou nulo.
   E. todas as alternativas acima.
2. Verdadeiro ou falso? Limas com dentes em seus lados são classificadas como limas fresadas.
3. Grosas são usadas primeiramente para limar que tipo de material?
4. Você precisa quebrar o canto de 500 peças com muitas arestas e características. Qual é o melhor método? Por quê?
5. Nomeie os métodos que podem ser usados se o pedido da Questão 4 fosse de 20 peças.

>> Unidade 5-5

>> Marcação da peça e identificação

Introdução: Operação 140 da Ordem de Serviço. Outra operação secundária muitas vezes dada aos iniciantes é marcar peças para identificação ou outras funções em que tamanho, modelo, número de série e instruções de uso devem ser feitos na peça usinada de forma permanente. No desenho do calibrador de broca e na Operação 140 da OS, a oficina deve marcar na peça o tamanho do furo próximo aos furos. Existem diversas maneiras pelas quais eles podem ser marcados:

- estampagem por borracha, estêncil ou serigrafia;
- gravação a *laser* comandada por computador;
- gravações na usinagem, a qual pode ser feita manualmente ou dirigida por computador;
- carimbo de aço;
- gravação eletroquímica.

Marcações destrutivas – Use-as com cuidado! Usando a tinta de estêncil não há qualquer mudança física nas peças. Mas não há nada para se aprender sobre estampagem por borracha, estêncil ou serigrafia, exceto que são métodos de marcação de peças normalmente não destrutivos usados em muitas indústrias.

Pulando essas, vamos olhar para as próximas quatro. Todos esses métodos mudam a superfície da peça de alguma forma. Muitas peças foram mandadas para o ferro-velho porque um empregado novo as identificou no lugar errado – cheque o desenho! Ou pergunte ao seu supervisor!

Ponto-chave:
Na etiqueta vai existir a indicação do local específico, até mesmo para a estampagem de borracha! Marcar a peça em outro lugar pode arruinar o trabalho.

Termos-chave:

Forjar
Dar forma ao metal com pequenos entalhes causados pela cabeça hemisférica de um martelo de bola; a cabeça – a pena.

Martelo antirrecuo
Martelo mole que não tem recuo devido a uma aplicação de areia ou chumbo na cabeça. Também é conhecido como antirretorno.

Martelo de bola
Martelo de aço que oferece um forte impacto. Tem uma ponta cilíndrica e uma arredondada.

Métodos para gravação de peças

Marcação de peças por cauterização eletroquímica

Este é um processo que deve ser mencionado, mas não estudado. Tecnologias modernas e programáveis para gravação de partes já quase substituíram esse processo lento que cauteriza informações da peça. A cauterização química danifica a superfície trabalhada, corroendo o metal com a ação combinada de ácidos e correntes elétricas. Não é diferente do estêncil. Um modelo da mensagem desejada é cortado de material isolante e resistente ao ácido, similar a papel duro. Ele é colado ou mantido firmemente no metal a ser marcado, que deve ser bem limpo com antecedência. Com a peça em um apoio, o eletrodo de face mole é mergulhado em ácido e depois pressionado na matriz. O metal de baixo é exposto à erosão, enquanto o estêncil previne que a erosão se espalhe. Quando o estêncil é removido, o resultado é uma letra escura em um fundo claro.

Sistemas avançados para marcação de peças – Gravação CNC e a laser

Estes dois métodos estão fora da abrangência da Unidade 5-5, mas são os processos para marcação de peças mais utilizados na indústria moderna. Os dois são controlados por programas escritos em computadores, quando a máquina não está sendo utilizada. Letras, numerais, símbolos e figuras são desenhados na tela e, depois, transformados em programas por *software* de usinagem assistido por computador (CAM). A grande diferença está em como o caractere é cortado na superfície da peça.

Gravação a laser

Este método pode marcar praticamente tudo, inclusive diamantes. Ele pode marcar superfícies irregulares, e as marcas podem ser de qualquer tamanho, até um mícron. O *laser* grava de uma maneira bem diferente das antigas máquinas de decalque. Primeiro os caracteres são cortados na superfície de trabalho por um raio concentrado de luz coerente, que cria linhas em qualquer largura a uma profundidade controlada.

Como o calor cauteriza a superfície de trabalho, é muito importante que as marcações não sejam feitas em superfícies de eixos ou em outros locais onde o metal afetado pelo calor possa causar problemas. O processo danifica a superfície, que terá de ser lixada ou polida depois para diminuir a aspereza. A gravação a *laser* (Figura 5-85) é mais devagar que a mecânica, mas oferece várias vantagens.

A máquina de gravação de peças a *laser* funciona diferente de outras máquinas de corte, pois nem o cabeçote do *laser* nem a peça se movem, como ocorre em máquinas de gravação. Como é uma luz, as emissões de *laser* refletem em espelhos. O emissor de *laser* está parado, mas é direcionado a um espelho capaz de rotacionar em dois eixos, controlados por um computador CNC. Esse sistema de espelhos tem um custo relativamente baixo, e os gravadores de peça a *laser* também.

- Eles podem fazer caracteres de qualquer tamanho e fonte, dependendo somente do computador que o controla (gravadores mecânicos também podem fazer isso, mas precisam de várias matrizes de fonte).
- Configurar a marca da peça é simplesmente uma questão de definir seu formato e digitar a mensagem.

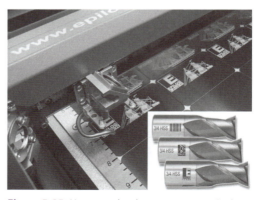

Figura 5-85 Um gravador de peças programável a *laser*. *Laser* epílogo – Golden Colorado.

- Uma vez configurado, o programa pode ser guardado para uso depois de uma rápida preparação.
- Eles podem marcar qualquer superfície, seja ela curvada ou não. O computador precisa saber o formato e o tamanho da superfície sobre a qual está projetando o raio, assim como a sua composição, para depois poder fazer caracteres precisos em várias superfícies.

Gravação CNC

Gravação é uma ação de corte que usa uma ferramenta pequena e pontiaguda, com uma limitação de profundidade. É vista comumente em troféus e prêmios, mas também é empregada em manufatura, quando muitas partes devem ser gravadas diariamente.

Antes do comando CNC, gravadores (Figura 5-86) traçavam matrizes de letras e números colocados em um trajeto. Um estilete era colocado na matriz para guiar a ferramenta rotativa, reproduzindo na superfície de trabalho. Porém, eram lentos e seu uso era limitado a superfícies planas. Hoje estações de gravação direcionadas por computador podem fazer muito mais.

Tipagem de aço

É um método sem tecnologia e pode resultar em um polegar machucado! O estampo (tipo) é alinhado a uma leve linha de lápis e depois acertado somente uma vez com um martelo. A tipagem de aço (Figura 5-87) é comum em oficinas pequenas e escolas, mas não é praticável em uma produção. Ela danifica o trabalho e ocasionalmente os trabalhadores. As novas tecnologias são mais rápidas e mais limpas e podem marcar superfícies que não são planas. É o método mais provável para tipar os tamanhos dos buracos por OPP 140 nos 12 calibradores de broca.

Dica da área:
Punções marcadas Quando usar tipos de aço, observe que as marcas mais populares têm um sulco ou entalhe no lado virado para você (no final da letra). Você não precisa olhar o caractere para ter certeza de que ele está para cima. Coloque seu polegar no sulco, enquanto o segura para bater.

Ponto-chave:
Bata uma vez

Bater uma punção (tipo) de aço duas vezes normalmente produz uma imagem dobrada. Quando usar o tipo de aço, coloque-o em uma superfície firme e grande e evite quicar a peça contra a superfície, pois isso arruína o trabalho do outro lado da tipagem.

Figura 5-86 Uma máquina de gravação operada por computador.

Marca do dedão

Figura 5-87 O tipo tem uma marca de alinhamento. Segure firmemente e bata somente uma vez!

> **Dica da área:**
>
> **Apagando uma tipagem** É possível apagar, ou mais propriamente, erradicar uma letra tipada erroneamente! Lembre-se de que não houve remoção de material, ele só foi deslocado para cima em volta do estampo. Usando um martelo de bola, bata levemente nas bordas das letras e elas se fecham. Agora tipe bem em cima do que foi apagado e, desta vez, as informações certas. Feito com cuidado é difícil perceber o erro. O que é um martelo de bola? Veja os parágrafos a seguir.

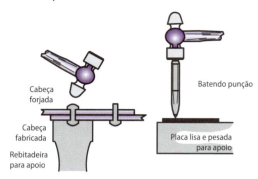

Figura 5-88 Dois usos em oficina para o martelo de bola.

Martelos de uma oficina mecânica

Vamos dedicar um momento para discutir qual martelo é usado para bater o tipo. Martelos também são usados para bater uma grande variedade de outras ferramentas, como punções e talhadeiras. Para simplificar, vamos dividir os martelos em três tipos, diferenciados pela qualidade do impacto que é criado.

> *Martelos de bola* têm um impacto forte, mas são precisos.
>
> *Martelos de faces moles ou macetes* são menos "duros", mas podem ser leves ou pesados.
>
> *Martelos antirrecuo* não são tão fortes, mas não têm recuo; têm um bom impacto.

Martelo de bola

Tendo o melhor impacto dos três, os **martelos de bola** são usados de muitas maneiras diferentes na oficina. Apesar de, muitas vezes, serem chamados de martelos para trabalhar em metal, também são usados em outros ofícios. Além de usar o lado cilíndrico para bater punções e talhadeiras, a pena arredondada é utilizada para deformar metal, o que é chamado de **forjar**. Como foi visto nas Dicas da área, marcamos as letras ao mover o metal por cima do tipo, fazendo formas por forjamento, mas sem remover o material. O exemplo clássico é fazer um rebite à mão (Figura 5-88) para juntar dois objetos.

O rebite é passado por um furo cuidadosamente dimensionado e mantido em posição por uma rebitadeira sólida e pesada a fim de resistir ao impacto do martelo. Como mostra a Figura 5-88, a cabeça é formada no lado oposto ao trabalhado, batendo na haste até formar a cabeça do rebite.

A maioria dos operários mantém dois ou mais martelos de bola de pesos diferentes, para golpes leves ou pesados. Este é o martelo que você usaria para fazer uma tipagem de aço em calibradores de furação enquanto elas estão apoiadas em uma placa lisa de ferro ou de aço.

> **Ponto-chave:**
> **Seguindo o princípio do "não cause danos"**
>
> A placa de apoio usada para tipagem de aço deve ser lisa e livre de entalhes; caso contrário, o impacto da tipagem causará marcas indesejadas no lado contrário da tipagem.

Precauções de segurança para o martelo

Para todos os martelos:

- Certifique-se de que a cabeça não esteja frouxa. Cabeças frouxas têm consequências óbvias. Será que a frase "perdeu a cabeça" se originou aqui?

- Use óculos de segurança. As faces endurecidas do martelo, como no martelo de bola e nas punções, podem lascar quando sofrerem um impacto forte.
- Tenha cautela quando bater em um objeto duro com um martelo também duro, como um de bola, porque o aço duro pode quebrar ou lascar, por exemplo. Note que punções e outras ferramentas feitas para serem batidas com um martelo duro são "amolecidas" na parte de cima para evitar que se lasquem.

Martelos de faces moles ou macetes

Estas ferramentas de impacto são comuns em oficinas (Figura 5-89). Como existem vários tipos comuns, vamos agrupá-los para não nos alongarmos muito. Eles são feitos ou de metal moderadamente leve (em geral bronze, mas nunca chumbo), ou têm uma face leve de borracha ou plástico. Em alguns desses martelos, as faces são substituíveis e existe uma variedade de dureza disponível para criar diferentes impactos. Prefiro uma face muito leve de um lado e uma face medianamente dura do outro lado. Quando são substituídas, várias faces têm um código de cor para consulta rápida. Geralmente o verde é o mais leve e o amarelo é o mais duro, com outras cores entre eles. Não existe um padrão na indústria para esse código.

Em usinagem, martelos leves são usados constantemente

Conversa de chão de fábrica

Por que não chumbo?
No passado, chumbo era um material popular para martelos de configuração simples. Você ainda pode achar um no fundo de uma gaveta, mas ainda que esses martelos funcionem, *não os usem!* As cabeças tendem a mostrar uma protuberância para os lados com o uso. Então os fragmentos vão contaminar alguns metais se forem atingidos com força suficiente. Ocorreram tantos acidentes com os martelos de chumbo que foram considerados ilegais pela OSHA, lei de segurança do trabalho dos Estados Unidos.

Figura 5-89 Martelos de faces moles vêm em diversas variedades. Eles são usados extensivamente para tarefas de preparação.

- para mover acessórios da máquina pouco a pouco durante a preparação, sem nunca danificar as ferramentas ou a máquina (por exemplo, bater levemente em uma morsa até ela ficar paralela ao eixo da máquina);
- para acomodar peças firmemente em uma morsa ou uma placa durante uma carga de produção.

Um martelo mole também é usado para achatar um modelo de broca entortado sem danificar a superfície. A sua falta de força no impacto a deixa inútil para estampagem de aço.

Martelos antirrecuo

Uma versão especial do martelo mole, os **martelos antirrecuo**, também conhecidos como *sem retrocesso* em catálogos de ferramentas, têm suas faces moles, que geralmente são substituíveis. Eles também possuem uma cabeça oca que é preenchida com chumbo ou areia. Ao bater com ela, o enchimento acompanha a cabeça e cancela a tendência de quicar (Figura 5-90). Isso melhora muito a efetividade da ferramenta em muitos casos.

Esses martelos são usados onde é importante colocar a peça trabalhada firmemente, em uma morsa ou placa. Sem eles, usar um martelo mole forçando a peça contra a superfície poderia ser frustrante: ela

Figura 5-90 Um martelo antirrecuo é usado para levar esta parte para dentro da morsa, sem ricochetear.

voltaria para cima por causa do retrocesso. Com um martelo sem retrocesso, ele é cancelado e a peça fica parada. Mesmo que ele mova objetos muito bem, sua face mole não danifica a superfície de trabalho.

Revisão da Unidade 5-5

Revise os termos-chave

Forjar
Dar forma ao metal com pequenos entalhes causados pela cabeça hemisférica de um martelo de bola; a cabeça – a pena.

Martelo antirrecuo
Martelo mole que não tem recuo devido a uma aplicação de areia ou chumbo na cabeça. Também é conhecido como antirretrocesso.

Martelo de bola
Martelo de aço que oferece um forte impacto. Tem uma ponta cilíndrica e uma arredondada.

Reveja os pontos-chave

- A marcação de peças danifica a sua superfície. Tenha certeza de que está fazendo as marcas no local certo na peça.
- Certifique-se de que o apoio atrás da peça é plano e livre de saliências ou danos antes

de tipar uma peça de aço; caso contrário, marcas não desejadas serão criadas do lado oposto da peça.
- Bata tipos de aço somente uma vez para criar uma imagem clara.

Responda

1. Quais vantagens a gravação a *laser* tem sobre a gravação tradicional?
2. Por que você deve checar o desenho antes de marcar uma peça?
3. O que um martelo antirrecuo faz melhor que outros tipos de martelo?
4. Quais vantagens a marcação de peça a tinta oferece? Quais são as desvantagens?
5. Por que não se usa um martelo com cabeça de chumbo?

›› Unidade 5-6

›› Desempenho de operações secundárias e montagens fora de máquina

Introdução: Nesta unidade, focalizaremos várias operações de passagem que podem ser feitas à mão ou em máquinas. A razão para fazê-las fora de uma máquina CNC é tripla:

1. Liberar as máquinas de alta produção para fazer o que somente elas são capazes.
2. Quebrar os gargalos e aumentar a velocidade do trabalho quando ele não pode ser feito todo em máquinas CNC.
3. Completar alguma operação que não é facilmente finalizada ou mesmo impossível de se fazer em uma CNC.

A usinagem fora de máquina deve ser evitada, se possível. Hoje todo esforço é feito para evitar que a peça passe por várias estações de trabalho se o planejador consegue ver maneiras de a peça ser usinada com uma única preparação CNC (chamada de *usinagem de uma parada*, em gíria de oficina). Mas algumas vezes é mais eficiente retirar o trabalho das máquinas grandes e fazê-lo em outro lugar.

Se a tarefa secundária envolver a produção de cavaco, é considerada uma usinagem "fora de produção". Seguindo esse tipo de planejamento, algumas oficinas têm máquinas CNC pequenas e menos custosas para o trabalho fora de produção, o que tira o serviço de retirar rebarbas ou terminar o trabalho de seus irmãos maiores, acelerando o fluxo.

Termos-chave:

OPERAÇÕES SECUNDÁRIAS

Conversa de chão de fábrica

Fontes TMI Neste estágio, a quantidade de informação sobre roscas e rosqueamento é muito grande; entretanto, existem fontes para consultar quando é necessária uma leitura mais profunda: o CD, o *site* ou o livro *Machinery's Handbook* ou a *Internet*. Procure por Padrão + Roscas de Parafusos + Unificado, ou o *site* da American Society of Mechanical Engineers e depois navegue pelos seus menus.

Brunimento
Processo abrasivo que remove pequenas quantidades de metal para criar um furo com bom acabamento e boa tolerância.

Cossinete
Ferramenta roscada para fazer um parafuso ou um parafuso prisioneiro - rosca externa.

Furo cego
Aquele que não atravessa a peça inteira.

Macho
Ferramenta de rosqueamento usada para fazer roscas internas, porcas.

Macho final
Usado para terminar roscas em um furo cego.

Macho intermediário
Corta mais próximo do fundo de um furo cego do que um macho normal, mas não tão próximo quanto um macho de acabamento.

Montagem por contração
Usa aquecimento e resfriamento para diminuir a pressão de uma montagem justa.

Montagem prensada (M/P)
Montagem permanente por meio de inserção forçada.

Prensa árvore
Máquina usada pra fazer e desfazer montagens justas.

ROSCAS
Ângulo da hélice
Ângulo em que o plano inclinado da rosca funciona.

Avanço
Distância que a porca se move no parafuso em uma volta; o resultado do filete sendo movido ao girar a porca no parafuso.

Classe
Ajuste da rosca, quão apertado ou frouxo deve ser.

Diâmetro nominal
Tamanho básico designado do parafuso. Nominal é o tamanho desenhado do parafuso ou da porca, mas não seu tamanho real.

Distância de passo
Distância de repetição de uma rosca. Em roscas imperiais, é achada ao dividir o número de passos em uma polegada. Para roscas métricas, é especificada na chamada da cota.

Filetes por polegada
Abreviado para FPP e comumente chamado de passo.

Folga
Espaço proposital entre o parafuso e a porca para permitir movimento.

Conversa de chão de fábrica

Roscas SAE As roscas finas nos Estados Unidos também são conhecidas como roscas SAE, porque antigamente não existia uma padronização; portanto, a Sociedade de Engenheiros Automotivos assumiu essa tarefa para usá-la em sua indústria. Quase nunca utilizamos esse termo em usinagem, porque todas as roscas também foram normalizadas pela ANSI algum tempo atrás, surgindo o Sistema Unificado de Roscas de Parafusos. Logo, todos os tipos de roscas foram colocados juntos e padronizados. É aí que conseguimos o UNF e o UNC. Então UNF e SAE são a mesma rosca, e talvez o primeiro "padrão duplo". Hoje, em um esforço para simplificar toda a gama de controles de manufatura, a ANSI se tornou parte da Sociedade de Engenheiros Mecânicos (SME), o mesmo grupo que lida com as normas GDT.

Forma

Formato de uma rosca particular. A forma mais comum é a rosca triangular para as roscas ISO métrica e Imperial Unificada.

Passo

Termo usado para expressar a distância de passo ou a quantidade de roscas por polegada.

Roscas grossas

Roscas de uso geral.

Roscas finas

Algumas vezes chamadas de roscas SAE. Têm uma hélice mais rasa e, logo, criam mais força de translação para distâncias menores.

Truncamento

Cortar as extremidades de uma rosca triangular a 60°.

Introdução a roscas e rosqueamento manual

Esta é a primeira lição de tecnologia de roscas. O assunto é tão extenso que o discutiremos mais duas vezes em *Usinagem e Tecnologia CNC*, mas só superficialmente! Por enquanto, ainda falando sobre operações secundárias de ordem de serviço, a Unidade 5-6 vai fornecer o que você precisa saber para fazer roscas em sua bancada.

Roscas são planos inclinados (cunhas) que estão enrolados em cilindros. No desenho (Figura 5-91), qual cunha pode mover o maior peso com a menor força para frente? A resposta é a da direita, a cunha rasa. Por outro lado, a da esquerda pode mover o peso pela maior distância (conhecido como **avanço**), mas precisaria de mais força para isso.

Roscas têm suas contrapartes rasa e íngreme, sendo a versão rasa uma rosca fina, e a versão íngreme, roscas grossas. O ângulo que a rosca se assenta em relação ao cilindro é chamado de "**ângulo de hélice**", como mostra a Figura 5-91.

Tamanhos padrões

Embora existam mais tipos de roscas para cada tamanho padrão de parafuso (métrico ou imperial), o Instituto Norte-Americano de Normas (ANSI) e a ISO designaram uma rosca fina e outra comum.

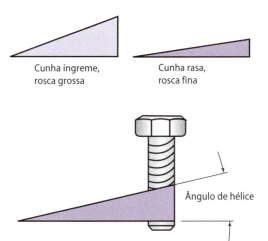

Figura 5-91 A rosca é uma cunha enrolada ao redor de um cilindro. A rosca fina é uma cunha rasa, enquanto a rosca comum é uma cunha íngreme.

Por exemplo: meia polegada fina e meia polegada comum, ou a mesma coisa para um parafuso de 12 mm (Figura 5-92).

Roscas finas da UNF (Unified National Fine) e a Fina ISO (roscas métricas) desenvolvem mais força de fechamento, dada uma quantidade de torque

Figura 5-92 Parafusos grossos e finos comparados. A rosca fina tem um ângulo de hélice menor e filetes menores e mais próximos.

rotativo, mas também requerem mais voltas para montagem comparando-as com a versão grossa. Projetistas tendem a usar roscas finas para montagens críticas e fixação de precisão.

Roscas grossas UNC ou ISO-C são mais rápidas de montar. Uma vez que possuem menos filetes de rosca por polegada, cada filete é maior que de uma rosca fina. Devido ao tamanho de filete maior, roscas grossas têm uma resistência lateral maior contra quebras, chamada de "espanamento". Elas são comuns para montagens mecânicas do dia a dia. A maior parte do seu carro fica unida com parafusos de rosca grossa (ou fita isolante, dependendo do orçamento do estudante).

Designações principais de rosca – Diâmetro nominal e passo

Para selecionar as ferramentas de corte certas, como foram indicadas no desenho e na ordem de serviço, e para cortar uma rosca específica, existem dois números que os iniciantes devem entender (Figura 5-93).

Diâmetro nominal de parafuso Este é o diâmetro externo teórico do parafuso, o tamanho especificado. Na realidade, o diâmetro externo é só um pouco menor que o nominal, o qual é chamado de *diâmetro principal*. A pequena diferença (de 0,003 a 0,010 polegada) entre o diâmetro principal (externo) e o nominal é a **folga mecânica**, para que a porca gire no parafuso. Na Figura 5-93, o parafuso UNC é de meia polegada nominal, mas deve medir um pouco menos.

Passo e distância de passo No sistema unificado, separada por um traço, o segundo campo diz ao usuário se a rosca é fina ou grossa. Para roscas imperiais é o número de passo, abreviado por **passo**. Ele indica quantos **filetes por polegada** (FPP) há no parafuso – neste caso, 13 FPP. Esta é uma área onde roscas americanas e ISO têm pequenas diferenças.

A designação métrica para roscas finas ou grossas é um número diferente relacionado ao passo. É a **distância de passo**, a distância de crista a crista da rosca. Muitas vezes é abreviada também para passo, o que pode ser confuso no começo. Distância de passo é a medida entre pontos correspondentes em uma rosca. Na Figura 5-93, o parafuso métrico tem uma distância de passo de 1,25 mm.

Pergunta crítica Para um parafuso imperial, como você deve calcular a distância de passo para uma rosca ½-13 UNC? A resposta é dividir 1 polegada por 13 para chegar em 0,0769 polegada de distância de passo.

> **Ponto-chave:**
> Roscas unificadas são especificadas por diâmetro nominal – número de passo. Roscas métricas são especificadas por diâmetro nominal – distância de passo.

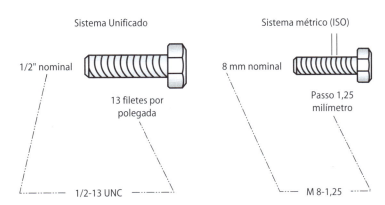

Figura 5-93 Termos de rosca que um iniciante deve saber.

Formas de rosca

Existem vários formatos ou **formas** para roscas, cada uma tendo uma função mecânica específica. Vamos estudá-las mais atentamente no livro *Introdução aos Processos de Usinagem*. Contudo, a grande maioria é um triângulo de 60° usado tanto em roscas métricas quanto imperiais. É construída em um triângulo isométrico, ou seja, todos os lados são iguais, com ângulos de 60°.

Truncamento (cortar)

Se fosse um triângulo teórico, com pontas afiadas, o parafuso teria sérias fraquezas. Mostrado rapidamente na Figura 5-95, tenderia a quebrar no fundo do "v" formado entre as roscas. Por isso, modificações são feitas nas pontas para melhorar a resistência, tanto na ponta como no fundo do perfil da rosca. A Figura 5-94 mostra as fórmulas usadas; não é preciso entendê-las agora, simplesmente saiba da sua existência para um estudo posterior.

A ponta afiada do triângulo é removida na base e no topo, o que chamamos de **truncamento**. Isso é feito tanto em roscas internas (porca) quanto externas (parafuso) por duas razões.

1. **Resistência mecânica**
   Observe as duas roscas na Figura 5-95. Qual tende a quebrar mais rápido e onde? *Resposta*: Nas bases dos triângulos afiados, enquanto as roscas recortadas teriam bem menos tendência de quebrar o eixo. O recorte feito é chamado de *truncamento*. Os triângulos da porca e do parafuso devem ser truncados igualmente se eles devem se encaixar.

Conversa de chão de fábrica

Resistência incrível
Curiosamente, livre de seu topo e de sua base, as roscas triangulares mantêm quase toda sua habilidade para cunhar, isto é, não espanam depois do truncamento. Uma rosca truncada mantém 96% da força lateral original. Talvez isso possa não ser "incrível", mas faz pensar.

2. **Menos travamento**
   Deixados nas roscas, esses topos pontiagudos tendem a quebrar e a travar entre a porca e o parafuso, quando bem apertados por uma chave-inglesa. Mas, com o truncamento, eles resistem à quebra e ao travamento.

$D = 0{,}6495 \times P$ ou $\dfrac{0{,}6495}{N}$

$C \& F = 0{,}125 \times P$ ou $\dfrac{0{,}125}{N}$

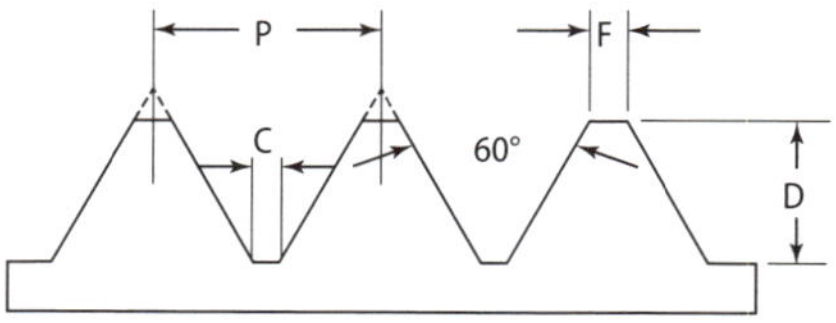

Forma americana de rosca

$D(\text{MÁX.}) = 0{,}7035 \times P$ ou $\dfrac{0{,}7035}{N}$

$(\text{MÍN.}) = 0{,}6855 \times P$ ou $\dfrac{0{,}6855}{N}$

$C \& F = 0{,}125 \times P$ ou $\dfrac{0{,}125}{N}$

$R(\text{MÁX.}) = 0{,}0633 \times P$ ou $\dfrac{0{,}0633}{N}$

$(\text{MÍN.}) = 0{,}054 \times P$ ou $\dfrac{0{,}054}{N}$

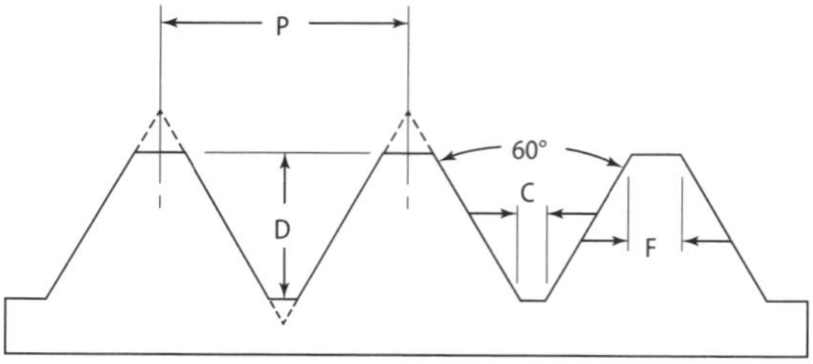

Forma internacional métrica de rosca

Figura 5-94 Fórmulas para formas de roscas com 60°.

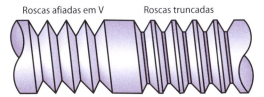

Figura 5-95 Uma rosca afiada criaria um ponto fraco muito sério no eixo, enquanto as roscas truncadas reduzem esse problema.

> **Conversa de chão de fábrica**
>
> *Pergunta*: Tenho um desenho antigo que indica ½-13 UNC-3-A. O que o *A* significa? *Resposta*: Em alguns desenhos antigos, você pode encontrar um "A" que indica um parafuso ou um "B" que indica uma porca. Isso não é mais usado hoje em dia, porque tudo o que você precisa fazer é olhar no desenho para saber se é um parafuso ou uma porca!

Classe de rosca – Precisão

Adicionando um terceiro campo à especificação, a **classe** mostra o nível de precisão em uma rosca. Isso só é colocado na especificação quando for necessário por alguma função especial; se não, a classe é considerada 2 - para roscas do dia a dia.

> **A Classe 1** designa roscas folgadas que devem ser constantemente giradas. Um bom exemplo é a rosca de um sargento (grampo em "C"):
>
> 1/2 -13-**2**
>
> **A Classe 2** é para roscas de uso geral; por exemplo, as porcas e parafusos que você compra em uma loja de ferramentas.
>
> 1/2 -13-**3**
>
> **A Classe 3** é uma rosca de precisão para montagens críticas. É a tolerância mais apertada dos três casos.

Conforme as classes vão ficando mais apertadas, a tolerância para a aceitabilidade fica menor. Existem ainda classes mais refinadas além das três mencionadas, mas estão fora desta discussão.

> **Ponto-chave:**
> Ferramentas de rosqueamento classe 2 são as que você normalmente encontra em qualquer oficina.

Introdução a roscas para tubulação

Quando a rosca acompanha tubos para conexões mecânicas ou para a construção de um andaime, por exemplo, ou, ainda, para transportar líquidos ou gases, a designação de rosca inclui a letra "P".

Roscas para tubulações são parecidas com a rosca para fixação, pois elas também utilizam a forma de triângulo de 60°.

Elas são diferentes de três maneiras. Por enquanto, se você entender essas diferenças, vai ser o suficiente.

Roscas cônicas Existem dois tipos: reta e cônica. A versão cônica tem sua borda enrolada em um cone gradual em vez de um cilindro. O aumento de tamanho permite um ajuste mais apertado ao aparafusar, para ajudar na vedação. A especificação para roscas em tubos cônicos é NPT (*National Pipe Tapered* – Norma Norte-Americana para Tubos Cônicos).

O tamanho é baseado no furo do tubo Uma segunda diferença em relação às roscas de fixação diz respeito ao modo como o tamanho nominal é especificado. Com parafusos e porcas, é o diâmetro externo do parafuso, mas não com roscas para tubo (Figura 5-96). O tamanho baseia-se no diâmetro interno do tubo. Isso significa que a rosca de tubo de 0,5 pol. é bem maior que a de um parafuso de 0,5 pol., como mostra o desenho.

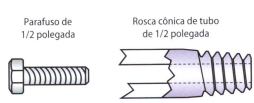

Figura 5-96 Roscas para tubos são designadas pela capacidade do tubo.

Passos diferentes Roscas para tubos têm passos diferentes dos parafusos e porcas para uso diário. Elas não podem ser conectadas, para evitar possíveis falhas ou usos indevidos. Embora exista muito mais para se saber sobre elas, provavelmente você não vai precisar usinar roscas de tubos no começo do seu treinamento. Mas quando você vir a designação de ½-14 NPT, saberá que é a rosca cônica para tubo.

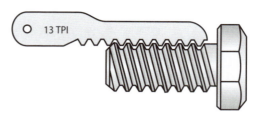

Figura 5-98 O passo vai ficar óbvio quando a camada correta se encaixar na rosca.

> **Ponto-chave:**
> Roscas para tubo não se ajustam a outros tipos de roscas por razões de segurança.

Rosqueando com um cossinete

Cossinetes de rosca são usados para fazer ou reparar roscas externas (parafusos e parafusos prisioneiros). Parafusos prisioneiros não têm cabeça e têm roscas em ambos os lados. Cossinetes de rosca são fornecidos em duas formas:

Cossinetes de corte Para fazer a rosca em um cabo liso.

Cossinetes tipo porca Para consertar roscas danificadas (Figura 5-99).

Cossinetes tipo porca

Estas ferramentas normalmente são fáceis de usar. Elas são iniciadas, depois passadas por cima da rosca, como se fosse uma porca. De fato, a aparência delas é de uma porca enorme e são apertadas no parafuso usando uma chave-inglesa comum.

Determinando o passo da rosca Quando precisamos checar o passo de um determinado parafuso, usamos um padrão chamado de *calibrador de passo de rosca* (Figura 5-97). As camadas são separadas, e cada uma é segurada contra o parafuso em questão até encontrar um encaixe perfeito, como mostra a Figura 5-98.

Por enquanto, isso é todo o conhecimento prévio necessário para selecionar e cortar roscas-padrão usando um macho ou um cossinete. Um macho faz a rosca interna, uma porca, e o **cossinete** faz a externa. Agora, vamos ver como se corta uma rosca.

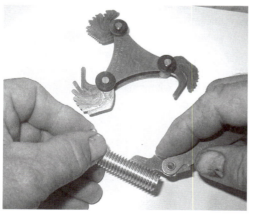

Figura 5-97 O calibrador de passo de rosca tem camadas, cada uma com um número de passo diferente ou distância, se for métrico.

Figura 5-99 Um cossinete tipo porca é feito para cortar novamente uma rosca danificada.

Dicas de habilidade para usar um cossinete tipo porca

Verifique a extremidade do eixo, procurando roscas danificadas; se elas estiverem amassadas, esmerilhe um pequeno chanfro na ponta antes de começar com o cossinete tipo porca. Isso ajuda o cossinete a encaixar na rosca original.

Use óleo de corte ou um composto para rosca e vá devagar, mesmo que elas possam ser usadas mais rapidamente.

Um lado da porca é feito para conduzir o corte – o lado com a marcação nele. Procure pelo "início" na face do cossinete.

Embora seja possível, em uma emergência, cortar uma rosca nova em um eixo bruto usando um cossinete tipo porca, é a coisa errada a fazer. Eles não são feitos para cortar cavacos de metal, mas para remover amassados e alisar danos em roscas existentes.

Cossinetes de corte

O tipo mais barato que você provavelmente encontrará em escolas são chamados de cossinetes redondos, por causa de seu tamanho compacto. Eles foram desenvolvidos para cortar roscas novas em caraterísticas redondas. Cossinetes redondos (Figura 5-100) são diferentes dos cossinetes tipo porca, porque têm um ajuste para o tamanho da rosca. Por serem normalmente redondos, devem ser montados em um porta-cossinete ou desandador, como é mostrado na Figura 5-101, em vez de se usar uma chave-inglesa.

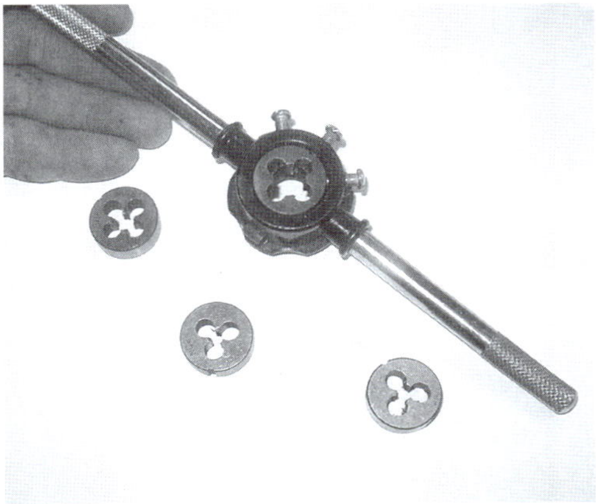

Ajustável (aberto) Cossinetes redondos de qualidade possuem uma fenda de alívio em um dos lados de seu círculo externo, como mostra a Figura 5-101. O efeito de mola e o parafuso de ajuste permitem um ajuste para compensar a reafiação de um cossinete cego. Cada desgaste da aresta de corte faz a ferramenta cortar uma rosca ligeiramente maior. Sem o ajuste, a rosca ficaria progressivamente maior, até a porca não rosquear no parafuso produzido. O cossinete ajustável também é usado para criar diferentes classes de roscas. Finalmente, pode ser usado para configurar um tamanho maior para uma primeira passada de desbaste, depois fechado para o diâmetro correto fazendo a passada final. Essa técnica ajuda quando é necessário acabamento final e tamanho certo em um material de trabalho caro.

No desenho, observe que o parafuso central de ajuste encaixa em um chanfro na ponta da fenda, para forçar o cossinete a abrir. Parafusos mantidos em ambos os lados (não mostrados) mantêm o cossinete fechado, enquanto o parafuso de ajuste força e o segura aberto contra o efeito mola do cossinete.

Figura 5-100 Um cossinete de corte em um desandador é chamado de conjunto cossinete montado.

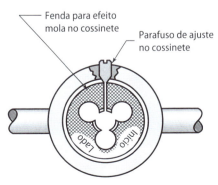

Figura 5-101 O parafuso de ajuste libera o cossinete devagar.

Dicas de habilidades para cossinetes de corte

Alinhar o cossinete com o eixo é importante.

Quando desalinhados, são a causa número um de falhas ao rosquear manualmente com um cossinete. Para ajudar, deve-se ter um guia de alinhamento como parte do porta-cossinete. Ele é composto de três apoios móveis e um anel de ajuste, usado para garantir que o cossinete siga reto. Use-os, pois ajudam a evitar roscas "bêbadas", que são irregulares. Se utilizar um desandador que não tem a guia de alinhamento, use um quadrado em duas direções para ter certeza de que o cossinete está perpendicular ao eixo (Figura 5-102). Quando rosquear, observe constantemente o desandador para garantir que não esteja entortando em relação ao eixo.

Certifique-se de que o eixo a ser usado tem um chanfro no início da extremidade.

Um óleo de corte ou composto é essencial.

Um cossinete de corte pode ser utilizado como um cossinete tipo porca, mas este não deve ser usado como um cossinete de corte.

Devido ao ângulo de entrada, cossinetes produzem roscas incompletas para os primeiros dois ou três filetes. Para rosquear mais perto do fim do eixo, vire o cossinete ao contrário e rosqueie com seu lado contrário.

Para deixar o cossinete em seu lado certo, abra-o e depois o rosqueie em um parafuso de boa qualidade ou um pedaço de modelo do tamanho, passo e classe certos. Gire o cossinete um pouco, enquanto desaperta o parafuso de ajuste e aperta os parafusos de fixação até o cossinete se arrastar um pouco sobre o parafuso.

> **Ponto-chave:**
> Ao rosquear manualmente, gire o cossinete para frente duas ou três voltas e depois ao contrário, para quebrar o cavaco.

Outros tipos de cossinete

Cossinete de tamanho fixo (fechados) Você pode encontrar um cossinete redondo faltando o ajuste de tamanho – um cossinete redondo sólido. Eles são ferramentas compradas somente por seu baixo preço, uma vez que só podem ser reafiadas algumas vezes antes de serem jogadas fora por causa de roscas progressivamente maiores. Cossinetes fechados desse tipo geralmente são fornecidos somente para roscas de classe 2 e são considerados ferramentas descartáveis.

Cossinete de pente Este é um tipo bem diferente de ferramenta de rosqueamento (Figura 5-103). Apesar de ser mais caro, oferece vários recursos para a oficina onde diversos rosqueamentos ma-

Figura 5-102 Quando rosquear com um cossinete, observe o porta-cossinete para garantir que ele está *perpendicular* ao eixo.

Figura 5-103 Um cossinete tipo pente tem a vantagem de reafiação fácil e rápido ajuste de tamanho.

nuais estão sendo feitos. É improvável que você encontre esse cossinete nas escolas.

As pastilhas podem ser retiradas do seu apoio e facilmente reafiadas nas laterais, usando afiadoras-padrão ou uma retificadora de superfície. Isso não acontece com os cossinetes redondos, que devem ser retificados com pedras pré-formadas nos furos entre as arestas de corte. Os pentes podem ter suas pastilhas trocadas em minutos, quando o tempo for essencial.

Macho para roscas internas

Machos podem ser descritos como parafusos muito duros com dentes cortantes. Eles cortam roscas dentro de um furo enquanto você o aparafusa. Os machos são fornecidos em diversas variedades, de acordo com o material a ser cortado, o método a ser usado e a extremidade do furo a ser rosqueado (Figura 5-104). Depois de determinar o tamanho nominal, o passo e a classe da rosca a ser produzida, as perguntas para selecionar o macho devem ser:

- O furo é passante ou é um furo cego?
- A rosca deve ir até o final do furo cego ou não?
- O cavaco pode ir na frente do macho ou deve passar por cima?

Dependendo das respostas, existem três formatos de machos (Figura 5-105) para escolher: pré-corte, acabamento e semiacabamento.

1. **Pré-corte** ou **primeiro macho** (desbaste)
   Algumas vezes chamado de macho cônico, este é o macho de funções gerais, que começa cortando melhor. Sempre que possível use primeiro um macho inicial (mesmo em um furo cego). Note no desenho que existe uma parte cônica nos dois primeiros machos que cortam o começo da rosca. Essa parte inicial do macho deixa roscas imperfeitas que não são cortadas no diâmetro inteiro. O macho cônico é o que deixa as roscas mais imperfeitas.

2. **Acabamento** ou **terceiro macho**
   Usado somente para o acabamento de um furo cego, quando são necessárias roscas perfeitas no fundo. Um macho final é usado depois do início e depois do intermediário, até onde alcançar. Não é utilizado para começar uma rosca, exceto em casos raros de roscas bem rasas. Esses machos não têm inclinação; portanto, cortam precariamente comparados com os outros dois.

3. **Semiacabamento** ou **segundo macho**
   No meio das outras duas formas, este macho corta melhor que um macho de acabamento, mas não começa uma rosca tão bem quanto a versão inicial.

Acima da parte cônica, todos os machos produzem roscas acabadas. Não existe diferença de tamanho

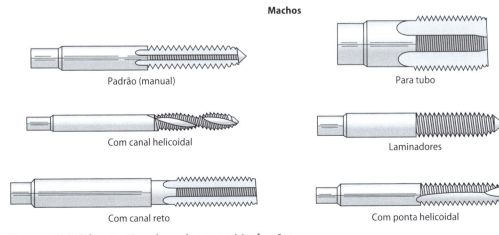

Figura 5-104 Diferentes tipos de machos para várias funções.

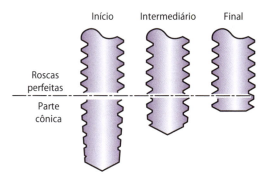

Figura 5-105 Um macho inicial, um macho intermediário e um macho final. A diferença está abaixo da linha, na diferença do tamanho da parte cônica.

nas roscas produzidas por eles, exceto na parte inclinada na ponta.

Arestas do macho Outra diferença na construção do macho é o número de arestas de corte que possui: duas, três ou quatro versões de *bordas* (arestas de corte), como mostra a Figura 5-106. Em geral, machos com menos arestas são empregados em materiais mais moles, enquanto materiais duros são cortados usando ferramentas de quatro arestas. Para o corte manual, não existe muita diferença de desempenho entre os três machos. Contudo, quando o corte é automatizado com um alto RPM, o macho de duas e três arestas tende a soltar melhor o cavaco para fora do furo, enquanto o macho de quatro arestas possui mais lâminas de corte e uma parte central mais forte para rosquear materiais mais duros, porém tende a travar com o cavaco.

Machos com ponta helicoidal A terceira diferença em relação aos machos é a direção que eles conduzem o cavaco enquanto cortam a rosca. Ao mudar o ângulo da parte de corte, o cavaco pode ser mandado para frente do macho ou para dentro das arestas, similarmente a uma broca.

Observe na Figura 5-104 que o macho com ponta helicoidal tem um ângulo de inclinação axial na sua aresta de corte. Ele conduz o cavaco para dentro do furo. Esse tipo funciona melhor em furos passantes ou furos mais profundos do que a rosca será. O macho de canal reto levanta o cavaco para fora do furo.

Machos quebram com facilidade. Aqui segue um conjunto de dicas para evitar a vergonha de o seu quebrar:

Ferramentas afiadas Isto é importante. Um macho cego quebra muito mais facilmente que um afiado. Para reconhecer um macho cego, olhe a borda de corte. Se existe uma pequena linha de luz refletida na borda de corte, causada pelo arredondamento do que deveria ser a intersecção de duas superfícies, ele não deve ser usado. Uma borda afiada não vai refletir luz. Essa inspeção visual funciona para todas as ferramentas de corte.

Um sintoma certo de ferramenta cega é se, durante o uso, o macho faz qualquer som ou arrasta mais lentamente do que deveria. Quando detectar mesmo a menor mudança, pare imediatamente e o retire! Qualquer mudança em som ou tato normalmente significa que o próximo passo é um macho quebrado. Uma vez quebrado no furo, fica difícil remover o macho.

Removendo machos quebrados Uma vez quebrado dentro do trabalho, o macho não pode ser brocado para sair, já que ele é tão duro quanto a broca ou até mais duro! Existem duas opções viáveis se o macho quebrou sem deixar nada para segurar e puxá-lo para fora, que sempre é o caso. O extrator de macho quebrado (Figura 5-107) é um conjunto de arames fortes e com formas específicas que entra nos furos entre as lâminas. Você vai precisar de uma pessoa experiente para demonstrar essas pequenas ferramentas, mas a taxa de sucesso não é uma maravilha. Na maioria das vezes, o macho quebrado fica fragmentado e tende a travar dentro do furo;

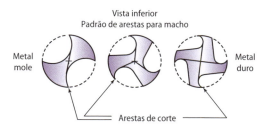

Figura 5-106 Compare machos de duas, três e quatro arestas – seção transversal.

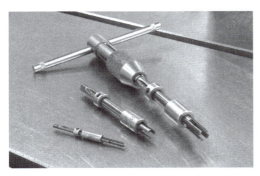

Figura 5-107 Fios para remoção e guias de macho são fornecidos em conjuntos para um macho específico.

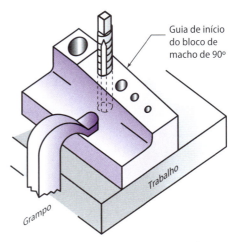

Figura 5-108 Um bloco de macho nos ajuda a alinhar o macho e o deixa paralelo ao furo.

nesse caso, a peça é jogada fora ou, se for muito cara, se usa a outra opção. Paciência é a chave para usar o extrator de macho.

Removedoras de macho Estas ótimas maquininhas usam fagulhas elétricas para erodir o macho quebrado para fora do furo. Elas têm uma taxa de sucesso de 100%, se disponível. Vamos explorar esse processo bem diferente de remover metal chamado de usinagem por descarga elétrica (eletroerosão) no capítulo *online* do livro *Introdução à Usinagem com Comando Numérico Computadorizado*. Existe muita coisa que pode ser feita além de remover machos muito duros para brocar.

Alinhamento do macho O próximo na lista para evitar desastre é colocar o macho apontando diretamente para o furo perfurado. Em outras palavras, tenha certeza de que o macho está paralelo ao furo e que ele ficará assim durante o corte (Figura 5-108). Essa é a razão número um para o macho manual quebrar durante seu uso. Um pequeno esquadro será útil (Figura 5-109) ou um guia chamado de bloco de macho pode ser usado para começar, paralelo ao furo. Com alguma prática, você vai conseguir alinhar o macho razoavelmente ao observar o desandador.

Aqui seguem mais dois métodos precisos usados para manter um macho alinhado ao furo:

Bloco de macho Ferramenta de alinhamento com uma série de furos um pouco maiores do que o tamanho nominal para vários machos diferentes. O bloco é preso por cima do furo onde vai ser feita a rosca, como um guia para começar com o macho reto. Depois de vários filetes executados, o desandador é removido e o bloco de macho é puxado para fora do macho.

Guia pela furadeira Aqui está sendo usada uma técnica chamada de "centro falso" (Figura 5-110). O operador alinhou o fuso da furadeira por cima do furo a ser rosqueado, depois aparafusou a peça nessa posição, movimentando para baixo para guiar o macho.

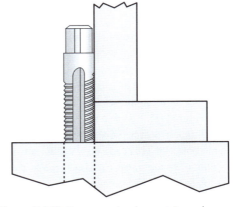

Figura 5-109 Um esquadro de precisão pode ser usado para verificar o macho.

Figura 5-110 Use uma furadeira e centralize para manter o macho alinhado ao furo.

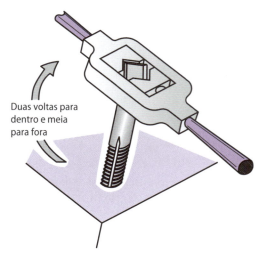

Duas voltas para dentro e meia para fora

Figura 5-111 Quebrar o cavaco é importante quando estiver rosqueando manualmente.

> **Ponto-chave:**
> Quando se utiliza um centro falso em uma furadeira, não se usa qualquer energia. A furadeira guia o macho manual.

Lubrificação é essencial Aplique uma leve camada de óleo de corte ou um fluido especial para rosqueamento no macho e no furo e continue reabastecendo durante o processo de corte. A lubrificação faz uma grande diferença na ação de corte e na retirada de cavaco. Se a rosca é funda, não vá até o final. Reverta o macho, retire os cavacos do furo e do macho, lubrifique novamente e volte a usar o macho.

Os movimentos certos – A ação de rosquear Uma grande causa de machos quebrados é o acúmulo de cavaco. Em certas situações, o cavaco não pode sair do furo. Você deve parar a cada duas voltas ou menos e retornar meia volta para quebrar o cavaco (Figura 5-111). Se o cavaco quebrado continuar a entupir as arestas, você deve retirar completamente o macho após cada duas voltas consecutivas, limpá-lo e soprar o cavaco do furo. Mas tenha cuidado ao soprar o cavaco: segure um pano sobre o fluxo de ar comprimido para aprisionar o óleo e o cavaco.

Escute e sinta Se o macho range enquanto rosqueia, é por causa de um dos três motivos a seguir:

A. Falta de lubrificação: use um fluido de corte.
B. Está cego e não devia ser usado.
C. Alguns metais rangem e não há nada de errado. Rangidos podem ocorrer em latão/bronze e aço inoxidável ou em tipos mais duros de aço.

Porta-machos ou desandadores

Machos devem ser montados em desandadores ou vira-machos para girá-los manualmente. O desandador em formato de T fecha ao redor do macho, de forma parecida com um mandril de furadeira. É compacto e é usado onde o macho é menor e se deseja limitar a força para evitar quebrá-lo, ou onde o espaço é limitado para girar o desandador (Figura 5-112). Um desandador de macho padrão segura o macho em um conjunto de castanhas com ranhuras. É utilizado para girar o macho quando é necessário mais força (Figura 5-113).

Roscas laminadas (roscas conformadas a frio)

Este tipo de rosqueamento não é normalmente feito à mão, mas vale a pena mencioná-lo aqui, porque produz uma rosca mais forte se compara-

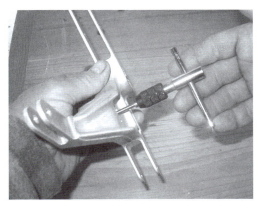

Figura 5-112 Um desandador de macho em forma de T é usado para machos pequenos.

da com as roscas cortadas. É feito com um macho parecido com os outros, exceto que não tem qualquer aresta de corte e não remove metal. Veja a Figura 5-104, na coluna da direita.

O macho deforma o começo da rosca ao deslocar metal dos sulcos. A rosca produzida a frio é muito mais forte do que roscas cortadas. Ela tem o formato arredondado, o que também adiciona resistência e vida longa. O macho laminador na Figura 5-114 já passou parcialmente pelo furo para mostrar a formação gradual da rosca.

O furo feito antes do rosqueamento é maior que o de uma rosca cortada. Se conseguir o ta-

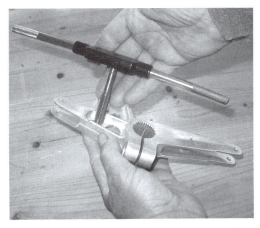

Figura 5-113 Um desandador é usado para machos grandes e pequenos.

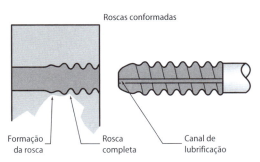

Figura 5-114 Um macho laminador desloca o metal dos sulcos para formar as cristas.

manho certo para o rosqueamento regular já é importante, para o rosqueamento laminado é ultraimportante. Baseado em triângulos de 60°, o formato da rosca formada é bem diferente (Figura 5-114). Rosqueamento laminado não é uma habilidade para iniciantes e geralmente não é ensinado nas escolas; portanto, deixaremos futuras discussões para o treinamento no trabalho.

Furos brocados para rosca

Para qualquer macho, quer seja para corte ou para laminação, o tamanho do furo brocado antes do rosqueamento deve ser certo. Há um tamanho correto de broca para cada macho, o qual depende do diâmetro nominal da rosca e se a rosca é fina ou grossa. Neste capítulo, supomos que você está fazendo o trabalho de fora de produção, então não falaremos sobre selecionar broca ou executar o furo neste momento; os furos foram feitos antes de descarregar a máquina. Contudo, lembre-se do ponto-chave aqui.

> **Ponto-chave:**
> Existe um tamanho certo de broca para cada tamanho de macho, e uma pequena variação de tolerância para esse tamanho.

Tentar passar o macho em um furo de tamanho errado vai quebrá-lo, se o diâmetro for muito pequeno, ou fará roscas fracas ou não existentes, se for muito grande. Para obter mais informação na escolha da broca para o macho, consulte o gráfico decimal do Apêndice.

Acabamentos de furos – Operação 50 da Ordem de Serviço

Existem dois tipos de operação que fazem um furo brocado mais liso, preciso e redondo: o alargamento manual e o brunimento em máquina.

Alargamento

O *alargamento* dá acabamento aos furos pré-brocados. Existem dois tipos de alargadores: os manuais e os de máquinas. O alargador manual é o que nos interessa aqui, no Capítulo 5. Ele remove muito pouco metal, mas faz o furo redondo, reto e liso. Tolerâncias de até 0,0005 polegada (ou menos) podem ser obtidas para diâmetro, retilinidade e circularidade (Fig 5-115). O alargamento feito corretamente pode produzir um acabamento de, ou melhor que, 32 micropolegadas.

A quantidade de metal removida durante o alargamento manual depende muito do tamanho do furo – um máximo de 0,003 polegada até mais ou menos 0,010 polegada é normal. Em qualquer um dos alargamentos, manual ou na máquina, os furos maiores geralmente precisam de uma maior quantidade para alargar, mas há um excesso de alargamento máximo de mais ou menos 0,015 polegada, mesmo para uma máquina alargar.

O alargamento manual é comumente usado para redimensionar uma bucha depois que ela foi montada com ajuste interferente em um furo, para remover tinta ou outras camadas durante uma montagem final ou para dar um toque final em furos, como é mostrado na Figura 5-116. O alargador manual é montado em um desandador de macho e depois forçado para dentro enquanto é rotacionado.

Dicas para usar o alargador manual

Sempre use um óleo de corte quando alargar metais que não são usinados facilmente (aço endurecido, por exemplo) um fluido de rosqueamento específico designado para esse trabalho funciona também.

Mantenha uma pressão constante no alargador. Se o alargador penetra mais ou menos um quarto do seu diâmetro por revolução,

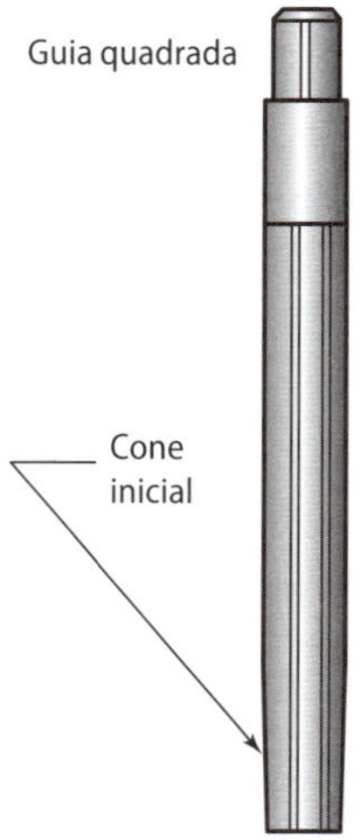

Guia quadrada

Cone inicial

Figura 5-115 Um alargador manual tem uma ponta quadrada para ser usada em um desandador de macho e um cone guia para melhorar as qualidades iniciais.

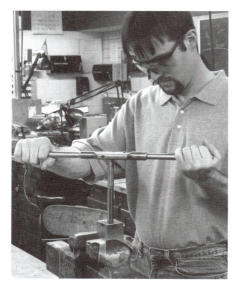

Figura 5-116 O alargamento manual pode ser usado para acabar os furos no calibrador de brocas depois de ter sido brocado com furos menores.

você está empurrando corretamente. Alargadores precisam de um avanço constante no furo para ter bons resultados.

O diâmetro inicial (Figura 5-115) vai ajudar a garantir que o alargador está paralelo ao furo. Observe o desandador de macho nas duas direções, para ter certeza, antes de alargar muito fundo. Diferentemente do rosqueamento manual, quando o alargamento começa direito, ele tende a ficar paralelo e a não entortar.

Nunca vire para o lado contrário quando estiver dentro do furo, pois isso cega as arestas de corte. Quando tiver acabado, puxe o alargador enquanto gira para frente.

> **Ponto-chave:**
> O alargamento é um processo de corte que remove de 0,003 pol. do diâmetro até um máximo de 0,010 pol. para alargadores manuais e 0,015 pol. utilizando máquinas.

Brunimento

O brunimento é uma operação secundária que faz acabamentos melhores que o alargamento. É uma ação abrasiva usada para melhorar o diâmetro, a circularidade e o acabamento da superfície. Um furo cônico ou que não está reto pode ser corrigido por brunimento para deixá-lo mais próximo de um cilindro perfeito. Contudo, para se conseguir uma retilinidade melhor, o brunimento requer muita intervenção do operador, o que não é simples de se fazer. É melhor que o furo esteja reto e sem cone antes de começar a brunir.

Apesar de o brunimento utilizar fricção/abrasão em vez de corte, é um processo mais lento que a retificação e ocorre em uma velocidade bem baixa e sem aquecimento. Em oficinas de produção de máquinas, é feito em uma máquina especialmente designada para essa tarefa. Em oficinas automotivas (as chamadas retíficas), ele é feito utilizando-se ferramentas portáteis. Máquinas brunidoras (Figura 5-117) são comuns onde furos com tolerâncias bem apertadas e acabamentos lisos são necessários, como, por exemplo, um cilindro hidráulico.

O brunimento é necessário quando o metal precisa ser endurecido depois de uma furação/alargamento e então endurecido para não ser mais usinado. O excesso de carbono na superfície do furo, resultante do aquecimento do metal, deve ser removido por brunimento.

O brunimento usa um processo de suspensão de três pontos: duas sapatas flutuantes, que esfregam e se opõem à pedra abrasiva, e uma pedra abrasiva do outro lado, que remove uma pequena quantidade de metal. Enquanto a cabeça brunidora está girando no furo com óleo de corte, a pedra é forçada para fora do furo. Ela lentamente desgasta o material até obter um acabamento bem fino, de 8 a 16 micropolegadas ou melhor. A máquina irriga o cabeçote de corte e trabalha com um óleo de corte para lubrificar e lavar partículas de metal.

> **Ponto-chave:**
> O brunimento é um processo abrasivo, lento e de acabamento de furos, usado para remover de 0,0002 a 0,003 polegada de material do furo.

Figura 5-117 Ao olhar a parte frontal da cabeça da brunidora, observe as duas sapatas e a pedra ajustável.

O brunimento retira bem menos material que o alargamento: de 0,0002 até um máximo de 0,003 polegada, sendo o normal aproximadamente 0,0015 polegada. Antes do processo, o furo deve ter sido furado e alargado. O brunimento é desafiador em metais moles, como o alumínio, devido ao empastamento da pedra abrasiva, mas é possível. O desafio constante de operar uma brunidora é corrigir a conicidade e a boca de sino, como mostra a Figura 5-118.

Montagem com ajuste prensado

A montagem prensada é uma operação secundária usada para montar permanentemente uma peça na outra. Ela usa atrito para segurar a peça no lugar, como uma bucha redonda sendo prensada em um furo. A montagem prensada não é feita para ser removida com facilidade. Os objetos que são prensados para montar podem ser prensados para desmontar, mas são considerados uma montagem permanente.

> **Ponto-chave:**
> É possível forçar um pino ou uma bucha que é ligeiramente maior que um furo para dentro do furo, porque o metal estica, mas só um pouco. Incrível, não?

Uma montagem prensada típica

Por exemplo, na Figura 5-119, vamos empurrar uma bucha de ¾ (0,750) de diâmetro externo nominal (peça – 2) em um furo alargado na peça – 1. Ou a bucha ou o furo alargado devem ter a tolerância a uma montagem prensada incorporada em seu tamanho. Normalmente isso não é mais que 0,001 a 0,003 pol. de diferença entre as duas peças, dependendo do quão apertado a montagem prensada deve ser funcionalmente.

Quais componentes têm tolerância?

A tolerância de **montagem prensada** (abreviada para **M/P**) é a quantidade de interferência no tamanho dos componentes. Essa quantidade normal-

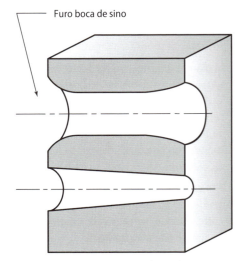

Figura 5-118 Evitar e corrigir a boca de sino e o cone são um desafio constante para o operador de brunimento.

mente é incorporada na bucha, porque as buchas são produzidas em massa e são feitas para encaixarem em um furo de tamanho comum. Por exemplo, uma bucha de 0,5 pol. pode medir 0,5005 pol., para ser prensada em um furo de 0,5000 pol. de diâmetro. Por outro lado, pinos, por causa de sua função, geralmente não têm a tolerância incorporada e, logo, requerem que o furo esteja com a dimensão nominal pela quantidade de interferência.

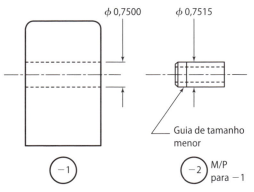

Figura 5-119 A tolerância de montagem justa (0,0015 pol.) é incorporada na bucha comprada neste desenho. O furo correspondente é feito por um alargador comum de 0,750 pol. (3/4 pol.).

> **Ponto-chave:**
> Buchas de M/P têm a tolerância incorporada a seu diâmetro externo. Pinos de M/P têm a tolerância de montagem incorporada ao diâmetro do furo que vai receber o pino.

De qualquer forma, o furo mandrilado ou alargado deve ser feito para a aplicação correta da montagem prensada. Selecione tanto um alargador de tamanho padrão quanto um alargador feito especialmente menor para o trabalho. Leia a ordem de serviço e veja o desenho para saber qual peça tem a tolerância e sempre meça os componentes antes de fazer uma montagem prensada.

Como a tolerância de montagem prensada é calculada?

Existem três variáveis a serem consideradas ao se calcular uma tolerância de montagem prensada:

1. **Permanência da montagem, chamada de classe da montagem prensada**
   É a quantidade de interferência necessária de acordo com a função que o componente vai exercer.

2. **Tamanho nominal dos objetos**
   Se o tamanho nominal da montagem cresce, a tolerância de M/P necessária também aumenta. Por exemplo, um pino de 1.000 pol. de diâmetro pode usar uma tolerância de 0,001 pol., enquanto um pino de 2.000 pol. de diâmetro requer uma tolerância de 0,003 polegada. A quantidade pode ser encontrada em referências de usinagem ou outra referência de engenharia.

3. **Liga do metal**
   Apesar de ser uma variável menos importante, diferentes metais têm diferentes características. Por exemplo, uma bucha de bronze pode precisar de um pouco mais de interferência em uma montagem de aço do que uma bucha de aço montada no mesmo furo.

Regra prática – Quantidade de montagem prensada

Uma montagem prensada permanente deve ter de 0,0015 a 0,0025 de interferência para a primeira polegada de diâmetro dos objetos a serem montados. Então quantidades menores de interferência são adicionadas por polegada do diâmetro quando o objeto aumenta de tamanho.

> **Ponto-chave:**
> No nível iniciante, a informação que você precisa para fazer uma montagem justa encontra-se na ordem de serviço e no desenho.

Esquentando e resfriando metal para montagens prensadas

Quando a quantidade de interferência fica grande, a parte externa é esquentada e a parte interna é resfriada para permitir que as peças se encaixem mais facilmente. Esquentar um componente enquanto se resfria o outro reduz temporariamente a força necessária. Quando a temperatura dos componentes se iguala, o ajuste aperta e fica mais permanente. O método de aquecimento/resfriamento é conhecido como **montagem por contração** e é considerado quase irremovível se os itens forem da mesma liga, porque será difícil reaquecer ou resfriar pedaços individuais, uma vez que estão em um contato muito justo.

Muitos objetos feitos para uma montagem prensada possuem um pequeno *diâmetro-guia* (Figura 5-120). Ele é uma pequena distância menor que o tamanho do furo-alvo, para que o objeto comece sem nenhuma resistência. Isso ajuda o alinhamento para a bucha ou o pino.

Máquinas que fazem montagens prensadas

Prensas árvore Quer seja manual ou hidráulica, uma montagem prensada pode ser feita com morsas e até mesmo com ferramentas manuais, mas geralmente é feita com uma **prensa árvore** (Figu-

Figura 5-120 Esta bucha foi feita especialmente com uma tolerância de montagem justa e um diâmetro-guia.

ra 5-121). Vários tipos são encontrados em oficinas de produção, de reparos e automotivas:

1. elétrica-hidráulica poderosa;
2. hidráulica manual;

Figura 5-121 Prensas árvore são usadas para montagens justas à força.

3. prensa operada manualmente com sistema de cremalheira;
4. prensa operada manualmente com sistema de parafusos.

Dicas de habilidades – Montagens prensadas

1. Apesar de supormos que as partes são do tamanho correto, sempre dê uma rápida conferida, tanto na bucha como no furo antes de começar.

2. Certifique-se de colocar a ponta-guia da bucha ou do pino primeiro no furo.

3. É recomendado um pouco de lubrificante, como graxa ou outro lubrificante de alta pressão. Esfregue uma pequena camada tanto na bucha quanto no furo. Cheque com seu supervisor – algumas montagens prensadas não podem ter lubrificante presente.

4. Certifique-se de que a abertura do furo tem um pequeno chanfro, não uma borda viva que pode arranhar a bucha e possivelmente a desalinhar durante a montagem.

5. Certifique-se de que não há qualquer rebarba, sujeira ou cavaco antes de tentar montar.

6. Depois de começar a colocar a bucha, pare e verifique o alinhamento, parecido com o macho. Não tente empurrar até o final sem checar o alinhamento. Ele pode e entra desalinhado ao arrancar parte do material da parede do furo, e isso é difícil, se não impossível, de consertar.

7. Depois de prensar, meça o interior da bucha. Provavelmente, ele vai estar ligeiramente menor porque o metal foi apertado na montagem. Buchas que fecham dependem de uma parede relativamente fina e podem precisar de um alargamento manual final.

Revisão da Unidade 5-6

Revise os termos-chave

OPERAÇÕES SECUNDÁRIAS

Brunimento
Processo abrasivo que remove pequenas quantidades de metal para criar um furo com bom acabamento e boa tolerância.

Cossinete
Ferramenta roscada para fazer um parafuso ou um parafuso prisioneiro - rosca externa.

Furo cego
Aquele que não atravessa a peça inteira.

Macho
Ferramenta de rosqueamento usada para fazer roscas internas, porcas.

Macho final
Usado para terminar roscas em um furo cego.

Macho intermediário
Corta mais próximo do fundo de um furo cego do que um macho normal, mas não tão próximo quanto um macho de acabamento.

Montagem por contração
Usa aquecimento e resfriamento para diminuir a pressão de uma montagem justa.

Montagem prensada (M/P)
Montagem permanente por meio de inserção forçada.

Prensa árvore
Máquina usada pra fazer e desfazer montagens justas.

ROSCAS

Ângulo da hélice
Ângulo em que o plano inclinado da rosca funciona.

Avanço
Distância que a porca se move no parafuso em uma volta; o resultado do filete sendo movido ao girar a porca no parafuso.

Classe
Ajuste da rosca, quão apertado ou frouxo deve ser.

Diâmetro nominal
Tamanho básico designado do parafuso. Nominal é o tamanho desenhado do parafuso ou da porca, mas não seu tamanho real.

Distância de passo
Distância de repetição de uma rosca. Em roscas imperiais, é achada ao dividir o número de passos em uma polegada. Para roscas métricas, é especificada na chamada da cota.

Filetes por polegada
Abreviado para FPP e comumente chamado de passo.

Folga
Espaço proposital entre o parafuso e a porca para permitir movimento.

Forma
Formato de uma rosca particular. A forma mais comum é a rosca triangular para as roscas ISO métrica e Imperial Unificada.

Passo
Termo usado para expressar a distância de passo ou a quantidade de roscas por polegada.

Roscas grossas
Roscas de uso geral.

Roscas finas
Algumas vezes chamadas de roscas SAE. Têm uma hélice mais rasa e, logo, criam mais força de translação para distâncias menores.

Truncamento
Cortar as extremidades de uma rosca triangular a 60°.

Reveja os pontos-chave

- Roscas-padrão possuem uma série fina e outra grossa para os tamanhos métrico e imperial, respectivamente.

- As roscas para os padrões métrico e imperial possuem a forma triangular de 60° de rosca.
- A especificação da rosca fornece o tamanho nominal (o passo ou a distância de passo) e a classe (todos separados por traços).
- Existe uma pequena diferença entre as especificações métricas e Imperiais: a Imperial mostra o número de passo e a métrica mostra a distância de passo.

Responda

1. Por que truncamos a forma de rosca padrão?
   A. Para economizar material – menos metal.
   B. Para deixar o parafuso menor que a porca.
   C. Para remover as pontas frágeis que quebrariam.
   D. Para deixar o parafuso e a porca mais leves.
   E. nenhuma das respostas anteriores.
2. Qual dessas roscas *não* usaria a forma de triângulo com ângulo de 80°
   A. $\frac{3}{8}$ – 16 UNC
   B. M 12 – 1,25
   C. $\frac{1}{8}$ – 27 NPT
3. Descreva esta rosca: $\frac{3}{8}$ – 16 UNC-3
4. Verdadeiro ou falso? Essa rosca tem uma tolerância de fabricação mais apertada (menor) que a da Questão 3, $\frac{3}{8}$ – 16 UNC-2
5. Entre estas duas roscas, qual tem menores filete individuais: $\frac{1}{2}$ – 13 UNC ou $\frac{1}{2}$ – 20 UNF?.

REVISÃO DO CAPÍTULO

Unidade 5-1

O mecânico de usinagem de hoje é tanto gerente quanto operador. Existem muitos itens diários que devem ser organizados. E há muitas regras nesse jogo: gerenciar materiais, usar e descartar produtos químicos e procurar outros sistemas para números de peças, número de identificação e revisões de programas. Contudo, saber as regras hoje, no treinamento, não vai fazer muita diferença; você está aqui para aprender a fazer o cavaco com eficiência e segurança. Aprender as regras e segui-las na indústria fará toda a diferença na sua carreira. Nesta unidade, observamos o sistema geral utilizado na maioria das indústrias e oficinas. Mas existem diferenças. Descubra como seu novo empregador processa ordens de serviço, números de peças, revisões para os desenhos e para os programas relacionados.

Unidade 5-2

Uma das maiores obrigações é garantir que o metal certo seja usado para fazer o produto. Metalurgia é uma grande área; na verdade, é um curso completo de faculdade. Mas começamos o seu banco de conhecimento usando cinco metais selecionados: aço, ferro fundido, latão/bronze, aço inoxidável e alumínio.

E mais, observamos em quais outras formas físicas os metais são fornecidos, além de blocos, barras e chapas: fundidos, forjados e extrudados.

No entanto, simplesmente pegar a liga certa na forma certa não é o suficiente em alguns casos. A dureza e a direção dos grãos geralmente devem ser incluídas no histórico do material. Em algumas situações, como em equipamento de transporte, em que vidas estão em risco, deve ser provado o "*pedigree*" do metal, desde a fundição até o número de série individual da peça! Se não, as peças podem estar certas fisicamente, mas tornam-se ilegais para o uso. A burocracia é a realidade do nosso negócio, mas os computadores estão deixando isso mais fácil.

Unidade 5-3

Equipamentos modernos para serrar podem economizar horas da produção. É uma habilidade que vale a pena aprender. Quando a serradora está em conformidade, com o passo da serra e a velocidade certos e as guias estão bem ajustadas, tolerâncias de repetibilidade podem ser de 0,020 pol. ou até menos.

Além disso, a ação de serrar retira grandes tarugos do material da matéria-prima de uma vez, uma vantagem que somente as serradoras têm. Todas as outras máquinas produzem pequenos cavacos do material removido. Isso não economiza somente tempo, mas também recicla dinheiro e bom senso.

Unidade 5-4

Acabamento da peça não é brincadeira! Todos concordam com isso. Mas ele deve ser feito antes que o produto seja entregue ao consumidor. Acima de tudo, enquanto remove rebarbas e alisa pontos ásperos da usinagem, não danifique as peças. Tenha cuidado em como você as manuseia e como as guarda. Proteja-as de quedas ou batidas entre elas. De qualquer forma, não as arruíne.

Unidade 5-5

Os processos modernos de marcação de peças mudaram muito desde os dias em que tipávamos ou utilizávamos um estêncil para marcar números de série no trabalho. Hoje podemos usar *laser* para marcar instantaneamente tinta em pó na superfície ou trabalho, e a luz de alta intensidade pode ser usada para mudar a estrutura molecular da superfície de trabalho sem mudar o material. O *laser* remove cores de camadas para deixar uma clara e leve linha de informação. Tudo isso é possível com gravadores de peça controlados por computador.

Unidade 5-6

Em livros-texto antigos sobre usinagem, este assunto era chamado de trabalho de bancada. *Bancada* foi o lugar onde a maioria de nós começou o seu aprendizado. Mas hoje o foco está em dar suporte para o equipamento CNC e mantê-lo produzindo o trabalho que só ele pode fazer. O trabalho só é removido de máquinas caras quando ele remove um gargalo da produção. Ainda assim, o conjunto de habilidades de usinagem requer que você saiba fazer: rosqueamento à mão com cossinetes e machos, alargamento manual e montagem prensada.

Questões e problemas

Você está pronto para ler ordens de serviço e fazer operações secundárias quando elas forem especificadas?

1. Liste pelo menos quatro tipos de informações vitais encontradas em uma ordem de serviço e descreva brevemente cada uma delas (Obj. 5-1).
2. Verdadeiro ou falso? Os números da peça são formados por um número de detalhe, seguido de um número de desenho separado por um traço. Se falso, o que a tornaria verdadeira (Obj. 5-1)?

As Questões 3 a 8 referem-se aos cinco metais básicos: aço, ferro fundido, latão/bronze, aço inoxidável e alumínio (Obj. 5-2).

3. Qual tem a maior taxa de usinabilidade (usinado mais facilmente)?
4. Qual tem a cor mais opaca?
5. Qual é o mais leve?
6. Qual é abreviado por ARC?
7. Além de barras e chapas, dê o nome de três formas nas quais o metal é fornecido.
8. Das duas formas, ALF e ALQ, qual é a mais forte e por quê?
9. Identifique e descreva o fator da lâmina de serra que cria uma largura de corte superior à espessura normal da lâmina (a parte atrás do dente). Identifique duas vantagens dessa característica da lâmina (Obj. 5-3).
10. Quando estava serrando com uma serradora vertical, uma quebra de dentes potencialmente perigosa ocorreu porque o operador deixou de fazer algo. O que ele não fez? (Obj. 5-3).
11. O rebolo cinza comum, usado em esmeris de bancada e pedestal, tem um grão abrasivo aglomerado com uma argila aquecida. Identifique o processo de aglomeração e o tipo de abrasão (Obj. 5-4).
12. Existem dois métodos para remover rebarbas e dar acabamentos nas bordas das peças que não precisam de trabalho manual algum do operador. Identifique-os e explique-os brevemente (Obj. 5-4).
13. Liste cinco características de marcação de peças. Dessas, qual(is) método(s) não é(são) danoso(s) à superfície (Obj. 5-5)?
14. Explique a diferença entre os números 20 e 1,5 nestas especificações de rosca: ½-20 e M12-1,5 (Obj. 5-6).
15. Na Questão 14, qual é a distância de passo para a rosca de ½ polegada (Obj. 5-6)?

Questões de pensamento crítico

Seu supervisor lhe diz: "Faça 20 peças 501B-3456-75 Rev J".

16. Você achou um desenho com o número correto de Rev K. Há algum problema em fazer essa peça?

17. Pensando na Questão 16, que tipo de peça você está provavelmente produzindo?

18. Existem três documentos que você precisa para esse trabalho. Quais são e por que esses três?

Perguntas de CNC

19. Um programa foi escrito para usinar peças de aço inoxidável; contudo, pediram-lhe para fazer um protótipo (amostra experimental) de alumínio para testar o programa.
    A. Que edição você pode fazer na RPM?
    B. Nas sequências de operação?

20. Admitindo que o protótipo da Questão 19 foi inspecionado e considerado dentro das tolerâncias em todas as dimensões, você pode voltar para as velocidades e sequências originais e assumir que a máquina também fará uma peça boa de aço inoxidável?

RESPOSTAS DO CAPÍTULO

Respostas 5-1

1. Para garantir que:
   A. O material certo foi cortado para esse trabalho.
   B. Os tarugos são do tamanho certo para prosseguir.
2. Porque o trabalho deve ser alargado até o tamanho final, como mostrado na Operação 70.
3. Rev – Novo.
4. Quebre os cantos de 0,005 a 0,001 polegada e lime ou usine os arredondados do lado de dentro, de acordo com a nota do desenho.
5. 3,200 polegadas por 5,200 polegadas.

Respostas 5-2

1. Um fundido de metal cinza, opaco e pesado.
2. Prata branca, metal relativamente leve em um formato longo, fino e complexo.
3. Barras, chapas ou extrudados, mas nenhum fundido ou forjado; elas já são preparadas para ir para a máquina.
4. Resistência maior.
5. Você está procurando por aço inoxidável; o aço inoxidável pode ser identificado por meio de teste de cor, atração magnética e assim por diante. Esse é um trabalho controlado que requer rastreabilidade. A única resposta é por um número de série/lote de tratamento térmico exato; caso contrário, o material é ilegal para usar nesse trabalho! Essa liga de inox foi comprada especificamente para este trabalho, nenhuma outra vai servir!

Respostas 5-3

1. A serra de arco, a serradora vertical e a tesoura.
2. O alumínio entupiria o disco.
3. A tesoura.
4. Sim.
5. Pode funcionar, mas deixaria uma rebarba. O ZTA existiria, mas, como é um aço de baixo carbono, não será duro. Se o sobremetal for grande, ele vai remover o material aquecido.
6. Diminua a velocidade da lâmina para 100 pés por minuto. Você pode conseguir mudar para um passo mais largo, visto que o material é mais espesso.

Respostas 5-4

1. E – todos podem causar rebarbas.
2. Verdadeiro, é uma lima fresada.
3. Metal mole.
4. Qualquer um dos métodos abrasivo ou pastoso. Eles acabam em grandes lotes. Mande-os para uma oficina especializada em trabalho de rebarba se você não tiver algum dos dois métodos. Com isso, você vai economizar dinheiro, em vez de tentar fazer cada peça individualmente.
5. Limas, lixamento com ferramentas pneumáticas, ferramentas de quebra de canto, esmeril de pedestal com rebolo mole de rebarba, os dois métodos pastosos, mas não são econômicos neste caso.

Respostas 5-5

1. Qualquer superfície, largura de linha ou fonte pode ser gravada.
2. Para ter certeza de que as marcas estão no local indicado.
3. Não recuar, pois eles ajustam melhor o trabalho nas morsas e placas.
4. É não destrutivo; porém, não é permanente.
5. Porque, com o uso, primeiro a cabeça fica com o formato de cogumelo, depois trinca perigosamente.

Respostas 5-6

1. C – para remover os pontos frágeis.
2. Nenhum (pergunta quase pegadinha). Essas roscas usam um triângulo de 60°.
3. $\frac{3}{8}$ polegada de tamanho nominal, 16 roscas por polegada, série de rosca grossa e é uma rosca de classe 3.
4. Falsa. A classe 3 é mais precisa que a classe 2.
5. A ½-20 UNF.

Respostas da revisão do capítulo

1. *Números da peça*, o produto específico para ser feito e qual desenho é usado. *Nível de revisão*, mudança de projeto, o desenho que você tem é o mais atual? Lembre que você talvez não esteja fazendo o projeto mais novo, e essas peças podem ser para substituir um produto antigo! A *sequência de operações* para completar o trabalho, os passos lógicos. O *tipo de material*, em que formato e tamanho deve ser fornecido? As *normas* em que o produto deve ser construído. *Instruções para garantia de qualidade. Acondicionamento final* e outras instruções de manuseio. *Requerimentos especiais* para ferramentas e outros itens necessários.

2. Falso. O número da peça é um número desenhado seguido de um detalhe ou de um número tracejado.
3. Alumínio.
4. Ferro fundido.
5. Alumínio.
6. Aço inoxidável é abreviação de aço resistente à corrosão (ARC).
7. Forjados, fundidos e extrudados.
8. Aço laminado a frio (ALF) é mais forte em razão do trabalho a frio.
9. O *travamento de lâminas* corta uma largura maior que a espessura básica. É a dobra dos dentes para fora, para prevenir o atrito e permitir o serramento de contorno.
10. Selecione o passo de lâmina correto – é muito grosso. Pelo menos três dentes devem estar em contato com a peça durante todo o corte.
11. O rebolo de óxido de alumínio vitrificado.
12. *Vibração de pasta cerâmica*, peças são postas em um recipiente de vibração rápida contendo pedras com formatos especiais ou grãos abrasivos em um meio líquido com limpadores adicionados; tamboreamento, peças são colocadas em um cilindro que gira com a mesma média já descrita.
13. Estêncil/carimbo de borracha/serigrafia – todos usam tinta que não danifica: gravação a *laser*, tipagem de aço, cauterização eletroquímica.
14. O parafuso Imperial tem 20 FPP, enquanto a rosca métrica tem uma distância de passo de 1,5 mm.
15. 0,050 polegada ($\frac{1}{2}$ – 20 = 0,050 pol.). Divida 1 polegada pelo número de passo.
16. Talvez. Depende de quais mudanças foram feitas na Operação 75, quando o desenho foi atualizado de Rev K para J. O único modo de saber com certeza é o planejador procurar de trás para frente.
17. Você deve produzir peças de reposição para os clientes, desde que exista um desenho da revisão antigo. Ou existe uma possibilidade de erro nas instruções: eles simplesmente lhe disseram para usar o nível errado da revisão do desenho.
18. 501B-3456 Folha 1 para Rev J para as anotações e tolerâncias gerais. Para a Operação 75, como existem vários desenhos, deve ser um desenho com várias folhas. Ordem de serviço com planejamento para usinar a peça Rev J, não a K. Novamente um problema do planejador.
19. A. Aumente o RPM de três a dez vezes mais, dependendo da resistência das ferramentas. B. Inoxidável, sendo baixo na escala de usinabilidade, requer mais cortes, tirando menos metal por passada do que o alumínio. Apesar de ser um desafio, você poderia editar o programa para dar passadas maiores no alumínio. *Contudo, tenha em mente que o objetivo era testar o programa; seria melhor deixá-lo em sua sequência original*!
20. Você provou que as dimensões no programa estão certas, o que é um bom sinal de que o programa vai rodar com o inoxidável. Mas o protótipo de alumínio não provou a ação de corte em um material muito mais duro. Estamos falando de diferentes usinabilidades. O inoxidável pode não usinar do mesmo modo que o alumínio.

>> **capítulo 6**

A ciência e a habilidade de medição: cinco ferramentas básicas

No passado, entregar um trabalho de qualidade significava muito para a carreira de um operador de máquinas. Esta era a chave para o progresso e para manter os clientes felizes. Mas no mundo de hoje, com o comércio pela *Internet*, o rápido transporte transoceânico e o livre comércio, produtos de qualidade atrelados ao preço significam nada mais nada menos do que a sobrevivência! Em usinagem, qualidade significa precisão, é uma questão de fazer ou morrer.

Objetivos deste capítulo

- Listar as cinco categorias de medição
- Encontrar e usar as tolerâncias dimensionais em desenhos impressos
- Reconhecer e aplicar as diferentes tolerâncias para medição
- Reconhecer ângulos estendidos e geométricos em desenhos
- Definir a resolução e a repetibilidade das cinco ferramentas
- Reconhecer e controlar fatores de imprecisão encontrados em cada ferramenta
- Ler micrômetros com precisão de 0,0001 polegada ao medir objetos reais
- Ler réguas de operadores com repetibilidade com precisão de 0,015 polegada
- Medir com repetibilidade e com precisão de 0,002 polegada utilizando um paquímetro (mostrador ou eletrônico)
- Medir com um graminho (mostrador, Vernier ou eletrônico)
- Usar um mostrador comparador para medição

Na América do Norte, continuamos fortes na manufatura, não trabalhando mais barato, mas sendo mais eficientes e oferecendo maior qualidade. Para ser competitivo, o operador de máquinas atual deve ser capaz de medir de cinco maneiras diferentes utilizando uma variedade de instrumentos, sobre os quais você vai aprender nos Capítulos 6, 7 e 8.

Fazer tudo certo requer mais do que apenas estudar as ferramentas de medição. O ajuste fino se dá depois que você aprende sobre seus propósitos, os nomes de suas partes e compreende como lê-los. A melhor precisão surge a partir de seis tipos de habilidades.

> **Conhecer a tarefa de medição** Compreendendo as tolerâncias e qual ferramenta é adequada para a exatidão da tarefa.
>
> **Aprender a identificar fatores de imprecisão** Entendendo o que poderia estragar uma medição utilizando uma determinada ferramenta.
>
> **Controlar os fatores de imprecisão** Aprendendo a minimizar os fatores de imprecisão e saber escolher o instrumento e o processo que atendam à necessidade e que possuam os menores fatores de imprecisão.
>
> **Atitude inflexível** O mais importante: o domínio só ocorre quando os estudantes desenvolvem desde o início uma atitude inflexível sobre a precisão. Você não consegue isto a partir de um livro.
>
> **Prática – Prática – Prática** Utilizando as ferramentas e os processos de uma forma investigativa verdadeira, com o objetivo de sempre refinar os resultados obtidos.
>
> **Abordagem científica** Para desenvolver a maior habilidade no menor tempo possível, conduzindo a aprendizagem como um pesquisador o faria, estudando os princípios e depois participando de experimentos para tolerância zero em precisão. O Capítulo 6 oferece exercícios que definem esse padrão permanente de conscientização e controle.

Unidade 6-1

Dimensões e tolerâncias

Introdução: Quando usinamos um elemento, o objetivo é produzir a especificação encontrada no desenho, denominada *dimensão nominal* (significando o tamanho esperado). No entanto, embora a perfeição seja o objetivo, a variação é a realidade. Quando um elemento é medido e mostra-se diferente da dimensão nominal, a diferença é denominada *variação*. Indesejável, mas presente na usinagem, a variação deve estar dentro da tolerância; caso contrário, a peça é sucateada ou precisará ser reusinada.

Embora o objetivo seja eliminar a variação, é inevitável que algumas ocorram. Isso acontece devido às ações do operador nas máquinas, ao desgaste da ferramenta, ao calor, ao movimento mecânico da máquina e a fatores difíceis de detectar, como a variação na matéria-prima utilizada. Além disso, há momentos em que deliberadamente optamos para o lado seguro da tolerância conhecida como folga. Por exemplo, na perfuração de um furo com 1,000 polegada e tolerância, dimensional de mais ou menos 0,005 polegada, um plano de operações poderia usinar para 0,997 polegada. Isso deixa uma folga de 0,007 polegada em caso de variações imprevistas.

> **Ponto-chave:**
> Não podemos eliminar a variação, mas podemos controlá-la. A ideia aqui, nos Capítulos 6, 7 e 8, é a de não introduzir variações desnecessárias *por causa de uma escolha de processo de medição errado*.

Termos-chave:

Limites
Método de tolerância cuja amplitude é expressa como tamanhos máximo e mínimo, geralmente sem mostrar o nominal, mas este pode ser adicionado.

Nominal
Dimensão-alvo em um desenho para um determinado elemento.

Tolerância
Intervalo de variação que o projeto tolera e mantém o correto funcionamento.

Tolerância angular geométrica
Variação linear em torno de um modelo perfeito que se encontra em um ângulo relativo a um referencial.

Tolerância de ângulo prolongado
Ângulo com origem em um único ponto, criando uma zona de tolerância em forma de leque.

Tolerância bilateral
Faixa de variação distribuída igualmente em torno da dimensão nominal.

Tolerância unilateral
Faixa de variação que se estende em apenas uma direção a partir da dimensão nominal.

Variação
Diferença entre a medida obtida e a medida nominal.

Cinco tipos de medição em usinagem

Existem cinco aspectos na medição em uma oficina de usinagem. Será necessária habilidade em todos os cinco imediatamente para completar as suas primeiras tarefas no laboratório. Por exemplo, considere a perfuração de um furo em uma peça. Você terá de medir (Figura 6-1):

- *Tamanho* – Isto é, o diâmetro e/ou a profundidade do furo.
- *Posição* – O furo está localizado corretamente com relação ao referencial?
- *Forma* – Refere-se aos limites da forma. A forma é controlada em algum grau por tolerância de tamanho, como um subconjunto de tamanho. No entanto, o projeto poderia exigir um furo muito mais próximo da circularidade perfeita do que sua faixa de tolerância devido ao tamanho. Forma é um controle que está contido dentro do tamanho.

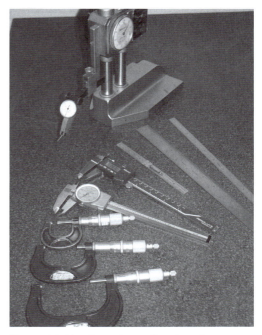

Figura 6-1 Uma fonte de orgulho: cinco ferramentas básicas de medição.

- *Acabamento de superfície* – Objetos usinados possuem uma rugosidade máxima em micropolegadas, que especifica quanto pode ser a profundidade das marcas microscópicas deixadas pela ação da usinagem.
- *Orientação* – O furo é perpendicular ou paralelo a um dado referencial? A orientação também é um subconjunto da posição, mas pode ser controlada separadamente, como um controle integrado.

Tolerâncias nos desenhos

Há várias maneiras de uma dimensão **nominal** e uma **tolerância** serem informadas em um desenho técnico. A questão importante em relação à medição é encontrar as tolerâncias que se aplicam à sua tarefa, saber o quão apertadas elas estão e, assim, escolher a ferramenta certa para a medição e o processo para fornecer os resultados. A Figura 6-2 mostra vários exemplos mistos de dimensões nominais e suas tolerâncias estabelecidas.

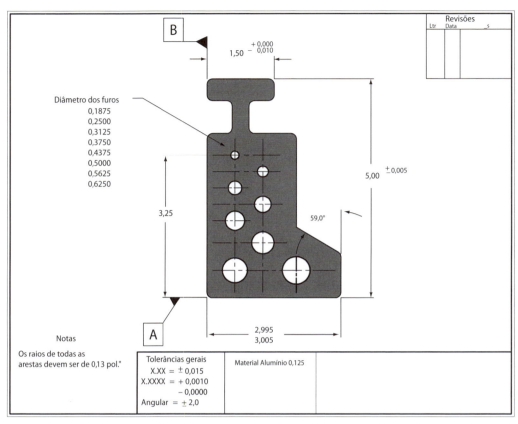

Figura 6-2 Diferentes tipos de dimensionamento e toleranciamento.

> **Ponto-chave:**
> Apesar de práticos e fáceis de usar, paquímetros e micrômetros nem sempre são a melhor escolha.

Quatro tipos de tolerância linear

Na Figura 6-2, são apresentados quatro meios diferentes de expressar tolerância linear (distância em linha reta). São exemplos a espessura, o diâmetro ou a distância de uma borda para o centro de um furo.

1. **Tolerância bilateral**
   À direita, a dimensão de 5,00 pol. tem uma tolerância de mais ou menos 0,005 pol. O projeto tolerará 4,995 a 5,005 pol. para ambos os lados – uma faixa total de **variação** permitida de 0,010 pol.

2. **Tolerância unilateral**
   No topo, a dimensão nominal 1,50 é expressa com menos de 0,010 pol. de variação, mas nenhuma variação positiva é permitida. Tolerância unilateral significa estender somente em uma direção a partir da dimensão nominal.

3. **Tolerância expressa como limites**
   Embaixo, vemos uma tolerância limite. Ela realmente tem uma dimensão nominal, mas está inserida no meio do intervalo. A faixa permanece dentro de 0,010 pol. de variação, e a dimensão nominal será geralmente o meio, mas não sempre, dependendo das circunstâncias. Se o alvo nominal é crítico, então ele pode estar inserido entre os **limites**.

4. **Tolerâncias gerais**
Utiliza-se um método prático quando o objeto é muito complexo, com muitas dimensões. As tolerâncias são compiladas em uma tabela perto da borda inferior do desenho. Assim, a forma como as dimensões nominais são apresentadas indica como a tolerância deve ser inserida. Observe a caixa no canto inferior esquerdo da Figura 6-2. Ela tabula o código de exatidão para qualquer dimensão sem tolerância individual no desenho.

> ### Conversa de chão de fábrica
>
> **Controle Estatístico de Processos (CEP) e Controle CNC baseado em PC** Pergunte-se por que alguns motores de automóveis duram longos períodos, enquanto outros falham em um curto período de tempo. A resposta é complexa, é claro, mas grande parte da resposta está em quão próximo da dimensão nominal o bloco do motor foi usinado. Cada motor foi inspecionado para estar dentro da tolerância quando entregue. Mas aqueles que duram muito tempo provavelmente têm peças próximas da perfeição. Isso só é possível quando uma fábrica sabe exatamente qual é a sua capacidade de precisão e exige mais do que operadores de máquinas competentes.
>
> O Capítulo 27 apresenta uma visão geral de um método matemático utilizado para determinar a variação normal em qualquer processo e, depois, acompanhar o processo em tempo real, para ter a certeza de que os resultados obtidos estão dentro dos limites da normalidade – não apenas dentro da tolerância do projeto, mas na capacidade do processo de saber se tudo está indo bem. Você poderia aplicar o CEP para servir hambúrgueres, para a confecção de vestuário ou para qualquer processo que tenha como meta um resultado identificável de qualidade. A usinagem é a aplicação principal dessa ferramenta matemática.
>
> Usando um controle CNC baseado em PC (ou qualquer PC), o CEP destaca tendências antes que qualquer sucata seja produzida. O controle por CNC pode acompanhar todos os dados introduzidos quer manualmente (EDM) ou por meio de carregamento automático de ferramentas eletrônicas. Hoje, as máquinas também têm a capacidade de fazer suas próprias medições. O CEP também ajuda a tomar decisões de gerenciamento sobre compras de equipamentos e ferramentas e oferece trabalhos que estejam dentro de suas capacidades.

As dimensões grafadas no desenho utilizando duas casas decimais são *X,XX* (por exemplo, 0,25 ou 0,37) e recebem uma tolerância de mais ou menos 0,015 pol. Onde a dimensão requer uma tolerância maior, o código utilizado aumenta para quatro casas decimais neste desenho: *X,XXXX* (por exemplo, 0,2500 ou 0,3700). Os desenhos mostram apenas a parte à direita da tolerância, porque esse é o código de tolerância. Você pode encontrar uma dimensão que tem uma tolerância de mais ou menos 0,001 polegada no desenho?

Dimensionamento e toleranciamento angular

Existem dois métodos muito diferentes para anotar ângulos nos desenhos, e eles têm diversos tipos de tolerância: **ângulos prolongados** e **geométricos**. Cada um é medido de forma diferente, mas usando a mesma ferramenta.

Ângulos prolongados

A Figura 6-3 apresenta a tolerância angular de mais ou menos 2°. Expressa desta forma, a variação é medida com uma ferramenta denominada transferidor, que mede o ângulo em graus. Ângulos prolongados começam a partir de um único ponto e irradiam-se para fora. Eles produzem uma zona de tolerância em forma de leque que totaliza 4°, como se vê na ilustração.

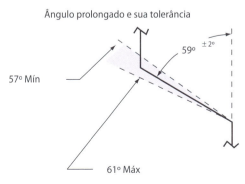

Figura 6-3 A tolerância de um ângulo prolongado produz uma zona em forma de leque.

Ângulos geométricos

A segunda e mais vantajosa maneira de dimensionar e tolerar ângulos em função da montagem é denominada método geométrico (veja a Figura 6-4). A faixa de tolerância geométrica angular é um par de linhas paralelas construídas a partir da definição perfeita do ângulo. Neste caso, 59°. Isso gera uma zona de tolerância na forma de um sanduíche paralelo em vez de um leque. A tolerância geométrica angular é realmente linear. As superfícies reais usinadas devem estar dentro das linhas do sanduíche, mas podem variar de várias maneiras possíveis. É medida colocando-se um medidor angular exato na superfície para verificar as folgas superiores à tolerância. Este medidor será novamente o transferidor, porém utilizado de maneira diferente. Desta vez, ele é travado em posição semelhante a um esquadro, e são verificadas as folgas entre a lâmina e o objeto, sempre com uma dada referência, como aprendemos o Capítulo 4.

A definição geométrica de ângulos funciona muito melhor para a montagem de duas peças, em que a preocupação é um espaço máximo entre as duas. Quando a folga é a função, utilizar a tolerância de ângulos prolongados em forma de leque torna o controle difícil, enquanto a versão geométrica é bastante simples.

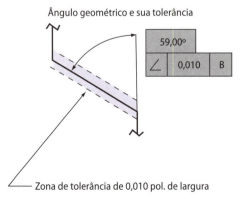

Figura 6-4 Uma tolerância geométrica para angularidade é linear.

Revisão da Unidade 6-1

Revise os termos-chave

Limites
Método de tolerância cuja amplitude é expressa como tamanhos máximo e mínimo, geralmente sem mostrar o nominal, mas este pode ser adicionado.

Nominal
Dimensão-alvo em um desenho para um determinado elemento.

Tolerância
Intervalo de variação que o projeto tolera e mantém o correto funcionamento.

Tolerância angular geométrica
Variação linear em torno de um modelo perfeito que se encontra em um ângulo relativo a um referencial.

Tolerância de ângulo prolongado
Ângulo com origem em um único ponto, criando uma zona de tolerância em forma de leque.

Tolerância bilateral
Faixa de variação distribuída igualmente em torno da dimensão nominal.

Tolerância unilateral
Faixa de variação que se estende em apenas uma direção a partir da dimensão nominal.

Variação
Diferença entre a medida obtida e a medida nominal.

Reveja os pontos-chave

- Todas as dimensões devem ter uma tolerância associada.
- O objetivo para a dimensão é denominado nominal.
- As tolerâncias lineares se dividem em quatro tipos:
    - Bilateral: distribuição igual em torno da dimensão nominal.

- Unilateral: variação permitida em uma direção a partir da nominal.
- Limites: intervalo de variação mostrado sem a dimensão nominal.
- Geral: as tolerâncias não são mostradas nas medidas do desenho, mas em uma tabela.
* Tolerâncias angulares são geométricas ou de ângulo prolongado.
  - Tolerâncias de ângulo prolongado são indicadas em graus. Tolerâncias de ângulo prolongado produzem uma zona de tolerância em forma de leque, medida com ferramentas denominadas transferidores.
  - Tolerâncias geométricas são demonstradas na forma de um sanduíche em torno de um modelo perfeito do ângulo.
* Referenciais expressos em desenhos são pontos de partida para a medição e devem ser seguidos para resultados corretos.
* Qualquer elemento pode ser usado como um referencial e deve ser considerado quando se medem outros elementos relativos a ele.

Responda

1. A variação decorre de que fontes óbvias? Cite três.
2. O que são tolerâncias?
3. Nominal é o intervalo de tolerância permitido. Esta declaração é verdadeira ou falsa?
4. Tolerâncias lineares podem ser bilaterais e unilaterais. Além dessas, de que outras formas você se lembra?
5. Quando não há tolerância associada a uma dimensão, onde ela poderá ser encontrada?

>> Unidade 6-2

>> Gerenciando a precisão

Introdução: Resolução e repetibilidade são dois termos vitais que definem a precisão em nosso comércio. É importante saber a diferença entre eles e entender como afetam os resultados com qualquer ferramenta de medição.

A **resolução** é a menor graduação sobre a ferramenta ou o movimento controlado mais fino possível de qualquer ferramenta de precisão, incluindo máquinas. Por exemplo, um micrômetro pode ser graduado com divisões de 0,001 pol., enquanto outro é graduado com 0,0001 pol.; portanto, o segundo tem uma resolução 10 vezes mais fina.

> **Ponto-chave:**
> Resolução é o resultado de como a ferramenta é construída.

Muitas vezes, um usuário experiente pode medir de modo mais fino do que a resolução da ferramenta. Por exemplo, ao usar uma régua graduada com 0,020 pol. ou um micrômetro graduado com 0,001 pol., a experiência mostrará que é possível "ler nas entrelinhas". Embora a precisão melhore um pouco, estas são estimativas hábeis. Em termos de repetibilidade, é muito melhor encontrar uma ferramenta ou processo de medição com uma resolução mais fina do que a tolerância de trabalho. Os operadores de máquinas denominam isso *regra do ponto decimal*; se possível, use uma ferramenta ou processo de medição cuja resolução seja 10 vezes mais fina do que a tolerância de trabalho.

A **repetibilidade** é a combinação de muitos fatores. A repetibilidade é a confiabilidade na precisão da ferramenta com o passar do tempo. Mas o mais importante, as ferramentas precisam de usuários; a repetibilidade que importa no final é quando ela está em suas mãos. A *repetibilidade pessoal* é o objetivo desta unidade.

Não existe uma resposta absoluta para a melhor repetibilidade. No entanto, comprando ferramentas de medição de qualidade, cuidando bem delas, entendendo seus fatores de imprecisão (a seguir) e a prática combinada com hábitos adquiridos ao longo do tempo são os ingredientes vitais. Ao descrever as ferramentas neste capítulo e nos Capítulos 7 e 8, daremos uma repetibilidade-alvo para cada uma. Use isso como um objetivo. Pode ser difícil em um primeiro momento, mas é fácil de alcançar com a prática.

Termos-chave:

Calibração
Testar a ferramenta em padrões comprovados para ajustar ou remover todos os erros e certificar que está de acordo com essas normas.

Coeficiente de expansão
Quantidade de crescimento linear em cada grau de mudança de temperatura por unidade de comprimento.

Padrão (autozero)
Ferramenta de comparação que possui uma determinada dimensão. Um padrão é usado para testar e corrigir erros em ferramentas de medição na fábrica e pode ser atestado como teoricamente perfeito dentro de determinadas tolerâncias, dependendo do nível de certificação.

Paralaxe
Não visualização de uma ferramenta de medição a partir da perspectiva correta, o que pode causar erros na leitura da ferramenta.

Repetibilidade
Fornecer os mesmos resultados com o passar do tempo.

Resolução
Forma como uma ferramenta é feita, suas menores graduações ou movimentos.

Sensibilidade
Quantidade de pressão que deve ser aplicada a uma ferramenta de medição para estar coordenada com a calibração.

Dez fatores de imprecisão

Em todos os cinco tipos de medição, há fatores que podem surgir e prejudicar os resultados. Cada ferramenta de medição que estudamos tem sua própria combinação, que determina a repetibilidade da ferramenta. Como exemplo, suponha a tolerância de trabalho de mais ou menos 0,001 pol. Um paquímetro eletrônico lê o mais próximo meio milésimo (0,0005 pol.) na tela. Mas você pode realmente confiar nas medições para esta precisão com o passar do tempo?

A resposta é não, especialmente não no nível iniciante. Por quê? Isso se deve parcialmente à inexperiência, mas também é por causa das imprecisões intrínsecas da ferramenta. Paquímetros devem ser fechados por pressão da mão, que, juntamente com o alinhamento da ferramenta com as superfícies a serem medidas, são as duas maiores imprecisões. Esta ferramenta tem um "fator de sensibilidade" e um "problema de alinhamento" e, provavelmente, não é a melhor escolha para esta tolerância.

Os dez fatores influenciadores

Esta lista é organizada em ordem de ocorrências comuns para todas as ferramentas de medição, mas todo processo e ferramenta têm sua própria combinação especial. Note que a qualidade da ferramenta não está listada, uma vez que assumimos que ferramentas profissionais estão sendo usadas.

1. *Pressão* ou **sensibilidade**.
2. **Alinhamento** com o objeto.
3. **Sujeira e rebarbas**.
4. **Calibração**, que envolve o teste da ferramenta em padrões aferidos para ajustar ou remover todos os erros e para certificar que está de acordo com essas normas.
5. **Paralaxe,** o erro introduzido por não visualizar a ferramenta a partir de uma perspectiva correta.

6. **Desgaste da ferramenta**.
7. **Calor**.
8. **Danos** a ferramentas – dobradas, arqueadas e assim por diante.
9. O **ambiente de medição**, um lugar que é organizado, limpo, com boa iluminação e um lugar confortável e seguro no qual se faz a medição.
10. **Viés para um resultado**.

O truque é reconhecer quais fatores têm maior influência em uma determinada ferramenta e situação e, em seguida, controlar cada um. Veja como a seguir.

Obtendo uma ajuda sobre pressão e sensibilidade

Sua sensibilidade é o verdadeiro desafio para muitas ferramentas e processos de medição, até mesmo instrumentos eletrônicos digitais. Ferramentas que são calibradas à mão muitas vezes exigem tato. Ou seja, elas devem ser usadas com o mesmo toque ou pressão na medição de quando foram calibradas. O operador deve ter uma noção daquela pressão. Todos os artesãos desde cedo desenvolvem diferentes sensibilidades e preferências. Isso é fundamental tanto para calibrar uma determinada ferramenta como para testar e "tatear", se você não a calibrou.

Ao selecionar uma ferramenta de medição de uma sala de ferramentas, sempre teste a sua sensibilidade em relação a um padrão. Primeiro meça um objeto que tenha uma medida exata conhecida, denominada **padrão** ou, por vezes, *gabarito*. Isso vai verificar a calibragem do instrumento e, ao mesmo tempo, mostrar a sua sensibilidade.

Algumas ferramentas não requerem padrão algum para testes, como um micrômetro de 0 a 1 pol. ou um paquímetro para 6 pol. Ambas as ferramentas são fechadas para a sua posição zero sobre si mesmas; em seguida, são lidas para testar a sua precisão de leitura e sensibilidade. Ferramentas desse tipo são chamadas de *autozero*. Veremos outras nos Capítulos 6, 7 e 8.

Adquirindo todas as sensações importantes

Prática e experimentos controlados são as chaves. Uma boa experiência para desenvolver a sensibilidade é medir um objeto que tem um tamanho conhecido (mas um que não seja conhecido para você no momento, para evitar a polarização dos resultados). As próximas atividades oferecem oportunidades para praticar isso. Outro método consiste em comparar seus resultados aos de uma pessoa(s) mais qualificada(s). Em terceiro lugar, medir qualquer objeto usando um determinado processo ou ferramenta e, então, encontrar o melhor processo dentro daqueles que tem os menores fatores de imprecisão e fazer a sua própria comparação. No entanto, este terceiro método não estará disponível até que você aprenda a manusear as várias ferramentas de medição.

Melhorando o alinhamento da ferramenta

O segundo fator de imprecisão mais comum é ao obter a medição ao longo do eixo pretendido. Por exemplo, ao medir a espessura de qualquer objeto, se a ferramenta de medição não estiver alinhada (perpendicular aos lados), poderá ser revelado um valor incorreto, como mostra a Figura 6-5.

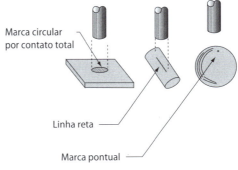

Figura 6-5 À medida que a peça sofre alterações, a informação sobre a pressão varia.

O controle para este fator é exatamente o mesmo que para a pressão. Na verdade, você vai corrigir os dois fatores ao mesmo tempo – medir e comparar, medir e comparar.

Ferramentas diferentes têm diversos níveis de desafios de sensibilidade e alinhamento. Objetos diferentes em sua forma apresentam também desafios diversos. Por exemplo, ao medir a espessura dos três objetos ilustrados por meio de um micrômetro, as áreas de contato mudam, afetando sua percepção da quantidade de pressão aplicada.

O mais fácil de evitar: sujeira e rebarbas

Embora listado como terceiro item da lista, para mecânicos inexperientes ele pode ser o primeiro. A menor rebarba pode ser a partir de 0,003 a 0,005 polegada. Poeira e sujeira atmosférica respondem por outro erro de 0,001 pol. – este é um fator importante! As faces de medição de um instrumento podem ficar contaminadas simplesmente ao colocá-lo em uma bancada de trabalho. Ele deve ser limpo frequentemente usando toalhas sem fiapos ou com papel limpo.

> **Ponto-chave:**
> Manter ferramentas na sua caixa, quando não estão em uso, é uma solução simples para evitar acúmulo de sujeira.

Calibração e configuração da ferramenta para o zero

Índice de erro zero (abreviado para zero) e calibração são duas operações diferentes. Ambos os termos devem ser entendidos pelo operador.

Índice de erro zero Muitas ferramentas, mas nem todas, têm um método de excluir erros constantes de leitura. Tempo, uso intenso, desgaste, mudanças diárias de temperatura, choques ao derrubar a ferramenta ou rápido aquecimento quando em contato com uma peça de metal quente podem alterar o ponto onde a ferramenta lê "zero" (ou seu valor mais baixo). Isso acontece em micrômetros e paquímetros. Quando fechados sobre um padrão (ou em si mesmos), eles devem mostrar "zero" em sua linha indicadora. Se não, o operador cuidadoso deve parar e limpá-los, eliminando o erro da ferramenta. Veremos como fazer isso mais adiante. Uma exigência constante é prestar atenção ao erro da ferramenta, porque esses fatores tiram seu ajuste.

> **Ponto-chave:**
> Se você usar uma ferramenta não ajustada para fabricar peças e elas não passarem na inspeção, a culpa é sua, não importa qual ferramenta de medição você usou!

Calibrando ferramentas de medição Saber quando e como calibrar instrumentos de medição faz parte do trabalho de um operador. A calibração é um processo formal e torna-se um requisito superimportante em alguns setores onde a vida das pessoas depende da exatidão das peças produzidas; tanto que a fábrica pode empregar um especialista para realizar a calibração ou, mais comumente, enviar suas ferramentas para um laboratório independente a fim de certificá-las. A calibração garante que a ferramenta lê perfeitamente ao longo de toda a extensão de medição. A certificação é um documento legal, com rastreabilidade baseada em normas nacionais. Uma ferramenta com certificação tem uma etiqueta que mostra a data da calibração, o laboratório que a realizou e quando ela deve ser novamente certificada. Usando o exemplo do micrômetro, calibrá-lo significa primeiro zerar o erro do indicador e depois comparar as leituras realizadas por toda sua extensão com padrões de vários tamanhos.

Para garantir a calibração constante e total em toda a empresa, muitas fábricas conscientes da qualidade requerem que ferramentas-mestras sejam testadas conforme um cronograma. Se as ferramentas pessoais são certificadas é uma questão de filosofia de gestão das fábricas. Algumas não permitem ferramentas pessoais nas áreas de usinagem crítica para que possam controlar toda a calibração nas suas instalações!

Ponto-chave:
O micrômetro da Figura 6-6 foi levado para fora da sala de nosso laboratório de ferramentas mostrando cerca de 0,003 pol. de erro no indicador. A calibração desta ferramenta é muito suspeita neste momento. Ela pode ficar boa, mas, depois de zerar o erro do indicador, deve ser testada com alguns padrões de tamanhos diferentes, por exemplo, 0,5000 e 1,0000 polegada, para provar a sua calibração.

Dica da área:
Pergunte antes de ajustar! Antes de redefinir o zero em qualquer ferramenta de medição, na escola ou na indústria, sempre pergunte! Pode haver uma política que proíbe fazê-lo.

Ponto-chave:
Para detectar erro de calibração, siga os passos abaixo:

A. Verifique a ferramenta utilizando um padrão.

B. Se estiver errada, pare e zere o erro; então teste no padrão novamente.

O objetivo não é apenas obter o zero de erro, mas também atualizar a sensibilidade/pressão no zero. Embora seja possível adicionar ou subtrair erros incorretos até que você *possa corrigir o problema*, não é profissional fazê-lo, a menos que não haja tempo suficiente para fazer de outra forma.

O problema da perspectiva – Paralaxe

Este é um problema visual que é fácil de eliminar em alguns casos e difícil de evitar em outros. É causado pela não visualização da ferramenta de frente ao medir e ler. Como exemplo, pense em si mesmo como um passageiro em um carro olhando para uma agulha do velocímetro analógico clássico. Será que a velocidade aparece em seu verdadeiro valor ou você está vendo como mais lento ou mais rápido a partir de sua perspectiva? Essa perspectiva, na visualização da agulha em um ângulo anterior, aponta para números menores, de forma que pareça que o carro está indo mais lento do que na realidade. Isso é erro de paralaxe (veja a Figura 6-7).

A paralaxe afeta a leitura numérica, como neste exemplo, ou muda o alinhamento da ferramenta para um objeto, como uma régua para um elemento da peça. De agora em diante, para guardar a máquina ou as partes do conjunto de fixação,

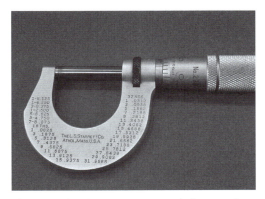

Figura 6-6 Esteja atento para um micrômetro não calibrado.

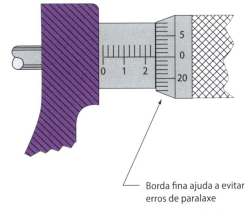

Borda fina ajuda a evitar erros de paralaxe

Figura 6-7 A borda deste micrômetro é afinada para evitar erros de paralaxe.

assim como a profundidade do furo usinado, nos encontraremos em situações de medição em que o ângulo de visão não poderá estar alinhado. Contudo, há quatro soluções possíveis para o controle:

1. Alcançar "às cegas", obter a medição e travar a ferramenta na posição. Puxá-la para onde possa ser lida sem paralaxe. (A má noticia é que o travamento frequentemente altera a leitura.)

2. Lê-lo no lugar e levar em conta o erro de paralaxe. (No exemplo do carro, você pode adicionar cinco milhas por hora para a leitura, o que é arriscado.)

3. Encontrar outra ferramenta, processo ou posição, de modo que você possa ler no ângulo de visão correto.

4. Antecipar o problema desde o início. Evite configurações que criem estes cenários impossíveis de medir. Esta habilidade é normalmente aprendida por tentativa e erro, ao longo do tempo.

Dica da área:
Ferramentas de medição eletrônica

A grande vantagem das ferramentas eletrônicas digitais é que elas eliminam os fatores de paralaxe, fazendo claramente a leitura dos resultados digitais.

Considerando o desgaste da ferramenta

O verdadeiro problema aqui é o desgaste não detectado, especialmente quando é desigual. Um exemplo seria um micrômetro usado para medir pinos usinados cilíndricos, digamos de 0,250 a 0,450 polegada, repetidamente, por um ano. Essa região da ferramenta fica desgastada, enquanto os valores fora desta área quase não têm desgaste.

Embora exista um regulador de folga para compensar o desgaste na maioria dos micrômetros, para que é ajustado? Se as partes desgastadas são corrigidas, as seções não desgastadas estarão mais apertadas. Desgaste irregular geralmente significa relegar a ferramenta para uma tarefa menos importante dentro da sua caixa de ferramentas. Muitos mecânicos mantêm dois ou mais micrômetros por esta razão: um para uso diário, cujas tolerâncias não são tão justas, e outro para as tarefas de precisão extra.

Outro exemplo de desgaste pode ser as faces dos micrômetros onde constantemente são esfregadas na peça, tornando-se côncavas ou arredondadas. O exemplo mais comum é o canto arredondado em réguas cujo zero na extremidade se torna ilegível. Aposto que você já conhece a correção para este problema! Não começar a medir do final da régua, mas a partir do traço para 1 polegada.

Controle do calor

Usinagem gera calor, o qual expande os metais. Se uma peça está significativamente acima da temperatura ambiente, o tamanho medido será maior do que quando voltar ao normal.

Aqui pode ser usado um fator de crescimento previsível, chamado de **coeficiente de expansão**. Encontrado em uma tabela de engenharia, ele é expresso em unidades de expansão em grau por polegada de comprimento. Cada material tem um coeficiente de expansão diferente. A Figura 6-8 mostra duas barras de metal, uma de alumínio e uma de aço comum. Observe que ambas começam em 15 polegadas de comprimento à temperatura ambiente, mas, conforme a temperatura aumenta, crescem em taxas diferentes. O alumínio se expande mais rapidamente!

De acordo com as tolerâncias, o tipo de metal e seu tamanho total, a expansão pode ser desconsiderada como um problema – no exemplo, vemos apenas 0,033 polegada de crescimento em 250°! No entanto, quando as tolerâncias estabelecidas são menores que 0,002 polegada e o objeto usinado é aquecido entre 40 e 50° acima da temperatura ambiente, você deve considerar a expansão na hora da medição. O controle pode tomar dois caminhos diferentes.

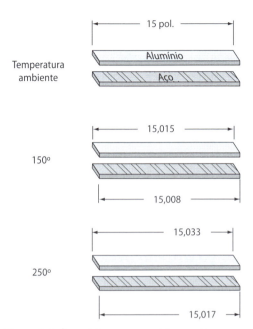

Figura 6-8 À medida que o metal é aquecido, ele se expande, mas as ligas se expandem a taxas diferentes.

Conversa de chão de fábrica

Montagem por interferência Este conceito de expansão é útil quando a montagem das peças com fixação por prensagem é muito pesada para ser realizada na temperatura ambiente (Capítulo 5). Por exemplo, uma grande engrenagem de anel é montada em um aro de volante. A única maneira de montar o anel sem quebrá-lo é aquecê-lo enquanto o volante resfria (ou deixando-o à temperatura ambiente). Quando colocados juntos rapidamente, antes que o calor equalize, eles deslizam em conjunto com pouca ou nenhuma força. Assim, quando a temperatura estiver equalizada, o anel vai apertar e não sairá, a menos que seja aquecido novamente. Usar a diferença de temperaturas para o trabalho de montagem é denominado *montagem por interferência*.

Solução 1: Compensar o calor Medir o objeto e sua temperatura e, em seguida, compensar o calor matematicamente. Use a tabela de valores de expansão encontrados no *Machinery's Handbook*®. Pesquisar no CD ou buscar o *coeficiente de expansão* para vários materiais no índice impresso.

Por exemplo, na Figura 6-8 (do *Machinery's Handbook*®), o alumínio tem um coeficiente de expansão de 0,00001244 por unidade de polegada, por grau. Uma barra de 10 pol. de comprimento estende 0,0124 polegada quando aquecida 100°F, enquanto uma barra de aço do mesmo tamanho vai expandir 0,0063 polegada na mudança de temperatura.

Multiplique a variação da temperatura pelo comprimento e, depois, pelo coeficiente de expansão. O problema com este método de correção é que um termômetro preciso deve estar presente.

expansão = coeficiente de expansão × aumento da temperatura × comprimento

Solução 2: Refrigerar a peça ou reduzir o calor no processo de usinagem Operadores qualificados reduzem a geração de calor no trabalho, adicionando refrigerantes, alterando a geometria da ferramenta e ajustando a velocidade e a força da máquina. Tudo combina para reduzir o calor até o ponto em que tenha pouco efeito na medição. Esta é a solução mais plausível dentro de seu controle.

O calor em ferramentas de medição também tem o potencial de ser um problema, mas seu controle não é difícil. Não as mantenha em sua mão por um longo tempo e deixe-as fora da luz do sol ou longe de outras fontes de calor. Geralmente o calor no objeto usinado é um problema muito maior.

Detectando ferramentas danificadas

Similar ao desgaste, este fator de imprecisão está muitas vezes oculto. Por exemplo, se o quadro de um micrômetro é fechado com muita força, apesar de forte, ele pode dobrar-se e suas faces não ficarão paralelas entre si (Figura 6-9). A ferramenta dobrada aparenta estar calibrada, isto é, fornecerá a leitura zero quando estiver totalmente fechada, mas, como visto na Figura 6-10, estará longe da precisão em medições reais. Com ferramentas deste tipo, verifique se há danos fechando paquí-

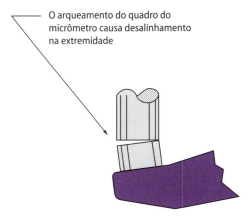

Figura 6-9 A moldura deste micrômetro está arqueada, causando desalinhamento na extremidade.

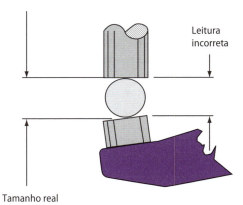

Figura 6-10 Não se pode acreditar nos resultados do micrômetro da Figura 6-9.

metros e micrômetros e, em seguida, procurando por folgas nas faces. Mas há muitos outros tipos de danos, numerosos demais para serem listados, os quais devem ser também observados. O ponto-chave aqui é não considerar garantida a precisão da ferramenta: inspecione as suas ferramentas.

Encarregue-se do ambiente de medição

A precisão melhora quando é realizada em ambiente certo ou talvez melhor colocado, mas fica degradada no ambiente errado. Isso significa: posições corporais confortáveis, peças limpas sem rebarbas e uma iluminação excepcionalmente forte; por exemplo, se sombras provocam uma distorção, traga uma luz portátil ou, melhor, mantenha uma lanterna de trabalho como parte de suas ferramentas.

Uma boa lupa é útil, independentemente da qualidade da sua visão. Limpe cavacos, rebarbas e a sujeira antes de medir e mantenha ferramentas de medição seguras e limpas. É conveniente depositar paquímetros ou micrômetros sobre a máquina, mas não é profissional! Mantenha-os em suas caixas, longe do perigo, da sujeira da máquina e do calor extra que vai expandi-los. Desenvolva uma abordagem organizada e paciente na medição.

Viés – O erro intrínseco

Este fator é psicológico, mas real. Se o operador começar querendo provar que a peça possui uma medida correta, em vez de medir, os erros vão acontecer. Esta não é uma questão de integridade, é da natureza humana "fazer a leitura" em vez de "obter a leitura". Em outras palavras, sem conscientização, sua mão vai apertar muito ou pouco a ferramenta, se isso for o necessário para fazer a peça do tamanho correto.

O controle principal do viés é estar ciente de que ele existe e verificar suas ações para evitar a sobre ou submedição. Mas também pode-se desviar o olhar quando o ajuste final é feito, então reveja.

Opções para controle e precisão

Como você pode ver, além das ferramentas danificadas, os operadores devem desenvolver controles de vários fatores. Uma vez detectada, a ferramenta danificada deve ser reparada ou descartada. Sensibilidade, calibração e alinhamento são os grandes desafios para a precisão, mas a prática os resolve. Uma vez calibrada, a ferramenta deve permanecer assim por um longo período com o uso normal. O controle principal é estar consciente dos fatores.

Nas fábricas integradas de hoje, o instrumento final é a MMC, a máquina de medição coordenada por computador. Ela está no topo do processo

Conversa de chão de fábrica

Uma experiência para provar viés

Um supervisor de uma indústria local, que também era conselheiro da minha classe, criou uma experiência para provar que o viés é real. Depois que seus melhores operadores foram para casa naquele dia, ele secretamente fez três peças que eram muito parecidas para eles, uma vez que faziam dezenas por semana. Eles sabiam que deveriam ter 1,000, mais ou menos 0,001 polegada de tolerância como dimensão básica. Mas ele fez as três peças com uma dimensão básica com apenas 0,0001 polegada maior! (1,0011 polegada.)

Na manhã seguinte, deu-as primeiro aos estudantes da minha escola de tecnologia, que não tinham ideia do tamanho requerido, e a maioria mediu no diâmetro real ou próximo dele. De volta para sua fábrica, apenas um ou dois operadores encontraram a armadilha, enquanto os demais disseram que estavam boas, mas bem no limite máximo de 1,001 polegada! Ele usou o mesmo micrômetro e repetidamente verificou a calibração.

evolutivo. A boa notícia é que as MMCs eliminam todos os 10 erros estudados, incluindo o calor no trabalho. Se o computador sabe a temperatura do trabalho, ele pode compensar as leituras automaticamente. A má notícia é que eles têm a sua própria lista de erros, causando uma incerteza na faixa abaixo do décimo milésimo de polegada.

Ponto-chave:

À medida que avançamos para discutir as várias ferramentas de medição, observe que existem processos com poucos fatores de erro. Por exemplo, um processo que exige menor sensibilidade na leitura será mais confiável do que aquele que exige mais. Não só as ferramentas variam em seus fatores, como também a maneira de usá-las. Às vezes, há um método simples ou mais preciso para medir o mesmo objeto, e talvez existam vários outros métodos entre eles. A habilidade é combinar a tolerância de trabalho à ferramenta, ao processo e à sua repetibilidade pessoal.

Revisão da Unidade 6-2

Revise os termos-chave

Calibração
Testar a ferramenta em padrões comprovados para ajustar ou remover todos os erros e certificar que está de acordo com essas normas.

Coeficiente de expansão
Quantidade de crescimento linear em cada grau de mudança de temperatura por unidade de comprimento.

Padrão (autozero)
Ferramenta de comparação que possui uma determinada dimensão. Um padrão é usado para testar e corrigir erros em ferramentas de medição na fábrica e pode ser atestado como teoricamente perfeito dentro de determinadas tolerâncias, dependendo do nível de certificação.

Paralaxe
Não visualização de uma ferramenta de medição a partir da perspectiva correta, o que pode causar erros na leitura da ferramenta.

Repetibilidade
Fornecer os mesmos resultados com o passar do tempo.

Resolução
Forma como uma ferramenta é feita, suas menores graduações ou movimentos.

Sensibilidade
Quantidade de pressão que deve ser aplicada a uma ferramenta de medição para estar coordenada com a calibração.

Reveja os pontos-chave

- A resolução de uma ferramenta de medição é a menor graduação legível.
- A repetibilidade é a sua capacidade de fornecer consistência.
- Cada ferramenta tem sua própria lista de fatores de imprecisão.

- Há 10 possíveis fatores que afetam a medição:
  - Sensibilidade/pressão
  - Alinhamento com o objeto
  - Sujeira e rebarbas
  - Calibração
  - Paralaxe
  - Desgaste da ferramenta
  - Calor
  - Danos na ferramenta (dobrada, arqueada e assim por diante)
  - Controle do ambiente de medição
  - Viés

Responda

1. O erro de calibração ocorre quando se olha uma ferramenta de medição por uma perspectiva ou um ângulo errado. Essa declaração é verdadeira ou falsa?
2. Cite duas maneiras de um operador consciente poder controlar os desvios nos resultados.
3. Cite duas maneiras de lidar com o calor na usinagem.
4. Descreva três métodos possíveis para ajudar a reduzir erros de sensibilidade e pressão e para zerar na precisão. (Há quatro respostas possíveis.)
5. O que você pode fazer em um ambiente de medição para melhorar a precisão?

» Unidade 6-3

» Os cinco instrumentos básicos de medição

Introdução: Estas são as ferramentas que você precisará imediatamente na sua formação ou no seu trabalho. Cada uma tem sua lista própria de fatores. Comece agora a se educar de forma correta; depois de aprender sobre a ferramenta, trabalhe em experimentos com ela.

Comprando suas próprias ferramentas Existe uma vantagem real em conhecer a sensibilidade de sua própria ferramenta. Nesta unidade, quando olharmos para um novo instrumento, apontarei as características necessárias e três níveis de prioridade para a compra de ferramentas:

Prioridade 1 – Compre-as o mais rápido possível. Uma ferramenta P-1 é fundamental para a sua caixa de ferramentas. Quatro das cinco ferramentas discutidas aqui são de prioridade 1.

Prioridade 2 – Compre-as após estar empregado, talvez dentro de seis meses. Algumas empresas têm planos de compra acordados com fornecedores locais para isso.

Prioridade 3 – Compre-as apenas depois de ter certeza da direção que sua carreira está seguindo; talvez nem compre todas. As ferramentas de Prioridade 3 são muitas vezes fornecidas pela fábrica, mas são úteis como ferramentas pessoais, considerando caso a caso.

Termos-chave:

Colinearidade
Quando duas linhas coincidem (superposição de linha). A forma como uma escala Vernier é lida.

Discriminação
Na medição, capacidade de perceber uma diferença em duas ou mais graduações em uma determinada ferramenta.

Erro de cosseno
Falsas leituras causadas por inclinação do eixo de deslocamento do indicador em relação à direção de medição fazem com que os resultados sejam amplificados.

Erro progressivo
Erro criado pela haste indicadora que oscila em arco enquanto efetua uma leitura linear em milésimos de polegada.

Escala Vernier

Método matemático de aumentar a resolução da ferramenta com a criação de divisões com unidades menores que as graduações existentes.

Zero nominal

Capacidade das ferramentas eletrônicas de definir qualquer ponto como zero; dessa forma, é possível medir uma grande quantidade de peças somente pela leitura da variação.

Ferramenta básica 1 – Réguas

Apesar de estar sempre no bolso do operador, talvez você não considere a régua como um instrumento preciso; pense novamente! Com a prática, não só é possível medir com repetibilidade próxima de 0,005 pol. usando uma régua (ainda menor em alguns casos), como isso é esperado na jornada do operador! Algumas dicas para usar melhor uma régua estão mostradas nas Figuras 6-11, 6-12 e 6-13.

> **Ponto-chave:**
> Devido a um posicionamento difícil ou a uma forma estranha, de vez em quando, a régua é a única ferramenta capaz de fazer o trabalho.

Réguas são usadas para uma verificação à prova de falhas de qualquer outro processo ou ferramenta.

Figura 6-12 Desloque as linhas sobre a régua.

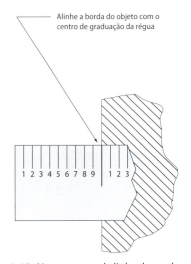

Figura 6-13 Usar o centro da linha de graduação faz a medição ser mais precisa.

Por exemplo, depois de medir um diâmetro com um micrômetro, faça uma verificação no local com a régua. Esta dupla verificação evita erros de posicionamento das "casas decimais", como 0,100 polegada a mais ou a menos.

Especificações técnicas para todas as réguas

A medição com régua é comum para tolerâncias de 0,015 a 0,030 polegada.

Repetibilidade-alvo = 0,005 polegada ou 0,1 milímetro

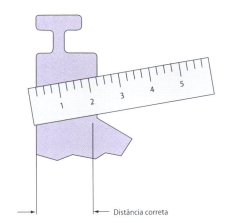

Figura 6-11 Alinhamento com a distância em questão é uma obrigação.

Este é o resultado esperado na medição feita com cuidado com uma régua, após certa prática e experiência. Você vai precisar de uma excelente régua, boa iluminação, prática e talvez uma lupa para alcançá-lo.

Imprecisões na régua

Tenha em vista:

A. Alinhamento na medição.
B. Paralaxe.
C. Rebarbas e partes com bordas arredondadas.
D. Má iluminação.
E. Danos na régua, especialmente os cantos.

Três tipos de réguas para o operador

Tipo 1. Régua flexível Elas têm comprimento de 6, 12 ou 18 polegadas (150 ou 300 mm). Réguas flexíveis são ferramentas universais finas (Figura 6-14). As réguas de 6 ou 12 polegadas são prioridade 1 na compra. Versões mais longas são prioridade 2.

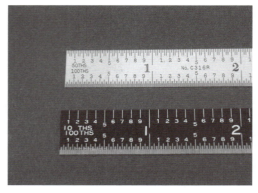

Figura 6-14 Um par de réguas flexíveis para operadores. Escolha acabamento cromado acetinado ou em preto: as duas réguas permitem uma excelente leitura.

> **Dica da área:**
> **Características de qualidade das réguas** *Acabamento superficial* (veja a Figura 6-14) é importante. Um acabamento fosco é o melhor para eliminar o brilho refletido. Evite réguas mais baratas de metal brilhante, pois são difíceis de ler. Alguns preferem o acabamento preto com graduações e números brancos, pois sentem maior facilidade para ler com pouca luz.
>
> As *graduações* em réguas de qualidade são corroídas ou gravadas, e não linhas pintadas ou carimbadas. Você pode testar isso com a unha. A régua que você selecionar deve ter uma variedade de padrões de graduação, cada um em um lado. É importante experimentar com várias combinações antes de comprar a sua, embora elas não sejam caras. Todas as réguas devem ter um lado graduado com marcas de 0,100 polegada. O lado oposto deve ser graduado tanto com centésimos de polegada (0,010 pol.) como com quinquagésimos de polegadas (0,020 pol.).

> Alguns operadores acham que as graduações de 0,010 pol são pequenas demais, enquanto outros preferem dessa forma. Você é o juiz. A graduação de 0,010 polegada é definitivamente a escolhida se estiver usando uma lupa. As graduações fracionárias são menos importantes, mas devem ser tão finas como $\frac{1}{64}$ pol.

Tipo 2. Réguas de mola e grampos Às vezes chamadas de réguas chatas, elas são duas vezes mais grossas e mais largas que uma régua flexível. Essas pequenas réguas robustas têm as mesmas graduações da régua flexível. Além da sua rigidez e vida longa, sua vantagem é que algumas têm um anexo denominado *grampo*. Ele é útil para alcançar através ou sobre um objeto para medir a sua espessura. A régua superior mostrada na Figura 6-15 tem um calibrador para ângulo de broca usado para reafiação.

Tipo 3. Réguas rígidas ou transferidores Por serem usadas em várias profissões, diversos níveis de precisão e qualidade, essas réguas podem ser encontradas em lojas de ferramentas. Só as melhores são utilizadas em usinagem. Feitas de aço mola de alta qualidade em comprimentos de 12 a 18 polegadas, elas são de prioridade 1 para compra. As de comprimentos de 24 a 36 polegadas são ferramentas de prioridade 3.

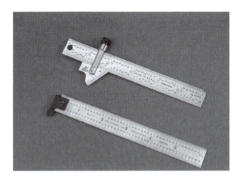

Figura 6-15 Uma régua chata ou de escala é útil quando usada com um grampo.

Réguas rígidas são muitas vezes combinadas com um conjunto de ferramentas de medição de ângulo denominado esquadro combinado; veja a Figura 6-16. Vamos discutir esse conjunto combinado posteriormente o Capítulo 7. Ele poderia ser uma prioridade de compra 1 ou 2, dependendo da natureza da indústria local – consulte seu instrutor.

Esteja ciente de que réguas "de brinde" estão disponíveis estampadas em chapas planas de metal. Essas ferramentas são ótimas para oficinas caseiras, mas não para usinagem. As réguas básicas destinadas a operadores utilizam elementos com divisões gravadas com precisão. O acabamento acetinado é uma obrigação. A régua básica de alta qualidade é também usada como um gabarito para testar retilineidade.

Figura 6-16 Uma régua básica com 18 polegadas com conjunto combinado. Da esquerda para a direita, um esquadro, um transferidor e a cabeça de centragem.

Ferramenta básica 2 – Paquímetros

Os paquímetros são as ferramentas de medição mais versáteis em um conjunto do operador. Paquímetros modernos apresentam múltiplas capacidades de medição feitas por um mostrador ou mostrador digital eletrônico. Eles são rápidos e fáceis de aprender, mas exigem um pouco de prática para dominar. Eles são prioridade 1. Compre um digital eletrônico, se seu orçamento permitir, ou um do tipo mostrador.

Paquímetro não é uma panaceia

Por serem tão rápidos e fáceis de usar, há uma tendência entre os operadores de máquinas iniciantes de sobreutilizar o paquímetro. No entanto, eles apresentam vários fatores de precisão que afetam a repetibilidade:

- Sensibilidade e alinhamento são os mais proeminentes.
- A calibração pode ser um problema.
- Apalpadores danificados ou rachados não são incomuns.

Quatro funções

Paquímetros modernos oferecem quatro habilidades diferentes de medição (Figura 6-17):

1. *Medição interna* – aquela entre duas faces opostas ou superfícies, como um entalhe ou um furo.
2. *Medição externa* – um diâmetro ou espessura.
3. *Medição de profundidade* – a partir de uma superfície até uma superfície oposta.
4. *Medição do passo* – a partir de uma superfície até outra superfície, faceando ambas com a mesma direção.

Note que a medição do passo é recomendada apenas como uma alternativa quando algum outro método não estiver disponível. Essa função permite a medição da cabeça da ferramenta até a face do apalpador móvel. A medição do passo geralmente não é o melhor processo, devido à posição

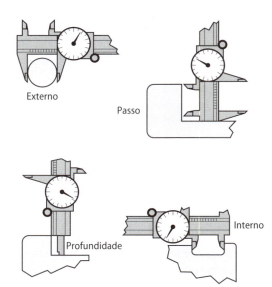

Figura 6-17 As quatro funções de um paquímetro: medição externa, interna, de profundidade e do passo.

estimada de um ou outro apalpador. Para usar essa função, deve-se também saber o *valor de deslocamento* do apalpador fixo e, em seguida, adicioná-lo à leitura no paquímetro (veja a Figura 6-17).

Especificações técnicas dos paquímetros

Aplicação correta Os tipos eletrônico e de mostrador são utilizados para tolerâncias acima de 0,001 pol., mesmo que a leitura eletrônica possua uma resolução de 0,0005 pol. Ambos são usados da mesma maneira e têm a mesma restrição de precisão, com exceção da paralaxe, que não existe em leituras eletrônicas. As maiores restrições para a precisão com todos os paquímetros são sua sensibilidade e os fatores de alinhamento.

Repetibilidade-alvo Em razão do contato com impressões diferentes e fatores de sensibilidade, várias funções no paquímetro produzem repetibilidades ligeiramente diferentes.

Medição externa Os paquímetros do tipo mostrador (dependendo da forma do objeto e nível de habilidade) medem de 0,001 pol. a 0,002 pol., enquanto os eletrônicos (são um pouco melhores só por causa da facilidade de leitura da escala) medem de 0,001 pol. a 0,0015 pol.

Apalpadores internos e sonda de profundidade Ambos os tipos medem de 0,001 pol. a 0,003 pol.

Medição do passo Em razão da estimativa visual de um apalpador para a medida, na maioria dos casos, eles medem de 0,003 pol. a 0,010 pol.

Paquímetros Vernier mais antigos

Você pode encontrar uma terceira variedade de paquímetro, que foi substituído pela tecnologia, o paquímetro Vernier (Figura 6-19). Ele não tem visor ou mostrador e tira proveito de um conceito matemático em que duas escalas graduadas deslizam uma em relação à outra quando o paquímetro abre e fecha. Como as linhas calibradas em uma escala Vernier se tornam coincidentes (alinhadas), com as graduações em uma régua, o usuário pode interpretar medições entre 0,001 pol. e 0,002 pol.

Se você precisar de treinamento em Vernier, vá para Medidores de altura neste capítulo e, em seguida, volte aqui. O paquímetro Vernier pode ser encontrado nas escolas, devido à sua simplicidade e natureza robusta. Na indústria, comprimentos mais longos, de 18 polegadas ou mais, ainda estão sendo usados. Paquímetros Vernier têm duas vantagens sobre o tipo com mostrador e uma sobre os tipos eletrônicos: muitas vezes eles apresentam dupla escala métrica/Imperial e são fisicamente compactos e robustos. Eles também se encaixam em lugares apertados não acessíveis às versões eletrônicas.

> **Conversa de chão de fábrica**
>
> É possível encontrar paquímetros mais velhos, sem mostrador ou mostrador eletrônico, chamados de paquímetros Vernier. Se sua escola possui este tipo de paquímetro, vá para a Unidade 3, em medidores de altura Vernier; aqui, nesta seção, você encontrará o treinamento de como realizar a leitura deste paquímetro.

Conversa de chão de fábrica

Paquímetros eletrônicos (Figura 6-18) têm quatro vantagens distintas. A primeira é sua capacidade de alternar entre dimensões métricas e imperiais, enquanto a maioria dos paquímetros de mostrador ou é métrica ou é Imperial, mas não atende a ambos os sistemas.

A segunda vantagem envolve o que é denominado **zeragem nominal**. Paquímetros eletrônicos podem ser zerados em qualquer lugar ao longo de suas faixas. Isso permite que você defina o tamanho nominal para um grupo grande de peças como zero. Assim fixado em zero, cada nova medição relata a variação com nenhum trabalho mental para ver se ele está dentro da tolerância. Esse recurso é muito útil. Por exemplo, você quer medir 100 pinos redondos de 0,375 pol. de diâmetro, mais ou menos com 0,003 pol. de tolerância. O paquímetro eletrônico é fechado em um pino-padrão de tamanho exato, em seguida, zerado com o toque de um botão. Isso também estabelece o fator de sensibilidade.

A terceira vantagem é a *leitura direta de variação*. Quando cada pino é medido, a variação será exibida na tela. Essa habilidade especial torna a inspeção muito mais rápida para grandes lotes de peças. Você verá que outras ferramentas eletrônicas compartilham a mesma possibilidade de zeragem nominal.

A vantagem final é na *saída de dados*. Paquímetros eletrônicos podem enviar seus dados de medição para um servidor destinado a elaborar um gráfico da variação do tamanho das amostras. Isso permite o controle estatístico do processo, introduzindo diretamente os resultados em um banco de dados. Assim, as ferramentas eletrônicas podem ser conectadas por um cabo de dados ou transmitir essas informações sem fio.

Familiarização com o paquímetro

Dê uma olhada nos paquímetros encontrados em seu laboratório de treinamento. Seria útil localizar as seguintes características.

Em tipos de mostrador (Figura 6-20), procure por:

A. Anel rotativo bisel
B. Parafuso de trava do anel
C. Parafuso de trava de deslizamento

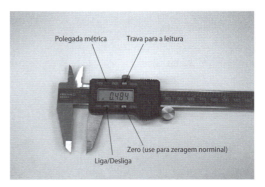

Figura 6-18 Um paquímetro eletrônico tem várias funções de dados.

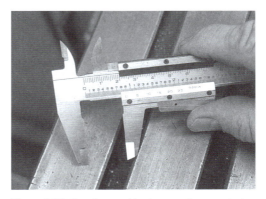

Figura 6-19 Paquímetros Vernier, uma ferramenta de medição mais antiga, porém útil em lugares apertados, por ser compacta.

D. Sonda de profundidade
E. Linha de indexação
F. Roda de movimento fino com o polegar

Em tipos eletrônicos, você verá:

A. Botão liga/desliga
B. Trava de deslizamento
C. Sonda de profundidade
D. Botão de seleção métrica/imperial
E. Porta-dados (opcional)
F. Botão de posicionamento zero

Os tipos Vernier mostrarão:

A. Escala Vernier
B. Escala Imperial, geralmente a escala inferior, nos Estados Unidos

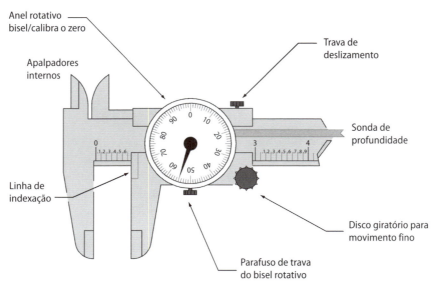

Figura 6-20 As partes de um paquímetro de mostrador.

C. Escala métrica, a escala superior
D. Linha de indexação (mostra a posição do apalpador em relação à régua)
E. Trava de deslizamento

Mostrador de zeragem ou paquímetros digitais

Após a limpeza dos apalpadores, use o disco de movimento fino para fechá-los com uma pressão que você sente que é correta. Esta deve ser uma força de menos de meia libra (um quarto de quilo). Em seguida, certifique-se de que o mostrador digital ou o mostrador esteja zerado; se não, volte e verifique a limpeza dos apalpadores (Figura 6-21). Se estiverem limpos, feche-os novamente e gire o anel do bisel externo ou, no caso de ferramentas eletrônicas, aperte o botão de zeragem, de modo que o paquímetro seja zerado com a sua força.

Faixas no mostrador do paquímetro Paquímetros usando mostradores mecânicos (Figura 6-22) são fornecidos em uma das duas faixas de marcação possíveis: 0,100 pol. por volta do ponteiro ou 0,200 polegada por volta do ponteiro. O mostrador de 0,100 pol. é um pouco melhor, devido aos números expandidos no mostrador. Isso é denomina-

Figura 6-21 Para limpar os apalpadores do paquímetro, feche-os em um papel e deslize-o para fora.

do **discriminação** da ferramenta. A melhor discriminação do mostrador de 0,100 polegada auxilia a precisão.

Leitura do paquímetro com relógio analógico É rápido aprender a interpretar os números neste paquímetro, e mais fácil ainda ler nos tipos eletrônicos. Veja se você pode ler o paquímetro usando o mostrador ampliado da Figura 6-23.

No paquímetro da Figura 6-23, a linha indicadora está entre 0,6 e 0,7 na escala horizontal. O mostrador

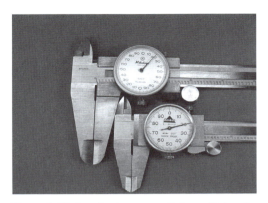

Figura 6-22 Paquímetros com relógio analógico são fornecidos em duas faixas.

Respostas:
Figura 6-24 = 1,238 pol.
Figura 6-25 = 3,192 pol.
Figura 6-26 = 9,815 pol.

Ponto-chave:
Observe que todas as três funções – externa, interna e sonda de profundidade – estão na mesma leitura ao mesmo tempo. Paquímetros modernos que desempenham esses três modos de ação são conhecidos como paquímetros de *apalpador deslocado*.

indica 0,055 (o indicador não passou de uma polegada cheia até o momento). O total é de 0,655 pol. Agora pegue o seu paquímetro e ajuste em 0,655 pol.

Em tipos de mostrador, a primeira polegada completa e os incrementos de 0,100 pol. são notados na régua horizontal, na linha indicadora. A marcação no mostrador ou o valor Vernier é adicionado a ela. Agora leia os três paquímetros mostrados nas Figuras 6-24, 6-25 e 6-26.

Ferramenta básica 3 – Micrômetros externos

Micrômetros são ferramentas comerciais básicas usadas como marca do ofício. Às vezes, eles são formalmente chamados de calibradores micrométricos, mas mais frequentemente de *mics* (soa como maikes) no jargão do comércio. O menor, o mic de 0 a 1 polegada, e o tamanho seguinte, o mic de 1 a

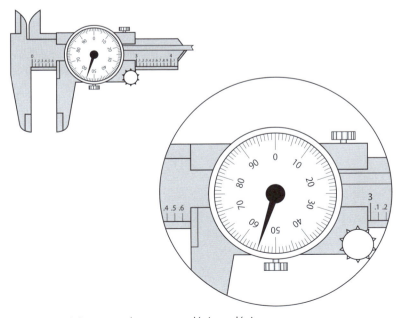

Figura 6-23 Leia esta posição no paquímetro com relógio analógico.

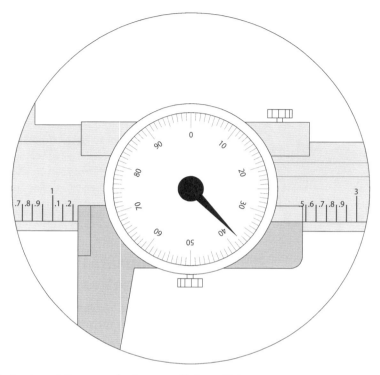

Figura 6-24 Leia esta posição no paquímetro com relógio analógico.

Figura 6-25 Leia este ajuste no paquímetro.

Figura 6-26 Leia este paquímetro.

2 polegadas, são prioridade 1 de compra, sendo o mic de 3 polegadas prioridade 1 ou 2, dependendo do seu orçamento. Além disso, todos os outros são prioridade 2 ou 3 para a caixa de ferramentas de um principiante.

Micrômetros são divididos em três tipos gerais: externo, interno e de profundidade. Cada um possui uma função separada no paquímetro com relógio, mas, para melhor resolução e menor imprecisão, eles são de 10 a 20 vezes mais precisos que os paquímetros. Os micrômetros estudados nesta unidade são os do tipo externo. A Figura 6-27 mostra os tipos básicos de micrômetros mecânicos, enquanto a Figura 6-28 apresenta uma versão eletrônica de leitura direta. Os mics internos e de profundidade serão estudados no Capítulo 7.

Micrômetros especializados

Há muitos tipos específicos de micrômetros que não vamos estudar nesta unidade. Por exemplo, a Figura 6-29 mostra um micrômetro eletrônico de rosca. Na indústria, os micrômetros especiais são usados para medir sulcos profundos, e aqueles com arcos muito profundos, para medir espessuras. Depois de aprender o básico de micrômetros, será fácil adaptar-se aos micrômetros especializados quando encontrá-los no trabalho.

Figura 6-27 Micrômetros de zero a três polegadas normalmente são de propriedade do operador.

> **Conversa de chão de fábrica**
>
> **Precisão absoluta e faixa de certeza** À medida que você segue as experiências fornecidas aqui, trabalhando com outros estudantes e comparando os resultados, verá alguma variação entre vocês quanto ao tamanho de qualquer elemento individual. Isso é normal e é causado por muitos fatores. E ainda tem um nome: o *princípio da incerteza*. A incerteza se estende a todos os ramos da ciência quando a medição de qualquer quantidade é necessária. Embora o maior contribuinte para a discordância seja o fator humano, a cada processo de medição ocorre alguma variação.
>
> Mesmo as melhores máquinas de medição coordenadas por computadores (MMC) não são absolutas. Mas o caminho é sempre encontrar um processo melhor que tenha menos variação. Como a compreensão da metrologia melhora juntamente com as habilidades, seu grupo de experimentos deve apresentar uma variação cada vez menor entre vocês. Este é um excelente indicador de melhoria. Estreite a diferença entre os membros do grupo como se fosse um jogo. Testem-se sempre que possível para avaliar quais de vocês podem chegar o mais perto da concordância perfeita. Experimente isso, vai melhorar suas habilidades; depois, desafie outros estudantes.

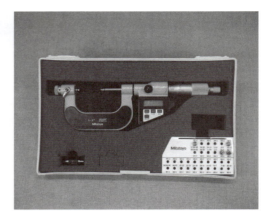

Figura 6-29 Um conjunto de micrômetros de roscas.

Não vamos estudar a leitura de micrômetros eletrônicos (Figura 6-28), pois não há praticamente exigência alguma além do que você vai aprender usando os tipos mecânicos. A obtenção da sensibilidade correta e do alinhamento são os reais desafios de habilidade e permanecem os mesmos para todos os micrômetros, não importa sua construção.

Especificações técnicas para micrômetros externos

Aplicação correta Micrômetros externos são usados para medir espessura e diâmetro. As tolerâncias abaixo de 0,002 polegada requerem micrômetros. Eles também são usados para medir e calibrar outros instrumentos de medição, como calibres para furos pequenos ou paralelos ajustáveis (Capítulo 7).

Repetibilidade-alvo
Micrômetros em polegadas
Escala Vernier   0,0001 – 0,0002 pol.
Sem Vernier   0,001 pol. a ≈ 0,0005 pol. por estimativa

Micrômetros em metros
Escala Vernier   0,001 – 0,002 mm
Sem Vernier   0,01 mm a ≈ 0,005 mm por estimativa

Controle de imprecisões Os cinco fatores para os micrômetros externos são calibração, sensibilidade, sujeira, rebarbas e alinhamento. Desgaste e

Figura 6-28 Tanto os micrômetros eletrônicos como os de leitura direta são fáceis de usar e calibrar.

danos também podem ser problemas, e paralaxe pode afetar os resultados. Use o método de agitação/nulo para chegar ao alinhamento correto, como é descrito a seguir.

Após limpar as faces de medição, como mostra a Figura 6-30, mantenha o micrômetro, como na Figura 6-31, com uma mão; em seguida movimente-o cada vez menos, para obter a menor leitura possível – os movimentos são descritos como agitações. O micrômetro vai parar de mudar de valor quando atingir o valor mais baixo possível, chamado de *nulo*. Usaremos o conceito de nulo muitas vezes na medição e para configurações da máquina.

Para evitar um aperto excessivo, use a catraca do micrômetro para desenvolver sua própria sensibilidade. Paralaxe e calor na ferramenta podem ser fatores de imprecisão, mas em menor grau do que o alinhamento e a sensibilidade.

Leitura de um micrômetro

Por favor, obtenha um micrômetro e verifique as suas características à medida que prosseguimos com as explicações e atividades.

A *posição da mão* é importante para permitir o controle total de todas as funções do micrômetro, com o mínimo de perturbações nas medições, e para obter o alinhamento correto. A posição é diferente para micrômetros externos pequenos e grandes. Os micrômetros de pequeno porte, com cerca de até quatro polegadas são segurados e alinhados com apenas uma mão, como na Figura 6-31. Isso permite movimentá-lo enquanto você controla a catraca/acionador e o travamento da haste.

Antes de medir, é fundamental que a calibração seja verificada e que as faces que realizam a medição (pontas) estejam bem limpas. Sempre verifique também se há sujeira no ambiente de trabalho.

A catraca/acionador é usada para regular a quantidade máxima de força que deve haver sobre o objeto a ser medido. Acionadores por atrito são fornecidos em duas formas: uma catraca na extremidade do micrômetro ou um tambor de atrito. O último é a melhor solução, porque é fácil de manusear. Verifique a Figura 6-34 para esses termos do micrômetro.

Unidades de atrito ou catraca reduzem a variação onde vários operadores de máquinas devem compartilhar a mesma ferramenta. Elas também são úteis para aprender sobre a sensibilidade. Mas a maioria dos mecânicos não usa o controle de pressão depois que se acostumam com o seu próprio micrômetro.

Olhe para os micrômetros de estudo em seu laboratório. Que tipo de unidades de pressão eles possuem? Observe o dispositivo de travamento. Existem dois tipos comuns: a alavanca e o anel giratório.

Agora segure o micrômetro como na Figura 6-31, ou Figura 6-32 se for um micrômetro de grande porte, e verifique se você pode girar o tambor e alcançar a trava e o controle de pressão com o polegar. Você pode não conseguir alcançar o tipo catraca sem mover sua mão. Se isso ocorrer, tente obter a sensibilidade da ferramenta.

Características de precisão para micrômetros

Quando for comprar um micrômetro, verifique as seguintes características (veja a Figura 6-33). Por favor, examine o micrômetro de um estudante ou o seu próprio à medida que prosseguimos com as explicações.

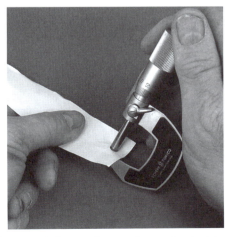

Figura 6-30 Sempre limpe as faces antes de obter uma medida crítica.

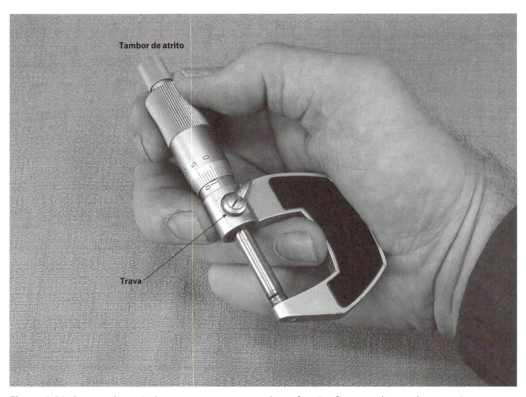

Figura 6-31 Segurando o micrômetro corretamente, todas as funções ficam ao alcance de uma mão.

1. Pontas de carboneto – olhe atentamente para as pontas da haste e do arco. Há uma ligeira mudança para um metal de cor mais escura. Essas são as pontas de carboneto duro para resistência ao desgaste.

2. Olhe o cilindro. Existe uma escala decimal? Deve haver 10 linhas numeradas paralelas à linha indicadora no cilindro.

3. Isolamento do calor das mãos – Ambos os lados da moldura são isolados com uma almofada de

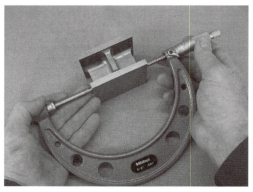

Figura 6-32 Este é o método correto de segurar um micrômetro de grande porte.

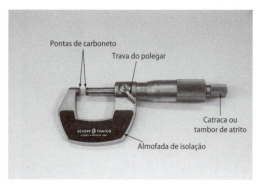

Figura 6-33 Os elementos padrões de um micrômetro.

plástico rígido, onde ocorre grande parte do contato da palma da mão com a moldura. Isso evita a transferência de calor para a moldura.

4. Em um ambiente limpo, desenrosque o tambor até as partes internas estarem visíveis. Observe o desgaste e a folga da porca de ajuste no cilindro. Isso não faz parte da calibração normal e é ajustado apenas após um longo período de tempo. Aviso: tenha cuidado para não permitir que entre sujeira nas roscas de precisão quando o micrômetro estiver sendo fechado!

5. Será que ele tem uma boa caixa de proteção? Deveria. Se não tiver, certifique-se de que está bem protegido em uma gaveta na caixa de ferramentas, quando não estiver em uso.

> **Dica da área:**
> **Cuidado!** Nunca zere o micrômetro quando for guardá-lo. Se for deixado fechado na gaveta ou em uma caixa de ferramentas, por qualquer período de tempo, o micrômetro da Figura 6-34 começará a mudar de forma. Isso tende a curvar a estrutura ao longo do tempo.

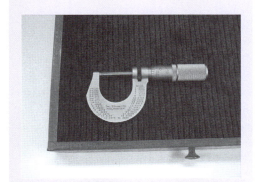

Figura 6-34 Nunca feche um micrômetro de 1 pol. ao guardá-lo! Isso causará danos.

Desenvolvendo habilidades no micrômetro

Primeiro, aprenderemos a ler o micrômetro, depois faremos algumas medições práticas. Lembre que a melhor repetibilidade resulta do reconhecimento e do controle dos fatores de imprecisão.

Leitura de um micrômetro imperial (polegadas)

O micrômetro mostrado na Figura 6-35 lê 0,475 pol. Observe a linha paralela ao eixo do cilindro. Esta é a linha indicadora, o local onde se lê a medição. Identifique a linha indicadora em seu micrômetro e, em seguida, posicione-a para a mesma leitura. Ao fazer isso, observe que o espaçamento se abre entre as pontas, 0,025 polegada para cada volta completada, e que o tambor é dividido em 25 partes. Cada linha do tambor representa 0,001 pol.

Agora leia o micrômetro da Figura 6-36. Esta ilustração mostra 0,785 milésimo. Primeiro, a graduação 0,700 pol. é descoberta ao longo da linha indicadora. Em seguida, três voltas de 0,025 pol. são visualizadas, 0,775 pol. Finalmente, o tambor é girado 0,010 pol. adicional.

Posicione o micrômetro de estudo para os números seguintes e, em seguida, olhe as Figuras 6-37 e 6-38 e veja os exemplos.

A. 0,555
B. 0,840 (Note que o número 15 está alinhado com o indicador para criar os 40 milésimos.)

Leitura da escala décimo-milesimal Vernier

Para realizar este exercício, obtenha um micrômetro Vernier como o da Figura 6-39. Um micrômetro Vernier apresenta 10 linhas numeradas, paralelas à linha indicadora no cilindro. Ela subdivide cada milésimo em 10 partes de 0,0001 polegada.

Posicione seu micrômetro para qualquer número, por exemplo, 0,637 pol. Quando for girar o tambor, observe que o valor de 0,637 polegada será ultrapassado e será possível estimar quantos décimos irá além. A **escala Vernier** fornece uma leitura exata na casa dos milésimos. Posicione o micrômetro para cerca de quatro décimos do percurso entre 0,637 e 0,638 polegada (0,6374).

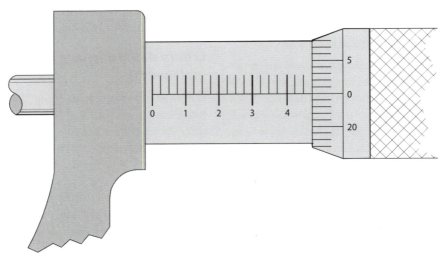

Figura 6-35 Leia este micrômetro.

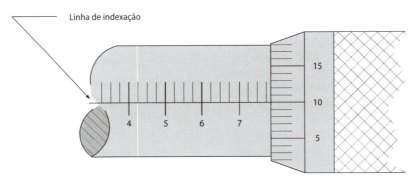

Figura 6-36 Leia esta medida.

Incline o micrômetro para cima e observe as linhas paralelas à linha indicadora ao longo do cilindro, iniciando em zero e terminando em nove. Essas são as linhas Vernier. (Algumas escalas iniciam e terminam em zero.) Encontre a linha Vernier que melhor corresponda à sua linha sobre o tambor do micrômetro. O número na extremidade da linha Vernier indica quantos décimos (de milésimos) o tambor foi girado além de um milésimo específico.

Leia o micrômetro da Figura 6-40. Observe que no desenho é como se a escala Vernier estivesse deitada; somente a linha Vernier de número 3 corresponde exatamente a uma linha no tambor. Posicione seu micrômetro para esta posição.

Posicione o seu micrômetro para os tamanhos a seguir. Lembre-se: em primeiro lugar, posicione o tambor no milésimo correto e estime os décimos;

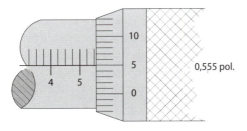

Figura 6-37 Leitura: 0,555 pol.

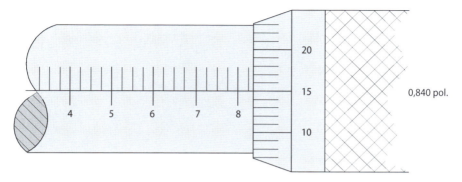

Figura 6-38 Leitura: 0,840 pol.

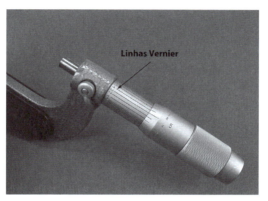

Figura 6-39 A escala Vernier está em torno do cilindro.

em seguida, incline-o para cima para ver a escala Vernier. Agora gire o tambor apenas um pouco mais, até que a linha correta Vernier numerada no cilindro coincida com uma linha do tambor.

1. 0,4477 pol.? Veja a Figura 6-41 para a primeira resposta.
2. 0,3689 pol.? Verifique com seu instrutor este e o próximo.
3. 0,3333 pol.?

> **Ponto-chave:**
> Para obter décimos, leia os números pequenos em torno do cilindro, na extremidade das linhas Vernier. Não use os números do tambor para esta função.

Padrão para melhoria

Micrômetros de papel como os que temos visto aqui só podem treiná-lo para ler a escala do micrômetro. Agora é hora de usar o micrômetro em situações reais de medição. Lembre-se: o objetivo é obter resultados consistentes que estão dentro da repetibilidade esperada para a ferramenta. Isso requer prática.

Melhorar a habilidade com todas as ferramentas de medição é um processo que requer cinco fases:

1. *Meça* um ou mais objetos (de tamanho desconhecido, para evitar tendências).
2. *Compare* seus resultados com a melhor resposta disponível do tamanho verdadeiro.

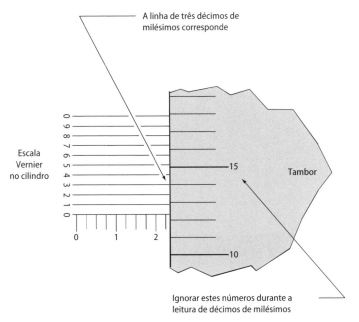

Figura 6-40 O micrômetro em 0,2377 pol.

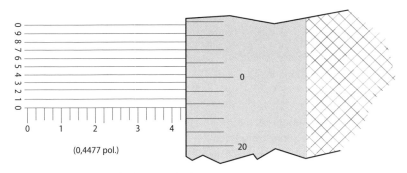

Figura 6-41 A escala Vernier estará do lado do cilindro.

As melhores são blocos de gabaritos (Capítulo 7) ou padrões, ou itens preparados com as respostas.

A segunda melhor resposta é escolher uma pessoa mais qualificada para realizar a medição.

O terceiro método é realizar a mesma medição com uma ferramenta ou processo melhor.

A última alternativa é comparar seus resultados com aqueles de outros dois de mesmo nível de habilidade, mas isso pode causar um problema potencial.

3. *Determine tendências.* Será que você tende a cometer um erro consistente? Para mais, como 0,003 polegada, ou para menos repetidamente.

4. *Corrija* o problema (menor pressão, alinhamento maior e melhor e assim por diante). Peça para seu instrutor lhe mostrar maneiras de alinhar a ferramenta para a medição.

5. *Tente novamente.*

Seu instrutor pode ter uma atividade planejada com objetos e uma folha de respostas. Se não, façam testes uns contra os outros. Faça um desafio de precisão entre você e seus colegas.

Zerando o erro do indicador antes da medição

> **Conversa de chão de fábrica**
>
> **Cuidado!** Um lembrete: zerar o equipamento pode não ser permitido para seu nível de formação ou até mesmo para iniciantes na indústria, onde especialistas executam tal tarefa. Pergunte sobre a política da oficina.

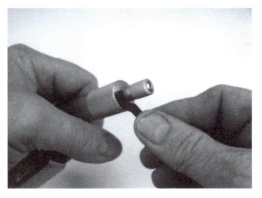

Figura 6-42 Calibração em um padrão.

Antes de medir com um micrômetro é importante testar a sensibilidade e o indicador no zero. Primeiro limpe as duas pontas de medição com um lenço de papel limpo ou um limpador sem fiapos. Esses atos, por si sós, evitam erros na medição. Em seguida, feche o mic em zero ou em um padrão igual ao menor valor do micrômetro. Por exemplo, para verificar a sensibilidade e o zero de um mic de 3 a 4 polegadas, use um padrão de 3,000 pol.

Se o mic lê zero em uma pressão que você sente que esteja correta, prossiga usando-a. Se não, é hora de realinhar o micrômetro. Realinhar o índice zero requer mover o tambor em relação ao cilindro – apenas o suficiente para que ele leia zero quando fechado com a pressão correta, na sua posição zero verdadeira (ou em seu valor mais baixo, para micrômetros com mais de 1 pol.). A tarefa exige afrouxar, mas não desconectar o eixo do tambor. O tambor numerado é então ajustado para indicar zero quando as pontas limpas são fechadas com a pressão correta. Após o ajuste, o tambor é rebloqueado no lugar.

Perceba que muitas vezes será necessário fazer esta operação mais de uma vez, pois a operação de travamento perturba o ajuste. Sempre verifique a calibração depois de bloquear o micrômetro (veja a Figura 6-42).

Se for permitido, primeiro treine com um micrômetro de 1 polegada e, em seguida, em um micrômetro maior, utilizando um padrão. Existem dois métodos para liberar o tambor do eixo:

- eixo reto – parafuso de ajuste;
- eixo cônico – autorretenção.

O tipo de parafuso de ajuste não requer qualquer instrução. Se for um cone de autorretenção, é necessária uma chave de boca especial (Figura 6-43). Depois de soltar cerca de um quarto de volta, toque no tambor com uma chave de fenda ou algum outro material firme não metálico para romper a união cônica. Peça ao seu instrutor ou a um operador de máquinas para demonstrar esta ação.

Lendo um micrômetro métrico

Verifique com seu instrutor antes de estudar as seguintes informações sobre micrômetros métricos. Para manter-se focado em ferramentas imperiais, você pode avançar e, em seguida, retornar aqui. A medição métrica é muito importante na eco-

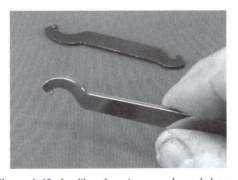

Figura 6-43 A calibração exige uma chave de boca especial para desbloquear e bloquear novamente o dedal.

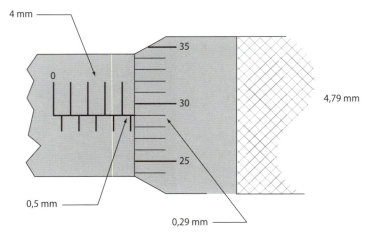

Figura 6-44 Micrômetro métrico lendo 4,79 mm.

Conversa de chão de fábrica

Micrômetros métricos Vernier Micrômetros métricos também são fornecidos com divisores Vernier. Eles leem até 0,001 mm, o que é cerca de duas vezes mais preciso em comparação com a resolução de um micrômetro imperial usando a escala Vernier.

nomia mundial. No entanto, esta habilidade pode não ser necessária neste momento. Tal como acontece com todos os dispositivos métricos, essas ferramentas de medição são fáceis de entender. A linha indicadora é graduada em milímetros inteiros acima e em meio milímetro abaixo.

O tambor é dividido em 50 partes; assim, cada parte equivale a 0,01 mm. Para ler o micrômetro, adicione o milímetro descoberto inteiro e o meio milímetro na linha indicadora aos centésimos sobre o tambor.

Ponto-chave:
Cada rotação completa do tambor abre meio milímetro.

Na Figura 6-44, lê-se 4,79 mm – 4 mm inteiros, mais um acréscimo de 0,5 de graduação, mais 0,29 do tambor. Agora leia os micrômetros métricos mostrados nas Figuras 6-45 até 6-48.

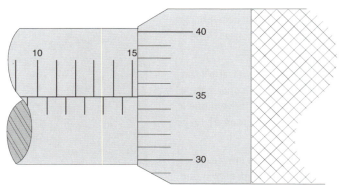

Figura 6-45 Leitura 15,35 mm.

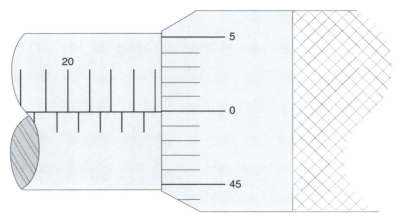

Figura 6-46 Leitura 24,50 mm.

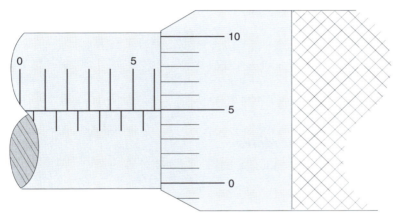

Figura 6-47 Micrômetro métrico lendo 6,05 mm.

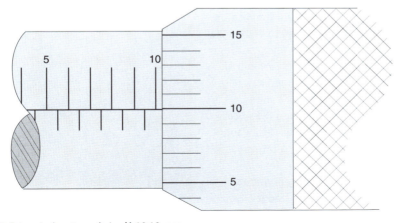

Figura 6-48 Este micrômetro métrico lê 10,10 mm.

Respostas:

1. Figura 6-45 lê 15,35 mm.
2. Figura 6-46 lê 24,50 mm.
3. Figura 6-47 lê 6,05 mm.
4. Figura 6-48 lê 10,10 mm.

Ferramenta básica 4 – Medidores de altura

Medidores de altura são ferramentas que possuem duplo propósito, sendo utilizadas tanto para medição como para traçagem. Traçagem é uma atividade anterior à usinagem ensinada no Capítulo 8. Aqui nos concentraremos em suas muitas aplicações de medição. Eles medem a partir de uma superfície referencial plana, como um desempeno de granito ou a mesa de uma fresadora.

Medidores de altura são prioridade 3 ou, talvez, prioridade 2 para compra, em alguns casos raros quando o trabalho exige o uso constante desta ferramenta. Devido ao seu alto custo, geralmente são fornecidos pela fábrica.

Riscadores e nexos de indicadores

Os medidores de altura são utilizados de duas maneiras:

- Com um riscador, como uma sonda sensível ao toque. Na Figura 6-49, o operador mede a altura do apoio de uma morsa. Para realizar esta tarefa, ele tem de calibrar a altura do riscador para ler zero no apoio da morsa, antes de posicionar e usinar a peça. A mesa da máquina cria um plano de referência, mas o apoio da morsa é calibrado para estar na altura zero acima do referencial. A altura da peça é lida diretamente no medidor de altura.
- Usando um mostrador (Figura 6-50), como uma sonda que é mais sensível ao toque para melhorar a precisão – o processo anterior elimina problemas de sensibilidade, mas não pode alcançar lugares onde a sonda pode. Na Figura 6-51, o mostrador é zerado na peça da Figura 6-49. A seguir, vamos estudar os mostradores.

Figura 6-49 Um riscador pode ser usado como uma sonda de medição no medidor de altura.

Figura 6-50 Um mostrador é montado neste medidor de altura.

Figura 6-51 O mostrador pode ser usado para medir a altura da peça.

Leitura de um medidor de altura Vernier

É possível encontrar três tipos de medidores de altura na indústria: Vernier, de mostrador e eletrônico. Ao contrário dos paquímetros, o alto custo inicial dos medidores de altura Vernier significa que eles devem ser usados por algum tempo. Uma vez que a aplicação e a leitura de medidores eletrônicos de altura requer menos treinamento em relação aos tipos de mostrador ou Vernier, concentraremos nossos esforços nos tipos Vernier. A técnica real não está em lê-los, mas em usá-los.

Política de fábrica para medidores de altura eletrônicos

Sua fábrica pode ou não ter uma regra sobre manter os medidores de altura eletrônicos longe da área das máquinas. Versões mecânicas são sempre permitidas nas máquinas em que cavacos quentes e fluidos refrigeradores estejam presentes. Mas, em algumas fábricas, as versões eletrônicas são reservadas para as mesas de traçagem/inspeção. Hoje em dia, porém, as versões industriais reforçadas dos medidores eletrônicos são capazes de resistir a este ataque. O medidor de altura eletrônico adiciona flexibilidade na manipulação de dados, especialmente com zero nominal, como mostra a Figura 6-49.

Um medidor de altura (Figura 6-52) mede distâncias acima de uma superfície de referência – a superfície plana na qual ele está fixado. Em termos simples, ele é uma régua de precisão na posição vertical sobre uma base resistente. Poderíamos anexar uma face deslizante reta como uma sonda e ler sua intersecção com a régua vertical. No entanto, usando este medidor de altura simplificado, a melhor repetibilidade seria apenas ligeiramente melhor do que nas réguas graduadas.

Compreendendo o conceito Vernier

Escalas Vernier são dispositivos baseados em matemática que dividem graduações de uma régua em partes mais finas do que podem ser vistas ou estimadas com o olho. Elas melhoram a precisão de

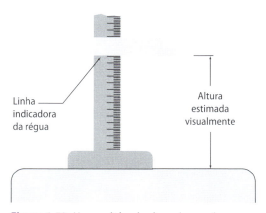

Figura 6-52 Um medidor de altura é uma régua na posição vertical com um ponteiro.

qualquer ferramenta à qual foram adicionadas várias vezes. Quando o conceito Vernier estiver conhecido, transferi-lo para uma nova ferramenta que o utiliza torna-se muito mais fácil. Vimos um tipo nos micrômetros, mas um medidor de altura é um bom lugar para aprender este princípio.

As divisões Vernier são ligeiramente menores Quando utilizadas para medir distâncias, as divisões Vernier nos permitem criar uma ferramenta com resolução de 0,001 pol. sem realmente dividir a régua em mil partes. O segredo está em um conceito chamado de colinearização, ou seja, é possível dizer quando duas linhas coincidem (alinhar para se tornar **colinear**) melhor do que podemos ler nas graduações. Você viu isso na escala Vernier em micrômetros.

A escala Vernier linear é dividida de forma que cada graduação é 0,001 polegada mais curta do que as graduações da régua. Cada vez que uma linha Vernier coincide com uma linha da régua, o Vernier movimenta 0,001 pol. Portanto, se o Vernier é colinear com a régua na sexta linha, ele passou seis milésimos além do zero.

Em primeiro lugar, leia a ferramenta aproximadamente (Figura 6-53). A linha indicadora aponta um pouco além da linha de 0,200 pol. na régua. Estimar a resposta ajuda a evitar grandes erros. Em seguida, a posição real do índice é determinada pela contagem de linhas Vernier até encontrar o par colinear.

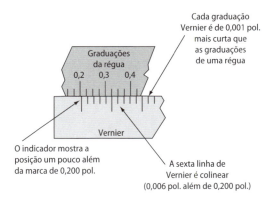

Figura 6-53 Visualização de detalhes no Vernier em 0,206 pol.

Este Vernier lê 0,206 pol. Esta leitura pode ser ou em um medidor de altura ou em um paquímetro.

> **Ponto-chave:**
> Nesta escala linear, as graduações Vernier são exatamente 0,001 polegada menor que as graduações de uma régua. Mas poderiam ser divididas em muitas outras graduações em outros instrumentos.

Existem dois conjuntos medidores de altura Vernier imperiais comuns:

A régua é graduada em espaços de 0,025 pol.

A régua é graduada em espaços de 0,050 pol.

Leva um instante para determinar qual é qual, olhando para a régua a escala Vernier em seu medidor de altura. Tente você mesmo. Leia o calibrador de altura na Figura 6-54. A resposta e instruções vêm em seguida.

A régua da Figura 6-54 é graduada com linhas de 0,050 pol. Em primeiro lugar, adicione as polegadas inteiras mais as graduações centesimais que passaram. Na ilustração, 4 pol. mais 6 linhas de centésimos de milésimos completas, mais uma linha de cinquenta milésimos = 4,650 pol. (largura total).

Adicione a isso a distância Vernier de 0,006 milésimo = 4,656 pol.

Elementos de precisão – Medidores de altura Vernier

Reserve alguns momentos para ir para ao laboratório e localizar os seguintes elementos em um medidor de altura real. Compare as fotos nas Figuras 6-51 ou 6-55 com o seu medidor de altura, se disponível. Haverá diferenças dependendo do tipo: de mostrador, Vernier ou eletrônico.

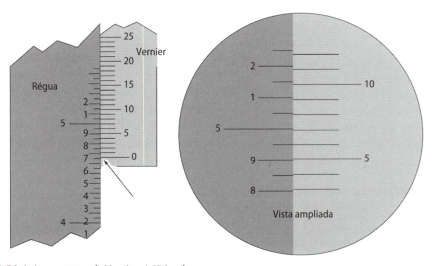

Figura 6-54 Leitura em escala Vernier: 4,656 pol.

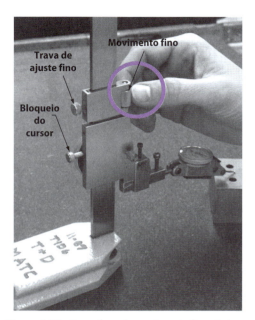

Figura 6-55 O parafuso de movimento fino ajuda no ajuste final do cursor.

1. *Parafuso de movimento fino*. Ele fica geralmente na parte de trás ou na lateral e consiste em um cursor com uma trava e um parafuso de movimento acoplado ao cursor Vernier (Figura 6-55). Todos os medidores de altura têm um método para mover o cursor e o sensor com precisão maior que o movimento manual.

2. *Trava de calibração e parafuso de ajuste* (tipos Vernier). Muitos, mas não todos, os medidores de altura têm alguma forma de calibrar o medidor de altura para zero. No medidor de altura Vernier, isso é feito movendo-se a régua relativamente ao corpo vertical. Aqui é onde os medidores de altura eletrônicos são claramente melhores, uma vez que se pode zerar em qualquer lugar na escala pressionando apenas um botão! Alguns medidores de altura têm um pequeno intervalo para calibração e ajuste, enquanto outros permitem uma longa série de posições de calibração. Verifique se o seu medidor de altura tem essa capacidade.

3. *Parafuso de bloqueio do cursor*. Bloqueia o cursor e os anexos para a posição, uma vez que são posicionados (todos os tipos).

4. O mais importante, a *linha indicadora*. Encontrada na maioria dos medidores de altura, essa linha aponta para a posição exata da ferramenta sobre a régua. Para evitar erros, sempre estime a posição usando a linha indicadora na régua antes de ler um Vernier (Figura 6-56).

Dica da área:

Apalpador de papel para melhorar a imprecisão na sensibilidade Operadores de máquinas frequentemente precisam fazer a medição em um calibre de altura por falta de um micrômetro com a mesma faixa de tamanho. Ao usar um riscador como um sensor, o problema é saber quando o riscador encostará na superfície em questão – e isso nem sempre é fácil de dizer. Muitas vezes pressionamos demais, perdendo, assim, a precisão.

Para ajudar a controlar este fator, use um medidor de folga ou uma folha de papel de espessura conhecida como medidor de sensibilidade entre a parte e o riscador (Figura 6-57). Puxe-o para dentro e para fora da zona de toque, enquanto lentamente aproxima o riscador em direção à superfície, até o papel arrastar. Esse é o toque de leve! Depois de bloquear o parafuso do sensor e ler o medidor de altura, não se esqueça de deduzir a espessura do papel do total.

Calibrando o zero do medidor de altura usando um riscador

Na maioria das vezes, o medidor de altura precisa ser zerado quando o riscador toca o referencial onde ele se encontra (Figura 6-58), normalmente um desempeno plano de granito ou uma mesa de máquina. Todos os medidores de altura são zerados da mesma maneira, não importa como eles são construídos. É fácil e rápido, mas você deve estar atento à sujeira e ao fator de sensibilidade discutido na Dica da área anterior. Depois de limpar a

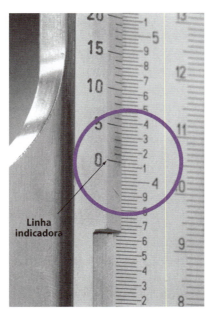

Figura 6-56 Sempre faça a primeira estimativa lendo a posição da linha indicadora sobre a régua.

Figura 6-57 Um apalpador de papel melhora a sensibilidade, mas sua espessura deve ser contabilizada na medição.

mesa e a base do calibrador de altura, abaixe o riscador até tocar a mesa. Quando o riscador estiver bloqueado na superfície da mesa, verifique a leitura – está calibrado? Se não, faça um nova limpeza e tente mais uma vez. Ainda está fora zero? Então desbloqueie a régua vertical do medidor de altura e redefina para ler zero no cursor Vernier, ou vire o anel do mostrador para ler zero.

Mesas de traçagem

Medidores de altura são usados em desempenos de granito especial ou de ferro fundido antigas, também chamadas de placa de superfície (às vezes denominadas mesa de traçagem ou placa de

Figura 6-58 Calibração de riscador pescoço de ganso no zero sobre a mesa de referência.

inspeção). O desempeno de granito é um apetrecho de ultraprecisão e está no centro de precisão de uma fábrica (Figura 6-59). Mesas de traçagem formam o referencial *X-Y* principal para a fábrica.

Embora as mesas de traçagem sejam feitas de vários tipos de granito, o preto é o preferido, porque é o mais estável durante um longo período de tempo. Nos últimos anos, compostos feitos de lascas de granito e resinas plásticas ganharam popularidade também. Uma vez que o granito é mais duro do que as ferramentas que deslizam sobre ele, sua superfície deve durar indefinidamente se for tratada de maneira adequada! Aqui estão algumas práticas profissionais a serem aprendidas no tratamento da mesa. A compreensão dessas regras é essencial em qualquer oficina de usinagem:

1. **Evitar a contaminação**
   Limpe seu objeto de trabalho antes de tocar na mesa. Nunca posicione peças sujas em cima da mesa. Evite apoiar as mãos ou os braços na superfície também. O óleo em sua pele fará as ferramentas rasparem quando movidas. Lave as mãos antes, para remover óleos. Ao utilizá-la, sempre limpe sua superfície antes e durante o uso. Remova a poeira da atmosfera da fábrica o tempo todo. Uma limpeza final com uma mão limpa e livre de óleo é a melhor maneira. Você vai sentir qualquer partícula de sujeira ou lasca.

2. **Elas lascam e quebram!**
   Nunca martele, golpeie ou bata em qualquer objeto na mesa de traçagem. Mova o objeto para uma bancada para este tipo de operação. Observe que algumas fábricas permitem leves marcadores automáticos ou mesmo puncionamento piloto (que serão aprofundados posteriormente usando uma punção de centragem), mas longe da mesa. Algumas fábricas não vão nem mesmo permitir esse risco! Não tente adivinhar, pergunte antes!

3. **Só trabalhe com precisão**
   Use a mesa exclusivamente para traçagens, medição e instalação de acessórios da máquina. Não guarde ou deposite itens não relacionados nela. Muitos fazem uma cobertura que é colocada sobre a mesa quando não está em uso (Figura 6-60).

4. **Cuidados com a mesa**
   Siga as recomendações de fábrica para a limpeza usando solventes livres de resíduos,

Figura 6-59 O desempeno de granito é o referencial principal e a base para a precisão em uma fábrica.

Figura 6-60 Quando não estiver em uso, cubra o desempeno de granito para protegê-la e mantê-la limpa.

como acetona (leia a MSDS para acetona) e panos de fábrica que não soltam fiapos – não use toalhas de papel. Ocasionalmente, use uma esponja com produto de limpeza e um pouco de água ou um limpador específico, seguido por uma limpeza com acetona e uma limpeza final seca, se necessário. Cada fábrica tem sua própria preferência. Cubra a mesa quando estiver limpa, mas não quando em uso, e não coloque nada sobre a capa.

Uma mesa de traçagem bem conservada é prazerosa de usar. Ferramentas de precisão deslizam como se estivessem em tapetes mágicos. Na verdade, certifique-se de segurar as ferramentas de precisão; muitas já sofreram um leve empurrão e caíram no chão do outro lado da mesa, pois, na verdade, não estavam bem seguradas!

Ferramenta básica 5 – Relógios apalpadores

Relógios apalpadores são ferramentas universais de medição. Como tal, um ou mais, juntos com algum tipo de suporte, são prioridades número 1 na compra de um conjunto de ferramentas. Eles são utilizados em toda loja de três maneiras diferentes:

1. **Eixo de controle**
   Nas máquinas, são utilizados para observar os movimentos exatos dos eixos. Normalmente encontram-se em máquinas manuais onde falta um verdadeiro micrômetro de cursor ou de mostrador.

2. **Alinhamento de instalação**
   Para configurar a máquina de acessórios ou alinhar os acessórios, como morsas ligadas à máquina, ou para alinhar uma peça em um mandril ou morsa.

3. **Medida**
   Para melhorar a medição na mesa de inspeção e nas máquinas.

É este aspecto de medição que vamos estudar. Os outros usos serão abordados nas seções de tornos e fresadoras. O relógio apalpador será montado em um medidor de altura.

Dois tipos comuns

Relógios apalpadores com mostrador (muitas vezes abreviados por RAMs) são fornecidos em duas formas básicas: sonda (acima) e telescópio (abaixo na Figura 6-61). As diferenças entre esses dois tipos serão discutidas em breve. Ambos são precisos e delicados e possuem uma aplicação particular: medem em milésimos de polegada ou décimo-milésimo de polegada, dependendo da construção. Os mostradores são graduados com divisões de 0,0001 pol. e são chamados de *relógios decimais* no jargão da fábrica.

Relógios apalpadores telescópicos são mais resistentes e medem maiores intervalos de movimento. Relógios apalpadores de sonda são menores e mais versáteis; assim, podem ser usados em um número maior de aplicações. Usaremos o tipo de sonda para todas as medições com calibrador de altura.

Eles são um instrumento de medição livre de problemas de sensibilidade humana, no entanto, sujeitos a erros de paralaxe e desgaste. Mas a má notícia é que ambos os tipos de indicadores têm seu próprio fator, que estudaremos em detalhe mais tarde. Uma vez compreendido, ele pode ser controlado.

Especificações técnicas para relógios apalpadores

Aplicação correta Tolerâncias de trabalho inferior a 0,001 pol. necessitam de relógios apalpadores.

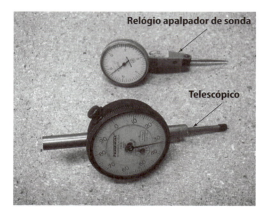

Figura 6-61 Duas espécies de relógios apalpadores – telescópico (abaixo) e tipo sonda (acima).

> **Conversa de chão de fábrica**
>
> **Comprando ferramentas** Aqui vai uma grande dica sobre como começar a comprar seu conjunto de ferramentas: encontre um ferramenteiro ou mecânico aposentado. Muitas vezes, eles ficam felizes ao ver a coleção da sua vida ir para um esperançoso candidato ao ofício. Geralmente a caixa que você vai conseguir está cheia não somente de ferramentas caras de medição, mas de ferramentas de corte e peças coletadas durante muitos anos. Comprei uma caixa de ferramenta completa de um antigo operador quando comecei, e um segundo doou suas ferramentas quando soube o quão sério eu estava levando o negócio! Essa filosofia se encaixa com o que o negociante diz: "consiga de nós suas habilidades de graça, mas, em seguida, devolva-as para a próxima geração".

O relógio decimal (0,0001 pol.) é um dos instrumentos mais precisos no conjunto de ferramentas de um operador de máquinas.

Repetibilidade-alvo A resolução varia de acordo com os indicadores fornecidos com graduação em 0,001 pol., 0,0005 pol. ou 0,0001 pol. A repetibilidade deve estar perto da resolução em razão da inexistência de fatores de imprecisão. Esteja alerta para os erros progressivos e de cosseno especiais (a seguir), que podem degradar os resultados.

Figura 6-62 A barra do relógio apalpador substitui o riscador.

Figura 6-63 Um relógio apalpador montado no fuso em uma fresadora vertical.

Suportes de relógios apalpadores

Todos os relógios apalpadores requerem um dos vários tipos de acessórios para montagem, que fixam por pinça ou magneticamente o relógio apalpador na configuração ou situação de medição. Para o caso de medição, o relógio apalpador deve estar em um medidor de altura usando uma barra de fixação fornecida com o indicador, com o mesmo tamanho do riscador (Figura 6-62).

Para utilizar o seu relógio apalpador enquanto trabalha na área de máquina, um ou dois tipos de suportes serão também prioridades 1 de compra. Dois tipos úteis são mostrados aqui: o grampo de fuso para fresadoras (Figura 6-63) e o suporte magnético utilizado em todas as máquinas (Figura 6-64).

Três métodos de medir distâncias

Este é um exemplo perfeito de escolha que deve ser feita para combinar a tolerância de trabalho com um processo de medição. Apesar de serem realizados com os mesmos três instrumentos – a mesa plana de referência e o calibrador de altura com um relógio apalpador acoplado –, os três diferem muito na distância total que pode ser medida, na repetibilidade esperada devido a diferentes fatores de imprecisão e no tempo necessário para executar a tarefa.

Figura 6-64 A base magnética é útil para a montagem de relógios apalpadores em máquinas.

- Medição com mostrador
- Medição por comparação
- Medição com calibrador de altura graduado

A medição com mostrador é precisa e rápida, mas tem um alcance muito limitado. Em comparação, é o método mais preciso disponível, mas requer tempo para configuração e execução. A medição com calibrador de altura graduado expande o intervalo que pode ser coberto, mas diminui a resolução do processo. À medida que progredimos com novas lições de medição, mais exemplos de como usar as mesmas ferramentas de formas diferentes vão aparecer.

1. **Medição com mostrador**

   Este método indica a distância diretamente na face do mostrador. Portanto, a distância a ser medida deve estar dentro da faixa do relógio apalpador. Aqui, o relógio apalpador é o instrumento de medição calibrado. Na Figura 6-65, o paralelismo está sendo medido. O relógio apalpador é montado no calibrador

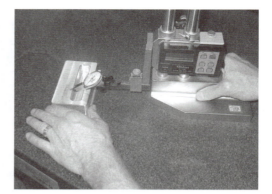

Figura 6-65 Leitura de paralelismo IMT.

de altura e, em seguida, movido sobre toda a superfície superior. A diferença total entre os pontos máximo e mínimo é observada em milésimos de polegada. Qual é o nome para a diferença total?

2. **Medição por comparação**

   O segundo método permite a medição de distâncias maiores além da faixa do relógio apalpador, mas a sua principal vantagem é a exatidão perto da perfeição. Na Figura 6-66, o relógio apalpador é usado como uma ferramenta de transferência para comparar uma peça com um padrão-mestre.

   A dimensão nominal para a bitola da broca (2,5000 pol.) é configurada em blocos padrões

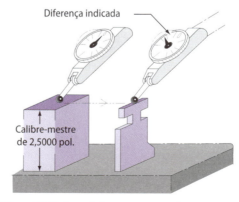

Figura 6-66 A medição por comparação requer um calibre-mestre próximo do tamanho do objeto.

(blocos de aço temperados de tamanho nominal exato, que serão estudados no Capítulo 7). Depois, o relógio apalpador fixado no calibrador de altura é zerado na pilha de blocos assentados na mesa de referência. Em seguida, ele é movido ao longo da superfície da placa sobre a peça em questão. Lá, o relógio apalpador fica aquém do padrão por 0,0053 pol. – o tamanho é de 2,4947 polegadas exatamente.

A diferença na face do mostrador é adicionada ou subtraída do valor-padrão, dependendo se for mais alta ou mais baixa. O resultado será a altura medida com quase nenhuma imprecisão! Livre de alinhamento, sensibilidade e problemas de calibração, este método tem uma precisão de 0,0001 pol., conquanto o indicador seja graduado e o padrão esteja limpo e preciso.

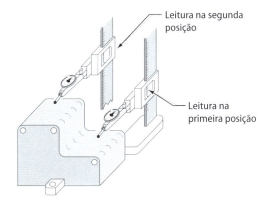

Figura 6-67 Medição utilizando o medidor de altura como instrumento e o relógio apalpador como uma sonda de pressão.

> **Ponto-chave:**
> Exceto pelas MMCs, este é o método de medição mais preciso que você vai aprender neste livro.

3. Medição com calibrador de altura graduado

Aqui, o relógio apalpador é utilizado apenas como uma sonda sensível. A precisão será tão boa quanto a resolução do calibrador de altura, uma vez que estaremos lendo distâncias em sua graduação.

Na Figura 6-67, estamos medindo a altura da caixa de transmissão da prateleira mais baixa até o topo. Primeiro, o calibrador de altura é abaixado até que o indicador esteja em zero na face do mostrador, com cerca de metade de seu deslocamento total. Isso define a quantidade de pressão exercida sobre a superfície. Agora, o calibrador de altura é lido no local da primeira posição ou é redefinido para zero, se for eletrônico.

Puxando suavemente a sonda para fora da superfície para não perturbar a sua posição no calibrador de altura, o cursor é levantado acima da segunda superfície e depois, lentamente, abaixado até chegar novamente ao zero no mostrador (mesma pressão). A posição agora é lida diretamente da leitura do medidor de altura, se for eletrônico. Se for mecânico, a primeira posição é subtraída da atual para obter a altura medida.

Selecionando o calibre-padrão

Para selecionar o padrão, uma estimativa da distância a ser medida é feita por régua, paquímetros, etc., ou o tamanho nominal pode ser tomado a partir da cópia do desenho, como no exemplo. O melhor mestre (Figura 6-68) é escolhido a partir de blocos padrões (a serem estudados no Capítulo 7). Ele deve ser o mais próximo possível do tamanho esperado da peça dentro de um intervalo de 0,010 pol. ou menos.

> **Conversa de chão de fábrica**
> Muitas vezes, os operadores chamam o relógio apalpador de teste apenas de RAT.

> **Ponto-chave:**
> Na Figura 6-67, o relógio apalpador lê zero em ambas as posições, mostrando que a sonda está tocando as duas superfícies com a mesma pressão. A diferença nas duas leituras do medidor de altura fornece a distância medida.

Figura 6-68 Um conjunto de blocos medidores de precisão pode ser usado para medir por comparação.

Comparando relógios apalpadores

Vamos olhar mais de perto os dois tipos mais comuns de relógios apalpadores: sonda de teste e telescópico. Ambos fazem o mesmo trabalho, mas de uma maneira diferente.

Relógio apalpador telescópico ou de êmbolo

Às vezes chamados de indicadores de longo alcance, os RATs são usados nas máquinas para alinhamento e controle axial; também podem ser utilizados para medir, embora sejam um pouco volumosos para a tarefa. O êmbolo se move em linha reta, enquanto o ponteiro rotaciona para indicar a distância total percorrida. São fornecidos em muitas faixas de deslocamento de 0,250 pol. até versões mais especializadas para detectar várias polegadas. O relógio apalpador de curso de 1 polegada é o mais popular. Muitos, mas não todos, os RATs deste tipo apresentam uma volta completa do mostrador igual a 0,100 pol. ou movimento do êmbolo de 4 mm. Alguns deslocam 0,200 pol. por volta do mostrador.

Cada volta única do mostrador principal é chamada de *batida*. Para rastrear o número total de batidas em relógios apalpadores com grande alcance, um segundo mostrador auxiliar é frequentemente incluído. Quando utilizar um relógio apalpador telescópico, leia a etiqueta perto do centro da face para descobrir a resolução e o que uma batida representa. Leia o relógio apalpador mostrado na Figura 6-69. Este relógio apalpador telescópico lê 0,445 polegada (quatro batidas mais 0,045 pol. na face do mostrador). Observe a nota de resolução no centro da face do mostrador.

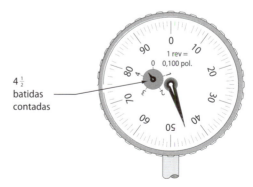

Figura 6-69 Um relógio apalpador telescópico com um contador de batidas.

Introdução à manufatura

248

Controle de erro de cosseno

Relógios apalpadores telescópicos estão sujeitos a um tipo particular de problema, induzido pelo operador, chamado de **erro de cosseno** (Figura 6-70). Isso ocorre devido ao não posicionamento do eixo do êmbolo perpendicularmente à direção na qual será feita a medição. No desenho, observe a distância a ser medida A-B em comparação com a distância detectada pelo indicador B-C. A inclinação do eixo da sonda *amplifica o resultado* para uma falsa largura IMT (indicador de movimento total). Prevenir o erro de cosseno é fácil: se o eixo da sonda estiver visualmente próximo do esquadro em relação ao comprimento medido, os resultados estarão bem próximos da precisão de fábrica.

Relógio apalpador de teste

Em razão de seu particular desafio de precisão, esses pequenos indicadores devem ser limitados ao alcance total de cerca de 0,030 pol. ou 1 mm. Acima disso, eles perdem a funcionalidade.

Por causa de seu tamanho compacto, eles são os mais universais dos dois tipos. Se comprar apenas um relógio apalpador, o de teste deve ser aquele para o seu conjunto, uma vez que pode ser utilizado tanto nas máquinas, para o trabalho de configuração, quanto na bancada de inspeção, para medição. No entanto, possuir os dois tipos deve permanecer como prioridade 1.

> **Ponto-chave:**
> Eles não medem por uma sonda em linha reta, como nos tipos telescópicos, mas pela oscilação da sonda em um arco relativo a um ponto de pivô.

Posição do corpo *versus* posição do sensor

No uso de um relógio apalpador de teste, há duas posições de configuração que devem ser consideradas: os ângulos da sonda e os do corpo. A posição do corpo não é essencial. É ajustada para manter o relógio apalpador fora do caminho da instalação e para posicioná-lo de tal forma que possa ser lido (Figura 6-71).

> **Ponto-chave:**
> O corpo do relógio apalpador de teste pode ser definido em qualquer ângulo conveniente para o trabalho que está sendo testado, com nenhum efeito sobre a precisão.

A posição da sonda é crucial Ajustar o ângulo da sonda em relação à superfície a ser medida é muito importante. Deve ser um ângulo específico, geralmente 18°. No entanto, se for entre 15 e 20°, os resultados serão obtidos com precisão de fábrica. Este ângulo de 18° é verdadeiro para a maioria das

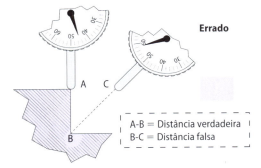

Figura 6-70 O erro de cosseno é causado pela inclinação do indicador.

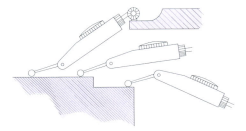

Figura 6-71 A posição do corpo do relógio apalpador não tem efeito sobre as medidas.

marcas (mas não todas) dos relógios apalpadores de testes – conhecido como o seu ângulo básico.

Se não for corretamente posicionado, ocorre uma sutil imprecisão. A leitura resultante será ou ampliada ou reduzida em relação à verdadeira distância, à medida que a sonda se afasta do ângulo básico correto da sonda. Olhe a Figura 6-72, onde a sonda está medindo a partir da superfície superior para a inferior, e veja se você descobre por qual razão o ângulo da sonda deve estar certo. O segredo é que, como os movimentos da sonda são em arco, o engrenamento interno se traduz em milésimos de polegada na face do mostrador. Na verdade, não há arco que seja igual à distância verdadeira a ser medida; no entanto, o movimento desses relógios apalpadores é corrigido internamente para ler dentro das exigências da fábrica quando a sonda é posicionada em aproximadamente 18° em relação à superfície que está sendo testada.

No entanto, o ângulo máximo da sonda no lado esquerdo produz um arco muito maior, pois oscila desde o topo até a superfície inferior. Ele mostra uma falsa distância, maior do que a verdadeira. Por outro lado, se o ângulo da sonda é posicionado muito menos do que 18°, quase paralelo à superfície, o resultado será menor. O efeito é conhecido como **erro progressivo** – quanto maior a distância de oscilação da sonda ao centro do ângulo básico, pior se torna o erro.

Definindo o ângulo básico Embora qualquer mudança no ângulo da sonda afete os resultados, a boa notícia é que o intervalo de 15 a 20° é aceitável, ou mesmo um pouco mais, quando as tolerâncias não são muito apertadas. Agora, você entende por que esses relógios comparadores tipo sonda devem ter uma gama limitada de deslocamento? Caso contrário, uma oscilação maior produziria um erro progressivo muito grande. Tenha em mente que o ângulo do corpo na Figura 6-73 não afeta o resultado – somente o ângulo da sonda importa.

Figura 6-72 Erro progressivo causado por falta de ângulo básico do relógio apalpador.

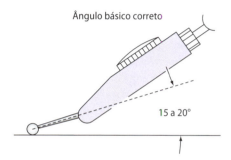

Figura 6-73 O ângulo básico correto para a exatidão.

Dica da área:

Saiba o seu ângulo básico do relógio apalpador Nem todos os relógios apalpadores de teste possuem o ângulo básico de 18°. Há alguns que são compensados para zero grau. Como você sabe? Há três formas possíveis: primeiro, novos relógios apalpadores vêm com um certificado que mostra o ângulo de base; segundo, alguns têm seu ângulo básico gravado no corpo; e terceiro, alguns fabricantes usinam o corpo como um gabarito. Isso não significa ditar como a posição do corpo deve estar, apenas fornece um lembrete visual do tamanho de 18°. Para saber se isso acontece, verifique o corpo com um transferidor! Veja a Figura 6-74.

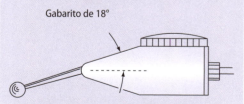

Figura 6-74 Alguns relógios apalpadores apresentam o seu ângulo básico indicado pela forma do corpo.

Revisão da Unidade 6-3

Revise os termos-chave

Colinearidade
Quando duas linhas coincidem (superposição de linha). A forma como uma escala Vernier é lida.

Discriminação
Na medição, capacidade de perceber uma diferença em duas ou mais graduações em uma determinada ferramenta.

Erro de cosseno
Falsas leituras causadas por inclinação do eixo de deslocamento do indicador em relação à direção de medição fazem com que os resultados sejam amplificados.

Erro progressivo
Erro criado pela haste indicadora que oscila em arco enquanto efetua uma leitura linear em milésimos de polegada.

Escala Vernier
Método matemático de aumentar a resolução da ferramenta com a criação de divisões com unidades menores que as graduações existentes.

Zero nominal
Capacidade das ferramentas eletrônicas de definir qualquer ponto como zero; dessa forma, é possível medir uma grande quantidade de peças somente pela leitura da variação.

Reveja os pontos-chave

- Existem dois tipos: êmbolo, também chamado de relógio apalpador telescópico, e relógios de teste.
- Os dois tipos podem apresentar erro devido ao desalinhamento entre o relógio apalpador e a medida a ser tomada.
- Para evitar o erro progressivo, o sensor de teste deve ser posicionado entre 15 e 20° em relação à direção a ser medida.
- Para evitar o erro de cosseno, o tipo de êmbolo deve ter o êmbolo diretamente alinhado com a medida a ser tomada.

Responda

1. Qual é a precisão de leitura que um operador habilitado pode ter utilizando uma régua de precisão?
2. Qual é a tolerância mínima (mais apertada) para que o operador de máquinas abandone seus paquímetros para utilizar micrômetros externos?
3. Por que paquímetros não são usados como ferramentas muito precisas? O que desafia a sua precisão?
4. Se um indicador de deslocamento está inclinado em relação à direção a ser medida, o resultado será uma leitura amplificada. Esta afirmação é verdadeira ou falsa? Se for falsa, o que a tornará verdadeira?
5. O erro descrito na Questão 4 é um erro progressivo. Esta declaração é verdadeira ou falsa? Se for falsa, o que a tornará verdadeira?

REVISÃO DO CAPÍTULO

Unidade 6-1

Um dos erros mais básicos é começar um trabalho sem saber a exatidão das operações futuras. Sem esse conhecimento, o operador pode escolher o processo errado, tanto para moldar a peça quanto para medir as dimensões. Sempre olhe para o desenho visando determinar suas tolerâncias antes de começar o trabalho.

Unidade 6-2

Embora tenhamos discutido muitas maneiras de controlar os resultados e melhorar a repetibilidade pessoal, o processo está apenas começando. Permanecer preciso é um processo que ocorre ao longo da vida, não diferente de tocar um instrumento musical. É necessária prática regular e consciência.

Unidade 6-3

Ensinei usinagem para engenheiros por um ano na Nova Zelândia. No meu primeiro dia na sala de aula, o assistente de laboratório veterano entregou-me um micrômetro e me pediu para "checar para obter a sensibilidade". Depois que o peguei e medi um bloco-padrão, ele disse: "Posso ver que você vai trabalhar muito bem, pela forma como segurou este micrômetro". Sem brincadeira, pequenas coisas como a posição correta da mão mostra que você é um profissional bem treinado.

Questões e problemas

1. Dos quatro tipos de tolerância encontrados em desenhos, *bilateral*, *unilateral*, *em geral* e *limites*, qual:
   A. é indicada como os tamanhos mínimo e máximo?
   B. normalmente não tem tamanho nominal declarado?
   C. é determinada a partir de uma tabela na folha 1 do desenho?
   D. é determinada pela contagem do número de lugares à direita do ponto decimal?
   E. estende-se em uma direção a partir do tamanho nominal? (Obj. 6-1)
2. Um ângulo *prolongado* é dimensionado e tolerado em quais unidades (Obj. 6-1)?
3. Verdadeiro ou falso? Desenvolver a melhor resolução possível para qualquer ferramenta de medição deve ser uma meta pessoal. Se for falso, o que o torna verdadeiro (Obj. 6-2)?
4. Defina o erro de paralaxe em duas palavras (Obj. 6-2).
5. Liste os 10 fatores que podem atrapalhar uma determinada ferramenta de medição (Obj. 6-2).
6. Quais são as vantagens dos paquímetros eletrônicos em comparação com os de mostrador (Objs. 6-2 e 6-3)?
7. Como pode ocorrer um erro de cosseno? (Obj. 6-3)
8. Das três técnicas de medição envolvendo um relógio apalpador de teste e um calibrador de altura,
   A. qual envolve blocos medidores?
   B. qual requer uma tabela de referência?
   C. qual não usa o RAT como uma ferramenta de medição, mas sim como uma sonda de pressão? (Obj. 6-3)
9. O que a catraca em um micrômetro ajuda a evitar?
   (Obj. 6-3).

Questões de pensamento crítico

10. Você tem dois micrômetros na sua caixa de ferramentas, um com uma catraca e outro sem.
    A. Qual seria o mais correto para você utilizar sozinho?
    B. Qual seria o mais preciso quando você e outro operador estão usando juntos? Por quê? (Obj. 6-3)
11. Por que a repetibilidade de um paquímetro de mostrador com graduações de 0,001 pol. pode ser semelhante ao de um paquímetro eletrônico digital que lê incrementos de 0,0005 pol. (Objs. 6-2 e 6-3)?
12. Você deseja obter a dimensão e a tolerância do diâmetro de um furo no qual deve caber um pino de precisão. O projeto pede um ajuste de deslizamento entre o pino e o furo de no mínimo 0,001 pol. de folga entre os dois. Em outras palavras, sob nenhuma circunstância o pino pode estar mais próximo de 0,001 pol. do tamanho do furo, pois ele vai sempre deslizar livremente dentro do furo. Os pinos são fornecidos comercialmente em 0,875 polegada com uma tolerância unilateral garantida de mais 0,000 pol. e menos 0,0005 pol. (mais nada, menos meio milésimo). Você deve permitir três milésimos de variação total do tamanho do furo. Usando uma tolerância bilateral, qual deveria ser o tamanho nominal do furo e sua tolerância (Obj. 6-1)?
13. Explique como o erro progressivo pode ser usado a seu favor. Isso não foi abrangido diretamente na leitura; discuta com outros estudantes (Obj. 6-3). (*Dica*: Reveja os usos de um relógio apalpador na fábrica.)
14. Descreva o princípio sobre o qual se baseiam todas as escalas Vernier (Obj. 6-3). (Não como lê-las, mas como elas funcionam.)
15. Se um micrômetro fosse aquecido acima da temperatura do objeto a ser medido, a medida seria maior ou menor do que a distância verdadeira (Obj. 6-2)?
16. A. Você vai usinar um furo muito preciso. Quais cinco controles o engenheiro pode exigir para este furo (Obj. 6-2)?
    B. Se o desenho utilizar TDG, qual dos cinco exigiria um referencial (Obj. 6-2)?
17. Descreva a zona de tolerância de um ângulo geométrico (Obj. 6-1).
18. Descreva um método para medir um ângulo geométrico usando um transferidor; mencione três fatores (Obj. 6-2).
19. As linhas de graduação no cilindro de um micrômetro métrico representam quanto em distância entre elas (Obj. 6-2)?

Pergunta de CNC

20. Você está fazendo 500 peças em um centro de torneamento de alta velocidade. Devido à sua edição perspicaz do programa, o tempo do ciclo parcial (uma parte concluída) foi reduzido para menos de três minutos! Você está tentando rebarbar as peças à medida que se soltam e empilhá-las cuidadosamente em caixas de ovo, por isso não há muito tempo para medir um diâmetro crítico com uma tolerância de cinco milésimos de polegada. Qual é o método mais rápido de medição que você acha que vai funcionar dentro dessa tolerância?

RESPOSTAS DO CAPÍTULO

Respostas 6-1

1. Calor, desgaste da ferramenta e ações do operador.
2. Faixas indesejáveis, mas necessárias, de variação aceitável para uma dimensão.
3. Falsa. Nominal significa a dimensão-alvo.
4. Limites e tolerâncias gerais.
5. Abaixo do desenho em uma tabela.

Respostas 6-2

1. Falsa (isto é paralaxe).
2. Consciência e tentar não olhar como o ajuste final é feito.
3. Reduzir o calor no processo (melhor solução); calcular o tamanho para a temperatura elevada (requer termômetro).
4.
   A. Meça um objeto que tem um tamanho conhecido, mas desconhecido para você. Em seguida, compare e ajuste a sua tendência.
   B. Compare seus resultados com outro operador que tenha mais habilidade.
   C. Compare seus resultados com outro método que tenha menos imprecisões.
   D. Meça um calibre-padrão e retenha a sensibilidade da ferramenta.
5. Certifique-se de que há uma boa iluminação ou use uma luz portátil. Assuma uma posição confortável para fazer a medição. Use uma lupa, mesmo quando sua visão é boa. Evite sombras. Mova a sua perspectiva para evitar paralaxe. Encontre uma ferramenta ou método diferente.

Respostas 6-3

1. É geralmente seguro que 0,005 pol. seja possível. Observe que alguns sentem que 0,003 pol. é possível, em uma base confiável com uma lupa. (Concordo com isso.)
2. Como as tolerâncias estão abaixo de 0,002 pol., paquímetros não oferecem suficiente repetibilidade.
3. Problemas de sensibilidade e alinhamento.
4. É verdade, as leituras parecem ser maiores do que a realidade.
5. Falsa, isso é um erro de cosseno.

Respostas da revisão do capítulo

1.
   A. Limites.
   B. Limites.
   C. Geral.
   D. Geral.
   E. Unilateral.
2. Unidade em graus tanto para dimensão quanto para tolerância.
3. Falso. Desenvolvimento de repetibilidade é o seu objetivo.
4. Perspectiva errada.
5. Pressão – sensibilidade; alinhamento com o objeto; sujeira e rebarbas; calibração; paralaxe; desgaste da ferramenta; calor; danos à ferramenta – dobradas, arqueadas e assim por diante; ambiente de medição (organização, boa iluminação, conforto, etc.); viés para um resultado.
6. Saída de dados, conversão métrica/Imperial, referencial e zeragem nominal.

7. O erro de cosseno ocorre quando um relógio apalpador do tipo cursor (êmbolo) está inclinado em relação à medição.
8. Das três técnicas de medição envolvendo um relógio apalpador de teste e o calibrador de altura:
   A. A comparação usa blocos medidores.
   B. Todas elas requerem uma tabela de referência.
   C. A escala de medição do calibrador de altura não usa o RAT como uma ferramenta de medição.
9. Força excessiva ou acionamento brusco.
10. A. Para você sozinho, ambos os micrômetros devem ser igualmente precisos, a menos que você seja um iniciante, então a catraca o ajudaria desenvolvendo uma sensação de confiança.
    B. Para dois usuários, o instrumento com catraca é a melhor escolha, uma vez que ajuda a remover as diferenças de sensibilidade entre vários usuários.
11. Porque os desafios para ambas as ferramentas são os dois principais fatores de imprecisão: alinhamento e sensibilidade à pressão.
12. Já que o maior pino possível poderia ter diâmetro de 0,875 polegadas (o tamanho CMM), então o menor furo CMM nunca deve ter diâmetro menor que 0,876 polegada. Acrescentando a variação total admissível para o diâmetro do orifício, o maior tamanho do furo seria então de 0,879 pol. Na metade do caminho entre 0,876 pol. e 0,879 pol., o tamanho nominal seria de 0,8775 pol., para criar uma tolerância bilateral verdadeira.
13. Quando se usa o relógio apalpador para alinhar um eixo de máquina ou uma morsa, o objetivo é zerar o erro de ponta a ponta; portanto, os números importam menos que as extremidades do objeto testado serem as mesmas. Por um erro progressivo causado intencionalmente com o ângulo da sonda, o relógio apalpador se torna deliberadamente mais sensível.
14. Graduações reais (régua) são um pouco maiores do que a graduação Vernier. Quando o cursor Vernier move-se até uma determinada linha e essa coincide com a linha atual, o movimento representa a diferença entre as duas graduações, multiplicada pelo número de graduações que se passaram. Ou seja, se a sétima linha do Vernier coincide e a diferença entre graduações é de 0,001 polegada, a distância mudou de 0,001 × 7 pol. = 0,007 polegada.
15. A leitura torna-se menor do que o tamanho verdadeiro.
16. A. Tamanho, posição, forma, rugosidade e orientação.
    B. Apenas a posição e a orientação requerem um ponto de referência.
17. É a distância entre duas linhas ou planos construídos em torno de um modelo perfeito do ângulo com relação a um referencial.
18. Ele é medido desde a superfície até um transferidor de lâmina travado no ângulo correto em relação a um referencial.
19. Acima da linha horizontal, cada graduação representa 1,0 mm, e abaixo da linha cada graduação equivale a 0,5 mm.
20. Um paquímetro eletrônico (ou micrômetro) é posicionado para indicar zero para o tamanho nominal do objeto. Ele será lido em mais ou menos décimos de milésimos. Esta é a zeragem nominal e é muito útil quando não se tem tempo para adicionar e subtrair números.

» capítulo 7

Instrumentos de medição, calibradores e acabamento superficial

Os instrumentos de medição e processos do Capítulo 7 são mais específicos do que os discutidos até agora. As cinco técnicas de medição preenchem várias lacunas na habilidade de obter uma boa exatidão em situações difíceis. Também estudaremos a medição de ângulos e o acabamento superficial. Até o final deste capítulo, você desenvolverá um conjunto razoável de habilidades.

Objetivos deste capítulo

- » Montar e ler um micrômetro interno com repetibilidade de 0,001 pol.
- » Configurar e ler um micrômetro de profundidade com repetibilidade de 0,001 pol.
- » Aprender como selecionar os blocos
- » Aprender como usar blocos-padrão
- » Medir diâmetros internos usando quatro tipos de calibradores de broca
- » Preparar e medir usando blocos paralelos
- » Medir raios com calibradores de raio
- » Utilizar graus decimais e ângulos em graus-minutos-segundos
- » Utilizar goniômetros para medir ângulos
- » Montar réguas de seno
- » Interpretar símbolos de rugosidade em desenhos
- » Escolher as ferramentas e processos certos de inspeção de peças-exemplo

Analogamente a outras tecnologias, a medição é um aprendizado sem fim que está evoluindo com o avanço da tecnologia. Você descobrirá várias novas maneiras de usar as ferramentas discutidas aqui e nos Capítulos 6 e 8. Além disso, novos instrumentos surgem regularmente. A melhor maneira de se manter informado é pelos catálogos de ferramentas e folhetos enviados à sua oficina ou casa. Vá à *Internet* e procure por "precisão + ferramentas de medição" depois, inscreva-se para receber notícias *online* e pelos Correios.

>> Unidade 7-1

>> Medindo com micrômetros internos e de profundidade

Introdução: Estes dois tipos de micrômetro medem distâncias lineares usando pontos de pressão por contato. Além das variáveis de contato, cada um deles tem seus fatores de inexatidão e requer prática para ser usado corretamente.

Termos-chave:

Ajuste
Termo do autor para o ato de mover levemente uma ferramenta de medição até o ponto zero ser encontrado.

Arrasto
Aperto ou folga relativa de uma ferramenta de medição, definido pelo anel de ajuste de desgaste dentro da cabeça.

Elevação
Ato indesejado de levantar a base de um micrômetro de profundidade da superfície de apoio.

Tamanho-base
Menor distância possível de se medir com micrômetros internos ou de profundidade.

Zero/ponto de zero
Valor máximo ou mínimo medido por uma ferramenta quando alinhada.

Micrômetros internos

Micrômetros internos (Figura 7-1) medem o diâmetro de furos com um intervalo de aproximadamente 1,5 pol. até 6 pol. para jogos-padrão, ou até 12 pol. para jogos expandidos. Existem jogos muito maiores pertencentes às oficinas, não aos operadores; esses jogos podem medir vários pés. Um jogo-padrão seria uma prioridade 2 ou 3 para seu plano de compras.

Especificações técnicas para micrômetros internos

Aplicação correta Esses instrumentos de medição são indicados quando os diâmetros têm tolerâncias de aproximadamente 0,002 pol., mas não perto de 0,0005 pol., dependendo da situação. Uma inspeção detalhada do diâmetro do furo requer comparadores de diâmetro (súbito), que também serão discutidos neste capítulo, e outras tecnologias para medição de furos que estão além do escopo deste capítulo.

Figura 7-1 O jogo completo de um micrômetro interno inclui uma cabeça com capacidade de ½ pol., hastes de extensão e um espaçador de ½ pol.

Imprecisões Além dos fatores comuns de paralaxe, desgaste, aquecimento e rebarbas, dois outros fatores afetam muito a exatidão da medida. Pegue um micrômetro interno para analisarmos suas características e fatores (Figura 7-2).

Calibração dupla Observe que o jogo é composto de um cabeçote de medição e várias hastes de precisão. Em alguns jogos, não somente a cabeça deve ser calibrada para remover o erro do zero mas cada haste intercambiável precisa ser ajustada também. O ajuste de erro nessas ferramentas é demorado.

O erro do índice zero dos micrômetros internos pode ser verificado por micrômetros externos, mas utilizar uma ferramenta com suas próprias imprecisões, como um calibrador de verificação, degrada os resultados. A melhor solução é um anel-padrão de precisão (Figura 7-3). O anel-padrão é uma peça de aço temperado e retificado em forma de uma rosca feita para um diâmetro interno exato. A oficina deve possuir vários destes para calibrar micrômetros internos, assim como outros instrumentos de medição interna. Frequentemente as oficinas compram os tamanhos maiores, com diâmetros de 3,0, 4,0, 5,0 pol. e assim por diante.

Desafio da sensibilidade Diferentemente de outros tipos de medição micrométrica, o micrômetro interno não se ajusta ao tamanho do furo quando mede um diâmetro menor – quando a cabeça do micrômetro já está dentro do furo. Isso porque seus dedos podem não se ajustar dentro dele. Assim, encontrar o **zero** ou o **ponto de zero** quando estiver medindo (o maior micrômetro possível para

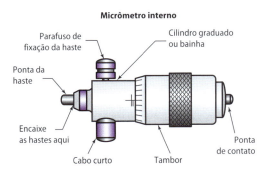

Figura 7-2 Componentes do micrômetro interno.

Figura 7-3 Micrômetro interno e comparador de diâmetro analógico (estudados a seguir) são melhor calibrados usando-se anéis-padrão de precisão.

a medição) é uma questão de tentativa e erro. Com o micrômetro ajustado para o tamanho-teste, coloque-o no furo e veja se ele encaixa. Depois tire-o, ajuste seu tamanho, aumentando ou diminuindo, e tente de novo até que deslize com a pressão adequada para o qual foi calibrado.

O método de alinhamento de mover levemente um instrumento de medição é chamado de **ajuste** neste livro; você já usou-o anteriormente, em outras ferramentas no Capítulo 6. É deslocar o instrumento levemente de um lado para outro, para frente e para trás, até que entre no furo. Se entrar facilmente, remova-o, gire a cabeça um ou dois milésimos, aumentando-a, e tente novamente. Se o instrumento não entrar, diminua seu tamanho até que entre justamente.

> **Ponto-chave:**
> Para ajustar o micrômetro interno, segure a cabeça de medição contra a parede do furo e ajuste pelo outro lado.

Logo você perceberá que para desenvolver a habilidade é necessário prática e paciência. A única ma-

> **Conversa de chão de fábrica**
>
> **A regra dos 10**
>
> Um operador consciente segue as regras (o máximo possível). Qualquer instrumento de medição ou técnica escolhida deve ser ao menos 10 vezes mais exato que a tolerância da dimensão. Caso contrário, a exatidão será perdida quando for introduzida a variação do instrumento ou da técnica de medição fora da usinagem.

neira de adquirir aquele "sentimento correto" é criando experimentos segundo o padrão discutido no Capítulo 6.

Use mais arrasto A cabeça do micrômetro interno não possui trava. Por isso, deve ser montada muito mais apertada do que os outros micrômetros para não se mover quando for ajustada ou retirada do furo.

Alvo de repetibilidade pessoal

Seu objetivo deve ser obter uma repetibilidade por volta de 0,0005 pol., dependendo do diâmetro do furo (furos maiores são mais fáceis de medir) e da rugosidade de usinagem.

Não existe uma escala de Vernier em um micrômetro interno para subdividir milésimos de polegadas. Ela seria inútil, pois sua utilização seria dificultada pelos fatores de sensibilidade e pelo modo como devem ser usados dentro de um furo.

Preparando, lendo e utilizando um micrômetro interno

Preparação Para preparar o micrômetro para uso, você precisará acoplar a haste correta à sua cabeça. Tenha certeza absoluta de que tanto a haste como a cabeça estão limpas antes de encaixá-las e, em seguida, aperte a tampa de retenção.

Alcance de meia polegada Agora, repare que a cabeça do micrômetro interno é menor que a de outros. É limitada a 0,5 pol. (ou 13 mm) de alcance; isso a torna compacta o bastante para ser usada em furos de diâmetros menores.

O micrômetro básico com a haste mais curta mede aproximadamente 1,5 pol. e, dependendo da configuração, até 2,5 pol. Cada haste tem alcance de 1 pol., mas seu incremento é de 0,5 polegada. A primeira 0,5 polegada da haste é atingida sem o espaçador. Para configurar o micrômetro até a segunda metade do alcance da haste, o espaçador com precisão de 0,5 polegada precisa ser adicionado ao conjunto. Agora, identifique o espaçador, que está na Figura 7-1. Exemplos deste conjunto estão na Figura 7-4.

> **Ponto-chave:**
>
> O espaçador de 0,5 polegada em um conjunto de micrômetro interno é uma peça simples e pequena, que pode ser confundida com uma pequena bucha e ser perdida facilmente. Sem ele, o conjunto se torna inútil em metade de sua capacidade potencial.

Dicas de habilidade – Lendo micrômetros internos Aqui serão apresentados quatro pequenas dicas para ajudá-lo a obter uma melhor precisão com um micrômetro interno.

1. **Régua de verificação dupla**
   Após a conclusão da medição, seria bom verificar novamente os resultados com uma esca-

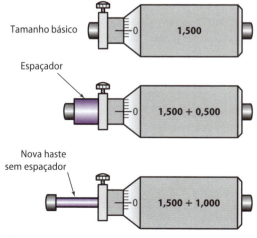

Figura 7-4 Três capacidades, de acordo com a configuração do micrômetro interno.

la de precisão. A verificação com a régua servirá para confirmar se não houve erro de conta, o que acontece bastante, uma vez que a leitura total requer vários instrumentos (tamanho-base da cabeça + comprimento da haste + leitura da cabeça + espaçador, se utilizado).

2. **Acople um extensor**
O jogo pode incluir também um extensor como o da Figura 7-5. Ele é usado para colocar o micrômetro em lugares que você normalmente não alcançaria com sua mão.

3. **Confira com um micrômetro externo**
Quando retirar um micrômetro interno da caixa de ferramentas, meça o tamanho básico da cabeça com um micrômetro externo calibrado, a menos que um anel padrão esteja facilmente à disposição. É uma boa ideia também verificar denovo os resultados com um micrômetro externo, só para ter certeza!

4. **Teste em vários locais**
É bom medir o furo em vários locais para verificar sua cilindricidade. Talvez ele não seja redondo ou cilíndrico! São recomendadas pelo menos três medições por elemento circular. Em outras palavras, meça cada elemento três vezes e depois teste com outros elementos circulares. Vire o ponto de contato em cada teste.

Leitura de um micrômetro interno

Ao fazer a leitura de um micrômetro interno tubular, é necessário somar três ou quatro fatores para obter a medição final, dependendo se o espaçador foi usado ou não.

Primeiro, o tamanho-base Determine a base ou o **tamanho-base** do micrômetro interno – ou seja, determine o tamanho mínimo que o micrômetro é capaz de medir com a primeira haste e sem espaçador. Esse tamanho geralmente está gravado no tambor ou no corpo do instrumento. Por exemplo, na Figura 7-6, se o tambor desse micrômetro estivesse no zero (0,000), seria 1,500 pol. O que se lê no conjunto? *Resposta*: 1,502 pol. – ligeiramente maior que seu tamanho-base no tambor.

A partir disso, podemos perceber que qualquer medição será a soma de: tamanho-base da cabeça + leitura da cabeça + haste + espaçador (se usado).

Parece difícil? Talvez um pouco, mas as verificações com micrômetro e escala ajudarão a diminuir a complexidade. Tente esta com um tamanho base de 1,500 pol. *Resposta*: 1,502 pol.

> **Ponto-chave:**
> Assumiremos um tamanho base de 1,500 pol. para todos os exercícios aqui, mas isso não é o que acontece na realidade com todos os micrômetros internos! Se não estiver grafado na ferramenta, use seu micrômetro externo para ter certeza do menor tamanho com a haste básica e sem espaçador.

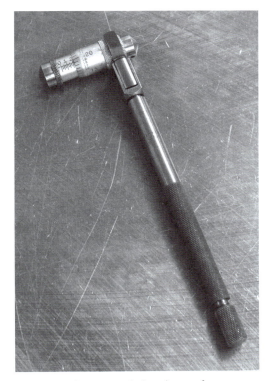

Figura 7-5 O extensor ajuda a alcançar furos profundos ou medir em lugares apertados.

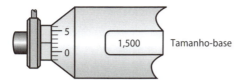

Figura 7-6 Faça a leitura deste micrômetro interno tubular.

Pergunta: qual seria a leitura, se o micrômetro interno da Figura 7-7 tivesse um espaçador?

Respostas:

A. 1,5 + 0,317 = 1,817 pol. (sem espaçador)
B. 1,5 + 0,500 + 0,317 = 2,317 pol. (o espaçador acrescenta 0,500)

Depois, o tamanho da haste Agora que já temos o tamanho-base do micrômetro, determine qual haste deve ser usada para a medição. Elas geralmente variam 1 pol., por exemplo, de 2,500 até 3,500 pol., de 3,500 até 4,500 pol. e assim por diante. Tente fazer a medição da Figura 7-8.

A resposta é 2,500 + 0,392 = 2,892 pol.

O espaçador é necessário? Qual seria a leitura se tivéssemos um espaçador instalado? 3,392 pol. É isso mesmo, adicione 0,5 pol. à leitura total. O desafio não está no cálculo da medida, e sim em usar o micrômetro com a sensibilidade correta. Você precisará preparar experimentos e desafios para seguir o mesmo caminho investigativo utilizado nos micrômetros externos.

Micrômetros de profundidade

Assim como os micrômetros internos, os micrômetros de profundidade podem ser adquiridos em jogos universais que medem de 1,5 pol. até 6 ou 12 pol. Eles também são prioridade 2 ou até 3 no seu plano de compras. Micrômetros de profundidade serão provavelmente fornecidos pelo seu patrão, mas são muito úteis de se ter na sua caixa de ferramentas. Eles também são mais precisos do que a função de profundidade dos paquímetros. Micrômetros de profundidade têm suas próprias imprecisões, que devem ser identificadas e controladas com prática e testes.

Conversa de chão de fábrica

Micrômetros internos são muito lentos para produção CNC. Embora sejam mais exatos e mais específicos que os paquímetros, os micrômetros internos ainda são um instrumento não adequado para a produção. Para medidas mais rápidas com melhor repetibilidade, existem outros métodos para medição de diâmetros internos. O relógio comparador de diâmetros (súbito) é o mais proeminente. Os súbitos são preparados para medir um diâmetro com repetibilidade em torno de 0,0002 até 0,0001 pol. É possível que seu instrutor tenha um ou mais no laboratório, porém não são comuns em treinamento. Usando um anel calibrado, são ajustados para leitura zero a uma dimensão nominal. Com nenhum cálculo e sendo rápidos e com repetibilidade nos décimos, esses dispositivos são imprescindíveis para a produção CNC quando as dificuldades com o micrômetro interno tornam o processo lento e inexato. Veremos mais sobre comparadores de diâmetro na Unidade 7-3.

Especificações técnicas do micrômetro de profundidade

Aplicação correta Micrômetros de profundidade (Figura 7-10) são usados para medir uma distância linear entre duas superfícies, sendo que uma de-

Figura 7-7 Faça a leitura deste micrômetro interno.

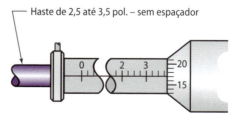

Figura 7-8 Faça a leitura deste micrômetro interno com o tamanho máximo da haste.

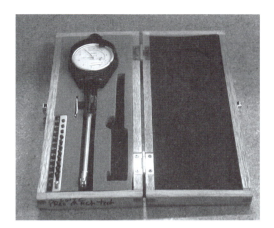

Figura 7-9 Um relógio comparador de diâmetro (súbito) é muito mais preciso e fácil de usar que um micrômetro de profundidade.

las é plana, onde se apoia a base do micrômetro. Com a prática, é possível obter uma repetibilidade melhor que 0,002 pol., porém, não é possível ultrapassar 0,0002 ou 0,0003 pol., por causa de suas propriedades de sensibilidade e construção. Para leituras mais finas que 0,001 pol., como não há escala de Vernier, é necessária uma aproximação visual (Figura 7-9).

Repetibilidade pessoal É necessário que seja de 0,0003 até 0,0005 pol., dependendo da situação.

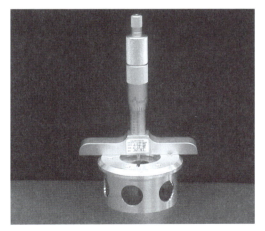

Figura 7-10 Este micrômetro de profundidade está sendo usado para medir esta catraca de precisão na oficina.

Controle de inexatidão Os fatores determinantes em micrômetros de profundidade são calibração e habilidade.

Calibração Repare que esses micrômetros, assim como os internos, possuem hastes de calibração parecidas. Usando uma haste básica (0 até 1 pol.) com o cabeçote em zero, teste-o em uma superfície lisa para checar o erro do zero. Fazer esse teste é uma boa maneira de pegar o jeito da sensação da pressão do zero.

Calibrar as hastes de medição além de 1 pol. requer uma pilha de blocos-padrão sob uma placa de granito ou uma outra superfície de precisão (Figura 7-11).

Sensibilidade O maior problema com micrômetros de profundidade é o pequeno ponto de contato na ponta da haste. Não é fácil dizer quando ele tocou a superfície que está sendo medida. Pode-se acidentalmente levantar a superfície sobre a qual o micrômetro repousa – isso é conhecido como **elevação** do micrômetro ou levantamento (Figura 7-12).

Os micrômetros externos, internos e de profundidade possuem um anel de ajuste dentro da cabeça para alterar a folga entre as roscas do fuso e o tambor. É usado para determinar o **arrasto** entre os dois (o aperto ou a folga relativa da ferramenta de medição). Esse é o mesmo ajuste usado no micrômetro quando suas roscas estão desgastadas. Para ver esse anel, é necessário que o tam-

Figura 7-11 Calibrando a haste básica (esquerda), ponto de zero contra a mesa. Para calibrar hastes mais longas, use blocos-padrão.

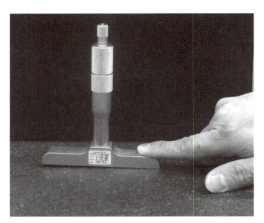

Figura 7-12 Pode acontecer de a base do micrômetro levantar.

bor esteja mais recuado que sua posição normal para medição.

> **Ponto-chave:**
> Para ajudar a não levantar a base, a maioria dos operadores deixa a cabeça de seus micrômetros de profundidade um pouco solta para aumentar a sensibilidade.

> **Dica da área:**
> Todas as vezes que expuser o anel de ajuste, faça-o em um ambiente limpo. A sujeira e os pequenos cavacos podem contaminar o micrômetro, arruinando a ferramenta!

Você poderá determinar o aperto da cabeça de seu micrômetro, mas somente quando tiver o seu próprio. A cabeça de um micrômetro de profundidade da oficina provavelmente terá o mesmo ajuste de um micrômetro externo.

Lendo um micrômetro de profundidade

Seria melhor se você tivesse um micrômetro de profundidade daqui em diante. Existe algo particular sobre esses instrumentos.

Leitura ao contrário Na Figura 7-13, note que a cabeça do instrumento lê ao contrário em relação aos instrumentos estudados anteriormente. Ele está no zero quando o tambor está todo recuado (desparafusado). *Você deve lê-lo dependendo do quanto está descoberto.* Observe a Figura 7-13. Qual é a sua leitura? Agora, leia o micrômetro de profundidade ampliado na Figura 7-14. É fácil de errar.

Resposta É 0,012 pol. além da linha de 0,050, mas não chega à marca do 0,075; assim, é 0,062 pol. Some a isso 0,600 pol. coberto pelo tambor e 2,000 pol. da haste, resultando em 2,662 pol.

Agora configure seu micrômetro de profundidade para a mesma leitura das Figuras. 7-13 e 7-14.

Dicas de manuseio para micrômetros de profundidade

- Certifique-se de que a ponta do instrumento está limpa antes de usá-lo.
- Use uma pressão de contato bem leve no tambor.
- Aplique uma pressão contra a base do micrômetro para evitar a elevação do instrumento acima da superfície de referência.
- Depois do contato com a superfície medida, recue o micrômetro e meça de novo três ou quatro vezes, para ter certeza do resultado.
- Se a largura da base for muito estreita para a medição, é possível usar blocos paralelos retificados, como na Figura 7-15. Lembre-se de deduzir a espessura dos blocos da medição!

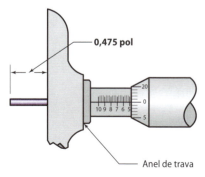

Figura 7-13 A leitura deste micrômetro de profundidade é 0,475 pol. Você consegue ver por quê?

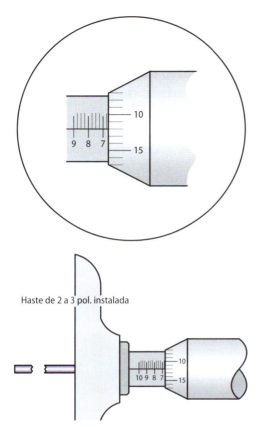

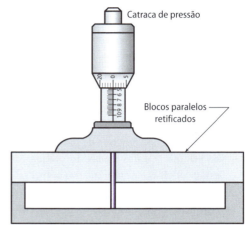

Figura 7-15 Um bloco paralelo retificado de tamanho conhecido pode ser usado como apoio para a base do micrômetro, quando esta não for larga o suficiente.

Figura 7-14 Faça a leitura deste micrômetro de profundidade.

Características de precisão de micrômetros de profundidade

- *Diferença de espessura das bases* Não existe o melhor tamanho; contudo, uma base estreita pode ajustar-se onde uma larga não poderia.
- *Reguladores de pressão* Micrômetros de profundidade possuem uma catraca para controlar o aperto ou a pressão, o que é bom se mais de um operador usar o instrumento (Figura 7-15).
- *Pontas de carboneto* Menos importantes que os micrômetros externos, visto que não friccionam com tanta pressão, alguns micrômetros de profundidade possuem pontas de carboneto resistentes ao desgaste nas faces das hastes de medição.

Revisão da Unidade 7-1

Revise os termos-chave

Ajuste
Termo do autor para o ato de mover levemente uma ferramenta de medição até o ponto zero ser encontrado.

Arrasto
Aperto ou folga relativa de uma ferramenta de medição, definido pelo anel de ajuste de desgaste dentro da cabeça.

Elevação
Ato indesejado de levantar a base de um micrômetro de profundidade da superfície de apoio.

Tamanho-base
Menor distância possível de se medir com micrômetros internos ou de profundidade.

Zero/ponto de zero
Valor máximo ou mínimo medido por uma ferramenta quando alinhada.

Reveja os pontos-chave

- Todos os micrômetros internos possuem um menor diâmetro básico, que deve ser conhecido pelo usuário.

- Dentro da cabeça dos micrômetros existe um pequeno espaçador de ½ pol. para mantê-los compactos.
- O conjunto de partes do micrômetro interno inclui um pequeno espaçador para aumentar a capacidade das hastes de medição.
- A leitura de micrômetros de profundidade determina quantas linhas de graduação estão cobertas – o contrário dos outros micrômetros.
- Os micrômetros internos e de profundidade não possuem a escala de Vernier, o que torna sua repetibilidade mais grosseira para medir décimos.

Responda

1. Verdadeiro ou falso? A medição de micrômetros de profundidade é feita de trás para frente – a maior leitura é quando o tambor está totalmente para fora (desparafusado até o fim de sua capacidade).
2. Qual é a capacidade de micrômetros internos? Explique por que a cabeça do micrômetro interno é diferente das dos demais.
3. A leitura final de um micrômetro interno é a soma de três ou quatro fatores. Quais são eles?
4. Qual é o principal desafio de exatidão dos micrômetros internos e de profundidade?
5. Quando tolerâncias descem por volta de 0,0005 pol., o micrômetro interno pode não ser a melhor ferramenta a ser usada, principalmente quando são necessárias várias medições da mesma dimensão. Qual instrumento seria melhor?

Unidade 7-2

Prepare, use e cuide de blocos-padrão de precisão

Introdução: A palavra calibrador é usada de diferentes maneiras dentro da oficina e fora também. A definição clássica, quando aplicada à medição, refere-se a uma ferramenta-modelo usada como padrão de comparação, que possui forma e tamanho perfeitos. É colocada ao lado de uma peça em questão e comparada de uma das várias maneiras discutidas aqui.

Nesta unidade, veremos vários calibradores, os quais geralmente pertencem ao operador. Embora os jogos de blocos-padrão sejam uma exceção, devido ao seu alto custo, são fornecidos pela oficina. Começaremos por eles, pois são a base dos calibradores de precisão na maioria das oficinas, juntamente com desempenhos de granito.

Termos-chave:

Aderência
Ato de colocar juntos dois blocos-padrão de precisão, de forma que fiquem grudados. A aderência é uma forma de verificar a precisão da superfície de blocos-padrão.

Blocos Jo
Termo comercial utilizado para blocos de precisão, devido a seu fabricante original, a Companhia Johannson Tool.

Calibrador
Na medição, o calibrador é um padrão de tamanho e forma de um objeto. Essa definição é uma entre muitas, pois calibrador é uma palavra usada em outras situações na medição.

Calibrador funcional
Calibrador que detecta a máxima condição de material. O calibrador funcional simula o pior caso para a montagem da peça correspondente.

Calibrador-mestre
Qualquer calibrador que não seja usado diariamente na oficina para inspeção.

Blocos-padrão de precisão

São conjuntos de blocos de aço duro ou cerâmica extremamente precisos, fornecidos em tamanhos graduados. São utilizados de várias maneiras dentro do sistema de medição em geral. Muitas oficinas mantêm dois ou mais conjuntos, um para cada serviço listado a seguir. São fabricados em diferentes graus de tolerância, dependendo da aplicação, começando pelo mais próximo à perfeição.

1. **Calibração-mestre**
   O padrão de referência em laboratórios de calibração, mas não na produção; o bloco **padrão-mestre** calibra ferramentas da base da pirâmide. Ele é usado diariamente em laboratórios de calibração e raramente na inspeção da linha de produção, mas em geral não tem contato direto com o trabalho das máquinas.

2. **Inspeção na oficina**
   São usados na área de inspeção da oficina, não nas máquinas. Os calibradores de trabalho são usados na configuração das máquinas e na inspeção durante a fabricação.

> **Conversa de chão de fábrica**
>
> *Gauge* ou *gage*? Qual é a diferença? A resposta será revelada mais tarde.

Figura 7-16 Jogo de blocos padrão de precisão.

pol.* por bloco – blocos de qualidade de inspeção. A maioria dos conjuntos podem ser combinados para criar uma pilha com cerca de 0,010 pol. até 8 ou 10 pol. O objetivo é sempre usar o menor número possível de blocos para atingir o tamanho esperado – esse é um truque bem explorado aqui.

Controle de inexatidões

O principal ponto sobre blocos-padrão é que só existem três possíveis fatores que prejudicam a repetibilidade: sujeira, danos às superfícies de precisão e calor. Todos podem ser solucionados facilmente, mas reparar o dano requer algum treinamento.

> **Ponto-chave:**
> Não importa com qual tolerância são fabricados, até mesmo os blocos-padrão da oficina podem ser considerados ferramentas perfeitas do ponto de vista dos operadores. A única maneira de ser mais preciso é pelos meios científicos!

Repetibilidade-alvo

Se usados corretamente, blocos-padrão (Figura 7-16) podem ser combinados para reproduzir um modelo para comparação com precisão de 0,0001 pol. e sobretudo uma tolerância com repetibilidade de mais 0,00004 a menos 0,00002

> **Ponto-chave:**
> **É necessário um cuidado radical!**
>
> Uma vez que os blocos são pequenos e simples, os iniciantes destreinados podem esquecer com que cuidado devem ser tratados; uma simples digital deixada no bloco vai arruiná-lo em minutos! A superfície é tão fina que o ácido úrico da pele a corrói rapidamente.

---

* Isso não é um erro de impressão! Essas ferramentas são fabricadas com uma tolerância maior que centésimos de polegada. Na oficina, dizemos que a tolerância é "mais 40 e menos 20 milionésimos".

> **Conversa de chão de fábrica**
>
> **Como os blocos-padrão são fabricados?**
> Muitas partes desse processo são mantidas como segredo industrial, mas até mesmo os passos mais simples são complexos e muito trabalhosos. Primeiramente, são usinados a partir de ferramentas de alta precisão e livre de impurezas. A liga é customizada para apresentar um coeficiente de dilatação muito baixo para manter sua forma. O aço é endurecido progressivamente por meio de vários processos, para deixá-lo livre de tensões internas comumente encontradas em ferramentas endurecidas normais. Portanto, ele não se deforma com o tempo, assim como outros aços tratados termicamente; além disso, não empena com a mudança de temperatura.
>
> Em seguida, após a usinagem e faltando alguns milésimos para seu tamanho final, eles são retificados com precisão para sua forma final. Então os blocos sofrem lapidação (friccionados com grãos abrasivos soltos) contra outros blocos-mestre de lapidação planos. Esse processo é demorado e ocorre em estágios com grãos abrasivos cada vez mais finos. A etapa final é remover imperfeições microscópicas, inspecioná-los e classificá-los em um dos quatro graus, processados. Então são processados para anticorrosão e colocados em conjuntos. O bloco-padrão resultante tem uma linhagem de uma ou duas gerações obtidas de um padrão de referência internacional. Muitos poucos fabricantes produzem blocos-padrão de acordo com os padrões e tolerâncias. Isso explica por que blocos aparentemente simples custam tanto!

Figura 7-17 A maneira correta de retirar blocos–padrão da caixa.

Aqui estão algumas regras para usuários astutos:

Lave as mãos primeiro. Principalmente se tiver trabalhado o suficiente para transpirar.

Não toque a superfície do bloco. Mesmo com mãos limpas. Para ajudar, a caixa de armazenamento é feita de tal forma que os blocos podem ser tombados e segurados pelas pontas (veja a Figura 7-17).

Limpe-os imediatamente se tocar na superfície. Quase todas as vezes que demostro como não tocar na superfície, acabo acidentalmente tocando, com toda a classe assistindo! Acontece. Mas a correção é manter um papel branco limpo próximo ou um lenço para limpar óleos e ácidos imediatamente.

Limpe a superfície sempre que estiverem empilhados. Use papel branco, de ofício ou de caderno, limpo e arraste o bloco sobre ele três ou quatro vezes em uma superfície plana. Lenço de limpeza de óculos é ideal para esta tarefa; não use papel-toalha – não é puro o suficiente.

Mantenha a caixa fechada. Até mesmo a atmosfera normal contamina e estraga os blocos-padrão! E a poeira depositada sobre eles também deve ser limpa antes de empilhá-los.

Conservando a superfície. Para previnir a corrosão, é necessário um óleo *spray* ou algum lenço conservante para armazenar na caixa, quando não forem ser usados por algum tempo.

Nunca coloque a pilha sobre uma superfície da máquina. Quando a pilha estiver montada, coloque-a sobre um pano limpo na bancada.

Por mais extremo que pareça, uma maneira fácil de identificar um novato em seu novo emprego é a falta de cuidado com os **blocos "Jo"**.

Aplicação correta

Na usinagem, você usará bloco-padrão de quatro diferentes maneiras:

1. Calibração de outras ferramentas, como micrômetros externos.
2. Como uma ferramenta de medição por calibração. Na Figura 7-18, o operador está usando uma pilha de blocos-padrão para testar a largura do rasgo. O teste mostrado é chamado de teste de **calibração funcional,** porque determina a verdadeira largura geométrica do rasgo, por levar em conta suas imperfeições. Um calibrador funcional testa uma caraterística do tamanho da peça (ou um conjunto delas), simulando a montagem de um componente na condição MMC (máximo material). Em outras palavras, ele simula o pior caso para a montagem. A maior pilha de blocos-padrão encaixará no rasgo. Ele é determinado a partir da máxima condição de material da peça correspondente. A pilha pode ser ajustada em décimos de milésimos por vez.
3. Como modelo para comparação de medidas, estudado no Capítulo 6.
4. Para preparar outras ferramentas ou processos (veja as réguas de seno a serem estudadas neste capítulo).

Figura 7-18 Blocos-padrão são inseridos no rasgo de uma peça usinada para uma verificação funcional do seu tamanho.

Acessórios de blocos-padrão

Blocos-padrão são fornecidos em conjuntos de unidades imperiais e métricas, com vários níveis de precisão e faixas de tamanhos. Uma oficina pode adquirir blocos-padrão de extremidade feitos de metal duro para resistir ao desgaste (blocos protetores) ou de grampos para mantê-los em pilhas. Outros acessórios incluem apalpadores, garras e traçadores para aplicações especiais. Estes são itens que você aprenderá no trabalho conforme necessário. O importante aqui é como tratar blocos-padrão e empilhá-los.

Dica de habilidade 1 – Aderindo blocos-padrão

A natureza dos blocos-padrão pode ser demonstrada. Eles são tão planos e lisos que se atraem levemente sem qualquer artifício mecânico. Isso é chamado de **aderência**. Peça a seu instrutor para demonstrar isso ou veja se consegue aderir blocos você mesmo.

É assim que aderimos os blocos (Figura 7-19): coloque dois blocos limpos juntos com um ângulo entre eles; empurre-os levemente e rotacione-os para alinhá-los; em um certo ponto, eles vão aderir.

Esse é um teste perfeito para verificar a limpeza e a condição da superfície. Eles não vão se separar

Conversa de chão de fábrica

Por que blocos-padrão aderem? Antigamente, pensava-se que a pressão atmosférica por si só mantinha os blocos Jo juntos. Contudo, se fizéssemos o experimento em órbita, onde não há pressão do ar, eles se juntariam? A resposta é: sim. Agora a teoria é de que eles se aderem ou devido a um filme residual microscópico de óleo entre as superfícies ou porque eles estão próximos da planeza, onde as forças que sustentam todos os metais juntos resultam em uma ligação molecular – portanto, unindo-os. Contudo, pergunte a si mesmo, se existisse uma adesão molecular, os dois blocos não se tornariam um só bloco indivisível? A ligação entre os blocos seria tão forte quanto as ligações dentro do bloco. Agora é a sua vez, por que eles aderem? Você pode pensar em um experimento para provar esse evento? É uma combinação?

Aderindo blocos-padrão quadrados

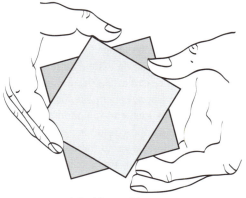

1. Posicione os blocos juntos como mostrado.

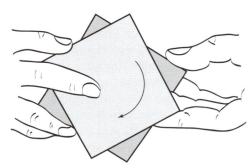

2. Deslize o bloco de cima com um leve movimento circular.

3. Deslize metade do bloco de cima para fora do conjunto.

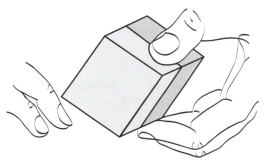

4. Deslize o bloco de cima inteiramente de volta para alinhá-los completamente.

Nota: Para separá-los, inverta a ordem.

Figura 7-19

Conversa de chão de fábrica

Blocos Jo Você ouvirá operadores chamarem seus blocos-padrão por seu apelido, porque eles foram fabricados originalmente pela empresa Johannson Tool da Suécia. O termo em inglês para calibrador é "*gage*" ou "*gauge*" – ambos são corretos, mas costuma-se utilizar "*gage*".

facilmente, se estiverem aderidos, sem rotacioná-los ou deslizá-los! Vários blocos podem ser aderidos para formar uma pilha com uma medida exata.

Dica de habilidade 2 – Criando uma pilha com blocos-padrão de certo tamanho

Frequentemente, as pilhas de blocos-padrão devem ser formadas para um determinado tamanho (3,7834 pol., por exemplo). Existe um truque para escolher os blocos e colocá-los na ordem certa.

Ponto-chave:
Sempre elimine o menor dígito à direita da parte decimal, depois o segundo menor e assim por diante.

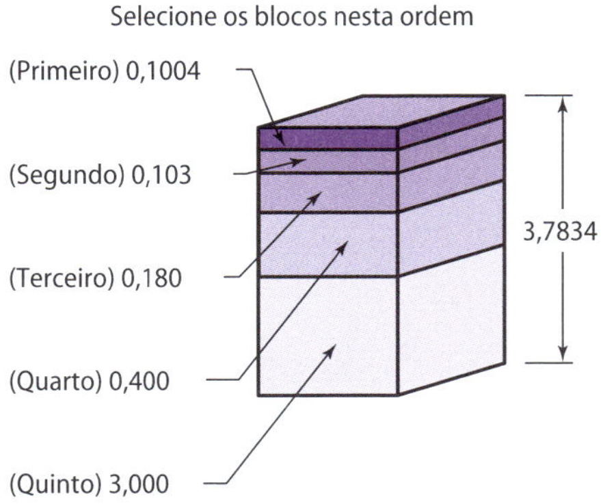

Selecione os blocos nesta ordem

(Primeiro) 0,1004
(Segundo) 0,103
(Terceiro) 0,180
(Quarto) 0,400
(Quinto) 3,000

3,7834

Figura 7-20 Ao criar uma pilha de 3,7834 pol., elimine os dígitos da direita (menor valor) à medida que seleciona e adere os blocos.

Observe o conjunto de blocos-padrão no seu laboratório. Você verá que existem três séries de tamanhos: uma com nove blocos com graduação de 0,0001 pol. (0,1001, 0,1002 0,1002 e assim por diante) e duas outras com incremento de 0,001 e 0,010 pol., além dos blocos maiores com incremento de 1/4, 1/2 e 1 pol. Os blocos no sistema métrico são muito mais simples, em virtude da natureza do sistema ISO.

Para este exemplo (Figura 7-20), você deve empilhar os blocos para somar 3,7834 pol. O primeiro bloco que deve selecionar é o de 0,1004 pol. da série de décimos. Agora subtraia isso do total:

$$3,7834 - 0,1004 = 3,683 \text{ pol. restantes}$$

Depois pegue e limpe o bloco de 0,103 pol. da série de milésimos e assim por diante.

$$3,683 - 0,103 = 3,580 \text{ pol. restantes}$$

Selecione o bloco de 0,180 pol. da série de décimos de milésimos. Limpe-o e insira-o na pilha, depois subtraia:

$$3,580 - 0,180 = 3,400 \text{ pol. restantes}$$

Finalmente, remova os blocos de 0,400 pol. e 3,0 pol. para completar a pilha. O final resulta em $0,1004 + 0,103 + 0,180 + 0,400 + 3,00 = 3,7834$ pol.

Revisão da Unidade 7-2

Reveja os termos-chave

Aderência
Ato de colocar juntos dois blocos-padrão de precisão, de forma que fiquem grudados. A aderência é uma forma de verificar a precisão da superfície de blocos-padrão.

Blocos Jo
Termo comercial utilizado para blocos de precisão, devido a seu fabricante original, a Companhia Johannson Tool.

Calibrador
Na medição, o calibrador é um padrão de tamanho e forma de um objeto. Essa definição é uma entre muitas, pois calibrador é uma palavra usada em outras situações na medição.

Calibrador funcional
Calibrador que detecta a máxima condição de material. O calibrador funcional simula o pior caso para a montagem da peça correspondente.

Calibrador-mestre
Qualquer calibrador que não seja usado diariamente na oficina para inspeção.

Reveja dos pontos-chave

- Blocos-padrão de precisão são considerados perfeitos na manufatura.
- Evite e imediatamente limpe digitais na superfície dos blocos-padrão.
- Os blocos-padrão são o modelo para a medição na oficina.
- Para empilhar, primeiro remova o menor dígito.
- A aderência é o teste de perfeição.
- Sempre guarde os blocos em uma caixa especial e, se for por muito tempo (um dia ou mais), limpe-os com um conservante.

Responda

1. Quais são os dois maiores desafios que afetam a precisão de micrômetros internos e de profundidade?

2. Verdadeiro ou falso? A leitura de um micrômetro interno é diferente da de um micrômetro externo. Se for verdade, qual é a diferença?
3. Verdadeiro ou falso? A leitura de um micrômetro de profundidade é diferente da de um micrômetro externo. Se for verdade, qual é a diferença?
4. Liste os blocos que devem ser usados para criar uma pilha de 4,4089 pol.
5. Para que são usados os calibradores?

>> Unidade 7-3

>> Medição com calibradores

Introdução: Nesta unidade, veremos um grupo de instrumentos de medição que determinam a forma e o tamanho dos elementos. Vamos começar com calibradores para furos e, depois, veremos várias outras ferramentas. Cada um dos calibradores desta unidade são muito acessíveis e, provavelmente, serão considerados prioridade 1 para seu conjunto de medição.

Termos-chave:

Anel calibrado
Anel de aço temperado com diâmetro interno na forma de um círculo perfeito de tamanho conhecido.

Calibrador compasso
Mesma ferramenta que um calibrador telescópico.

Calibrador de raio
Modelo pequeno e plano com vários arcos com mesmo raio de curvatura.

Calibrador passa não passa
Calibrador funcional que testa características contra os limites máximos e mínimos de tolerância.

Calibrador plano
Tipo de bloco paralelo ajustável; em alguns catálogos de ferramentas, também é chamado de calibrador de precisão do maquinista.

Calibrador telescópico
Haste que expande para determinar o diâmetro interno. Depois de definir o melhor tamanho, ele é removido e medido com um micrômetro.

Calibradores para furos pequenos

Calibradores esféricos

São ferramentas baratas que medem o diâmetro de furos moderadamente pequenos, por volta de 0,7500 pol. até 0,125 pol. Encontrados em conjuntos de quatro (ou mais), cada um mede um intervalo que se sobrepõe ao próximo.

Aplicação correta Calibradores esféricos (Figura 7-21) são utilizados quando a tolerância é de 0,001 pol. ou mais. Contudo, com prática pode-se obter uma repetibilidade próxima de 0,0005 pol., quando nenhum outro método estiver disponível. Novamente, prática e conscientização de suas limitações são a chave para a repetibilidade. Em razão do duplo apalpamento (uma vez quando o calibrador está dentro do furo e outra quando medido com um micrômetro), nunca é possível ter certeza do

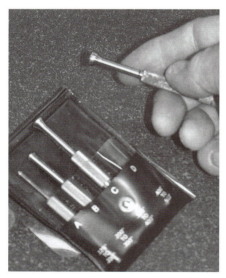

Figura 7-21 Um conjunto de calibradores esféricos possui um alcance de 0,1 pol. até aproximadamente 0,5 pol.

resultado (e com calibradores telescópicos também!). Como tais, devem ser considerados utilitários, ferramentas universais em oposição a métodos exatos. Calibradores esféricos e calibradores telescópico são bons para situações nas quais os súbitos não servem. Mas também são demorados para realizar a medição.

Calibrando o furo Calibradores esféricos são usados como apalpadores ajustáveis e expansíveis para determinar o melhor ajuste do diâmetro. No furo, enquanto movimenta-se o calibrador para dentro e para fora, gira-se a porca para expandir o calibrador (Figura 7-22). Quando a esfera é arrastada no furo, assim como o micrômetro que será usado para medi-lo, ela é retirada e medida.

Somente a prática vai desenvolver essa sensibilidade. Usando-os desta forma, os calibradores esféricos são muito lentos para a forma de produção mais moderna dos CNC.

> **Ponto-chave:**
> Em virtude da forma como são usados, os calibradores esférico e telescópicos possuem um desafio duplo de sensibilidade para o teste de exatidão. A percepção dentro do furo é a mesma aplicada ao micrômetro para medir a esfera. Ambos requerem experimentos e prática para se obter resultados consistentes. Quando usá-los, procure pelo ponto de menor diâmetro do furo. O calibrador deve buscar o limite funcional e, depois, detectar o MMC do pino compatível. Qualquer pino maior não deve passar no ponto mais apertado.

Calibradores telescópicos

Os calibradores telescópicos compõem outro conjunto barato, mas universal, de calibradores de brocas maiores que os verificados com calibradores esféricos (Figura 7-23). Começando pelo menor diâmetro, por volta de 0,50 pol., eles ultrapassam a capacidade do micrômetro interno em cerca de 1,50 pol.

Aplicação correta Assim como os calibradores esféricos, os telescópicos são usados ajustando-os

Figura 7-22 Seção transversal de um calibrador esférico.

dentro do furo e então retirando-os e medindo-os com um micrômetro. Eles podem fornecer uma precisão de 0,0005 pol., mas, se possível, utilizar um micrômetro interno é geralmente a melhor opção. Calibradores telescópicos requerem mais prática que os esféricos para serem usados corretamente, por causa do problema de sensibilidade e alinhamento.

Diferentemente dos calibradores esféricos, o controle de arrasto á ajustado na porca do telescópico. Seguindo um princípio incerto, a variação de aperto da porca entre dois usuários é surpreendentemente grande, de 0,001 pol. ou mais!

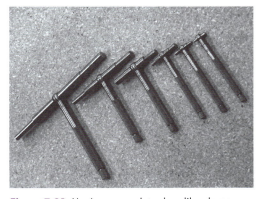

Figura 7-23 Um jogo completo de calibradores telescópicos.

Agora é a sua vez

Uma experiência

Monte seu próprio teste de comparação com um ou dois colegas, para ver o quão perto chegam da consistência. Você verá em breve o que quero dizer. Com boa técnica e paciência, é possível reduzir a variação do grupo de teste. Veja como:

Utilizando o calibrador telescópico corretamente Esses calibradores são inseridos no furo e inclinados em um ângulo, como na Figura 7-24. Solta-se a porca de aperto, o que permite que o telescópico se expanda mais que o diâmetro do furo. Depois, ela é reapertada na "quantidade certa", e a ferramenta é alinhada e inserida no furo – *somente uma vez*. Não retire. De novo, a quantidade certa vem somente com prática.

Ponto-chave:
Não fique inserindo e retirando o calibrador telescópico – atravesse-o em uma direção de uma vez só. O aperto da porca é que determina a sensibilidade do calibrador no furo.

Conforme o calibrador entra no furo, ele é comprimido ao tamanho do furo e não muda mais. Ao menos, essa é a teoria! O aperto certo da porca é suave, mas firme – não dá para explicar melhor que isso.

Dica da área:
Devido à imprecisão dos calibradores telescópicos, sempre execute cinco ou mais testes para o mesmo furo. Anote os resultados e procure pelo mais consistente. Isso não é somente para os iniciantes; todos fazemos isso se não tivermos outro instrumento disponível para a medição.

Como está mostrado na Figura 7-25, o micrômetro é apertado devagar e suavemente sobre o calibrador telescópico. Repare na posição correta das mãos. O problema é que o micrômetro de fuso fino pode empurrar o telescópico, criando uma falsa leitura. A solução seria apertar a porca do calibrador depois de retirado do furo, mas isso geralmente afeta a posição do telescópico. A única solução é ir devagar na medição!

Conversa de chão de fábrica

Calibradores compasso
Você pode ouvir calibradores telescópicos sendo chamados de **calibradores compasso**, por causa da forma como abrem quando a porca é solta. Alguns possuem somente um lado expansível, enquanto outros usam um sistema de expansão dupla para abranger maiores tamanhos por calibrador.

Relógio comparador para furos ou súbitos

Chegamos à melhor, mais rápida e mais precisa solução para a medição de furos, porém muito cara se comparada às duas últimas. Súbitos possuem três pontos de contato dentro do furo, o que torna a medição mais fácil do que os dois pontos dos calibradores telescópico e esférico. Discutivelmente, a ferramenta mais comum na indústria para medição de furos, são caros o bastante para que a maioria

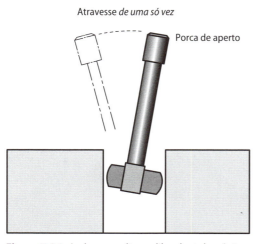

Figura 7-24 Após expandir o calibrador telescópico dentro do furo, trave-o. Empurre-o pelo furo, retire-o e meça-o.

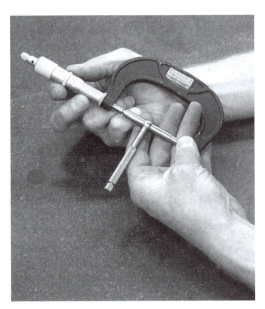

Figura 7-25 Posição correta das mãos para medir um calibrador telescópico com um micrômetro.

das escolas não possua mais de um ou dois para demonstração.

Não seguíndo a rigor a definição de um calibrador, eles mostram um valor no relógio (ou no leitor eletrônico), como mostrado na Figura 7-26.

Cada súbito possui uma capacidade de diâmetro que depende das hastes apalpadoras instaladas nele (Figura 7-27). Cada um é limitado pela curva-

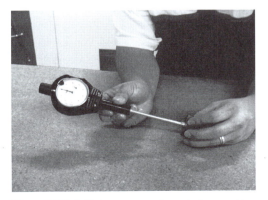

Figura 7-26 Relógios comparadores de furos para medir diâmetros internos.

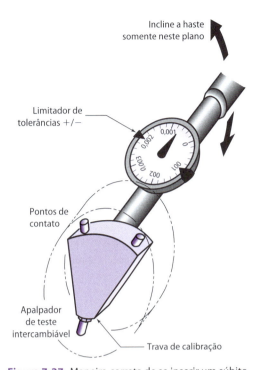

Figura 7-27 Maneira correta de se inserir um súbito.

tura do furo e pelo tamanho da cabeça; por isso, a oficina deve possuir vários para poder abranger todos os tamanhos necessários.

Especificações técnicas para súbitos

Aplicação correta Súbitos de tamanhos diferentes podem medir pequenos furos com diâmetros de 0,100 pol. até tamanhos ilimitados. São apropriados para tolerâncias melhores que 0,0005 pol. Como mencionado no Capítulo 6, são uma das melhores ferramentas para a rápida produção quando não há tempo para utilizar um calibrador telescópico ou esférico e é necessária uma boa precisão. Eles são quase à prova de falhas e sem erros, exceto pela calibração original para a leitura de zero no tamanho nominal, mas poeira e rebarbas no furo podem comprometer a exatidão.

Por ser um passo tão importante, o relógio comparador de diâmetros precisa ser configurado por um responsável ou pelo departamento de inspeção. Se você for utilizá-los frequentemente na produção

capítulo 7 » Instrumentos de medição, calibradores e acabamento superficial

275

com CNC, talvez precise de um anel-padrão com o tamanho nominal do equipamento para verificar rapidamente se o calibrador continua com a medição nominal correta.

Dicas para uso Assim como um calibrador telescópico, o súbito é colocado no furo em um ângulo, depois apoiado nos pontos de contato (Figura 7-27). Então o apalpador é forçado pelo furo, enquanto você observa o relógio. Segure a haste paralela ao eixo do furo, movimentando-a de lado a lado, forçando-o para dentro e para fora. Fazendo isso, a leitura vai oscilar de um valor baixo para um alto, e novamente para um baixo. O ponto mais alto sem variação é a medição correta. Isso não é difícil de fazer e requer pouca prática para obter resultados quase perfeitos. É uma boa ideia mover o calibrador para vários lugares no furo para testar sua conicidade.

Repetibilidade Súbitos de qualidade podem atingir uma repetibilidade de 0,0001 a 0,0002 pol. quando calibrados, preservados e usados corretamente. Como a mola sempre empurra contra a superfície do furo, o problema de sensibilidade é eliminado. O maior desafio para a exatidão é o acabamento superficial do furo.

Calibrando o zero nominal Apesar de existirem outras técnicas de calibração para súbitos, os anéis-padrão funcionam bem, mas são de alto custo. O ajuste para a leitura é feito em um dos dois possíveis locais, dependendo da construção do súbito: ou o apalpador é parafusado para dentro ou para fora e, depois, travado com uma porca de aperto, ou o mostrador é ajustado para zero na posição correta. (Os dois ajustes são comuns em vários súbitos.)

Sem matemática! Súbitos são de leitura mais/menos Repare na Figura 7-27: este comparador indica variações para mais e menos a partir do zero, assim como os relógios comparadores comuns. Este teste mostra o diâmetro em 0,0007 pol. maior que o zero nominal. A maioria é equipada com pequenos limitadores de tolerância, que podem ser colocados nos limites máximos e mínimos, conforme ilustrado na Figura 7-27.

> **Dica da área:**
> No trabalho CNC de alta velocidade em que pode ser necessário mais de um súbito, é uma boa ideia colocar um pequeno pedaço de fita no relógio ou no cabo do súbito, anotada com o tamanho nominal. Mantenha também o **anel-padrão** por perto e verifique o equipamento duas ou mais vezes por turno; aquecimento e outros fatores podem causar dilatação da ordem de 0,00005 pol. (cinco milionésimos). Não muito, mas pode ser de um terço à metade de sua tolerância!

Pinos-padrão retificados

Este calibrador pode ser usado para verificar o tamanho de furos muito pequenos. São fornecidos em conjuntos de grandes quantidades, da mesma forma que blocos-padrão, mas não em séries. Os pinos começam pelo menor diâmetro e crescem com incrementos de 0,001, 0,0005 ou 0,0001 pol., dependendo do jogo.

Para calibrar o diâmetro de um furo, deve-se testar com pinos maiores até que seja encontrado o tamanho que melhor se ajusta. Assim como os blocos-padrão, eles também são fornecidos pela oficina, devido ao elevado custo, e devem ser tratados com extremo cuidado (Figura 7-28).

> **Dica da área:**
> Embora não sejam tão precisos como os pinos-padrão, os operadores fabricam seus próprios pinos para os tamanhos que necessitam frequentemente. Enquanto estiver na escola técnica, se a oportunidade aparecer, faça quantos pinos de teste conseguir. Não se esqueça de gravar seus tamanhos, se possuir tal habilidade!

Inexatidões para pinos-padrão

Pinos podem ser vistos como blocos-padrão redondos e, como tais, estão quase livres de desafios para o operador. Ao testar os furos, existe uma certa inexatidão na escolha do melhor pino, mas é mínima se comparada com calibradores esféricos e telescópi-

Figura 7-28 Um jogo de pinos-padrão de alta qualidade deve ser tratado com grande cuidado.

cos. Existe a possibilidade de danificar o pino, mas é rara, pois são feitos de aço ferramenta temperado.

Aplicação correta

Utilizando o melhor ajuste, o teste de pinos pode calibrar o furo em alguns milésimos de polegadas em diâmetros por volta de 1,000 pol. Além disso, eles também proporcionam um teste funcional de cilindricidade. Com o pino MMC inserido, você encontrou o maior corpo cilíndrico para o espaço disponível. Dentro do furo, o pino MMC também pode ser medido pela posição e orientação em relação a uma referência (Figura 7-29).

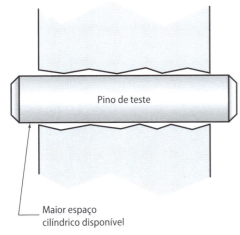

Figura 7-29 Um pino-padrão testa maior espaço cilíndrico disponível. Este pino agora poderia ser medido pela sua localização e orientação.

Dica da área:

Pinos para um teste passa não passa Frequentemente, dois pinos serão usados: um para o limite inferior da tolerância e outro para o limite superior. Se o "passa" couber e o "não passa" não, o furo está na tolerância. Quando fizer isso na linha de produção, é útil grudá-los com uma fita um no outro, em pares: marque com uma fita vermelha e verde o passa e o não passa, como mostra a Figura 7-30.

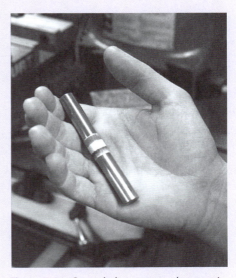

Figura 7-30 Com o lado menor verde e o maior vermelho, dois pinos-padrão executam o teste passa não passa.

Escolhendo a ferramenta correta

Comparando os métodos de medição de furos

A verdadeira habilidade está em decidir qual ferramenta utilizar: paquímetros, micrômetros internos, calibradores esféricos ou telescópicos, súbitos ou pinos de teste. Você baseará sua escolha:

- naquilo que está disponível;
- no quão apertada a tolerância é;
- no quão rápido o teste deve ser feito.

Especificações técnicas comparativas para medição de furos

Nome	± Repetibilidade (pol.)	Nível de Habilidade	Velocidade
Paquímetros	0,001 até 0,0015	Fácil (muito utilizado por iniciantes)	Moderadamente rápido
Micrômetros	0,0001 até 0,0002	É necessário prática	Pouco devagar (matemática)
Calibradores esféricos	0,001	Prática	Devagar (testes repetitivos)
Calibradores telescópicos	0,001	Muita prática	Devagar (deve-se repetir)
Súbitos	0,0001	Fácil, caro	O mais rápido depois de configurado
Pinos retificados	0,0001	Muito fácil, caro	Moderado (testar vários)

Aqui seguem alguns fatores para sua decisão

- Calibradores esféricos e telescópicos exigem um desafio duplo de sensibilidade, mas geralmente estão facilmente disponíveis.
- Súbitos são os melhores, mas devem ser ajustados para um valor nominal antes de utilizados.
- A menos que já estejam previamente ajustados, súbitos são uma escolha que toma tempo para medir somente um furo.
- Os pinos-padrão determinam não somente o diâmetro, mas também o cilindro geométrico.
- Os micrômetros internos são universais, mas são lentos e não capazes de medir furos pequenos.
- Paquímetros são rápidos, mas não alcançam o interior do furo, além de possuírem uma resolução ruim se comparada aos outros métodos. Mas os paquímetros podem fazer uma boa verificação em calibradores esféricos e telescópicos.
- Não existe resposta perfeita! Toda técnica de medição traz consigo decisões; por isso, somos chamados de operadores *habilidosos*.

Blocos paralelos ajustáveis

Existem calibradores de tamanho ajustável. São ferramentas úteis tanto para medição como para preparar um trabalho (Figuras 7-31 e 7-32). Podem ser usados como um calibrador funcional para analisar ranhuras e sulcos ou ser configurados como um calibrador **passa não passa** de espessura exata (mas não são tão precisos como os blocos-padrão).

Blocos paralelos ajustáveis são de prioridade 2 para seu plano de compra. Conforme você se tornar mais habilidoso, encontrará várias utilidades para essas ferramentas, não somente na medição e traçagem como também por toda a oficina.

Calibradores de raio

Estes pequenos padrões planos são tanto ferramentas avaliadoras de tamanho quanto de forma (Figura 7-34). Para usá-las, segure-as contra a curva

Figura 7-31 Um jogo de blocos paralelos ajustáveis é muito útil para seu conjunto de medição.

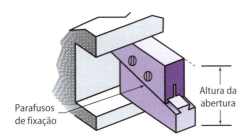

Figura 7-32 Uma das utilidades dos blocos paralelos ajustáveis é medir a largura com um micrômetro externo ou paquímetro.

em questão e procure pela que melhor se encaixa (Figura 7-35). A pista será as lacunas. Analogamente à análise de planeza, você está procurando pela maior lacuna entre o calibrador e a superfície. Calibradores de raio são de prioridade 2 para sua compra. São fornecidos em conjuntos nos sistemas métrico, fracional, decimal ou em polegadas.

Dica da área:

Calibradores planos Ilustrado na Figura 7-33, outro tipo de bloco paralelo ajustável é chamado de **calibrador plano** ou *calibrador ajustável de precisão* nos catálogos mais modernos. São maiores, mais robustos que os blocos paralelos ajustáveis e úteis em toda a oficina!

Calibradores planos possuem duas hastes roscadas que aumentam sua capacidade em incrementos de 1 e 2 pol. Também existem vários degraus de 1 pol. na ferramenta. Além disso, eles formam um triângulo de 30-60-90 graus útil para testar ângulos comuns. O conjunto pode ser desmontado para se usar somente o triângulo. Alguns ainda possuem um nível de bolha no quadro!

Inventados originalmente para determinar a altura das ferramentas acima da mesa de uma máquina incomum nos dias de hoje – a plaina horizontal–, essas ferramentas estão sendo esquecidas. Mas este é um item que não deve ficar obsoleto pela evolução da tecnologia. São excelentes instrumentos de medição e calibração. Aqui segue um exemplo: conforme mostra a Figura 7-33, a largura da ranhura pode ser medida mesmo quando o micrômetro correto não estiver disponível. Essas ferramentas devem ser de prioridade 2 ou talvez até 3, se comparadas com blocos paralelos ajustáveis normais; mas não se esqueça deles à medida que sua carreira for progredindo.

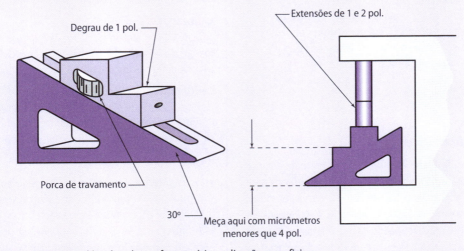

Figura 7-33 Um calibrador plano oferece várias aplicações na oficina.

Figura 7-34 Um conjunto completo de calibradores de raio em seu estojo.

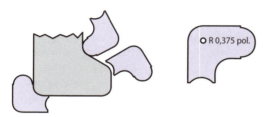

Testando raios usinados

Figura 7-35 Utilizando calibradores de raio para testar um calibrador de broca.

> **Ponto-chave:**
> **Utilize luz ou um fundo branco** Quando for avaliar uma superfície arredondada, um fundo claro ou uma luz serão muito úteis. Para tal, prenda a peça e o calibrador e aponte-os em direção à luz ou coloque-os sobre um pedaço de papel branco, em um campo de visão além do objeto. Essa dica da área é útil em muitas ocasiões na oficina, onde quer que uma estimação visual seja necessária.

Lendo as lacunas

Não é difícil fazer a leitura das lacunas para dizer se o calibrador é muito pequeno ou muito grande para o raio em questão. Na Figura 7-36, três calibradores de raio estão testando o diâmetro de 0,750 pol. de um pino. Uma lacuna indica que o raio é maior que o calibrador. Duas lacunas em cada lado indicam ao usuário que o calibrador é muito grande.

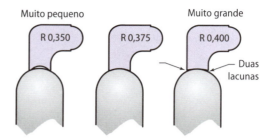

Figura 7-36 Calibrando um raio utilizando três tamanhos progressivos.

Revisão da Unidade 7-3

Revise os termos-chave

Anel calibrado
Anel de aço temperado com diâmetro interno na forma de um círculo perfeito de tamanho conhecido.

Calibrador compasso
Mesma ferramenta que um calibrador telescópico.

Calibrador de raio
Modelo pequeno e plano com vários arcos com mesmo raio de curvatura.

Calibrador passa não passa
Calibrador funcional que testa características contra os limites máximos e mínimos de tolerância.

Calibrador plano
Tipo de bloco paralelo ajustável; em alguns catálogos de ferramentas, também é chamado de calibrador de precisão do maquinista.

Calibrador telescópico
Haste que expande para determinar o diâmetro interno. Depois de definir o melhor tamanho, ele é removido e medido com um micrômetro.

Reveja os pontos-chave

- Os calibradores esféricos e telescópicos proporcionam um grande desafio de sensibilidade em termos de exatidão.
- Súbitos são as ferramentas mais exatas dos calibradores de brocas que estudamos.

- Calibradores planos podem ser usados como blocos paralelos ajustáveis.
- Calibradores de raio podem ser ajustados procurando-se por lacunas.

Responda

1. Liste os possíveis instrumentos de medição para determinar um diâmetro de 1,500 pol.
2. Repita a Questão 1 para uma tolerância de 0,0003 pol. em uma peça; classifique suas respostas.
3. Qual instrumento deve ser usado para calibrar um relógio comparador de diâmetro?
4. Verdadeiro ou falso? O calibrador plano é o mais versátil dos blocos paralelos ajustáveis.
5. Calibradores de raio avaliam dois itens relacionados. Quais são eles?

>> Unidade 7-4

>> Medindo ângulos

Introdução: A Unidade 7-4 diz respeito a ângulos e como medi-los. Antes de abordar as técnicas de medição, precisamos examinar como os ângulos são medidos e suas tolerâncias. Esse conhecimento prévio é necessário para entender como usar o goniômetro, que será estudado a seguir.

Termos-chave:

Ângulos complementares
Dois ângulos que somados formam 90°.

Ângulos decimais
Ângulos expressos em partes inteiras e decimais.

Enquadramento
Determina um par de linhas colineares procurando uma incompatibilidade simétrica de ambos os lados.

Goniômetro ou transferidor de grau
Instrumento para medir ângulos.

Goniômetro com escala de Vernier
Instrumento de medição de ângulos com precisão de 5 minutos do arco.

Graus, minutos e segundos
Ângulos expressos em graus, minutos ($1/60$ grau) e segundos ($1/60$ minutos).

Hipotenusa
A maior aresta de um triângulo retângulo – sempre oposta ao ângulo reto.

Quadrante
Noventa graus formando um segmento de circunferência. Quatro quadrantes formam uma circunferência.

Régua de seno
Instrumento de medição baseado nos senos de triângulos retângulos.

Seno do ângulo
Relação entre a aresta oposta ao ângulo em questão e a hipotenusa do triângulo retângulo.

Tolerância angular
Zona de tolerância determinada a partir de um vértice.

Representando ângulos e tolerâncias

Tolerâncias angulares geométricas e projetadas

Fazendo uma pequena revisão, lembre-se de que as tolerâncias angulares dimensionais começam em um ponto e radiam-se para fora. Elas produzem uma zona em forma de leque de mais ou menos certos graus. Um ângulo geométrico é uma zona de tolerância em forma de sanduíche em uma região perfeitamente definida. Uma variação admissível (tolerância) para um ângulo geométrico é a largura. Sabendo disso, vamos utilizar o transferidor ou goniômetro para medir um ângulo diferentemente. Veja a Figura 7-37.

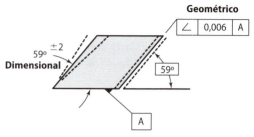

Figura 7-37 Comparação entre um ângulo dimensional e um geométrico.

Ângulos em graus decimais (GD) ou grau, minuto e segundo (GMS)

Usando qualquer uma das expressões, uma circunferência é dividida em 360°. Os graus são divididos em unidades menores, estendendo o decimal ou adicionando minutos e segundos.

Grau decimal: 60,22833°
GMS: 60° 13′ 42″

Quando ângulos são expressos em GMS, os graus são divididos em 60 minutos, e os minutos, em 60 segundos.

Qualquer uma das representações pode ser também representada por desenhos. GD e GMS (ou os símbolos ° ′ ″) estão em sua calculadora de mão.

GMS Embora sejam menos úteis para cálculos matemáticos, ângulos em GMS ainda são encontrados na maioria dos desenhos, especialmente em versões mais antigas, e são usados no goniômetro com Vernier a seguir. Graus decimais e minutos também se encontram em diversos acessórios modernos de máquinas. Os graus são simbolizados por um círculo sobrescrito, minutos recebem um único apóstrofo (′), e segundos são simbolizados com um duplo apóstrofo (″).

Exemplo: 38° 30′ 45″.

Pronuncia-se "38 graus, 30 minutos e 45 segundos".

Ângulos em graus decimais Mais simples para usar, os graus inteiros são seguidos por partes decimais. Podendo escolher, sempre use ângulos decimais. Converter – antes de iniciar problemas envolvendo ângulos – também é uma boa ideia. Por exemplo, o ângulo GMS de 38°30′45″ se torna *38,512°*. Este ângulo decimal é pronunciado como em matemática: "trinta e oito vírgula cinco, um, dois graus" ou "trinta e oito, quinhentos e doze graus milesimais" – ambas as expressões estão corretas. Ao pronunciar ângulos, deixamos de lado a convenção dos milésimos usada para distâncias em polegadas.

Conversa de chão de fábrica

Tenho um botão DRG na minha calculadora. O que é isso? Na engenharia e na matemática, há duas outras maneiras de dividir um círculo em partes, além dos graus. Elas são mais úteis para engenharia e cálculos científicos, em que ciclos de revoluções extremas, longas ou rápidas, fazem parte da computação.

Um círculo completo possui 2π radianos ou 400 grados. Embora os grados simplifiquem a matemática de oficina, não espere vê-los com frequência. Para utilizá-los, seria necessário mudar os hábitos, refazer desenhos e comprar novos instrumentos de medição. O botão DRG [*Degree* (graus), *Radians* (radianos) e *Gradients* (grados)] alterna de graus para radianos, depois para grados e, então, para graus novamente. Certifique-se de que está em graus quando chegarmos à régua de senos nesta unidade.

Dica da área:

Botão para conversão de ângulos Muitas calculadoras científicas têm uma função DMS/DD que facilita a conversão. A conversão manual não é difícil, mas essa função da calculadora pode poupar bastante tempo. Cada marca possui seu próprio meio de entrada e saída de dados dos ângulos; leia as instruções. Essa função é uma habilidade que economiza tempo, aprenda a usá-la em seu trabalho de oficina.

Medindo ângulos

Existem apenas três escolhas pouco tecnológicas para medir ângulos. Indo em direção a soluções técnicas, lá a máquina de medição de coordenadas computadorizada e o projetor de perfis – ambos serão abordados mais adiante.

- Transferidor de grau
- Goniômetro com Vernier
- Réguas e mesas de seno

Ponto-chave:
Para fazer a escolha certa de qual instrumento medidor de ângulos é certo para uma tarefa, lembre que cada um proporciona resultados cerca de 10 vezes mais precisos em comparação com a ferramenta anterior, na ordem apresentada.

Transferidores de grau – Resolução de 1 grau

São instrumentos medidores de ângulos que têm resolução de 1°. Embora possam ter uma forma diferente, são todos chamados de **transferidor** liso ou plano. A segunda versão deste grupo é o acessório do transferidor para um conjunto, visto no Capítulo 6. Esses transferidores são usados da mesma maneira para medir e traçar ângulos cujas tolerâncias são modestas (Figura 7-38). Para o seu *kit*, um instrumento deste grupo deve ser priorizade 1, os outros, prioridade 2.

Aplicação correta Com uma boa lupa, é possível usar transferidores planos ligeiramente mais precisos do que 1°, mas não perto de 30'. Uma vez que o arco graduado é maior, a leitura entre as graduações é um pouco mais fácil no transferidor combinado. Além de medir ângulos, você pode usar esses transferidores para traçagem, retificação com ferramentas manuais e preparação de uma máquina em que os ângulos não são tolerados.

Goniômetros com Vernier – Resolução de 5 minutos

O termo **transferidor para medidas angulares com Vernier** será simplificado para *goniômetro com Vernier* neste texto. Este é um instrumento de medição de ângulos universal de alta qualidade, que pode ser comprado com prioridade 3. Eles são frequentemente fornecidos nas oficinas. A versão com nônio é a mais comum, portanto, vamos estudá-los; entretanto, eles também são encontrados em versões com relógio, um aperfeiçoamento muito bom, porém uma despesa adicional para um instrumento de alto custo. A versão com relógio é muito mais fácil de ler, enquanto a versão com nônio é desafiadora!

Este instrumento (Figura 7-39) é muito mais universal do que apenas para verificar chanfros e biséis, pois também mede ângulos de superfícies de peças usinadas. A Figura 7-40 demonstra algumas maneiras de como esse instrumento pode ser utilizado com e sem o apoio de 90°. Repare na Figura 7-40 que as duas aplicações têm referência a uma

Figura 7-38 Existem diversas formas de transferidores para medir ângulos.

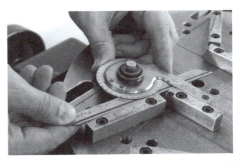

Figura 7-39 Um goniômetro e as lâminas de medida do *kit*.

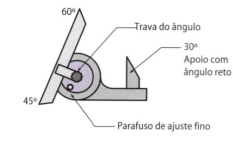

Figura 7-40 Três possibilidades para medir ângulos com um goniômetro.

superfície – a do medidor de altura é paralela à mesa sobre a qual repousa a base. Também observe que as lâminas longas e curtas possuem ângulos em suas pontas de 30°, 60° e 45°, que podem ser usados como modelos.

O goniômetro é fornecido em conjuntos que incluem uma lâmina principal, uma lâmina curta, uma cabeça de medição central com uma lente de aumento integrada e uma lâmina em ângulo reto.

Especificações técnicas para o goniômetro com Vernier

Aplicação correta Goniômetros são os instrumentos certos para medir ou calibrar ângulos cujas tolerâncias são menores que 1°, porém não menores que 5′ de arco. Além de medir ângulos, são utilizados para trabalhos de traçagem e para calibração de máquinas onde apoios ou guias precisam ser montados em ângulos precisos em relação à morsa ou mesa da máquina.

Repetibilidade-alvo de 5 minutos Não é possível ler mais precisamente do que a resolução da ferramenta mesmo utilizando uma lupa. A lente de aumento é normalmente fornecida como parte do *kit*. Se não, seria bom utilizar uma ao visualizar a escala.

Controle de inexatidão

Os fatores principais para a inexatidão de goniômetros com Vernier são:

Paralaxe – um grande problema ao usar lentes de aumento curvas. Certifique-se de vê-lo de frente.

Estimativa visual do alinhamento da lâmina com a superfície de trabalho.

A *leitura* das pequenas linhas é difícil e é possível ler a escala de Vernier errada (o treinamento servirá para resolver este problema).

Embora a cabeça central de medida pareça grande, deve-se permitir a diferença de 5′. No entanto, essa cabeça pode tornar a ferramenta difícil de ajustar em locais apertados, às vezes.

Lendo um goniômetro com Vernier

Seria melhor ter um goniômetro antes de prosseguirmos. Veja o da da Figura 7-41, que mostra a lâmina removida; a parte externa do círculo de medição é dividida em quatro seções de 90°, denominados **quadrantes**. Dois quadrantes começam do zero e são graduados até 90°, enquanto os

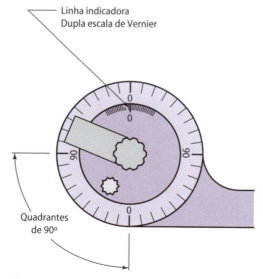

Figura 7-41 A lâmina foi removida para mostrar os quatro quadrantes de 0° a 90°.

quadrantes adjacentes decrescem até zero. *Para realizar qualquer medida, a linha indicadora estará em um dos quatro. É importante notar em qual quadrante a linha indicadora está, o que indicará qual das duas escalas de Vernier deve ser lida.*

> **Ponto-chave:**
> **Regra dos quadrantes**
> A direção a qual cresce o valor (horário ou anti-horário), para onde a linha indicadora aponta, dirá qual escala de Vernier deve ser usada.

Dupla escala de Vernier

Observe na visualização amplificada da Figura 7-42 que a escala de Vernier do círculo interno possui uma linha indicadora no centro apontando para o ângulo atual no círculo exterior. Em seguida, há duas escalas de Vernier que se estendem em direções opostas a partir do centro; são escalas espelhadas estendidas nos sentidos horário e anti-horário. Use a regra do quadrante para determinar qual escala de Vernier deve ser usada. Observe também que as linhas da escala de Vernier dividem 1° em 12 partes: 60/12 = 5' de arco – esta é a resolução deste instrumento. A escala de Vernier mostra quantas divisões de 5' a linha indicadora passou através de um grau inteiro. A Figura 7-43 ilustra a leitura de 42° e 25'. São 42° inteiros e 25/60 da distância até 43°.

> **Dica da área:**
> **Zerando por meio do par colinear** para ajudar a encontrar o par alinhado (Figura 7-43), olhe para as linhas igualmente incompatíveis em torno do par colinear – as linhas em 30 e 20 minutos. Este truque, chamado de **enquadramento**, funciona para todas as ferramentas com escala de Vernier – a incompatibilidade será simétrica em pares ao redor das linhas centradas.

Agora leia o que o goniômetro mostra na Figura 7-44, para ter certeza de ter compreendido o conceito antes de prosseguir.

A resposta é 23° 35'.

Medindo ângulos dimensionais – Melhor ajuste à superfície

Se o ângulo é dimensionado, como na Figura 7-45, então coloque a base do goniômetro na aresta do objeto e use o parafuso de ajuste fino até as lâminas se ajustarem melhor na aresta a ser medida. O ângulo deverá estar dentro da **tolerância angular**. Neste exemplo, mais ou menos 2°.

> **Ponto-chave:**
> Quando medir ângulos com tolerâncias de mais/menos graus, você deve mover a lâmina até onde ela se encaixar melhor no objeto. Às vezes, é difícil ter certeza de que esta superfície é curva.

Figura 7-42 A escala de Vernier inclui uma linha indicadora e duas escalas de Vernier. Use a "regra dos quadrantes" para escolher qual escala de Vernier utilizar.

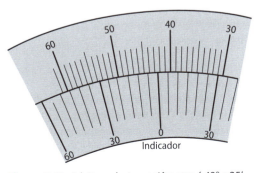

Figura 7-43 A leitura deste goniômetro é 42° e 25'.

Figura 7-44 Leia este goniômetro.

Medindo ângulos dimensionais

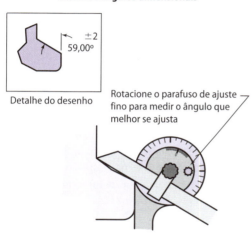

Figura 7-45 Para medir ângulos dimensionais, busque o melhor ajuste, girando o parafuso de ajuste fino.

Medindo ângulos com tolerâncias geométricas – Superfície calibrada

Se o ângulo possui uma tolerância geométrica, em vez de medir movendo o goniômetro, você deve calibrar o ajuste. Primeiramente, coloque o goniômetro no ângulo nominal (modelo perfeito) – 59° – e trave-o nesta posição.

Ponto-chave:
Você está testando a superfície com a lâmina travada na posição do ângulo estabelecido, procurando por lacunas. A base do goniômetro forma um ponto de partida a partir da superfície de referência. Não há suposições.

Agora segure o objeto no goniômetro ou coloque-o em uma superfície de referência (Figura 7-46); em seguida, usando um verificador de folga ou fios de precisão, verifique se a lacuna excede a tolerância ao longo da lâmina. A definição de tolerâncias geométricas em ângulos é muito mais útil quando há o encaixe de duas peças usinadas em conjunto, em que o objetivo funcional é limitar a distância máxima permitida entre eles.

Medindo e calibrando ângulos com réguas de seno – Resolução de 0,001 grau

Quando as tolerâncias angulares são menores que 5', precisamos de um instrumento bem diferente – a **régua de seno** ou seu irmão maior, a mesa de seno. Esses instrumentos de precisão são capazes de estabelecer modelos de ângulos de até um milésimo de grau. Eles são os instrumentos angulares mais precisos na caixa de ferramentas ou nas oficinas para este propósito.

Réguas de seno funcionam como barras paralelas que se inclinam em relação a uma superfície de referência (Figura 7-49). Além de ultraprecisas, são também muito resistentes e podem ser utilizadas durante a preparação de máquinas; contudo, são

Calibrando um ângulo com tolerância geométrica

Figura 7-46 Calibrando um ângulo com tolerância geométrica com um goniômetro travado.

Dica da área:
Fique longe da armadilha do complemento!

Evite este previsível erro quando usar qualquer tipo de transferidor; esteja certo de que o ângulo medido é aquele que você deseja medir. Este problema surge de um conceito geométrico chamado de **ângulos complementares** e suplementares. Ângulos são complementares quando totalizam 90°, e suplementares quando somam 180°. Em alguns casos, é fácil confundir o ângulo que se deseja medir com ângulos complementares e suplementares em um objeto – fique sempre ao lado do ângulo que deseja medir!

Este calibrador de brocas é um excelente exemplo (Figura 7-47). O ângulo necessário deve ser medido do lado suplementar. Ter consciência dessa armadilha é muito importante. Quer uma prova de que é fácil cair nessa armadilha? Eu lhe mostro como. Retorne à Figura 7-46 e veja que, realmente, o transferidor não está medindo o ângulo de 59°, mas sim o ângulo suplementar; tudo bem, desde que você faça as contas: o que o transferidor deve medir na Figura 7-46 é 180° – 59° = 121°.

A variação é invertida! Usar um acessório em ângulo reto pode eliminar este problema em alguns casos, tornando a leitura direta. Entretanto, a maioria de nós apenas determina qual ângulo estamos realmente medindo – o ângulo que queremos medir, o suplemento ou o complemento. Então, quando encontramos o ângulo complementar ou suplementar, sabemos que a variação é invertida. Em outras palavras, se o suplemento na Figura 7-47 mede *grande* em 123°, o ângulo resultante que queremos é realmente *pequeno* em 57°.

O final da confusão! Mas não terminamos ainda. Observe na Figura 7-48 que os transferidores possuem duas escalas, girando nos sentidos horário e anti-horário, 0 a 180°. Esses são valores suplementares para a posição da lâmina. Definir o indicador do braço em 59°, conforme mostrado no destaque, também o define em 121°. Quando os problemas angulares ficarem complexos, sempre use um transferidor de grau simples para verificar o goniômetro com Vernier, para ter certeza. Dada a complexidade de medir ângulos, o transferidor pode resolver muitas das dores de cabeça.

Lembre-se de que os quadrantes do goniômetro vão até 90° e, depois, começam de novo. Assim, o ângulo real deve ser avaliado em um transferidor; na Figura 7-47, é 31° (121° – 90°).

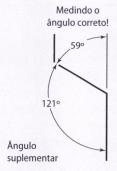

Figura 7-47 Seja cauteloso quando estiver medindo, para não confundir o ângulo que você quer medir com os ângulos complementares e suplementares.

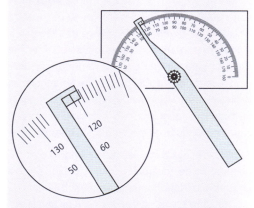

Figura 7-48 Use a escala dupla para verificar o ângulo ou seu suplemento.

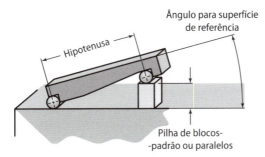

Figura 7-49 Uma régua de seno é o instrumento máximo de medição e calibração de ângulos.

mais comumente usadas para medir e fazer calibrações e, depois, removidas quando o ângulo é estabelecido.

Faça a sua própria A régua de seno é muitas vezes feita pelo estagiário, na escola, com barras paralelas. Para fazê-las direito, é necessário cortar e retificar os blocos que estabelecem a distância entre as hastes circulares para um número exato, geralmente 10 polegadas (réguas de seno com 5 e 1 polegadas também são usadas). A régua de seno de 10 polegadas é a mais útil, por causa de seu tamanho e porque simplifica muito a matemática. Adquirir uma régua de seno seria prioridade 2.

Mesas de seno são largas mesas basculantes com superfície superior articulada a uma placa inferior, a qual pode ser firmemente presa na mesa da fresadora ou da retificadora. Mesas de seno geralmente apresentam furos ou ímãs em sua superfície superior para segurar peças durante uma usinagem leve ou operações de retificação angulares. Vamos vê-las novamente quando explorarmos técnicas de usinagem, mas, por ora, precisamos discutir a capacidade de medição das réguas de seno.

As réguas e mesas baseiam-se no princípio da trigonometria de que qualquer ângulo dado produz uma relação específica entre a pilha sob a frente da régua, como mostra o desenho, e a distância entre os cilindros – chamados de **hipotenusa** (maior lado de um triângulo retângulo). Essa relação é chamada de taxa de seno e é abreviada para *SIN* na sua calculadora (Figura 7-49).

> **Ponto-chave:**
> O seno de um ângulo é uma comparação entre o comprimento do lado oposto de um determinado ângulo com o comprimento da hipotenusa de um triângulo retângulo (a hipotenusa é sempre oposta ao ângulo reto).

Aqui estão dois exemplos. Por favor, siga-os em sua calculadora (Figuras 7-50 e 7-51).

Ajustando um ângulo Neste caso, conhecemos o ângulo e queremos calibrar um modelo perfeito. Por exemplo, para segurar uma peça a 22,5° em relação a uma superfície, a base de uma morsa de fresadora. Isso irá cortar o topo da peça em 22,5°. Quando a peça está inclinada no ângulo correto e presa na morsa, a régua de seno pode ser removida (Figura 7-50).

Precisamos calcular a altura da pilha de blocos para uma régua de seno com *10 polegadas* quando elevada a 22,5°. Certifique-se de que a calculadora está trabalhando em graus. Senão, pressione o botão DRG. A maioria das calculadoras trabalha em graus como padrão para operações com ângulos quando são ligadas. Primeiramente, veremos a taxa de seno.

Dependendo da lógica da sua calculadora, insira 22,5 e pressione SIN, ou pressione SIN e 22,5 = **0,3826834**.

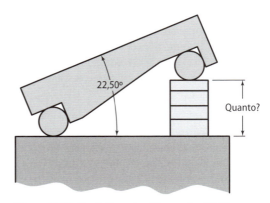

Figura 7-50 Qual altura de pilha produz 22,5° com uma régua de seno de 10 polegadas?

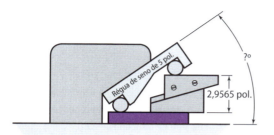

Figura 7-51 Medindo um ângulo com uma régua de seno.

Há duas maneiras de ver esse número:

Porcentagem da hipotenusa – É uma comparação do lado oposto (a pilha) com a hipotenusa. Neste caso, o lado oposto em um triângulo com 22,5° é aproximadamente 38% da hipotenusa – 38,26834%, para ser mais exato. Então o último passo a ser calculado é:

0,3826834 × 10 pol. = 3,8268 pol. – altura da pilha.

Comparação com 1 – Uma vez que uma relação decimal pode ser obtida comparando-a com uma unidade (0,3826834/1), a relação que obtemos seria a altura da pilha, se a régua de seno tivesse 1 polegada de comprimento; mas é 10 vezes maior, logo, é só multiplicar por 10.

0,3826834 × 10 pol. = 3,8268 pol. – altura da pilha

> **Ponto-chave:**
> De qualquer maneira que você olhar, vai chegar a esta conclusão:
>
> altura da pilha = seno do ângulo × comprimento da régua
>
> Multiplique a hipotenusa da régua de seno pelo seno do ângulo para obter a altura da pilha.

> **Dica da área:**
> Em cálculos como este, nunca arredonde os resultados até a conclusão. Arredonde o resultado para a milésima parte mais próxima para obter maior exatidão.

Agora é a sua vez

A. Calcule a altura da pilha de blocos para uma régua de seno de 10 pol., para obter um ângulo de 27,35°.
B. Calcule a altura da pilha de blocos para uma régua de seno de 5 pol., para calibrar um ângulo de 7°.
C. Calcule a altura da pilha de blocos para obter um ângulo de 18°27′ para uma régua de seno de 10 pol.

Respostas

Observe que as respostas estão arredondadas para o décimo de milésimo de polegadas mais próximo.

A. A pilha para uma régua de seno de 10 pol. precisa ter *4,5942* pol., para criar um ângulo de 27,35°.

sen(27,35) × 10 = 0,459424845 × 10

B. A altura da pilha para uma régua de seno de 5° para calibrar 7° é de *0,6093* pol.

sen(7°) × 5 = 0,121869343 × 5 = 0,6093 pol.

C. A altura da pilha para um ângulo de 18°27′ em uma régua de seno de 10 pol. será de *3,1648* pol. 18°27′ = 18,45°.

sen(18,45°) × 10 = 0,316476967 × 10
= 3,1648 pol.

Medindo um ângulo Desta vez, temos que medir com a maior precisão possível o ângulo cortado em baixo do bloco da Figura 7-51. Aqui o bloco paralelo ajustável vem a calhar com uma barra paralela sob a régua de seno. Ele é colocado sob o cilindro da frente e, em seguida, aberto até que a régua se encaixe perfeitamente no ângulo da superfície. Agora travado, é retirado e medido com um micrômetro; são encontradas 2,9565 pol. de altura. Para continuar, vamos reverter o processo dos últimos exemplos. Temos a altura do lado oposto e precisamos do ângulo que ela produz em uma determinada régua de seno. Neste exemplo, é uma régua de seno de 5 pol.

Em primeiro lugar, divida 2,9565 por 5 para obter a relação do seno para o ângulo desconhecido.

$$2,9565/5 = 0,5913$$

Assim, dependendo da sua calculadora, digite:

0,5913 e pressione 2nd + SIN 36,2493°

ou

2nd + SIN 0,5913 = 36,2493°

Agora é a sua vez

Arredonde seu resultado para a parte milesimal mais próxima (três casas decimais são o suficiente para a maior parte dos trabalhos de oficina, mas não todos).

A. Uma régua de seno de 5 pol. é inserida em um ângulo de uma peça, e a altura medida da pilha é de 2,5566 polegadas. Qual é o ângulo?

B. Uma pilha de 0,476 pol. de altura embaixo de uma régua de seno de 1,0 pol. indica um ângulo. De quanto é esse ângulo?

C. Um paralelo ajustável é medido 0,7654 pol. sob uma régua de seno de 10 polegadas. Qual é o ângulo que a régua está elevada?

Respostas

A. Uma pilha de 2,5566 pol. em uma régua de seno de 5 pol. indica o ângulo de *30,752°*.

$$2,5566/5 = 0,51132;$$
$$2nd\ SIN\ 0,551132 = 30,752°.$$

B. A altura de 0,476 pol. da pilha sob uma régua de seno de 1,0 pol. indica o ângulo de *28,424°*.

0,476 2nd SIN = 28,42447991 (A divisão por 1 não é necessária; a régua de seno possui 1 pol. de comprimento, então a altura da pilha é a razão.)

C. 0,7654 pol. sob uma régua de seno de 10 pol. calcula um ângulo de *4,390°*.

> **Ponto-chave:**
> Eis o que acabamos de aprender sobre a calculadora: tocar no botão de relação (SIN) com um ângulo na tela produz a relação correspondente. Tocar o botão 2nd + botão de relação (SIN) com uma relação na tela produz o ângulo correspondente.

Revisão da Unidade 7-4

Revise os termos-chave

Ângulos complementares
Dois ângulos que somados formam 90°.

Ângulos decimais
Ângulos expressos em partes inteiras e decimais.

Enquadramento
Determina um par de linhas colineares procurando uma incompatibilidade simétrica de ambos os lados.

Goniômetro ou transferidor de grau
Instrumento para medir ângulos.

Goniômetro com escala de Vernier
Instrumento de medição de ângulos com precisão de 5 minutos do arco.

Graus, minutos e segundos
Ângulos expressos em graus, minutos ($1/60$ grau) e segundos ($1/60$ minutos).

Hipotenusa
A maior aresta de um triângulo retângulo – sempre oposta ao ângulo reto.

Quadrante
Noventa graus formando um segmento de circunferência. Quatro quadrantes formam uma circunferência.

Régua de seno
Instrumento de medição baseado nos senos de triângulos retângulos.

Seno do ângulo
Relação entre a aresta oposta ao ângulo em questão e a hipotenusa do triângulo retângulo.

Tolerância angular
Zona de tolerância determinada a partir de um vértice.

Reveja os pontos-chave

- Transferidores ou goniômetros são usados para medir ou calibrar ângulos, dependendo das especificações do desenho.
- Ângulos podem ser representados em GMS (graus, minutos e segundos ou como graus decimais (GD).
- Transferidores planos e combinados são instrumentos de medição de semiprecisão.
- Goniômetros com Vernier possuem uma resolução de 5' de arco.
- Use a regra dos quadrantes para escolher a escala de Vernier correta.
- Tome cuidado com a confusão gerada pelos ângulos complementares e suplementares quando medir ângulos.
- Réguas de seno são os instrumentos de medição mais precisos.

Responda

1. Nomeie as duas grandes diferenças em medir ângulos projetados e ângulos com tolerâncias geométricas.
2. Verdadeiro ou falso? Uma vez que a maioria dos ângulos é expressa em GMS (graus, minutos e segundos) em desenhos e nos instrumentos usados nas oficinas, eles são obviamente a expressão angular mais usual. Se for falso, por quê?
3. Enuncie a regra dos quadrantes.
4. Quais são os fatores de inexatidão que estragam a exatidão dos goniômetros?
5. Qual dos enunciados é verdadeiro?
    A. A relação do seno é uma comparação do lado oposto do triângulo retângulo com sua hipotenusa.
    B. A relação do seno é uma comparação da hipotenusa de um triângulo retângulo com seu lado oposto.
6. Ângulos complementares ou suplementares somam 90°?

» Unidade 7-5

» Medindo rugosidade

Introdução: Agora veremos uma maneira diferente de medir – o quinto elemento, determinar o quão rugosa ou lisa a usinagem deixou o aspecto da superfície. Ao operar máquinas-ferramenta, você deve controlar não apenas tamanho, forma e posição das funções, mas, muitas vezes, o acabamento produzido.

Termos-chave:

Comprimento de amostragem
Extensão lateral da qual o rugosímetro extrai a média.

Estrias
Direção e natureza das marcas de rugosidade na superfície.

Mícron
Milionésimo de um milímetro, a unidade métrica para indicação de acabamento de superfícies.

Micropolegada
Milionésimo de uma polegada, a unidade imperial de base para indicação do acabamento de superfícies.

Ondulação
O maior efeito cíclico na usinagem causado pela vibração.

Padrão tátil de rugosidade
Utilizado para raspar amostras com a unha e, em seguida, comparar com a superfície usinada. Também chamado de comparador de acabamento superficial.

Rugosidade
O menor efeito cíclico do corte em superfícies usinadas.

Rugosímetro
Dispositivo eletrônico que determina a rugosidade do acabamento superficial.

O que você precisa saber sobre rugosidade

Micropolegadas (0,000001 – um milionésimo de uma polegada)

> **Conversa de chão de fábrica**
>
> μ é a letra grega "mi", para micro, significando um milionésimo.

A rugosidade é expressa em **micropolegadas**, simbolizadas por μpol. Existem outros sistemas utilizados no mundo, semelhantes a esse, cuja conversão é simples. A rugosidade métrica é expressa em **mícrons**, que é 0,001 de um milímetro.

As marcas deixadas pela usinagem são o *resultado de trabalhar o metal*. Se olharmos de perto, elas são como montes e vales regulares produzidos pelo corte, retificação, abrasão e eletroerosão e também pelas vibrações no processo. Os profissionais da usinagem são desafiados a controlar essas irregularidades para não deixarem a rugosidade maior que a tolerância em micropolegadas. Aqui seguem exemplos funcionais onde o controle de acabamento superficial pode ser necessário:

- aparência;
- ação de deslizamento mecânico suave;
- justamente o oposto: rugosidade mínima em razão de alguma colagem que pode ocorrer na superfície (tinta ou cola);
- para criar linhas usinadas específicas. Esse controle especifica como a superfície foi feita. Se as pequenas linhas na superfície forem paralelas a uma ação de flexão, podem haver rachaduras ao longo delas. Isso é muito importante em algumas aplicações com alta tensão.

> **Ponto-chave:**
> Uma micropolegada é 0,000001 pol. e é simbolizada como 1 μpol.

Simbologia encontrada em desenhos

Na Figura 7-52, você pode ver a aproximação de um furo em um calibrador de broca. O símbolo de suporte adjacente a ela é a maneira como o projetista comunica o acabamento necessário. O símbolo está desenhado um pouco maior que o normal nesta ilustração.

Rugosidade máxima Observe o número no símbolo, *125*. Este é o limite superior em micropolegadas para o acabamento neste furo – maior rugosidade permitida. Qualquer acabamento mais liso é aceitável, a não ser que esteja indicado o contrário no suporte de controle. Especificações de rugosidade mínima são raras, porém podem ser usadas quando se deseja uma superfície mais grosseira. Se fossem necessárias ambas as rugosidades, superior e inferior, haveria ter um segundo valor, abaixo de 125, no mesmo campo de dados dentro do suporte.

Em desenhos de engenharia, esses símbolos podem ser encontrados relacionados a características individuais, como neste furo. Ou você pode também encontrar um acabamento geral na legenda próximo das tolerâncias gerais de usinagem, o qual deve especificar o acabamento

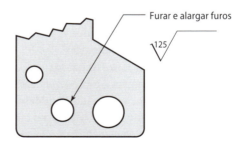

Figura 7-52 O suporte especifica a máxima rugosidade de 125 micropolegadas (125 μpol.).

em todas as superfícies usinadas a que não foram dados acabamentos específicos no desenho. "A menos que esteja indicado o contrário, todas as superfícies devem ser de 125 μpol." Muitas vezes, o μpol. será omitido, mas é subentendido.

Dica da área:
Acabamento geral Nos Estados Unidos, se não há um acabamento especificado na superfície ou na legenda de tolerâncias gerais, então 125 μpol. é a rugosidade considerada como padrão na usinagem.

O desenho do símbolo utilizado atualmente para acabamento superficial evoluiu de uma simples marca de verificação para indicar as superfícies a serem usinadas para aquela que você vê na ilustração. Ele possui três campos de dados – o primeiro e mais utilizado fica dentro da curva do símbolo, em que o 125 aparece, o segundo fica abaixo da linha horizontal, e o terceiro, dentro do símbolo.

Vamos ver o que o 125 realmente significa. Na Figura 7-53, há uma vista ampliada da secção transversal usinada. Os pontos 1, 2, 3 e 4 devem ter a mesma média dos pontos 5, 6 e 7. A soma dessas médias não deve ultrapassar o limite de 125 μpol; entretanto, poderia ser menor – mais lisa. Então 125 μpol. é a distância média das cristas e dos vales até a linha média. Isso é calculado sobre uma extensão horizontal chamada de *comprimento* de **amostragem** (*cutoff*).

Ponto-chave:
125 μpol. não é a distância dos picos até os pontos mais baixos, mas a média de seus desvios para a linha média.

Comprimento de amostragem O comprimento de amostragem é especificado no suporte, como mostra a Figura 7-58, e é indicado em 0,010 pol. de largura. Se esse campo de dados estiver em branco, então é assumida uma extensão do comprimento de amostragem de 0,030 pol. de largura. Quando realizar avaliações diárias, o comprimento de amostragem deixará de ser um problema.

Avaliações superficiais industriais Só será importante saber valores de comprimento de amostragem quando, por razões funcionais, estiver simbolizado no desenho. Nesse caso, precisará recorrer a um dispositivo eletrônico para avaliar a rugosidade, como o da Figura 7-54. Esse dispositivo eletrônico portátil, denominado rugosímetro, é comum em departamentos de controle de qualidade. O rugosímetro pode ir até a máquina para verificar os resultados, sem precisar retirar a peça para levá-la ao departamento de controle de qualidade.

Seu irmão maior, o computador de avaliação superficial (Figura 7-55), filtra os dados para ver os diferentes aspectos do acabamento, como apenas

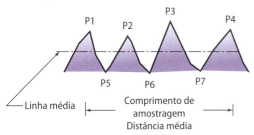

Figura 7-53 Picos e vales de rugosidade são especificados em relação à linha média, cerca de metade do caminho entre eles.

Figura 7-54 Este rugosímetro portátil está verificando um acabamento superficial de 64 μpol. (micropolegadas) nesta peça de alumínio.

a **ondulação**, por exemplo, imprimir gráficos microscópicos da superfície e assim por diante.

Os dois tipos coletam dados da superfície com uma caneta tátil (tocando), que funciona como em um relógio comparador, sendo puxado pela superfície lentamente, enquanto detecta e registra os picos e vales em micropolegadas. A caneta de contato é feita de um diamante pontiagudo ou material similar, para poder se encaixar entre os picos, a fim de obter uma imagem clara da superfície. Conforme seu processador coleta os dados, ela calcula a rugosidade média sobre o comprimento de amostragem e, depois, informa na tela, no relógio ou no papel.

Comparação de rugosidade na sua máquina

Dando sensibilidade à superfície (literalmente)

Rugosímetros são necessários quando as especificações de acabamento incluem o comprimento de amostragem ou são menores que 32 μpol. Para a aplicação diária em sua máquina, muitos mecânicos usam o **padrão tátil de rugosidade** (Figura 7-56), às vezes chamado de placa de arranhar, por causa da maneira como é utilizada.

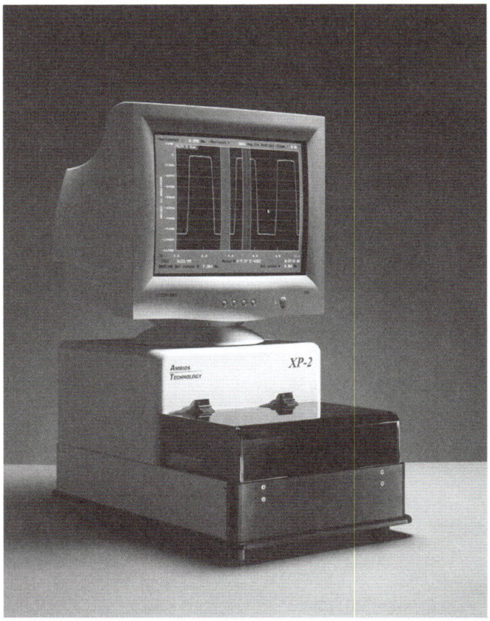

Essa placa possui diferentes amostras de vários tipos de acabamentos. Encontrando a amostra mais semelhante ao acabamento que você fez, a placa é arranhada com a unha; assim, sentindo a sua **rugosidade**, arranhe imediatamente a superfície em questão! Vá e volte – isso funciona incrivelmente bem com um pouco de experiência. Certifique-se de arranhar através das marcas – e não paralelo a elas. Um padrão tátil de rugosidade deve ser adquirido com prioridade 2 ou 3 para sua caixa de ferramentas, mas é conveniente tê-lo. Observar a rugosidade pode ajudar também, mas você pode ser enganado pelo brilho do metal em condições onde a rugosidade da superfície é menor que a de usinagem.

Símbolos de estrias

Assim como a ilustração mostra o padrão tátil de rugosidade, há diferentes maneiras de produzir um acabamento, desde redemoinhos e linhas retas até

Figura 7-55 Um computador de avaliação superficial pode determinar e exibir qualquer aspecto técnico da rugosidade da superfície.

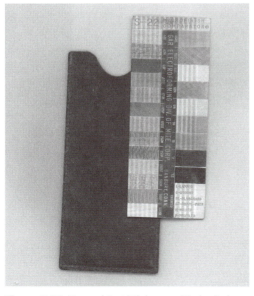

Figura 7-56 Um padrão tátil de rugosidade ajuda a estimar o acabamento.

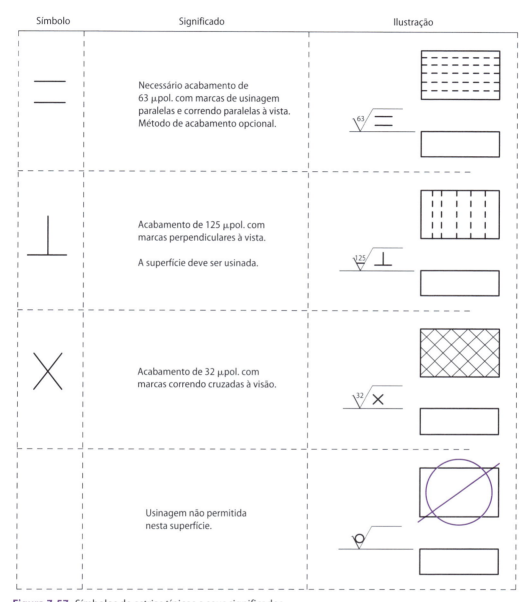

Figura 7-57 Símbolos de estrias típicos e seus significados.

cruzes na superfície da peça – chamadas de **estrias** do acabamento. As diversas marcas de estrias vão se tornar comuns conforme você operar as máquinas. Se for necessário especificar como devem ser as estrias de acabamento na peça, o símbolo deve ser colocado dentro do suporte. Semelhante aos símbolos de tolerância geométrica, cada um informa um significado para o mecânico. A Figura 7-57 retrata alguns dos mais comuns, e a Figura 7-58 mostra uma ampliação do suporte com um símbolo de estrias multidirecional no local correto.

Por enquanto, sem um conhecimento aprofundado em máquinas, não é importante compreender como essas estrias são feitas, mas é importante

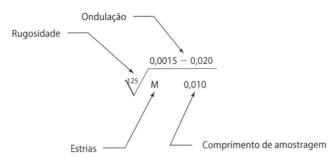

Figura 7-58 Ondulação, rugosidade e comprimento de amostragem podem ser encontrados no símbolo.

Conversa de chão de fábrica

Mais informações Há ainda muito mais para saber sobre rugosidade, porém não é nosso objetivo aqui. Se você quiser saber mais, procure no *Machinery's Handbook*, na parte de acabamento superficial, ou na Internet em: acabamentos + superfície + metal + usinagem.

Ondulação

Às vezes, a usinagem pode produzir dois padrões durante o trabalho: as marcas individuais feitas pela ponta de corte ou dente e um grupo-padrão causado pela vibração da ferramenta de corte, vibração do trabalho ou até pela vibração da máquina. Quando isso ocorre, forma-se uma onda. Se for importante controlá-la, uma especificação de ondulação será colocada em cima do suporte do símbolo de rugosidade. Novamente, isso somente é importante para controlar superfícies altamente técnicas, que não podem ser medidas exceto por meios eletrônicos.

Ponto-chave:
Se uma estria é especificada, ela deve ser obtida assim como as outras especificações e tolerâncias no desenho.

lembrar que a rugosidade pode parecer um pouco diferente entre linhas retas de um torno mecânico e espirais feitas por uma fresa, por exemplo, mesmo que ambas sejam medidas pela mesma rugosidade em micropolegadas.

Aplicações para o acabamento padrão

Em condições normais, os acabamentos especificados variam de 125 µpol. até o modestamente liso 32 µpol. ou, possivelmente, 16 µpol. Observe que os números são a metade do acabamento anterior. Por exemplo, um moderado 125, 63, 32 e um fino 16.

Você pode encontrar rugosidades de 250 µpol. ou ainda mais rugosas, com 500 µpol., dependendo da natureza dos produtos feitos na sua empresa. Pelos exemplos, observe que as diversas categorias têm áreas cinzentas, onde suas funções são sobrepostas. Aqui seguem alguns exemplos onde esses acabamentos comuns podem ser aplicados.

Conversa de chão de fábrica

Melhorando o alisamento *versus* vida da ferramenta, ajustagem, lucro ou perda, e qualidade O dever do trabalhador é buscar métodos para produzir um melhor acabamento utilizando as melhores ferramentas de corte, mantendo-as afiadas, calculando a velocidade e o avanço corretos e mantendo o fluxo de refrigerantes. No entanto, isso não deve custar um tempo adicional para fazer as peças, a menos que as melhorias economizem acabamento em bancada ou aumentem a vida da ferramenta. Se reduzindo seu avanço, por exemplo, o tempo para fazer as peças vai de 9 para 12 minutos, porém economiza meia hora de ajustagem ou aumenta a vida da ferramenta por uma quantidade mensurável, o aumento no tempo de produção da peça é, portanto, justificado. Porém, se a mudança deixar a superfície substancialmente mais lisa que a especificação, mas sem nenhum outro ganho, então será só gasto sem um ganho significativo na qualidade!

Conversa de chão de fábrica

Não confunda brilhante com liso A reflexão da luz é uma das imprecisões dos padrões táteis de rugosidade. Frequentemente, um acabamento refletirá luz quando não é tão liso quanto parece ser. Não seja enganado por superfícies brilhantes – elas podem não ser lisas.

Por exemplo, olhe para o reflexo do sol em um lago. Esse lago calmo pode mostrar-lhe apenas um reflexo, enquanto um lago ondulante lhe mostraria várias reflexões vindas de vários pontos – quanto mais rugosa a superfície, mais luz deverá ser refletida na sua direção!

É melhor arranhar e comparar com sua sensibilidade e usar a reflexibilidade como um segundo meio avaliador. A reflexibilidade é causada pelo fechamento de todos os poros na superfície de trabalho. É uma função microscópica menor que a resolução normal da usinagem. É uma calibração da superfície entre os picos e vales da usinagem até que acabamentos menores que 8 μpol. sejam encontrados.

μpol.	Função e descrição
125	**Acabamento geral de usinagem** Partes não críticas de um motor de automóvel ou um cortador de gramas. Operações-padrão produzem esse acabamento, como a furação, o torneamento e a fresagem. Relativamente rugoso ao toque. Deixa um rastro de unha se arranhado.
63	**Acabamento geral de usinagem – Melhor qualidade** Superfícies de vedação ou bucha para a haste de controle deslizante em um toca-discos, por exemplo. Feito da mesma maneira que o anterior, porém tendo um corte extra. Também deixará um pouco de rastro de unha se arranhado.
32	**Acabamento de qualidade** Um eixo ou rodas de liga leve antes do polimento. Geralmente precisam de usinagem especial, como desbaste e dois cortes de acabamento, ou podem precisar de um processo abrasivo (retificação) para atingi-lo. Esse acabamento custa mais para ser produzido. O último acabamento que deixa rastro de unha, qualquer outro mais liso não.
16	**Acabamento de precisão** Parede do cilindro hidráulico para um macaco ou uma superfície para moldes de plástico. Precisa ser planejado com cautela com operações de desbaste e acabamento e, depois, um trabalho abrasivo da superfície. Esse caro acabamento só se justifica em condições especiais.
8	**Acabamento de precisão de alta qualidade** Instrumentos cirúrgicos ou molde para lentes de contato, por exemplo. Além dos procedimentos de usinagem e retificação, esses acabamentos precisam frequentemente de um segundo processo abrasivo para alcançar esse nível de lisura.
4/2	**Lapidado e polido** Mais adiante em sua carreira, você vai encontrar um acabamento de 4 μpol. e talvez um acabamento de 2 μpol. (também pode estar em seu padrão tátil de rugosidade). Esses acabamentos são produzidos com métodos muito técnicos que necessitam de rebolos excepcionalmente finos e um bom planejamento, três níveis de usinagem, retificação e acabamento.

Revisão da Unidade 7-5

Revise os termos-chave

Comprimento de amostragem
Extensão lateral da qual o rugosímetro extrai a média.

Estrias
Direção e natureza das marcas de rugosidade na superfície.

Mícron
Milionésimo de um milímetro, a unidade métrica para indicação de acabamento de superfícies.

Micropolegada
Milionésimo de uma polegada, a unidade imperial de base para indicação do acabamento de superfícies.

Ondulação
O maior efeito cíclico na usinagem causado pela vibração.

Padrão tátil de rugosidade
Utilizado para raspar amostras com a unha e, em seguida, comparar com a superfície usinada. Também chamado de comparador de acabamento superficial.

Rugosidade
O menor efeito cíclico do corte em superfícies usinadas.

Rugosímetro
Dispositivo eletrônico que determina a rugosidade do acabamento superficial.

Reveja os pontos-chave

- A menos que esteja especificado o contrário, o acabamento superficial é especificado com o valor máximo – qualquer acabamento mais liso é aceitável. O padrão é 125 μpol, se não houver outra especificação.
- A falta de uma referência ao estado da superfície pode levar a erro – essas são as tolerâncias.
- O comprimento de amostragem é de 0,030 pol., exceto se houver outra especificação.
- Uma das principais razões para um acabamento ruim é a combinação da vibração da ferramenta com a vibração na usinagem e a vibração da máquina! O principal controle para reduzir as vibrações é reduzir a velocidade de corte.
- O símbolo para "superfície que deve ser usinada" é uma linha horizontal no suporte.
- O círculo no suporte de acabamento indica que nenhuma usinagem deve ocorrer.
- O número especifica a altura média dos sulcos acima e abaixo da linha média.

Responda

1. Verdadeiro ou falso? Quando nenhuma rugosidade é citada nas tolerâncias gerais, então todas as superfícies devem ser de 125 μpol. Se for falso, justifique.
2. Explique os dois dados no símbolo de rugosidade na Figura 7-59.

Figura 7-59 Descreva a chamada de rugosidade.

3. Qual dado está faltando, mas deveria estar na Figura 7-59?
4. Qual é o acabamento mais liso – 125 μpol., 64 μpol. ou 32 μpol.?
5. Em sua máquina deve haver dois instrumentos que podem testar o acabamento superficial. São eles:
   A. micrômetro;
   B. comparador ótico;
   C. comparador de acabamento superficial;
   D. padrão tátil de rugosidade;
   E. rugosímetro.

REVISÃO DO CAPÍTULO

Unidade 7-1

Micrômetros internos e externos são mais específicos que um paquímetro e proporcionam melhor exatidão, mas ainda devem ser considerados instrumentos de medição universal. Nesta unidade, nos esforçamos para obter uma repetibilidade inicial de 0,001 pol., ainda que, nas mãos de um usuário experiente, esses dois instrumentos de medição deem uma repetibilidade em torno de 0,0005 pol. (ou um pouco melhor, dependendo da situação e do usuário). Os dois grandes desafios para usá-los corretamente são sensibilidade e erro de calibração. No entanto, mesmo sendo um desafio utilizá-los corretamente, há momentos em que um micrômetro interno ou de profundidade são o melhor instrumento para o trabalho.

Unidade 7-2

Para um observador leigo, é difícil ver por que uma caixa de pequenos blocos de aço custa um salário de semanas para um mecânico. Agora você sabe o motivo. Essas pequenas peças são feitas com a maior precisão de qualquer instrumento de medição na oficina. Para produzi-las, a oficina deve possuir alguns dos equipamentos mais sofisticados do planeta. Não é só isso; eles passam por muitos passos em sua fabricação, e cada um é realizado por pessoas altamente qualificadas. Juntamente com calibradores e padrões, os blocos-padrão são o ponto de partida para a precisão na maioria das oficinas. Mesmo utilizando o CNC e as máquinas de coordenadas, os blocos-padrão ainda dominam, atuando como base para a exatidão.

Conversa de chão de fábrica

O desafio das peças geradas por computador A usinagem integrada acrescentou um novo toque a este jogo. Hoje temos a capacidade de rapidamente definir e fazer formatos de peças que eram apenas sonhos alguns anos atrás. Podemos desenhar um formato complicado no CAD, em seguida programá-lo com CAM e enviá-lo direto para o comando para ser feito. Ao final, se nenhum erro apareceu durante o processo, temos certeza de que o item está correto, mas tropeçamos na maneira de provar isso! Computadores podem e nos colocam em posições difíceis ao produzir uma forma mais precisa ou mais complexa que a nossa capacidade de medir com instrumentos e processos comuns! No entanto, os computadores também podem ser a solução. Se essa peça pode ser mostrada na tela, provavelmente há um programa MMC que pode ser escrito para provar a exatidão dessa peça.

Unidade 7-3

Aqui agrupamos uma série de pequenos instrumentos de medição, em que cada um realiza uma função de medição especializada. Todos têm alguma inexatidão. Uma última consideração sobre eles (e todos os outros que estudamos) é estar à procura de avanços técnicos que melhorem o que eles fazem. Eles deixam muito espaço para melhorias! Também derrubamos o argumento sobre o uso da palavra "calibrar". No sentido clássico, ela é um modelo de medição que compara algumas características em face de uma versão perfeita. No entanto, vimos que a palavra é usada muito vagamente no nosso ofício e quase qualquer instrumento pode ser chamado de calibrador, por exemplo, um súbito ou um relógio comparador, porém nenhum deles se encaixa na definição.

Unidade 7-4

Há muito para aprender sobre medição de superfícies angulares. Em primeiro lugar, precisamos esclarecer alguns termos. Existem *dois tipos de chamada de ângulo em desenhos*: a tolerância que se projeta de um único ponto para fora e a tolerância geométrica, situada dentro de uma zona de tolerância em relação a uma superfície de referência. Embora cada uma precise de configurações para medição muito diferentes, elas são medidas com os mesmos instrumentos de medição, mas usados de maneira diferente. Existem também *dois modos de expressar o seu valor*: graus, minutos e segundos (GMS) ou graus decimais (GD). Assim, como com todos os outros instrumentos de medição, a habilidade final foi a de conhecer as várias opções disponíveis para medir ângulos, dependendo da tolerância. Quando as tolerâncias são maiores que 1°, usamos transferidores de grau simples; mas quando tornam-se mais finas, temos três opções: goniômetros, transferidores eletrônicos, réguas de seno e mesas de seno. Depois, voltamos à tecnologia para resolver problemas de medição: máquinas de medição de coordenadas computadorizadas e projetores de perfis.

Unidade 7-5

Enquanto usamos rugosímetros eletrônicos para medir a rugosidade da superfície, também desenvolvemos a habilidade de um arranhão da superfície usinada para chegar razoavelmente perto de sua rugosidade medida. Semelhante a olhar para uma ferramenta rotativa e saber se está certa ou errada, trabalhar com acabamentos superficiais por um tempo dará um sentido (tátil) a elas, sem precisar de padrões táteis de rugosidade para comparação.

Questões finais de revisão – Escolhendo o instrumento de medição correto

Quando confrontado para provar se uma peça está dentro da tolerância, quase todas as dimensões criam dúvidas. Dúvidas sobre o instrumento correto e como ele é utilizado. Qual provará sem sombra de dúvida que a peça é da melhor qualidade? Esta revisão final é projetada para simular esse jogo do dia a dia. Os problemas a seguir foram formulados para estimular a discussão sobre outras maneiras de fazer o mesmo trabalho! Como você verá nas respostas, os instrumentos básicos que aprendemos até agora podem ser combinados de muitas maneiras diferentes!

Até o momento, nos Capítulos 6 e 7, temos melhorado a nossa compreensão do equipamento e como usá-lo, mas não como avaliar peças. Para quase todas as medições, haverá várias opções que *podem* fazer o trabalho. Geralmente há um método rápido (paquímetros ou réguas – ambos bons, mas raramente a melhor escolha) e existirão um ou dois métodos mais precisos, que levarão tempo para estabelecer e executar. E provavelmente haverá vários outros entre as diversas combinações de velocidade e precisão.

Diferente de um teste clássico, os próximos problemas podem ter várias respostas. Se a sua escolha oferece a exatidão necessária, então você entendeu. É mais do que possível que você apresente um método em que os desenvolvedores deste livro e eu não pensamos e que não está na folha de respostas! Será ótimo se você o fizer.

Seu instrutor ou outro mecânico experiente talvez tenha diferentes opiniões ou ideias daquelas nas respostas, e isso também é de se esperar. Medir é uma arte; existirão diferenças de trabalhador para trabalhador. Discuta as respostas com outros para ver como eles fizeram suas escolhas. Seu instrutor pode também ter peças semelhantes às mostradas na Figura 7-60.

Diretrizes para a escolha

- Primeiramente, antes de escolher o instrumento e o processo, saiba a(s) tolerância(as) para a característica a ser medida! A tolerância elimina alguns instrumentos e indica quais métodos vão lhe fornecer a exatidão necessária.

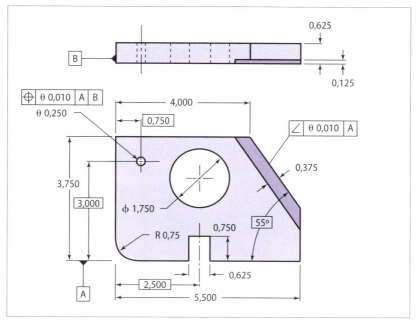

Figura 7-60 Teste sobre todos os processos de medição.

- Decida o quão rápido você deve entregar os resultados! Normalmente isso não é preciso quando se está treinando, mas é um fator no trabalho. Tempo adicionado ao ciclo de uma peça devido a uma má escolha não pode ser justificado. Isso é especialmente verdadeiro para equipamentos CNC rápidos. Para um único teste, não há problema em usar métodos lentos se precisar. Mas quando as peças saem em poucos minutos, não há tempo para isso.
- Conheça sua repetibilidade pessoal para cada instrumento em seu arsenal.
- Com os fatores anteriores em consideração, determine quais ferramentas estão disponíveis para realizar o trabalho. Mantenha em mente a "regra dos 10" e use-a, se possível.
- *Nunca assuma que a ferramenta que você escolheu está calibrada.*
- Fique de olho em erros de medida e controle-os enquanto realiza as medidas.
- Sempre tenha um segundo plano, verifique o processo duas vezes, especialmente se for caro ou um trabalho importante.

Conversa de chão de fábrica

Os velhos mestres na oficina deram dois conselhos sobre medição: "Meça duas vezes e, então, corte uma!" e "É um mau trabalhador aquele que acusa seus instrumentos". O significado é que, se você errar porque suas ferramentas estão descalibradas, a culpa ainda é sua!

Problemas de 1 a 10

Derrote o autor ganhando mais de 100 pontos no total nos primeiros 10 problemas. Desafie outro estudante ou sua sala inteira nesse jogo.

Regras do jogo

- **Instrumentos válidos** Use somente os instrumentos de medição que discutimos nos Capítulos 6 e 7, mas você pode usá-los de qualquer maneira possível que forneça a precisão!
- Você também pode optar por utilizar o desempeno de granito com placas em ângulo reto para

segurar as peças perpendiculares à superfície de referência. Também pode escolher qualquer forma de barras ou uma garra leve para trabalhar nesses itens.

- **Pontos** O primeiro parêntese para cada questão define a pontuação para encontrar uma determinada quantidade de soluções, a meta para a questão. *Se encontrar menos soluções que a meta, não ganha pontos.*
- **Pontos bônus** Cada solução que você achar que está na lista de resposta, acima da meta, ganha o valor bônus para essa questão. Um bônus por resposta acima da meta.
- **Perdendo pontos** Se seu número de soluções está aquém da meta, então subtraia o valor bônus multiplicado pelo número abaixo da meta. (Você verá que é possível uma pontuação bem abaixo de zero nesta competição!)
- **Bônus dobrado** Descobrir uma resposta razoável que mede dentro da resolução da questão e que não está na lista de resposta acrescenta *duas vezes* o bônus à sua pontuação, para cada solução encontrada além da lista.

Se você identificar a *solução com maior exatidão*, adicione um bônus duplo para o seu total. Pode haver mais de uma solução com melhor exatidão, mas você só tem um bônus duplo pela melhor precisão.

Questões e problemas

Além dos objetivos previstos no Capítulo 7, você também usará os instrumentos e processos do Capítulo 6.

1. Para a Questão 1, você pode usar qualquer item de espessura conhecida para testar lacunas. Descreva ou esboce *três* maneiras em que o ângulo de 55° pode ser medido dentro da tolerância especificada (Obj. 7-4). (pontuação: 10; valor do bônus: 3)

2. Nomeie *oito* métodos que podem medir uma dimensão de 0,375 pol. com $\pm$ 0,005 pol. (Objs. 7-1 e 6-3). (pontuação: 12; valor do bônus: 2)

3. Identifique *três* métodos para medir um furo de diâmetro de 1,750 pol. dentro da tolerância de 0,0005 pol. (Objs. 7-1, 7-3 e 6-3). (pontuação: 10; valor do bônus: 4)

4. Identifique *dois* métodos para medir o componente de 0,750 pol. da posição dos furos de 0,250 pol. A diferença precisa ser de $\pm$ 0,001 pol. ou melhor para suas escolhas (Objs. 7-2, 7-3 e 6-3). (pontuação: 18; valor do bônus: 5)

5. Encontre os *três* meios *mais rápidos* para medir um furo de diâmetro 0,250 pol. entre $\pm$ 0,005 pol., na ordem do tempo consumido. Observação: se sua ordem de velocidade coincidir com as respostas, adicione um bônus duplo (Objs. 7-3 e 6-3)! (pontuação: 6; valor do bônus: 3)

6. Identifique *três* métodos para medir a largura da ranhura de 0,625 pol. dentro de $\pm$ 0,0005 pol. de diferença (Objs. 7-2 e 6-3). (pontuação: 12; valor do bônus: 4)

7. Encontre ao menos *cinco* maneiras de medir 0,125 pol. de profundidade com 0,002 pol. (Objs. 7-1, 7-2 e 6-3). (pontuação: 10; valor do bônus: 3)

8. Usando os instrumentos e processos dos Capítulos 6 e 7, encontre *um* meio de medir uma dimensão de 2,500 pol. para a linha de centro da ranhura dentro de uma tolerância de $\pm$ 0,0003 pol. (Objs. 7-2 e 6-3). (pontuação: 15; valor do bônus: 10)

9. Quantas maneiras você pode listar para medir a espessura de 0,625 pol. da peça com $\pm$ 0,010 pol.? A meta é de *nove* soluções (Objs. 7-1, 7-2 e 6-3). (pontuação: 12; valor do bônus: 3)

Questões de pensamento crítico

10. Há algum outro meio prático para medir o raio de um canto de 0,75 pol. que não sejam os calibradores de raio? (pontuação: 5; sem pontos bônus aqui)

Fim da competição, some todos os seus pontos, incluindo os descontos, e verifique sua pontuação com a de seus oponentes (e eu); depois, responda as questões restantes.

11. O que a caixa ao redor do ângulo de 55° representa (Obj. 7-4)?

12. Retorne para a Questão 2. Qual método seria o mais prático e mais rápido (Obj. 7-1)?

Perguntas de CNC

16. O programa está funcionando bem. Todas as principais dimensões estão dentro da tolerância, e o acabamento da superfície é melhor do que 125 μpol. No entanto, a cada ciclo, parece que a superfície fica um pouco mais rugosa. Qual poderia ser a causa e como corrigir?

17. Um torno CNC está fabricando eixos de engrenagens que possuem apenas uma dimensão principal – eles devem ter 4,500 pol. de comprimento, com uma tolerância de ± 0,003 pol. A máquina roda (faz uma peça) a cada 1 minuto e 45 segundos. Ela possui um alimentador de barras automático e um dispositivo pegador de peças finalizadas, ficando assim, livre para medir e registrar os dados enquanto tira uma peça de amostra. De acordo com seu plano de trabalho, você deve medir a cada 10 peças produzidas e inserir os dados em um programa de CEP no seu controlador, para ter um controle de qualidade em tempo real.
   A. Quais os fatores que precisam ser considerados para escolher o processo de medição?
   B. Nomeie ao menos três maneiras de medir essa dimensão.

13. Se a superfície do furo na Figura 7-60 recebesse uma chamada de acabamento de 32 μpol., seria possível alcançá-la utilizando uma broca comum (Obj. 7-5)?

14. A tolerância de posição para o furo de 0,250 pol. de diâmetro se aplica à sua (A) superfície, (B) linha de centro e (C) eixo?

15. Qual é a distância do furo de 1,750 da superfície B? Como você sabe?

18. Explique o que um acabamento de 125 μpol. significa; cite no mínimo quatro fatos (Obj. 7-5).

19. Um suporte de acabamento superficial possui apenas 63 μpol. e não fornece qualquer outra informação. Qual é o comprimento de amostragem (Obj. 7-5)?

20. Qual é a definição clássica de calibrador de medida (Obj. 7-3)?

RESPOSTAS DO CAPÍTULO

Respostas 7-1

1. Falso. Sua leitura mais baixa é obtida com o tambor recuado por todo o caminho.

2. $\frac{1}{2}$ pol. ou 13 mm; portanto, a cabeça pode se encaixar nos pequenos furos.

3. Tamanho básico da cabeça; a leitura na cabeça; a capacidade da haste; e o espaçador, se utilizado.

4. Sensibilidade – ambos possuem desafios a esse respeito.

5. Relógio comparador interno ou súbito.

Respostas 7-2

1. Calibração da cabeça e das hastes de extensão individuais. Sensibilidade é um problema de ambos.
2. Falso.
3. Verdadeira; vendo quais graduações estão cobertas ao invés de descobertas.
4. 0,1009; 0,108; 0,200; 4,000.
5. Compare o tamanho ou a forma.

Respostas 7-3

1. Paquímetros, calibradores telescópico súbito e micrômetros internos.
2. Melhor escolha: micrômetro interno; segunda melhor: relógio comparador interno (não a melhor escolha, porque precisa ser configurado para uma peça); próxima: calibradores telescópicos.
3. Calibrador anel ou anel padrão.
4. Verdadeira.
5. Tamanho e forma (circularidade).

Respostas 7-4

1. Tolerâncias em formato de leque *versus* distância através de uma zona; ângulos com tolerância geométrica são avaliados a partir de uma superfície de referência!
2. Falso. Ângulos decimais são mais fáceis de usar por causa da matemática simplificada. Grados também têm a mesma vantagem!
3. A regra do quadrante ajuda a determinar qual das duas escalas de Vernier usar. É redigida para este efeito: cada segmento de 90° do transferidor aumenta no sentido horário ou anti-horário. O Vernier correto também aumenta na mesma direção.
4. Paralaxe da lente de aumento curva; leitura errada da escala de Vernier.
5. Afirmação A.
6. Ângulos complementares.

Respostas 7-5

1. Falso. Ele pode ser chamado nas características individuais da peça.
2. Rugosidade máxima de 32 μpol. com as estrias correndo de maneira angular à característica.
3. Comprimento de amostragem e ondulação.
4. 32 μpol., porque possui os menores picos e vales.
5. (E) e (C) ou (D). Comparador de acabamento superficial e placa tátil são o mesmo instrumento!

Respostas da revisão do capítulo

1. Lembre-se, toda solução precisa incluir uma superfície de referência para essa medição! Prepare e trave o goniômetro em 55° (ou 35° dependendo do quadrante); a base do instrumento deve estar sobre um desempeno de granito; teste com um calibrador de folga por lacunas que excedam 0,010 pol.
Monte o goniômetro em um graminho – em um desempeno de granito (Figura 7-61).

Figura 7-61 Medindo o ângulo em relação à referência da mesa.

Segure a peça contra uma placa de ângulo reto na superfície de referência A; use réguas de seno a 35° (complemento de 55°) (Figura 7-62); teste com um verificador de folga por lacunas.

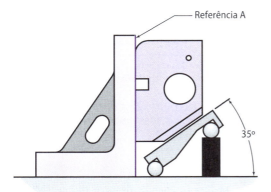

Figura 7-62 Medindo o ângulo com a régua de seno.

2. Régua com lente de aumento (é muito arriscado, mas pode funcionar com uma boa técnica).

   Haste de profundidade do paquímetro.

   Bico interno do paquímetro com uma barra paralela em uma superfície angular (Figura 7-63).

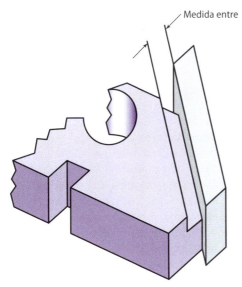

Figura 7-63 Medindo um degrau de 0,375 pol. com uma barra paralela na borda externa.

Como na Figura 7-63, mas use um paralelo ajustável no espaço entre a barra e a peça. Micrômetro de profundidade (*melhor exatidão*).

Encostado na face angular, teste com blocos-padrão no espaço entre a mesa e a aresta (*melhor exatidão*).

Muito lento! (Figura 7-64)

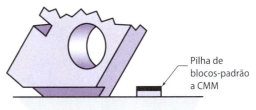

Figura 7-64 Medindo o degrau com blocos-padrão.

Situado na face angular com um paralelo ajustável no espaço.

Situado na face angular usando pinos retificados no espaço.

Situado na face angular usando uma medida de comparação de cabeça para baixo, com um relógio comparador e blocos-padrão. Um bloco extra precisa ser usado como medidor superior (*melhor precisão*) (Figura 7-65).

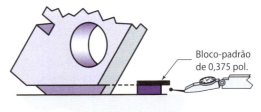

Figura 7-65 Medida de comparação de cabeça para baixo do degrau de 0,375 pol.

Micrômetro externo do raio de 0,75 graus até cada superfície; a diferença é a distância!

(Figura 7-66) Só funciona porque tem um raio no canto oposto, não é um método recomendado. Há problemas de alinhamento, mas pode funcionar.

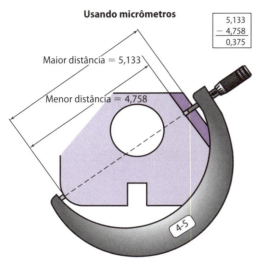

Figura 7-66 Medindo o degrau usando um micrômetro – a diferença de leituras é a distância!

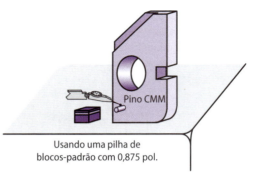

Figura 7-67 Blocos-padrão com 0,875 pol. comparados ao topo do pino CMM. Deduzir a metade do diâmetro do pino.

Para o paquímetro, o mesmo que anteriormente, do canto com o raio.

3. Micrômetros internos.
   Súbito (*melhor precisão*).
   Bico de medição interna do paquímetro – mas muito arriscado, provavelmente uma escolha pobre.
   Calibradores telescópicos – pode estar fora da capacidade de alguns conjuntos.
4. Pino-teste em CMM no furo – a peça apoiada na superfície de referência B. Indicador no graminho. Indicador do zero no desempeno de granito. Mova-o até o topo do pino. Subtraia o raio do pino no resultado. Observe que a precisão da linha de borda não pode dar uma diferença de 0,001 pol. Bloco paralelo ajustável entre o pino e a mesa. Blocos-padrão em 0,875 pol. usando um graminho, medindo a comparação do indicador (*melhor precisão*) (Figura 7-67).

Depois de encontrar a distância da mesa, deduza a metade do diâmetro do pino CMM. Observe que, utilizando o bico externo do paquímetro para medir a distância do canto do furo até a superfície B, pode-se obter um bom resultado (0,625 pol.), mas esse método não é recomendado por dois motivos. Primeiramente, ele não cria uma superfície de referência em B, além de não se adaptar ao formato do furo. A dimensão de 0,750 pol. vai até o centro do furo, e não até a borda. Usando o maior pino retificado (CMM) que cabe no furo, estabelece-se uma distância para o centro do furo.

5. Relógio comparador interno, o mais rápido depois de configurado (*melhor precisão*). Conjunto de pinos passa não passa. Paquímetros eletrônicos e analógicos.
6. Bloco paralelo ajustável com micrômetro (*melhor precisão*).
   Blocos-padrão encontrando a pilha CMM (*melhor precisão*) (lento porque tem de pegar os blocos até que medida a PMM seja encontrada). Com a peça sobre uma superfície de referência B (Figura 7-68). Com um graminho eletrônico com relógio apalpador de 0,0001 pol. Bloco retificado segura do no menor lado. Zero em cada superfície. Leia a escala do graminho para encontrar a diferença de altura = largura da ranhura.

Bico interno do paquímetro. Paquímetros são questionáveis para distinções de 0,0005 pol., mesmo usando paquímetros eletrônicos.

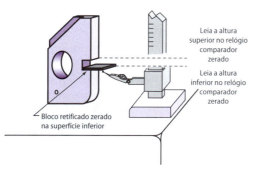

Figura 7-68 Usando um graminho para medir a largura da ranhura de 0,625 pol.

7. Micrômetro de profundidade.
Haste de profundidade no paquímetro.
Graminho com relógio comparador – a peça apoiada, o lado do degrau para cima; a escala do graminho mede o degrau.
Mesma posição com o degrau para cima.
Um bloco-padrão de 0,125 pol. apoiado no degrau. Compare a medida (*melhor precisão*).
Usando um micrômetro de 1 pol., meça a espessura de 0,625 pol. e a dimensão de 0,500 pol. do degrau, subtraia para encontrar 0,125 pol.
Paquímetros são arriscados para usar como antes, pois podem consumir todas as distinções de medida duas vezes; porém, podem funcionar (linha limite).
Comparar a medida com duas pilhas de blocos – uma em 0,625 pol. e outra em 0,500 pol., apoiadas na mesa. Use um relógio comparador para encontrar a altura relativa superior ou inferior da pilha e, depois, determine a outra altura e compare os resultados (*melhor precisão*).

8. Observe que a medida é da superfície de referência até a linha de centro. Para fazer esse tipo de tolerância, serão necessários cuidado e limpeza excepcionais! Com a peça apoiada na superfície de referência B:
Bloco paralelo ajustável na ranhura (*mais preciso*); pilha de blocos padrão com 2,8125 pol.;
encontre a altura do topo da ranhura (Figura 7-69) pela comparação com a desempeno de granito; meça o paralelo com um micrômetro. Subtraia metade da largura da ranhura da medida de altura.
Como alternativa, coloque uma pilha de blocos-padrão em CMM na ranhura (*mais preciso*). Barra paralela com espessura conhecida contra a superfície de referência B. Meça com o micrômetro da barra paralela para o lado mais próximo da ranhura (2,1875 pol. somada à espessura da barra paralela). Observe que o micrômetro não pode ser usado diretamente no canto com o raio de 0,75 pol. que apara a superfície plana com a medida.

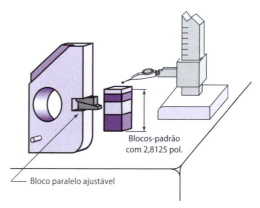

Figura 7-69 Medir o topo de uma ranhura acaba a inspeção.

9. Micrômetro com Vernier (*mais preciso*).
Bico externo do paquímetro.
Régua.
Graminho com riscador.
Micrômetro de profundidade na desempero de gratino. Haste do paquímetro para a mesa.
Paquímetro de profundidade para a mesa.
Na desempeno de granito – barra paralela no topo – bloco paralelo ajustável no espaço; meça o paralelo ajustável. Graminho com relógio comparador zerado na mesa; meça na escala do graminho.
A comparação da medida. Peça na mesa, pilha de 0,625 pol. de blocos-padrão (*mais preciso*). Relógio comparador no graminho.

10. Não, não com os instrumentos válidos. Há duas maneiras práticas para determinar o raio – uma delas é o projetor de perfis, que gera uma grande projeção da peça em uma tela em que as escalas ampliadas na mesma quantidade (grandes calibradores de raio) são colocadas juntas da tela para comparação. A segunda é a MMC (máquina de medição de coordenadas computadorizadas).

11. A caixa indica que este é o modelo perfeito para a peça (dimensão básica).

12. Micrômetro de profundidade.

13. Quase certeza que não.

14. B. Linha de centro e C. eixo, porque a caixa de posição está colocada na dimensão e não na superfície – isso indica o controle do eixo.

15. Isso é "provavelmente" 2,500 pol. por duas razões: (A) a linha de centro do furo é projetada para baixo do eixo da ranhura; (B) o furo não tem a distância horizontal dada; assim, deve ser 2,500 pol., ou o engenheiro esqueceu uma dimensão.

16. Se o processo está indo bem, o problema não é a velocidade de corte; então alguma coisa está degradando – provavelmente, é o desgaste da ferramenta.

17. A. A tolerância é moderadamente apertada a 0,003 pol. O mesmo processo não será preciso o suficiente. O tempo total para medir e registrar é acima de 17,5 minutos – adequado, mas inclui também o tempo para registrar os dados. Precisa monitorar a máquina durante esse tempo também.

B. (1) 4 a 5 micrômetros com Vernier. (2) Medida de comparação com o graminho. (3) Paquímetro eletrônico zerado em 4,500 pol. (4) Paquímetro eletrônico.
(5) Paquímetro com relógio. Observe que é arriscado usar os paquímetros em uma tolerância de $\pm$ 0,003 pol.

18. Quando nenhum acabamento é especificado, 125 μpol. é considerada a rugosidade padrão. É a distância média em micropolegadas, acima e abaixo da linha média, dentro de uma distância especificada.

19. A distância é de 0,030 pol., quando nenhum comprimento de amostragem é especificado no símbolo.

20. Um instrumento que compara a definição perfeita da característica para a superfície real – um padrão.

>> capítulo 8

> *Habilidades para traçado*

O traçado é uma operação de pré-usinagem na qual um modelo é *desenhado* (por traços de precisão) utilizando-se linhas finas e arcos, com pontos puncionados na superfície do metal. Precisamente definidos, eles formam uma imagem que indica os limites do corte, o tamanho e a localização das características, como furos broqueados ou ranhuras. O modelo de traçagem é usado de três maneiras inter-relacionadas, dependendo do quão difícil será medir o elemento a ser usinado.

Objetivos deste capítulo

- >> Saber quando o traçado é necessário e apropriado
- >> Saber quando o traçado *é um custo extra desnecessário*
- >> Identificar e usar as 15 ferramentas básicas de traçagem
- >> Criar um plano de traçagem
- >> Realizar uma traçagem simples

Uma linha de segurança contra falhas Estas marcas são usadas como uma bandeira amarela, uma linha de aviso ao fazer cortes. Usando o traçado dessa maneira, é possível medir o resultado final. As marcas aparecem para prevenir a retirada acidental de muito metal antes de parar para a medição.

Definição de última palavra Em raras ocasiões, quando nenhuma medição prática pode ser feita na forma, tamanho ou posição da peça pronta, o traçado é utilizado como a única linha de parada. Quando usado desta maneira, ele é uma bandeira quadriculada.

A olho – Método simples e rápido Quando as tolerâncias não demandam maior resolução ou quando é necessária uma operação rápida com baixas tolerâncias, o traçado pode ser usado para a localização ou a forma; por exemplo, riscar e puncionar a posição de furos broqueados. Eles são furados posicionando-se a broca diretamente sobre a marca da punção por alinhamento apenas visual. No dialeto da usinagem, isso é chamado de método "rápido e grosseiro".

> **Ponto-chave:**
> Embora o traçado forneça resultados de precisão moderada, a confiabilidade deste tipo de usinagem depende somente da visão do operador, de excelente iluminação e de muita habilidade!

REPETIBILIDADE-ALVO

Geralmente, o traçado é considerado uma operação semiprecisa, alcançando aproximadamente ± 0,030 pol. de tolerância e repetibilidade. Entretanto, com boa iluminação e domínio da técnica, pode-se atingir uma precisão próxima de 0,005 pol.!

Antes do nosso mundo CNC, o traçado era frequentemente a única maneira de finalizar o tamanho e a forma de um trabalho usinado. Hoje, entretanto, os programadores de CAD/CAM podem facilmente definir quase todas as formas da peça e depois usiná-la em CNC com tolerância e repetibilidade 20 vezes mais fina do que o método do traçado, não importa quão habilidoso seja o operador. Portanto, o traçado hoje é considerado uma operação extra, sem adição de valor. A necessidade dessa habilidade em manufatura de produção se evaporou por completo. A equipe de planejamento deste livro eliminou seu estudo, mas decidiu que algumas habilidades são necessárias no aprendizado pelas seguintes razões:

Ferramental útil/habilidade de oficina Métodos de traçagem são usados em ambientes de oficinas de grande demanda, onde uma ou duas peças devem ser feitas a baixo custo e no menor tempo possível. Também são usados por ferramenteiros e fabricantes de moldes para manufaturar formas difíceis quando nenhum equipamento CNC está disponível.

Aumenta a habilidade de medir em desempeno de granito A habilidade obtida no estágio de traçagem complementa e melhora a habilidade de medição, especialmente quando é necessária uma referência a um plano e medidores de altura serão usados. Há ferramentas combinadas que tanto medem como traçam os elementos utilizando os acessórios riscadores.

Treinamento de sequência lógica O planejamento e a execução de um traçado são similares ao planejamento da sequência de corte em uma ordem de produção. O mesmo tipo de pensamento é necessário para evitar armadilhas em um grupo de operações e para não deixar para trás arranhões destrutivos quando os cortes são completados.

» Unidade 8-1

» O propósito do traçado

Introdução: Sendo uma operação que vai adicionar custo, você deve reconhecer quando um traçado é necessário e quando ele pode ser evitado.

Esta breve unidade demonstra o que ele pode fazer e a resolução esperada. Conforme suas habilidades melhorarem em configuração de usinagem e operação, ao mesmo tempo em que se aprimoram as maneiras de medir elementos de formas estranhas ou difíceis, a necessidade do traçado deve diminuir.

Termos-chave:

À prova de falhas
Traçado usado para saber quando o corte está próximo ao tamanho final, para prevenir cortar muito material antes da medição.

Dividir a linha
A melhor precisão ocorre quando o operador exclui metade da espessura da linha do traçado em todo corte referente ao traçado.

Marca testemunha
Pequena marca brilhante cortada levemente na superfície de trabalho que mostra quando uma ferramenta de corte está tocando a peça no local certo.

Punção-piloto (punção ferrão)
Um punção apontado com 60° usado para marcar precisamente uma pequena endentação inicial na intersecção das linhas do traçado, em geral seguida de uma marca de punção de centro mais firme e direta.

Sovela (furador manual)
Ferramenta emprestada do trabalho com couro, usada para puncionar furos. Na oficina, é um riscador manual com cabo maior.

Última palavra
Usado quando nenhum outro método de definição e medição do objeto é possível, um modelo final da forma.

Aplicações

Você precisa de um modelo à prova de falhas?

Este tipo de traçado indica quando pausar o corte para medir o elemento em tamanho e posicionamento. Em geral, é usado em trabalhos extremamente caros ou quando alguma outra medição exata será aplicada, mas este passo extra, ou **à prova de falhas**, se justifica *apenas para ter certeza*.

Usado desta maneira, é uma *bandeira amarela* dizendo que o corte está chegando perto da dimensão final – desacelere. Por exemplo, ao fazer os 12 medidores de profundidade, relembre a ordem de serviço chamada para serrar grosseiramente as chapas antes de usinar. O traçado foi usado para assegurar que o retângulo contivesse a quantidade certa de excesso para usinagem. Você deveria serrar próximo às linhas, mas fora delas.

Outro exemplo é quando a placa bruta é usinada para seu tamanho retangular final. Um traçado da dimensão final deve ser usado para prevenir cortar abaixo do comprimento, e medir com um micrômetro é a resposta para a precisão.

Pode-se eliminar o traçado em um ou ambos os exemplos, com os mesmos resultados? No caso de serrar, pode ser uma boa ideia. No caso do corte por usinagem, o micrômetro de relógio na máquina pode fazer bem o trabalho. Pode ser uma perda de tempo, mas, sendo um iniciante, deve-se escolher usar o traçado de qualquer maneira.

Evitar sobra de traçado

Além do tempo extra despendido, uma razão válida para não usar o traçado em um trabalho é que as próprias linhas e pontos arruinam o acabamento superficial e devem ser usinados no tamanho final. Dependendo do produto que está sendo feito, pode ser um sério erro se qualquer dos riscos ou endentação da punção de centro aparecer após a usinagem estar completa. Na verdade, em várias situações de manufatura, sobras de traçado tornarão o trabalho sucata! Uma pequena linha riscada que se estenda além do furo do parafuso, por exemplo, pode ser o começo de uma ruptura do metal por causa da sua flexão ao utilizá-lo no dia a dia.

Ponto-chave:
Nenhuma linha ou ponto do traçado deve permanecer no produto final!

Você precisa de um modelo de última palavra?

Um modelo de **última palavra** é a bandeira quadriculada – nenhuma outra medição será ou poderá ser feita. Aqui estão alguns exemplos.

Quando se usa o gabarito de furação, o traçado serve para marcar e depois usinar a borda angular com 59° em relação ao Referencial A, como visto na Figura 8-1.

Antes de colocar a placa na barra de seno inclinada (Capítulo 7), ela deve receber as linhas *X-Y* que mostram onde a linha de 59° começa. Então, com ela inclinada na barra de seno, pode-se riscar a linha-guia no ângulo correto, interceptando o ponto de traçado *X-Y* na placa.

Finalmente, a placa pode ser presa em uma morsa de precisão, de modo que a linha de traçado esteja nivelada com a mesa (paralela ao apoio da morsa) para cortá-la (Figura 8-2). Embora esse método de posicionamento da peça não possa ser usado para pequenas tolerâncias, funciona dentro de 0,030 pol. para cortes grosseiros.

> **Ponto-chave:**
> Na Figura 8-2, o operador deve cortar até que metade da espessura da linha de traçado tenha sido removida; chamamos isso de **dividir a linha**.

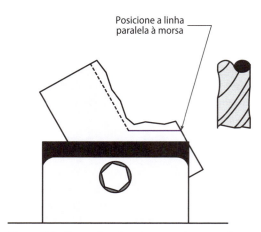

Figura 8-2 Cortando o ângulo segundo o traçado.

Por que o traçado foi necessário?

Aqui, a medição do ângulo de 59° relativo ao Referencial A não é o desafio. O desafio é cortar corretamente a linha angular na intersecção *X-Y*. Nessa situação, o traçado é uma boa ideia, conquanto a tolerância permita.

Existem diversas maneiras de riscar as três linhas nas Figuras 8-1 e 8-2, e veremos as outras a seguir. Um transferidor com a lâmina ajustada em 90° e em 59°, um riscador de bolso (uma ferramenta apontada similar a um lápis, mas com uma ponta de carboneto) ou um riscador chamado de **furador manual** com uma empunhadura mais larga podem ser usados. Estes são alguns métodos prontos (Figura 8-3).

O medidor de altura com o riscador anexado (Figura 8-1) seria a maneira mais conveniente de traçar linhas de precisão paralelas a um plano. Seria elevado com o parafuso de movimento fino até a ponta do riscador interceptar a posição *X-Y*; depois, a ponta do riscador seria puxada sobre a peça, com força suficiente apenas para criar uma linha limpa e bem definida.

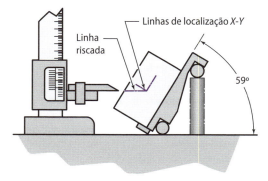

Figura 8-1 Traçando a linha angular na localização *X-Y*.

> **Ponto-chave:**
> Para uma precisão melhor, o riscador deve ser puxado, não empurrado!

Figura 8-3 Uma sovela e um riscador de bolso são usados para fazer as linhas de traçado.

Dica da área:

Para alinhar rapidamente o nível da linha de traçado de 59° com o mordedor da morsa, repouse uma barra fina e paralela à base no topo do mordedor. Depois nivele a linha de traçado com ela, aperte a morsa e remova o paralelo. Agora a linha está nivelada com o topo da morsa e pronta para cortar, além de estar seguramente acima do mordedor endurecido.

Conversa de chão de fábrica

Especialistas em traçado na usinagem Na indústria aeronáutica, o traçado às vezes é usado para fazer peças de emergência rapidamente para manter a linha de montagem em movimento. Trabalhando noite adentro para ter suas peças de emergência prontas na manhã seguinte, eles executam o trabalho com CNC, se o programa existir. Contudo, uma vez que a peça precise estar pronta para o avião o mais rápido possível, o traçado é frequentemente a opção mais viável, esteja o programa pronto ou não. Normalmente a produção de peças originais é feita de forjados, fundidos ou extrudados, mas, quando ocorre um pedido de emergência, as peças são fabricadas a partir de blocos de alumínio brutos, satisfazendo às especificações das peças originais. Portanto, o planejamento original não funcionaria e seria arriscado usar o programa.

Oficinas como essas frequentemente contratam um especialista em traçado. Mas para ser esse especialista, você precisa primeiro se tornar um operador com um conhecimento de todas as operações das máquinas; matemática de oficina, especialmente trigonometria; e leitura de desenhos.

Como um traçado rápido pode ser usado?

Um exemplo de uso de um traçado como um posicionador rápido é encontrado na furação de gabaritos. Assumindo que estamos trabalhando em uma furadeira não há um dispositivo para guiar a broca até o lugar certo na peça, e não temos micrômetros com mostrador em uma furadeira, o traçado se torna uma resposta para posicionar a ponta diretamente sobre o local certo. Se o próximo procedimento for seguido, é possível obter uma repetibilidade de posicionamento de $\pm\ 0{,}030$ pol. ou um pouco melhor.

Posições de furos de centro podem ser traçadas cruzando-se duas linhas *X-Y* relativas aos planos A e B. Uma marca fina de punção é feita no ponto usando um **ferrão** ou uma **punção-piloto**, com apenas um tapinha de leve. A pequena marca é verificada para ver se está no alvo e, depois, batida de novo. Se ainda estiver na posição, uma marca de *punção de centro* direta é feita profundamente. Uma pequena broca-piloto é posicionada no centro da marca, onde se faz um teste apenas tocando a parte rotacional o suficiente para fazer uma marca brilhante chamada de **marca testemunha**. Se a testemunha rodear a marca do punção, mostra que o alinhamento está provavelmente bom. Mas, se a testemunha brilhante estiver deslocada para um lado, você sabe que a peça precisa ser deslizada para se aproximar da posição.

Várias outras opções para localizar o furo

Usar ou não um traçado para executar furos é uma questão de precisão. Você aprenderá que na furadeira há dois outros métodos para alinhar a broca sobre as marcas X-Y no *Capítulo 2**. Ambos os métodos beiram resultados na faixa de ± 0,010 a 0,015 pol. Para uma tolerância mais fina de posicionamento, há dois métodos para melhorar a precisão no *Capítulo 4**, beirando ± 0,005 pol. ou melhor.

> **Ponto-chave:**
> Relacione a tolerância de trabalho ao método de posicionamento.

Se a *marca testemunha* da broca-piloto mostrar um bom alinhamento, o furo-piloto é feito, seguido da broca com o tamanho final. Isso toma muito tempo se comparado à furação em uma máquina CNC, mas funciona se é a melhor ou a única opção que a tolerância permite.

Revisão da Unidade 8-1

Revise os termos-chave

À prova de falhas
Traçado usado para mostrar quando o corte está próximo ao tamanho final, para prevenir cortar muito material antes da medição.

Dividir a linha
A melhor precisão ocorre quando o operador exclui metade da espessura da linha do traçado em todo corte referente ao traçado.

Marca testemunha
Pequena marca brilhante cortada levemente na superfície de trabalho que mostra quando uma ferramenta de corte está tocando a peça no local certo.

Punção-piloto (punção ferrão)
Punção apontado em 60° usado para marcar precisamente uma pequena endentação inicial na intersecção das linhas do traçado, em geral seguida de uma marca de punção de centro mais firme e direta.

Sovela (furador manual)
Ferramenta emprestada do trabalho com couro, usada para puncionar furos. Na oficina, é um riscador manual com cabo maior.

Última palavra
Usado quando nenhum outro método de definição e medição do objeto é possível, um modelo final da forma.

Reveja os pontos-chave

- O traçado é uma operação extra que custa tempo e dinheiro, mas às vezes é justificada.
- O traçado pode ser um modelo útil à prova de falhas.
- O traçado pode ser a definição da última palavra de forma, tamanho e localização.
- O traçado pode ser um método rápido e grosseiro.
- Linhas e pontos de traçado sobrando não podem aparecer no produto final!
- Quando cortar uma linha de traçado, tente "dividir a linha".

Responda

1. Quais são as duas funções principais do traçado?
2. Além de executar o traçado na posição errada, como o operador pode arruinar a peça de trabalho com o traçado? Explique.
3. Embora tenha sido afirmado que se podem alcançar resultados mais próximos, qual é a reprodutibilidade esperada ao se usinar com um traçado como última palavra para a dimensão?
4. Como você descreveria um traçado para uma pessoa sem experiência de mercado?

Questão de pensamento crítico

5. Embora não tenha sido abrangido diretamente, quando um traçado se torna uma operação que atribui valor? *Dica:* Há três (ou talvez quatro) razões relacionadas.

---

* N de E.: Capítulos do livro Fitzpatrick, M. *Introdução aos processos de usinagem*. Porto Alegre: Bookman, 2013.

>> Unidade 8-2

>> Ferramentas, planejamento e prática de traçado

Introdução: Agora, vamos considerar brevemente as ferramentas mais usadas para se fazer traçados. Algumas você já conhece, como o medidor de altura e o desempeno de granito. Outras são novas e úteis na mesa, como um ponto-chave, e em toda a oficina, para configurar o trabalho e a medição.

Aqui discutiremos sobre como começar a fazer seu próprio traçado. Há uma atividade final útil que deverá ser o suficiente para você entrar no laboratório de treinamento e fazer um traçado simples em uma tarefa.

Termos-chave:

Blocos em V
Bloco retificado usado para segurar peças cilíndricas para traçagem, medição e usinagem.

Cantoneiras de ângulo reto
Usadas para testar a perpendicularidade e segurar objetos perpendicularmente ao referencial para o traçado.

Compasso hermafrodita
Usado para riscar linhas paralelas a uma borda. Não é realmente um compasso ou um divisor; o significado de "hermafrodita" aqui é ter tanto características de macho como de fêmea.

Corante de traçado
Pintura na superfície para reduzir o brilho e tornar as linhas do traçado mais visíveis.

Divisor
Ferramenta de traçado com ponta usada para riscar raios e dividir distâncias em partes iguais.

Esquadro-mestre
Esquadro rígido usado para testar a perpendicularidade e traçar linhas perpendiculares às bordas.

Medidores de superfície
Ferramenta multiuso que serve para riscar linhas paralelas a uma superfície, transferir linhas de uma régua para uma peça e traçar linhas paralelas à borda de uma peça.

Riscadores/sovelas
Agulhas de ponta utilizadas para riscar linhas.

As 15 ferramentas básicas

Conhecer as ferramentas seguintes é essencial para realizar operações de traçado e conhecer outros aspectos de configuração e medição.

O desempeno de granito

O mesmo referencial plano que temos usado para medição, em geral chamado de *mesa de traçagem*.

Corante de traçado

Corante de traçado é uma tintura à base de álcool, com a espessura da água, azul-escura, roxa ou vermelha, que deixa a superfície de trabalho opaca (Figura 8-4). Passe-o no material antes de riscar, pois a tintura tornará as linhas do traçado muito mais fáceis de ver, pois reduz luzes refletidas. A linha riscada aparece como metal brilhante no fundo escuro. Há versões do corante de traçado para pincelar e para borrifar.

> **Ponto-chave:**
> É uma tintura ou um corante, não uma pintura!

Figura 8-4 Corretamente aplicado, o corante mancha a superfície. Não passe outra camada por cima para conseguir uma cor uniforme.

Use uma camada fina e não tente cobrir com cor uniforme pintando camadas adicionais. Um corante de traçado correto apenas manchará a superfície e não precisa ser consistente em cor. Corretamente aplicado, seca rapidamente, deixando as bordas das linhas de traçado limpas e nítidas, e não interfere na medição. Passá-lo muito fortemente poderá resultar no oposto, escurecendo as linhas. Além disso, pode se tornar espesso o suficiente para afetar a precisão das dimensões quando tolerâncias forem menores que milésimos de polegada.

O medidor de altura com riscador anexo

A leitura e o posicionamento do medidor de altura foram vistos no Capítulo 6. Aqui, daremos uma segunda olhada no riscador para traçar as linhas, não como um sensor de medição (Figura 8-5).

Pontos riscados Para serem precisas, as pontas de riscagem para medidores de altura devem ser mantidas afiadas. Frequentemente são pontas de carboneto que retêm a aresta por mais tempo. Essa ponta de carboneto é frágil; por isso, seja cuidadoso para não apertar o riscador muito forte nem bater contra a peça. A pressão correta para riscar é como a pressão de um lápis no papel. Assim como com outras ferramentas de traçado, quando riscar linhas, puxe o riscador, não o empurre.

> **Dica da área:**
> A maioria das empresas de ferramentas de precisão oferecem conjuntos de medição para aprendizes. Eles contêm as ferramentas mais comuns de medição e traçagem bem acomodadas dentro de um estojo. Para descobrir essas barganhas, consulte qualquer catálogo de ferramentas de medição ou pergunte ao seu instrutor ou chefe onde elas podem ser obtidas.

Riscadores pescoço de ganso O riscador mostrado na Figura 8-6 caracteriza uma ponta rebaixada de modo que possa tocar o desempeno de granito em zero no medidor de altura. A ponta deslocada deste riscador é conhecida como *pescoço de ganso*.

Apontar um riscador não é difícil, mas requer algum conhecimento anterior. O carboneto deve ser retificado usando um rebolo de retificação especial de silicone-carboneto (verde) ou um rebolo de compósito de diamante, porque o material é muito duro.

Aponte corretamente! Quando apontar o riscador, retifique apenas a face frontal (Figura 8-6). Retificar a superfície errada arruína a sua habilidade de ser usado como um sensor de medição. Muitas oficinas preferem que apenas uma pessoa aponte os riscadores, por causa do problema em potencial.

> **Ponto-chave:**
> Nunca retifique qualquer outra superfície do riscador que não seja a mostrada na Figura 8-6.

Cantoneiras de ângulo reto (chapas angulares)

Estas cantoneiras são normalmente compradas em pares semelhantes de dimensões úteis como 6 por 6 pol. ou 250 por 250 mm. Quando traçar objetos, como o calibre de furação, use **cantoneiras de**

Figura 8-5 O medidor de altura montado com um riscador anexo.

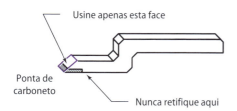

Figura 8-6 A ponta do riscador é apontada retificando apenas esta superfície!

ângulo reto para segurar a peça perpendicularmente à mesa, apertando a placa contra a chapa. As cantoneiras usadas em mesas de traçagem são normalmente reservadas para requisitos de precisão classe A.

Cantoneiras de ângulo reto podem ser usadas também como suportes para peças grandes e para muitas outras pequenas tarefas no desempeno de granito ou fora dela. Essas são chamadas de cantoneiras classe B, como mostra a metade inferior da Figura 8-7. Mais espessas e mais fortes, elas apresentam ranhuras para parafusos embutidos e são corretamente usadas em máquinas para serviços de corte e retificação.

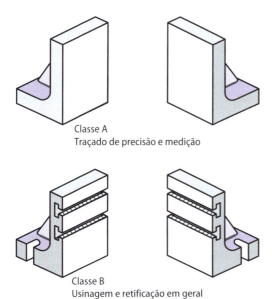

Figura 8-7 Pares combinados de cantoneiras de ângulo reto.

Ponto-chave:
Separe cantoneiras de classe A para traçado e medição, onde nenhuma usinagem ocorrerá.

Cuidando de cantoneiras de ângulo reto Elas requerem pouco trato, exceto limpeza e cuidado para não bater. Se forem batidas com força suficiente para causar um dente ou entalhe, use uma pedra de amolar fina para remover a imperfeição. Evite usar uma lima, a menos que o entalhe seja grande.

Dica da área:
Acidentes de hóquei de mesa *Não empurre, e então largue, os acessórios!* O desempeno de granito é extremamente plana, assim como as cantoneiras de ângulo reto. Se estiverem limpas e em bom estado, as cantoneiras (e muitos outros acessórios de mesa) vão deslizar na mesa com atrito quase nulo. Empurrar a cantoneira de ângulo reto sem segurá-la pode resultar em um embaraçoso deslizamento contínuo para fora da borda oposta da mesa, danificando não apenas a custosa cantoneira, mas sua reputação também!

Esquadro-mestre

Um **esquadro-mestre** é mostrado na Figura 8-8. Ele é utilizado para testar a perpendicularidade dos elementos para alinhar a peça a 90° da mesa e esboçar linhas a 90° da superfície. Os esquadros-mestres menores (6 ou 10 pol.) são comprados por operários como prioridade 1 ou 2. Esquadros de 12 pol. ou maiores são normalmente propriedades da fábrica.

Dependendo da política da fábrica, pode ser aceitável levar o esquadro-mestre para uma máquina quando for necessário alinhar a peça ou testar o corte relativo à mesa da máquina. Mas quando fizer isso, exercite bem as práticas para ferramentas classe A: deixe-o longe de ações de usinagem e mantenha-o em lugar seguro contra queda ou deposição de objetos sobre ele.

Figura 8-8 O esquadro-mestre é uma ferramenta comum de traçado e inspeção.

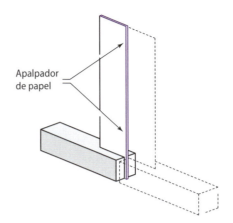

Figura 8-9 Testando a perpendicularidade no quadrado.

> **Ponto-chave:**
> Muitas ferramentas de traçagem podem ser usadas nas máquinas, mas apenas se fizerem parte da política da fábrica.

Esquadros-mestre requerem o mesmo cuidado que as cantoneiras de ângulo reto. Embora sejam apenas duas peças unidas de aço, são caros e precisos. Eles devem ser mantidos no estojo quando não estiverem em uso.

Testando um esquadro-mestre ou uma cantoneira de ângulo reto em relação à perpendicularidade Esquadros e cantoneiras de ângulo podem ser danificados e, por isso, precisam ser testados de tempos em tempos (Figura 8-9). Isso pode ser feito usando-se um outro esquadro-mestre. Normalmente, medidores de maior grau fazem os testes. São necessários dois pedaços de papel ou folhas de medidor de folga da mesma espessura, uma alta e uma baixa. Quando as folhas são puxa- das em conjunto, as duas devem oferecer a mesma resistência.

Se um erro é encontrado, cada quadrado é então testado de novo com um terceiro instrumento de maior grau. Eles podem também ser testados em uma máquina computadorizada de medição coordenada.

> **Dica da área:**
> Por conta própria, você pode ver como esse teste funciona para perpendicularidade? É um pequeno dispositivo elegante que você mesmo pode fazer (Figura 8-10).

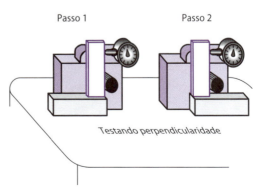

Figura 8-10 Um segundo teste mais refinado de perpendicularidade.

Barras paralelas

Referimo-nos a barras paralelas anteriormente e o faremos novamente muitas outras vezes, pois são muito usadas em toda a oficina para traçado, medição e para segurar o trabalho durante a usinagem. Conjuntos de qualidade são feitos com ferramentas de aço endurecidas.

Normalmente têm três dimensões exatas, como 0,500 por 0,750 por 6,000 pol., em conjuntos emparelhados de dois ou quatro. Provavelmente a barra paralela mais comum é o bloco 1,0 × 2,0 × 3,0 (*bloco um-dois-três*), como ilustrado na Figura 8-11.

Barras paralelas são usadas constantemente para configurar trabalhos na fresa e retíficas, assim como para suportar o trabalho. Elas são também empregadas para medir trabalhos de traçado. É muito comum os operadores estudantes fazerem sua próprias barras paralelas durante o treinamento.

> Para cuidar delas, proteja-as da ferrugem.
>
> Repare pequenos entalhes usando uma pedra de retificação superfina.
>
> Coloque-as em uma gaveta ou caixa quando não estiverem em uso.

Barras paralelas especiais Há três barras paralelas especiais que são muito úteis. Embora elas não sejam ferramentas de traçado, é uma boa hora de aprender sobre elas:

1. **Blocos de entalhe**

   Estas barras paralelas são a base para um tamanho exato (normalmente 0,625 [$\frac{5}{8}$] pol.) que se encaixa dentro dos entalhes da mesa da fresadora e da retificadora e fica lá até ser retirado com uma alavanca. Elas são usadas para alinhar o trabalho ao eixo da máquina. Os entalhes da mesa têm normalmente $\frac{5}{8}$ pol. (0,625 pol.) ou ¾ pol. Veremos um exemplo dos blocos de entalhe no *Capítulo 4** sobre configurações de fresadoras.

2. **Barras paralelas magnéticas**

   Essas barras são laminadas em camadas alternadas de metais magnéticos e não magnéticos (aço com bronze ou aço com alumínio) e são base para um tamanho exato. Quando apoiadas em mandril magnético (um dispositivo que segura o trabalho para retificadores), elas transferem a atração magnética deles para o objeto segurado.

3. **Barras paralelas onduladas**

   Essas barras são muito finas e dobradas em forma de onda. Seu propósito especial é suportar trabalho fino paralelo ao piso do torno, antes de o torno se fechar (Figura 8-12). Quando o torno se fecha, as ondas são achatadas. As paralelas onduladas suportam o trabalho como um paralelo maior, até que o torno force o achatamento.

Blocos em V

Usado para segurar objetos redondos para medição, testar cilindricidade e traçar no trabalho (Figura 8-13), blocos em V classe B também são usados em máquinas que terão dois ou mais conjuntos combinados. Comprar **blocos em V** pode ser uma prioridade 2 para sua caixa de ferramentas.

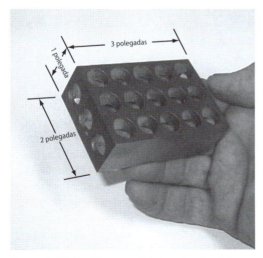

Figura 8-11 Um bloco paralelo 1 × 2 × 3 pol. (um-dois-três) é usado em traçado e configuração.

---

* N de E.: Capítulo do livro Fitzpatrick, M. *Introdução aos processos de usinagem*. Porto Alegre: Bookman, 2013.

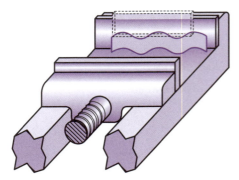

Figura 8-12 Barras paralelas onduladas suportam trabalho fino e, depois, achatam-se conforme o torno se fecha.

A oficina normalmente vai fornecer versões da classe A maiores para inspeção e traçado do trabalho. Blocos em V classe B são usados para segurar o trabalho em operações de furação, retificação e fresagem. Há versões magnéticas dessas ferramentas similares às paralelas.

Exemplo A tarefa da Figura 8-14 é riscar duas linhas a 90°, uma contra a outra, e interceptá-las no centro exato da barra redonda.

Similares a barras paralelas, os blocos em V são feitos de ferramentas de aço endurecido. Remova entalhes e guarde-os em suas caixas quando não estiverem em uso. Uma camada de óleo evita ferrugem em armazenamento de longo prazo.

Figura 8-13 Um bloco em V é útil para segurar coisas redondas e outras formas comuns. Observe os três Vs diferentes nesses blocos combinados.

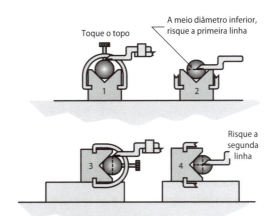

Figura 8-14 Riscando linhas paralelas no centro de uma barra redonda usando um bloco em V.

Placas de seno – Barras de seno para trabalhos angulares

Discutidas no Capítulo 7, as ferramentas de seno seguram o trabalho em um ângulo muito específico para esboçar o trabalho ou a usinagem.

Riscadores e sovelas

Também mostrados anteriormente, **riscadores** manuais e **sovelas** de riscar são usados frequentemente em traçado. A habilidade da área é como afiar um – veja na dica da área.

> ### Dica da área:
> **Afiar um riscador de bolso ou sovela** Normalmente não levantamos as ferramentas do descanso quando as estamos retificando. O correto é segurar o riscador com a ponta para cima na face do volante, como mostra a Figura 8-15. Depois rotacione a mão para produzir um cone quase perfeito. Esse ato pode parecer não natural no começo, mas, com um pouco de prática, produz-se uma ponta muito mais acentuada em comparação a repousar o riscador no descanso e retificar do lado da ponta.

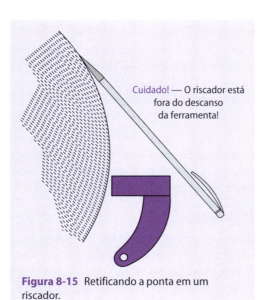

Figura 8-15 Retificando a ponta em um riscador.

> **Ponto-chave:**
> **Cuidados de segurança** Quando a ferramenta for levantada para fora do descanso para criar esse modo de retificação, peça aprovação ao seu instrutor e uma demonstração. De acordo com as regras da oficina, pode ser proibido levantar objetos acima do descanso.

Punções

Existem quatro punções comuns usadas em trabalhos de traçado.

1. **Um punção-piloto – apontado em 60° (punção ferrão)**
   Este punção de ponta afiada é quase um riscador. Ela é batida suavemente em uma posição X-Y. O propósito é a precisão ao escolher linhas de traçado. Um punção-piloto fornece um pequeno vão para um puncionamento mais profundo ou para fazer um ponto pivô para um divisor quando riscar um círculo. Como é designada para fazer uma pequena depressão, o nome comum dessa ferramenta é punção *ferrão*.

2. **Um punção de centro – apontado em 90°**
   Normalmente, o propósito de puncionar o centro é marcar um local exato para fornecer um começo para a broca. Esse punção tem uma ponta dura que produz uma marca maior sem quebrar a ponta da punção. Uma marca de punção de centro vem depois da marca do punção-piloto.

> **Ponto-chave:**
> **Cuidado!** Não é uma boa ideia puncionar o centro em uma mesa de traçado. Não são permitidas batidas de qualquer tipo na mesa, em todas as oficinas. Algumas toleram tapinhas leves de punção-piloto, mas não puncionar o centro. Sempre pergunte antes! A solução é o punção automático. Veja a Figura 8-17.

3. **A punção automática**
   Uma solução para a regra de não bater em mesas de traçado é a *autopunção*, algumas vezes chamada de *punção de tapinha* por causa do modo como trabalha. Empurrando para baixo, uma mola é comprimida, até chegar a uma pressão na qual ela dispara, e o corpo do punção bate no ponto. O impacto produz a

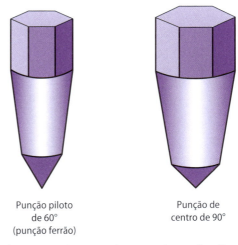

Punção piloto de 60° (punção ferrão)   Punção de centro de 90°

Figura 8-16 Comparando pontas de punção-piloto e de centro.

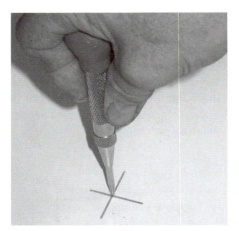

Figura 8-17 Pressionando-se a almofada vermelha, uma punção automática dispara para bater, direcionando o ponto na peça.

quantia certa para criar uma marca limpa de punção-piloto sem bater (Figura 8-17).

4. **O punção de transferência**
   Esta ferramenta é usada para transferir a locação do centro de um furo no objeto para um produto metálico abaixo. Ela é frequentemente utilizada na conjunção com um modelo, como mostra a Figura 8-18. O punção de transferência marca rápida e precisamente a localização do centro de cada furo no metal, guiado pelo modelo.

Conjunto combinado – Centralizador

Você já viu esta ferramenta no Capítulo 6, quando abordamos a régua e o transferidor. Além do esquadro e do transferidor, o centralizador é o terceiro anexo útil para localizar e riscar o centro dos objetos cilíndricos (Figura 8-19).

Uma borda da régua está no centro do V. Se ela for rotacionada em duas ou três posições diferentes na barra, as linhas riscadas vão se interseccionar no centro.

Divisores

Divisores realizam duas tarefas de traçado: *riscar arcos e círculos* e *criar divisões*, como dividir uma linha em quatro partes iguais – daí seu nome. Você deve ter pelo menos um par de divisores. Relativamente baratos, eles devem ser prioridade 2 de compra para sua caixa de ferramentas.

Divisores encontrados em caixas de ferramentas vêm em três formas:

1. Divisores de mola.
2. Compasso/divisores de ajustar o rascunho do centro.
3. Cintel e divisores de feixe.

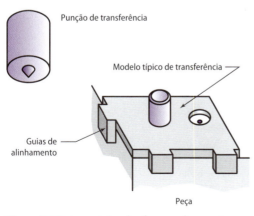

Figura 8-18 As posições dos furos podem ser transferidas da peça acima para o metal abaixo.

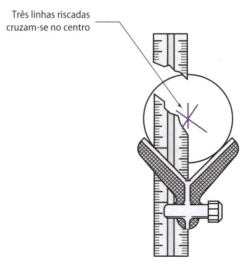

Figura 8-19 Um anexo centralizador ajuda a riscar o centro de objetos redondos.

Divisores de mola Estas ferramentas são especificamente desenvolvidas para o trabalho de traçagem (Figura 8-20). Eles podem ser comprados em diversos tamanhos. O tamanho se refere ao círculo de maior raio que eles podem produzir – sua abertura máxima. Divisores de 6 ou 10 pol. são comuns nos trabalhos de traçagens. Você deve ter um segundo par para círculos menores e trabalhos mais precisos. O segundo divisor pode ser do tipo compasso.

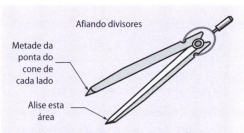

Figura 8-21 Afiando divisores da maneira correta.

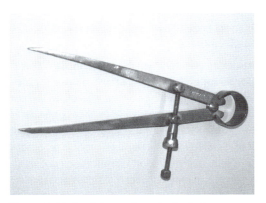

Figura 8-20 Os divisores de mola são úteis para riscar arcos e criar divisões de comprimento igual.

Divisores de compasso de centro de arco Desenvolvidos para traçado e desenho, eles suportam tanto uma ponta de grafite como de metal com outra ponta incorporada. Com suas pontas de aço posicionadas, os compassos trabalham melhor que um grande divisor de molas para esboçar pequenos raios. Eles não são tão robustos quanto os divisores de molas, mas são muito precisos, especialmente para traçar pequenos arcos (Figura 8-22).

Nessas ferramentas, as pontas são removidas e amoladas individualmente. Devido ao pequeno ta-

Dica da área:

Afie corretamente seu divisor de mola Primeiro feche as pontas fortemente, depois suavemente gire-as contra um rebolo fino de retífica da mesma maneira como um riscador. Isso resultará em uma ponta com ângulo de 30 a 40°.

Se eles forem afiados corretamente, quando abertos, a ponta cônica será dividida como está mostrado na Figura 8-21. O desafio é retificar a ponta de modo que a divisão entre as pernas esteja no centro. Aberto para o uso, o plano em cada metade forma uma aresta de riscar. Esse plano interno é o lugar para afiá-las com uma pedra entre as retíficas. Assim, para uma rápida amolação entre as retíficas, uma pedra de amolar pode alisar os planos elípticos várias vezes.

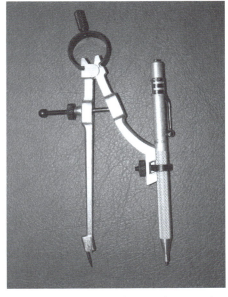

Figura 8-22 Em vez de um lápis, pode ser usado um compasso ajustável com um riscador para traçar arcos e círculos.

manho das pontas incorporadas, elas são difíceis de apontar e, muitas vezes, simplesmente são trocadas quando se tornam cegas. Ao comprar divisores de compasso, procure por um com liberação rápida do aperto e um ajuste de centro robusto. Eu sugeriria que eles fossem prioridade 2 para sua caixa.

Conjuntos de pontas cintel Uma grande ferramenta de riscar círculos e dividir, é geralmente fornecida pela oficina. Cintéis cravam em qualquer feixe conveniente de madeira ou metal, como mostra a Figura 8-23. Tanto o lápis quanto uma ponta divisora podem ser segurados em cada um. As pontas de traçagem parecem-se muito com riscadores manuais, exceto que o centro é excêntrico – fora do centro.

> **Dica da área:**
> **Pontas de cintel fora do centro para ajuste fino** É difícil configurar um cintel em uma posição exata no raio, a menos que você saiba esse truque. Retifique as pontas apenas um pouco fora de centro, depois gire-as com os grampos suavemente, mas não apertando. A ação excêntrica vai proporcionar movimentos finos, para dentro ou para fora, ao longo do raio!

Traçador de superfície

Esta é uma ferramenta universal utilizada como um medidor de altura no trabalho de traçagem para riscar linhas, a uma dada distância acima da mesa de referência. O traçador de altura é posicionado contra o medidor de altura ou régua, ajustando o parafuso de inclinação, como mostra a Figura 8-24. Quando a roda de polegar é rotacionada, o riscador montado articula-se para ajustar a ponta para cima e para baixo. Para o trabalho de traçado, traçadores de superfície oferecem vantagem sobre traçadores de altura – eles possuem pinos de guia fixados na base.

Riscando paralelamente a uma borda O **traçador de superfície** faz outra tarefa que não é possível com um traçador de altura; abaixando um par de pinos-guia de bordas, ele também pode riscar linhas paralelas a bordas, como mostra a Figura 8-25. Essas ferramentas também podem ser usadas de muitas maneiras dentro da oficina, como um suporte não magnético para o relógio apalpador ou uma ferramenta vertical indicadora de altura no torno mecânico ou fresadora, por exemplo. Comprar um medidor de superfície seria prioridade 2 ou talvez 3.

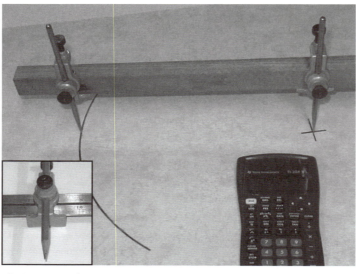

Figura 8-23 Cintéis riscam grandes arcos.

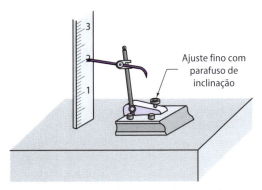

Figura 8-24 Um traçador de superfície é usado para riscar linhas e testar alturas acima do plano.

> **Dica da área:**
> Um lembrete: comprar uma caixa inteira de ferramentas de um operador-mestre, ferramenteiro aposentando ou fabricante de moldes/matrizes é uma das melhores maneiras de começar. Traçadores de superfície são o tipo de implemento difícil de achar, mas se espera encontrá-los nesses conjuntos de ferramentas, juntamente com medidores planos e paralelos ajustáveis.

Relógios apalpadores em um traçador de superfície Muitos relógios de teste são equipados com uma pequena haste acoplada que se encaixa no lugar do riscador, no grampo de fixação (Figura 8-25). Mover o relógio por um traçador de superfície pode ser útil quando o traçador de altura for grande demais para a tarefa, ou quando o indicador tem de se mover paralelamente a um plano de referência.

Compassos hermafroditas

Compassos hermafroditas têm o único propósito de traçar linhas paralelas à borda de uma peça, similar aos pinos de borda do medidor de superfície (Figura 8-26). Compre essas ferramentas como prioridade 2 ou 3.

Medidores de raio

Embora seu objetivo principal seja testar o tamanho, os medidores de raios também podem ser usados como modelos de traçagem para arcos. Ao fazer isso, certifique-se da inclinação do riscador na borda, como mostra a Figura 8-27, para evitar distâncias falsas.

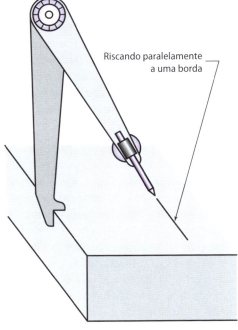

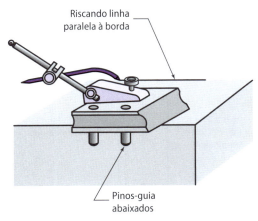

Figura 8-25 Um traçador de superfície com pinos-guia abaixados risca uma linha paralela a uma borda.

Figura 8-26 O compasso hermafrodita também traça distâncias das bordas.

Riscando arcos com o medidor de raios

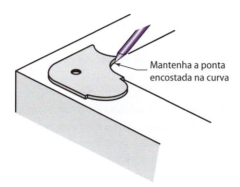

Mantenha a ponta encostada na curva

Figure 8-27 Incline o riscador para traçar com melhor precisão.

> **Ponto-chave:**
> Inclinar o riscador é necessário sempre que sua meta for riscar com precisão contra uma guia – medidor de raio, régua ou esquadro.

Planejando uma traçagem

Eis aqui a parte desafiadora da traçagem, que pode ser simples e rápida ou se tornar um pesadelo demorado de linhas extras e erros! Tudo depende de um planejamento antecipado. A melhor lição é a prática; desse modo, a Unidade 8-3 é projetada para desafiá-lo a fazer uma traçagem e, em seguida, comparar seus resultados com as respostas encontradas aqui.

O plano de estudos de seu curso pode incluir traçar a atividade seguinte em um tarugo ou criar outra forma de natureza similar. Se sim, você ainda pode querer praticar usando a atividade da Unidade 8-3. Existem várias armadilhas de pensamento crítico, mesmo nesta simples traçagem de forma. O objetivo é aprender a identificar as armadilhas que levam a restos de traçado ou a muitas linhas e, em seguida, removê-los. A fim de poupar tempo, frustração e linhas que denunciam o trabalho, sempre comece com um pouco de reflexão e, em seguida, um plano.

Este é um bom exemplo dos tipos de erros que podem ser encontrados sem um planejamento:

retornando aos pontos de intersecção *X-Y* para o início da linha de 59° (Figura 8-1), observe que a intersecção tangencia a peça final. As linhas não devem aparecer no metal que não será removido (Figura 8-28).

> **Ponto-chave:**
> Como você pode evitar riscos em excesso? Usando um lápis suave e régua para reforçar as linhas *X* e *Y* antes de riscá-las. Neste caso, é simples, mas não é sempre assim. Algumas regras do jogo estão listadas na próxima unidade.

Executando uma traçagem de sucesso

1 Pense na usinagem a ser feita. Quantas linhas são realmente necessárias? Muitas vezes, apenas algumas serão necessárias. Linhas curtas e em menor número são as melhores. Linhas adicionais só servem para confundir o cenário.

2 Agora visualize o traçado. Pense na traçagem de linhas e pontos. Ao fazê-lo, procure por intersecções onde uma linha reforçada a lápis é necessária para posicionar e limitar linhas riscadas.

3 Visando à eficiência, posicione o lápis em todas as linhas paralelas ao plano B primeiro e, depois, risque as linhas de intersecção paralelas ao plano A.

4 Agora, com as linhas riscadas como guia, trace as linhas paralelas ao plano B. Note que às vezes é necessário reforçar a lápis linhas paralelas a ambos os planos antes de traçar.

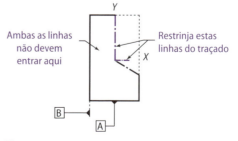

Figure 8-28 Para evitar linhas remanescentes, planeje onde elas começam e param.

Revisão da Unidade 8-2

Revise os termos-chave

À prova de falhas
Traçado usado para saber quando o corte está próximo ao tamanho final, para prevenir cortar muito material antes da medição.

Dividir a linha
A melhor precisão ocorre quando o operador exclui metade da espessura da linha do traçado em todo corte referente ao traçado.

Marca testemunha
Pequena marca brilhante cortada levemente na superfície de trabalho que mostra quando uma ferramenta de corte está tocando a peça no local certo.

Punção-piloto (punção ferrão)
Punção apontando 60° usada para marcar precisamente uma pequena endentação inicial na intersecção das linhas do traçado, em geral seguida de uma marca de punção de centro mais firme e direta.

Sovela (furador manual)
Ferramenta emprestada do trabalho com couro, usada para puncionar furos. Na oficina, é um riscador manual com cabo maior.

Última palavra
Usado quando nenhum outro método de definição e medição do objeto é possível, um modelo final da forma.

Reveja os pontos-chave

- O corante de traçado não é para ser usado com camadas tão espessas como se fosse tinta.
- Nunca retifique um calibrador de altura em qualquer outra superfície que não seja a face frontal inclinada.
- Nunca empurre os acessórios sobre o desempeno de granito e os largue.
- Nunca martele de qualquer maneira sobre a mesa de traçagem.
- Use um lápis macio para estabelecer limites para as próximas linhas a riscar.
- Planeje a traçagem como se fosse um trabalho de usinagem. Faça uma linha suave para evitar excesso de linhas escritas.

Responda

1. Sem voltar na leitura, em uma folha de papel, liste as 15 ferramentas usadas no trabalho de traçagem e descreva brevemente cada uma usando um esboço se necessário.
2. A traçagem é usada de duas formas diferentes na usinagem. Cite as duas formas.
3. Verdadeiro ou falso? Quando se usa uma definição de última palavra, a repetibilidade da traçagem pode estar tão próxima quanto 0,005 pol., mas a expectativa normal é de 0,060 pol. Se for falso, o que o tornaria verdadeiro?
4. Qual é o ângulo de ponta de uma punção de centro?
5. Qual superfície de um riscador pescoço de ganso é retificada quando reafiada: A, B, C ou A e C juntas? (Veja a Figura 8-29.)

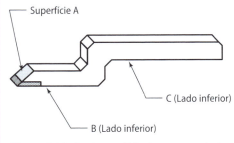

Figura 8-29 Qual superfície deve ser amolada quando afiar a ponta de um riscador?

❯❯ Unidade 8-3

❯❯ Um jogo de desafio de traçagem

Introdução: Esta unidade é uma oportunidade para a prática de traçagem e, também, um exercício de pensamento crítico. Não há necessidade de termos ou pontos-chave, é tudo uma questão de prática. Mas há respostas.

Esboçando o modelo de furação (Figura 8-30)

Em um pedaço de papel em branco, siga estas regras para criar um traçado de *última palavra* para usinar completamente a forma e fazer os furos usando a Figura 8-30. *Dica*: papel gráfico com divisões de engenharia (graduações de 0,100 ou 0,200 pol.) tornaria isso mais fácil.

Há sete passos para fazer esta traçagem. Cada um é necessário, porém há duas ou três sequências válidas para executá-los. Cada etapa será discutida nas respostas, mas elas são apresentadas na sequência em que eu fiz o traçado. Certifique-se de ter abordado todas no seu planejamento e traçagem, mas não necessariamente na ordem apresentada.

O verdadeiro teste será conseguir cortar sua peça do papel usando uma faca ou uma lâmina, e fazer a forma e o tamanho corretos, sem linhas de traçado sobrando. Se isso acontecer, você captou a ideia.

Regras do jogo

- Para simular a coisa real, use um lápis suave pressionando levemente para destacar as linhas-guia.
- Apague as linhas feitas a lápis quantas vezes forem necessárias – como você faria em um metal real. Em seguida, utilize uma caneta para representar as linhas permanentes.
- Se uma linha à caneta aparecer depois que o objeto completo for definido (usinado para a forma), seu traçado falhou na inspeção.
- Use um compasso para riscar cada diâmetro do furo.
- As linhas de centro *X-Y* não devem se estender para além de seu diâmetro. Note que os furos menores necessitam de linhas curtas de intersecção para ficar dentro de seus limites.
- Assuma que o canto inferior esquerdo do tarugo, a intersecção dos elementos de referência A e B, é pré-usinado para 90°.
- O tarugo possui pelo menos 0,100 pol. para usinagem da altura e da largura.

Desafio – Passos para executar a traçagem

1. *Linhas a lápis paralelas ao Referencial B* (Figura 8-31). Usando uma régua, primeiro desenhe a lápis linhas fracas paralelas ao Referencial B. Elas serão utilizadas para orientar a traçagem das linhas paralelas ao Referencial A.

2. *Trace as linhas paralelas ao Referencial A* (Figuras 8-32 e 8-33).

Questão crítica 1

Na Figura 8-32, há um erro proposital. Você pode encontrá-lo? Qual é a solução? A resposta se encontra na Figura 8-34.

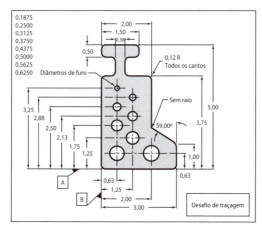

Figure 8-30 Impressão para a traçagem da Unidade 8-3.

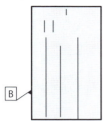

Primeiro as linhas-guia reforçadas a lápis, paralelas ao Referencial B

Figura 8-31 Todas as linhas-guia a lápis paralelas ao Referencial B.

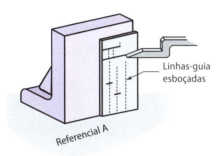

Figura 8-32 Riscando linhas paralelas ao Referencial A.

Linhas horizontais riscadas completas

Figure 8-33 Linhas riscadas.

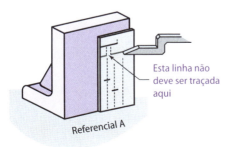

Figura 8-34 Não risque no centro da coluna.

Resposta (Figura 8-34): Observe que a linha horizontal sendo riscada deve ser quebrada pelas duas guias. Se não, essa linha aparecerá no produto final.

Questão crítica 2

Para qual propósito serve a linha de 1,00 pol. do Referencial A, e onde você traçaria no tarugo de metal?

Resposta: É o ponto de partida para a linha de 59°. Deve se limitar ao sobremetal da peça final (Figura 8-35).

3. A lápis na linha de 59°.
4. Risque linhas paralelas ao Referencial B (Figura 8-36).

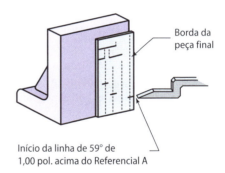

Figura 8-35 O começo da linha de 59° é a 1,00 pol. do Referencial A.

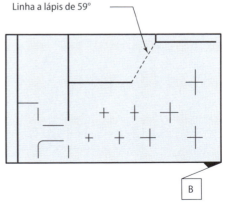

Figura 8-36 Linhas traçadas paralelas ao plano B, limitadas pela linha a lápis de 59°.

5. *Risque a linha com ângulo de 59°.* Há três métodos possíveis:

   O transferidor Usando a intersecção das linhas de 1,00 por 3,00 pol. como um ponto posicionador com a base do transferidor contra os elementos de referência B ou A. (Cuidado para não confundir com ângulos complementares.)

   Inclinando o tarugo em uma barra de seno

   Calculando o extremo oposto da linha O terceiro método seria calcular a altura vertical do ponto de intersecção acima do Referencial A (Figura 8-37).

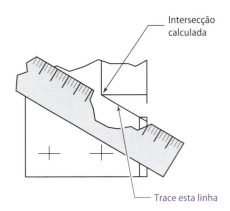

Figura 8-37 Calcule e risque a extremidade superior da linha e, em seguida, conecte-a com uma linha de borda reta.

> **Ponto-chave:**
> A extremidade oposta da linha de 59° é encontrada usando-se trigonometria. Trigonometria é uma habilidade necessária para os operadores.

6. *Risque os raios do canto.* Riscar os raios pode ser um desafio. Esta etapa pode ser pulada. Use calibradores de raios como modelos e risque as linhas à mão (Figura 8-38).

7. *Risque os perímetros dos furos com o compasso (pode ser pulada).*

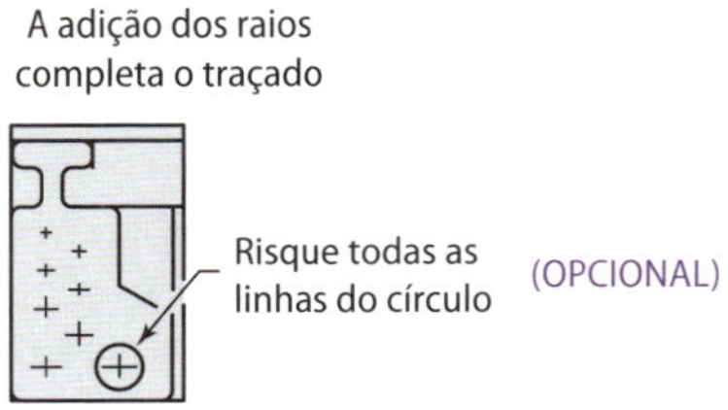

Figure 8-38 Complete a forma riscando os raios dos cantos com calibradores de raios e os furos com um compasso.

REVISÃO DO CAPÍTULO

Unidade 8-1

Em algumas situações, ainda não há substituto para um traçado preciso e bem pensado. Até no mundo do CNC, o traçado é uma habilidade útil. Mas também pode ser uma perda de tempo e outra maneira de arriscar transformar o trabalho em sucata! O operador experiente sabe a diferença e usa o traçado somente quando necessário.

Unidade 8-2

As ferramentas apresentadas na Unidade 8-2 adicionam muitas habilidades extras para o desempenho de granito, bem como proporcionam meios para fazer um traçado. Mas a ferramenta mais útil que discutimos é *planejar* a traçagem. Lembro-me de quando fiz meu primeiro traçado, eu era um aprendiz na empresa Kenworth Trucks. Tomou-me meio turno e ainda estava errado! Por quê? Eu não planejei, apenas comecei a riscar linhas por toda a peça!

Unidade 8-3

Então, como você fez? Agora você entende por que nós, do comitê de planejamento, não estávamos prontos para enviar esta habilidade para o cemitério da tecnologia. É desafiador e pode ser uma grande habilidade de apoio, uma vez praticada por um bom tempo.

Questões e problemas

1. Qual é o compasso que traça linhas paralelas às bordas? (Obj. 8-2)
2. Qual é a outra ferramenta de traçado que pode riscar linhas paralelas às bordas? Como? (Obj. 8-2)
3. Quais são as duas principais razões para usar o traçado? (Obj. 8-1)
4. Nomeie a única ferramenta de traçagem que permite fazer marcas de punção na peça enquanto ela repousa no desempenho de granito. (Obj. 8-2)
5. Nomeie o punção com uma ponta aguda afiada de 60°. O que ela faz? (Obj. 8-2)
6. Descreva como um lápis é usado em um trabalho de traçagem. (Obj. 8-2)
7. Das barras paralelas que já discutimos, qual é:
   A. feita para encaixar nas ranhuras da mesa com um pouco de pressão?
   B. utilizada em morsas para apoiar peças muito finas?
   C. feita com três dimensões crescentes – um utilitário de tamanho muito popular? (Obj. 8-2)
8. Qual tolerância geral não seria alcançada usinando um traçado? (Obj. 8-1)
9. Verdadeiro ou falso? Várias camadas de corante de traçado podem ser necessárias para produzir um resultado uniforme a fim de destacar as linhas traçadas. (Obj. 8-2)
10. Os resultados de usinagem de *linhas divididas* podem ser tão precisos quanto quantas polegadas? (Objs. 8-1 e 8-2)
11. Acerca da Questão 10, qual é a repetibilidade resultante? Por quê? (Obj. 8-2)
12. Nomeie os três anexos em um conjunto de réguas combinadas. (Obj. 8-2)

Perguntas de CNC

13. O que o CAD/CAM tem feito para a habilidade em traçagem?
14. Verdadeiro ou falso? A traçagem nunca seria uma boa ideia para a execução de um programa CNC. Se a afirmativa for falsa, o que poderia torná-la verdadeira?

Questões de pensamento crítico não abordadas na leitura

15. Na sua estimativa, o quão preciso é usinar um furo por métodos de CNC em comparação ao posicionamento por traçado em uma furadeira? Compare a repetibilidade estimada.

RESPOSTAS DO CAPÍTULO

Respostas 8-1

1. Como um modelo à prova de falhas que ajuda indicando quando é a hora de parar e medir com outros meios; um meio de última palavra de usinagem de um tamanho ou forma que não é possível obter de outra maneira.
2. Estendendo as linhas do traçado em superfícies onde o traçado permanecerá depois da usinagem. Sobras de traçado podem transformar objetos em sucata.
3. Geralmente é aceito que $\pm$ 0,030 pol. é o padrão para a usinagem de traçado.
4. Um modelo visual de linhas e pontos riscados sobre a superfície de um objeto. Ele é usado para orientar o operador até onde ele pode cortar o objeto.
5. O traçado adiciona valor se for de última palavra ou se melhora a qualidade, reduz o tempo de corte e evita virar sucata.

Respostas 8-2

1. As 15 ferramentas de traçado: a *mesa de traçagem* proporciona uma superfície de referência plana perfeita para um trabalho de traçagem; o *corante de traçado* elimina o brilho e torna mais visíveis as linhas do traçado; o *calibrador de altura/riscador* para traçar linhas paralelas muito precisas sobre a mesa de traçagem; *cantoneiras* para testar a perpendicularidade e para segurar objetos perpendiculares para a traçagem; o *esquadro-mestre* para testar a perpendicularidade e linhas dispostas perpendicularmente às bordas; *barras paralelas*, utilizadas para medições, para traçar linhas paralelas às bordas, mantendo a peça paralela a uma superfície, além de uma grande variedade de usos em toda a oficina; *blocos em V* para segurar trabalhos cilíndricos para traçagem, medição e usinagem; a *placa/barra de senos* mantém o trabalho em um ângulo muito preciso para riscar e usinar, medir ângulos muito precisos; *riscadores/furadores* traçam linhas; *punções* marcam uma posição para um furo; no *conjunto combinado*, a régua serve para medir e também como modelo de linearidade, a cabeça de centragem para encontrar e traçar o centro de objetos cilíndricos, o esquadro para medir e riscar linhas a 90°, e o transferidor para medir e riscar linhas angulares; *divisores* dividem as distâncias e riscam círculos; *medidores de superfície* riscam linhas paralelas a uma superfície, transferem linhas de uma régua para uma peça e traçam linhas paralelas à borda de uma peça;

compassos hermafroditas riscam linhas paralelas a uma borda; o *calibrador de raio* risca partes de arcos e mede o tamanho e a circularidade do arco.
2. Como um modelo à prova de falhas e como a palavra final. A única definição para forma e posição.

3. Falso. Embora seja verdade que às vezes somos capazes de chegar a uma tolerância de 0,005 pol. usando o traçado sozinho, 0,030 pol. é o considerado padrão.
4. 90°. No entanto, isso não é crucial; um punção de centro só precisa ser robusto para suportar fortes golpes; os de 80 a 100° funcionam bem.
5. Somente a superfície A.

Respostas da revisão do capítulo

1. Compassos hermafroditas.
2. O medidor de superfície; abaixando os pinos-guia abaixo da base.
3. À prova de falhas ou de última palavra.
4. A punção automática (punção de tapinha).
5. Punção-piloto ou às vezes chamado de punção ferrão. Faz endentações muito leves para guiar para o próximo punção de centro.
6. Fazer linhas-guia para evitar escrever sobre as áreas proibidas.
7. A. Bloco com ranhuras.
   B. Ondulado.
   C. Blocos de 1 pol. × 2 pol. × 3 pol. (blocos um-dois-três).
8. 0,030 pol.
9. Falso. Uma camada. A cor uniforme não é obrigatória.
10. 0,010 pol.
11. Permanece em 0,030 pol. na melhor opção, porque a estimativa visual é necessária.
12. Esquadros, cabeça de centragem e transferidor.
13. Se a forma pode ser definida na tela, ela pode ser usinada de modo preciso com repetibilidades muito melhores. Portanto, a necessidade de habilidades em traçado está diminuindo.
14. Falso. Ao aplicar um programa pela primeira vez em materiais muito caros, é aconselhável criar um traçado à prova de falhas.
15. Furar com traçado = ± 0,030 pol.; CNC = ± 0,003 pol. sem uma broca-piloto e ± 0,0015 pol. com uma broca-piloto e talvez alargando o furo.

>> apêndice I

Tamanhos de furo para rosqueamento (polegada e métrico)

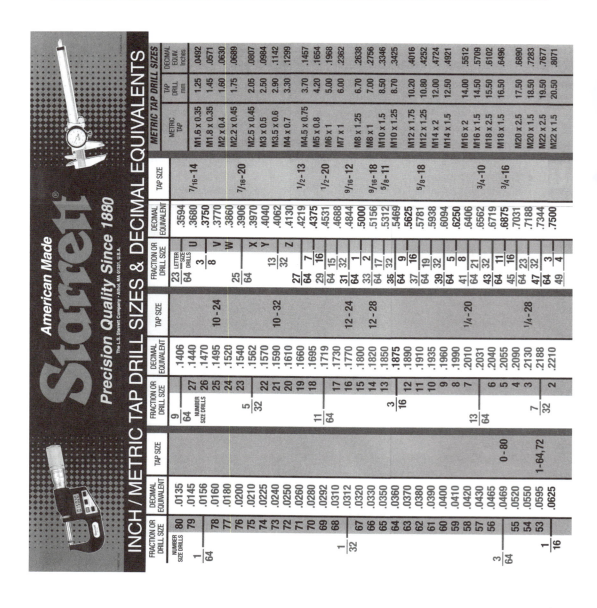

52	.0635										
51	.0670										
50	.0700	2-56,64									
49	.0730										
48	.0760										
5/64	.0781										
47	.0785										
46	.0810	3-48									
45	.0820										
44	.0860	3-56									
43	.0890	4-40									
42	.0935	4-48									
3/32	.0938										
41	.0960										
40	.0980										
39	.0995										
38	.1015	5-40									
37	.1040	5-44									
36	.1065	6-32									
7/64	.1094										
35	.1100										
34	.1110										
33	.1130	6-40									
32	.1160										
31	.1200										
1/8	.1250										
30	.1285										
29	.1360	8-32,36									
28	.1405										

LETTER SIZE DRILLS			
1 A	.2280		
	.2340		
15/64	.2344		
B	.2380		
C	.2420		
D	.2460		
1/4	.2500	-E-	
F	.2570		
G	.2610		
17/64	.2656		
H	.2660		
I	.2720	5/16-18	
J	.2770		
K	.2810		
9/32	.2812		
L	.2900		
M	.2950		
19/64	.2969	5/16-24	
N	.3020		
5/16	.3125		
O	.3160		
P	.3230		
21/64	.3281		
Q	.3320	3/8-16	
R	.3390		
11/32	.3438		
S	.3480		
T	.3580	3/8-24	

25/64	.7656		
51/64	.7812		
13/16	.7969	7/8-9	M24 x 3	21.00	.8268
	.8125		M24 x 2	22.00	.8661
53/64	.8281		M27 x 3	24.00	.9449
27/32	.8438	7/8-14	M27 x 2	25.00	.9843
55/64	.8594				
7/8	.8750		M30 x 3.5	26.50	1.0433
57/64	.8906		M30 x 2	28.00	1.1024
29/32	.9062	1-8	M33 x 3.5	29.50	1.1614
59/64	.9219		M33 x 2	31.00	1.2205
15/16	.9375				
61/64	.9531	1-14	M36 x 4	32.00	1.2598
31/32	.9688		M36 x 3	33.00	1.2992
63/64	.9844		M39 x 4	35.00	1.3780
1	1.0000		M39 x 3	36.00	1.4173
13/64	1.0469	1 1/8-7			
17/64	1.094	1 1/8-12			
1 1/8	1.1250	1 1/4-7			
1 11/64	1.1719	1 1/4-12			
1 7/32	1.2188	1 3/8-6			
1 1/4	1.2500				
1 19/64	1.2969	1 3/8-12			
1 11/32	1.3438	1 1/2-6			
1 3/8	1.3750				
1 27/64	1.4219	1 1/2-12			
1 1/2	1.5000				

PIPE THREAD SIZES (NPSC)

THREAD		DRILL
1/8-27		11/32
1/4-18		7/16
3/8-18		37/64
1/2-14		23/32
3/4-14		59/64
1-11 1/2		1 5/32
1 1/4-11 1/2		1 1/2
1 1/2-11 1/2		1 3/4
2-11 1/2		2 7/32
2 1/2-8		2 21/32
3-8		3 1/4
3 1/2-8		3 3/4
4-8		4 1/4

apêndice I

335

apêndice II

Desenho de fabricação do calibrador de brocas

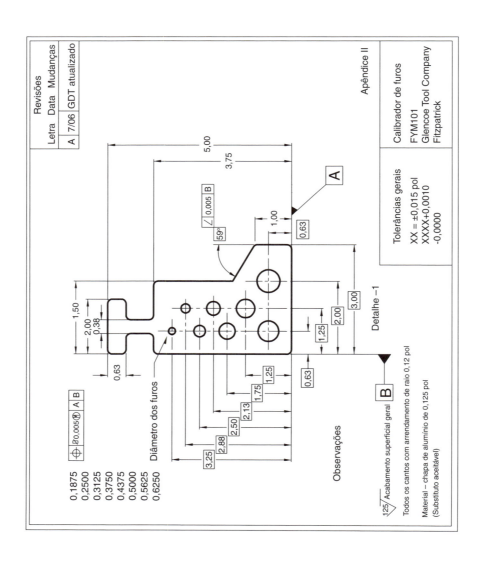

>> apêndice III

Rotações para furação – Tamanhos comuns de broca para seis materiais

Observações:

- Todas as rotações estão baseadas em ferramentas de aço rápido (HSS).
- Se a máquina não tiver a RPM listada, mude para a rotação imediatamente menor.
- Os dados estão simplificados para aprendizado. Para um listagem completa de letra, número, fração e RPM no sistema métrico, veja o "Machinery´s Handbook".
- Ou calcule sua RPM, utilizando a seguinte fórmula simplificada:

$$\frac{4 \times \text{Velocidade da superfície}}{\text{Diâmetro do objeto rotacional}}$$

Diâmetro	Aço de baixo carbono	Aço carbono revenido	Alumínio	Latão mole	Ferro Fundido	Aço inox revenido
1/8	3.200	2.880	8.000	5.600	3.200	2.880
3/16	2.133	1.920	5.333	3.733	2.133	1.920
1/4	1.600	1.440	4.000	2.800	1.600	1.440
5/16	1.280	1.152	3.200	2.240	1.280	1.152
3/8	1.066	960	2.667	1.867	1.067	960
7/16	914	823	2.285	1.600	914	823
1/2	800	720	2.000	1.400	800	800
9/16	711	640	1.778	1.244	711	711
5/8	640	576	1.600	1.120	640	576
11/16	581	523	1.454	1.018	582	523
3/4	533	480	1.333	933	533	480
13/16	492	443	1.230	862	492	443
7/8	457	411	1.143	800	457	411
15/16	426	384	1.066	747	426	384
1	400	360	1.000	700	400	360
1 1/16	376	339	941	658	376	339
1 1/8	355	320	888	622	355	320
1 3/16	336	303	842	589	336	303
1 1/4	320	288	800	560	320	288

>> apêndice IV

Velocidades de corte recomendadas para seis materiais em pés/min

Observações:
- Os números foram adaptados para uma aprendizagem conveniente e segura.
- Com experiência, as velocidades de corte mostradas podem ser excedidas.
- Fixações robustas, refrigerantes e muitos fatores combinados determinam o resultado final.

Ferramenta de corte	Aço de baixo carbono	Aço carbono revenido	Alumínio	Latão mole	Ferro Fundido	Aço inox revenido
HSS	100	80	250 a 350	175	100	80 a 100
Carbide	300	200	750 a 1000	500	250	200 a 250

apêndice V

Superabrasivos

Superabrasives
Grinding Wheel Selection Guide
Surface, Cylindrical, Centerless and ID

NORTON

Superabrasive Specifications

		DIAMOND SPECIFICATION		CBN SPECIFICATION	
		WET	DRY	WET	DRY
Surface	Carbide	ASD150-R75B99			
	Ceramics, Composites	SD220-R100B69			AZTEC III-100W
	Tool Steel (Rc 50+)			CB100-TB99	
Cylindrical	Carbide	ASD180-R75B99			
	Ceramics, Composites	SD220-R100B80			CB100-B99
	Tool Steel (Rc 50+)				
Centerless	Carbide	ASD150-R75B99E			
	Ceramics, Composites	ASD150-R75B99E			
	Tool Steel (Rc 50+)			CB150-TBA	
ID	Carbide	SD100-R100B99			
	Ceramics, Composites	ASD320-R75B615			B180-H150VI
	Tool Steel (Rc 50+)				

Examples of a Typical Specification:

DIAMOND TYPE	GRIT SIZE	GRADE	CONCENTRATION	BOND	BOND MODIFICATION	DIAMOND DEPTH
ASD	150	R	75	B	99	1/8

Troubleshooting Guide: Dry Grinding

PROBLEM	POSSIBLE CAUSES	SUGGESTED CORRECTIONS
Burning (excessive heat)	Wheel loaded or glazed	Dress wheel with a dressing stick
	Excessive feed rate	Reduce in-feed of wheel or work piece
	Wheel too durable	Use freer cutting specification or slow down wheel speed
Poor Finish	Grit size too coarse	Select a finer grit size
	Excessive feed rate	Reduce in-feed of wheel or work piece
Chatter	Wheel out of truth	True wheel, ensure its not slipping on mount

Troubleshooting Guide: Wet Grinding

PROBLEM	POSSIBLE CAUSES	SUGGESTED CORRECTIONS
Burning (excessive heat)	Wheel loaded or glazed	Re-dress wheel
	Poor coolant placement	Apply coolant directly to wheel/work piece interface
	Excessive material removal rate	Reduce down-feed and/or cross-feed
Poor Finish		Use lighter dressing pressure
		Stop dressing as soon as wheel starts to consume stick rapidly
	Grit size too coarse	Select a finer grit size
	Poor coolant flow or location	Apply heavy flood so it reaches wheel/work interface

Diamond and CBN Basics

USE DIAMOND FOR:	USE CBN FOR:
Cemented Carbide	High Speed Tool Steels
Glass	Hardened Carbon Steel
Ceramics	Alloy Steels
Fiberglass	Aerospace Alloys
Plastics	Abrasion-Resistant Ferrous Materials
Abrasives	

In general, CBN is used to grind ferrous materials, and diamond is used to grind nonferrous materials.

TYPES OF DIAMOND
RESIN BOND PRODUCTS
AMD: A blocky shaped armored diamond that prevents excessive wear when a high percentage (over 35%) of the area is steel or braze. Used when 1/3 or less of the total area is steel. 60-400 grit.
AGD: An armored diamond that is the most versatile of the diamond types. Used when grinding carbide and steel combination. 60-400 grit.
ASD: An armored diamond used mostly in dry applications where no steel or braze is contacted. A secondary choice to AZD when grinding 100% carbide, as it improves edge holding ability. 60-600 grit.
AZD: An armored diamond with the advantages of ASD, plus longer wheel life when no steel or braze is contacted. 60-400 grit.
A4D: An armored diamond, similar to ASD, except freer cutting and milder acting. 60-600 grit.
DEB: A blocky shaped diamond similar to RMD and AMD. Used when grinding carbide and steel combination in excess of a 50/50 ratio.
SD: A synthetic diamond suitable for wet or dry grinding when freer cutting is desired. 60-400 grit.

VITRIFIED BOND PRODUCTS
D: A designation used for diamond micron sizes. Available in micron 40/60 through 2/4.
RMD: A medium strength diamond specifically manufactured for vitrified bonds. Available in grits 80 through 320.

METAL BOND PRODUCTS
MSD: Commonly used blend of strong, fragmented shaped diamond for general purpose applications on ceramics, glass and other non-metallics.
N40: Most commonly used metal bonded diamond. Blend of strong blocky shaped diamond for performance measurable applications on glass, ceramics, refractories, and other non-metallics.
MQD: The strongest, blockiest, toughest, premium quality diamond for high performance applications on glass, refractories, and other non-metallics. MSD is premium priced.

TYPES OF CBN
RESIN BOND PRODUCTS
B: A strong uncoated CBN crystal commonly used for internal grinding. Available in grits 60 through 400.
CB: A strong coated CBN crystal. Used with resin bond. It provides a freer cut. 60 micron sizes.
CB+: A coated CBN crystal having excellent abrasion. 60-400 grit.
C2B: A coated CBN crystal that is slightly freer cutting than CB.
C5B: The most durable CBN abrasive. C5B is a high performance, premium quality, coated CBN crystal used for production grinding. 60-320 grit.

VITRIFIED BOND PRODUCTS
1B: A strong uncoated CBN crystal commonly used for internal grinding. Available in grits 60 through 400.
VR: A premium quality CBN crystal designed to provide exceptional performance in high metal removal rate applications. Available in grits 60-320. Results show 10% to 25% less power draw compared to B types.

METAL BOND PRODUCTS

Typical Superabrasive Wheel Shapes

642C WHEEL

D = Diameter
H = Hole
E = Back Thickness
T = Thickness
X = Abrasive Depth

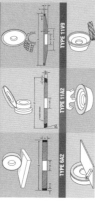

TYPE 1A1
TYPE 642
TYPE 1V1P
TYPE 11A2
TYPE 4A2P
TYPE 11V9

apêndice V

340

Chatter	Wheel out of truth	True wheel, ensure fits o/d slipping on mount	
Wheel will not cut	Glazed by truing Wheel loaded	Dress lightly until wheel opens up Dress lightly until wheel opens up Increase coolant flow to keep wheel surface clean Never run wheel with coolant turned off	
Slow cutting	Low feeds and speeds	Increase feed rate, increase wheel speed (observe maximum wheel speed)	
Short wheel life	Incorrect coolant flow Low wheel speed Excessive dressing Wheel too soft or too hard	Apply coolant to flood wheel/work surface Increase wheel speed Use lighter dressing pressure Change grit or grade, use higher concentration	

Expected Surface Finish by Grit Size

Use these charts as guides only. Surface finish is affected by a number of variables i.e., machine type and condition, type of material ground, coolant, wheel speed, bond system, etc.

SUPERABRASIVE DIAMOND GRIT SIZE	MAXIMUM DEPTH OF CUT PER PASS FOR GRIT SIZE	EXPECTED FINISH MICRO INCH AA
100	0.001" TO 0.002"	24 TO 32
120	0.001" TO 0.002"	16 TO 18
150	0.001" TO 0.002"	14 TO 16
180	0.0007" TO 0.001"	12 TO 14
220	0.0007" TO 0.001"	10 TO 12
320	0.0004" TO 0.0006"	8
400	0.0003" TO 0.0005"	7 TO 8

Expected Surface Finish (RMS) for Sprayed Coatings

GRIT/CONCENTRATION	CERAMICS C: Oxide 99%	C: Oxide 96%	Al Oxide	AltiX
150/75	19	25	22	22
220/75	15	19	17	18
280/75	13	13	13	15
500/75	7	10	7	8
B150/75				

TYPE 12A2 TYPE 12V9 TYPE 15V9

FOR HIGH SPEED STEEL		
CBN GRIT SIZE	EXPECTED FINISH WITH OSCILLATION	EXPECTED FINISH PLUNGE
100	35 TO 40	40 TO 45
120	30 TO 35	35 TO 40
150	25 TO 30	30 TO 35
180	20 TO 25	25 TO 30
220	15 TO 20	20 TO 25
320	10 TO 15	15 TO 20
400	4 TO 8	5 TO 10

	METALS				CARBIDES			
	420m	NiCr	NiCrMo		88/11	88/12	83/12 W/Co	
					22	25	26	
					17	19	17	
					14	15	12	
	21	20	21		8	8	8	

SafetyTIPS

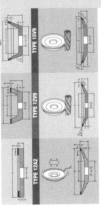

Safe operating practices must be part of every grinding wheel user's operation. The greatest efficiency and lowest overall abrasive cost can be realized only if proven care and use techniques become standard practice.

Be sure to read any safety material/guidelines provided with the abrasive product.

Always check the wheel for cracks or damage before use.
Before mounting the wheel, use a tachometer to measure the spindle speed.
Ensure the mounting flanges, backplate or adapter supplied by the machine manufacturer are used and kept in good condition. ANSI Safety Requirement B7.1 provides wheel mounting requirements. Check mounting flanges for equal and correct diameter and use blotters when supplied.

Always mount, true and dress the wheel in conformance with the guidelines published in the ANSI Safety Requirements B7.1.
Ensure the correct wheel guard is in place before starting the wheel. Allow the wheel to come up to full operating speed before starting to grind for a minimum of 1 minute, and stand out of the plane of rotation.
NEVER use a portable, high speed air sander that exceeds safe operating speed.
NEVER exceed the maximum operating speed marked on the wheel being used. The following formula may be used to calculate wheel speed:
SFPM = Spindle Speed in RPM x Wheel Dia. in inches x .262
Avoid dropping or bumping the wheel.

When using the wheel, store the wheel in the original packing materials. This protects the wheel from chips and cracking, as well as provides easy identification of the wheel.

For more information on product safety, ask your Norton Distributor for these publications:
Grinding Wheel Safety (form E74)
ANSI B7.1 Safety Requirements for the Use, Care and Protection of Abrasive Wheels
Federal Hazard Communication Standard 29 CFR 1910.95, 1910.132, 1910.133, 1910.134, 1910.138 and 1910.1200.
Material Safety Data Sheets
Other applicable regulations

For Your Protection

Safety Guards and Wheel Warning Messages Norton provides instructions pertaining to the safe use of all products. Please read it carefully.	Face Protection Always wear face protection when using abrasive products.	Safety Gloves Grinding applications are conducted in hands on environments. The use of safety gloves is recommended.	Hearing Protection Use of these products may create elevated sound levels. Hearing protection must be worn where required.	Spindle Check machine speed against safe maximum operating speed marked on the grinding wheel. Do not overspeed the wheel.	Wheel Guard Always use the wheel guard as supplied by the machine manufacturer.

Flanges When mounting Type 41 cut-off grinding wheels, only use flanges of equal diameter.	Respiratory Protection Always use dust controls and protective measures appropriate to the material being ground.

⚠ **WARNING** This warning icon appears on our products and packaging. It is intended to draw your attention to the specific safety warning practices outlined after it.

⚠ It is the user's responsibility to refer to and comply with ANSI B7.1

For assistance, call 1 800 424-0800 or check out www.nortonabrasives.com

---

CBN: A strong coated CBN crystal used in all bond modifications. CBN is the most commonly used metal bond. Available in grits 80 through 400.

SUPERABRASIVE WHEEL GRIT SIZE

Superabrasive grit size rule of thumb is to go two to three grit sizes finer than a conventional abrasive grit size wheel, to achieve the same relative finish. A vitrified conventional wheel with 80 grit would require a 150 grit Diamond or CBN wheel to produce similar finishes.

DIAMOND WHEEL GRADES

The most common Diamond Resin Bond grades are H,N and R grade. H is least durable, N is midrange durability, R is most durable.
The most common Diamond Vitrified Bond grades are N (least durable), R (most common). Unlike resin and vitrified bond the grade is not always designated for metal bonds.

CBN WHEEL GRADES

For Resin Bond CBN, the grade includes the relative amount of CBN; Q is least durable. T is midrange durability, W is very durable, Z is extremely durable in grades E (least durable/mildest acting) to K (most durable/hardest acting). Note vitrified CBN has grade and concentration markings.
Vitrified Bond CBN it most common grades are G (most cutting/least durable), T (finer cutting than W, but more durable than U), W (most durable).

DIAMOND CONCENTRATION

Concentration is the relative amount of diamond by carat weight in a wheel. Concentrations can range from 25 to 200. Standard concentrations are equivalent to percentages of:
100 Concentration: 25% (diamond/CBN) volume of the abrasive section
75 Concentration: 18% (diamond/CBN) volume of the abrasive section
50 Concentration: 12.5% (diamond/CBN) volume of the abrasive section
The higher the number, the more superabrasive there is in the wheel thus more cutting teeth and the wheel would be harder acting.

BOND SYSTEMS

Resin Bonds (B): For most Precision Grinding operations, including cylindrical, surface, and internal grinding of Carbides and Ceramics. The exceptional fast and cool cutting action is the reason they are suited to sharpen multi-tooth cutters, reamers, etc. Easy to true and dress.
Metal Bonds (M): MSL available in various shapes for dry, offhand reconditioning of carbide tools and composite materials.
Vitrified Bonds (V): Popular in offhand grinding of carbide tools, suitable for Carbide Deep Feed and Internal grinding, and are very durable for holding form/shapes.

Rules of Thumb

Coarse Grits:	Best life and stock removal rate, good form holding
Fine Grits:	Low stock removal, best finish and good life
High Wheel Speed:	Better finish and form holding, hard acting
Low Wheel Speed:	Worse finish and form holding, softer acting, shorter life
High Concentration:	Longer life, better form holding, harder acting
Low Concentration:	Shorter life, soft acting
Diamond Wheels:	Wet = 5500 - 6500 SFPM; dry = 3500 - 4500 SFPM
CBN Wheels:	Wet grind = 8500 - 9500 SFPM
Water Coolant:	Highest stock removal rate, fair finish
Oil Coolant:	Lower stock removal rate, better finish

AFTER TRUING
Truing is defined as altering wheel geometry so that the wheel is exactly form trued and running concentric with the center line of the machine spindle.

AFTER DRESSING
Dressing superabrasive wheels is a cleaning/sharpening process. For resin bond dressing sticks, the grain should be 1 or 2 grit sizes finer than the superabrasive grain in the wheel. A 120 grit wheel would require a 150 or 180 grit stick. For metal bond wheels, use same grit size as one size coarser than the wheel. Vitrified bonds generally do not require stick dressing.

SAINT-GOBAIN
ABRASIVES

apêndice V

341

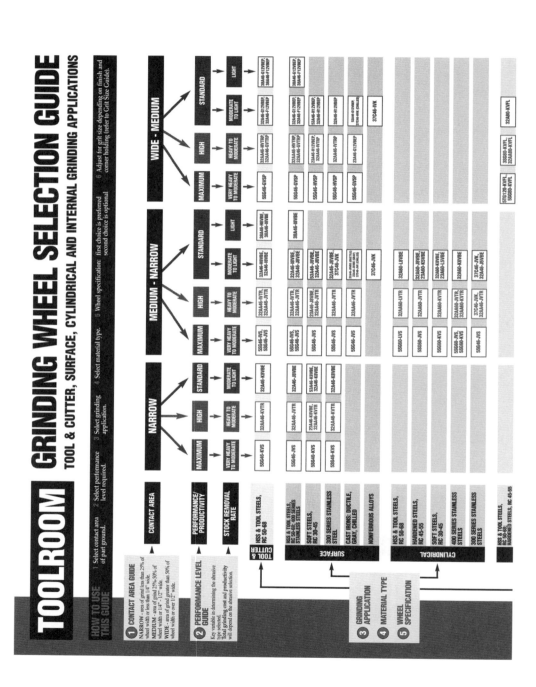

⑥ GRIT SIZE

REQUIREMENT	FINISH	MINIMUM CORNER RADIUS
46	General Purpose	32 Ra & rougher	0.020"
60	Commercial Finish	32 Ra & better	0.016"
80	Fine Finish	20 Ra & better	0.0105"
120	Very Fine Finish	10 Ra & better	0.006"
150	Corner-Form Holding		0.005"
180	Corner-Form Holding		0.0035"
220	Corner-Form Holding		0.0020"

RELATIVE ABRASIVE PERFORMANCE

(Bar chart: 3TGM, 5SG, 3SSP, 32AA, 32A, 38A — with percentages 250%, 375%, 600%, 100%, 135%, 100%)

STRUCTURE

Select the most open structure specification that will hold the required form and tolerances for the application.

5, 6	Tight form holding, large amount of interrupted cuts.
8	General purpose, medium to wide contact area with good form holding.
10	Wide to medium contact area for good form holding, cooler cut & better chip clearance.
12	Wide to medium contact area for coolest cut & maximum chip clearance.

TYPES OF ABRASIVE GRAIN

TG — Second generation ceramic abrasive. More durable than SG for extreme applications on the most difficult to grind materials offering maximum wheel life. Contact your Norton sales representative for specifications.

5SG — Maximum durability, for the most demanding applications & most difficult to grind materials offering exceptional wheel life.

3SSP — High performance abrasive for very demanding applications & very difficult to grind materials. Good wheel life when maximum performance is not required.

32AA — A Norton exclusive, with Norton's TG Abrasive. More aggressive & durable, cleaner cutting, higher stock removal rates with up to twice the life of 32A.

32A — The workhorse benchmark. A strong, sharp, very versatile premium abrasive for a wide range of materials & applications.

BONDS

Vitrified bonds ending with a 'JP' denote porous open structure type products offering a very cool cut out and high chip clearance for heat sensitive materials in wide area of contact grinding applications.

BOND TYPE	DESCRIPTION
VBE, VBEP	Toolroom standard, exceptional versatility, Alundum® abrasives only
VS, VSP	High performance, ideal for SG abrasives only
VTR, VTRP	Enhanced performance & versatility for all toolroom grinding, 32AA abrasive only
VH	High performance form holding, for TG, SG, & Alundum abrasives
V	Pressed to size I.D. wheels less than 4-1/2" diameter, for TG, SG, & Alundum abrasives
VK, VKP	Original Norton® vitrified bond, excellent form/corner holding, Alundum abrasives only
	For silicon carbide (Crystolon®) abrasives only

SOFT STEELS, RC 30-45

INTERNAL

400 SERIES STAINLESS STEELS
300 SERIES STAINLESS STEELS

5SG60-MVFL
5TG120-KVFL, 5SG80-KVFL
3SG60-MVFL, 32AA60-MVFL
3SG80-KVFL, 32AA80-KVFL
37C46-JVK, 32AA46-JVFL
53A60-MVFL, 32A60-KVFL, 53A80-KVFL, 37C46-JVK, 32A46-JVFL

(grain descriptions)

38A — The most friable abrasive for maximum coolness of cut on very sensitive tool steels. For light to medium cut rates.

23A — A tougher, stronger intermediate abrasive for less heat sensitive hardened and soft steels.

53A — A tough intermediate abrasive carbide for less heat sensitive soft steels, cast irons, ceramics, plastics.

37C — Blocky shaped black silicon carbide abrasive, for all non-ferrous metals, cast irons, 300 series stainless steels, ceramics, plastics.

39C — Sharp, friable, high purity, green silicon carbide for carbide, titanium, plasma sprayed materials.

GRINDING TROUBLESHOOTING

Check the obvious first. Before changing the grinding wheel specification, investigate the following most common causes for most grinding problems:
1. Diamond dressing tool condition (check if worn or dull, rotate tool or replace if necessary)
2. Coolant direction, volume & filtration
3. Wheel dressing procedures (dress more open to free up cut rate, dress more closed to improve finish)

PROBLEM	POSSIBLE CAUSE	CORRECTION
1. Burn	Poor coolant direction	Redirect coolant into grinding zone
	Restricted or low coolant volume	Increase coolant volume
	Too heavy cut rate	Reduce cut rate
	Wheel too hard	Use one grade softer wheel
	Wheel structure too closed	Use more open structure wheel
2. Loading & Glazing	Wheel too hard	Use one grade softer wheel
	Wheel structure too closed	Use a more open structure wheel
	Too durable abrasive	Use a sharper more friable abrasive
3. Chatter	Unsupported work	Increase work support
	Machine vibration	Check for worn bearings
	Too heavy cut rate	Reduce cut rate
	Wheel too hard	Use one grade softer wheel
	Wheel structure too closed	Use a more open structure wheel
	Wheel out of balance	Check wheel balance or try new wheel
4. Poor surface finish	Dirty coolant	Check coolant filter and quality
	Incorrect wheel dress	Dress wheel finer (slow down dressing tool traverse)
	Too coarse grit size	Use a finer grit size
5. Not holding form	Wheel too soft	Use one grade harder wheel
	Wheel structure too open	Use a more closed wheel structure
6. Not holding corner	Incorrect wheel dress	Dress wheel finer. Face and side true wheel
	Too large grit size	Use smaller grit size/maximum grit diameter less than 1.5 times corner radius
	Wheel too soft	Use harder grade wheel
	Wheel structure too open	Use more closed structure wheel

Contact your Norton distributor or Norton sales representative for assistance, or check out the Norton Web Site: www.nortonabrasives.com

---

⚠ GRINDING WHEEL SAFETY

Substantially all Norton Company abrasive products meet or exceed industry standards as prescribed by ANSI B7.1 Safety Requirements.

The grinding wheels indicated in this chart are vitrified (glass) bonded abrasive products. Although by nature glass products are relatively fragile, these wheels are highly engineered products designed to perform safely as cutting tools when used as prescribed by your machine builder, ANSI B7.1 and OSHA regulations.

KEEP IN MIND THE FOLLOWING GENERAL SAFETY RULES:

1. Always ring test a vitrified bonded wheel before mounting to determine if it is damaged. IF A WHEEL APPEARS TO BE DAMAGED, OR IF YOU HAVE ANY DOUBT ABOUT A WHEEL'S CONDITION, DO NOT USE IT.

2. Machine guards must be used with all wheels except for some exceptions for small wheels as detailed in ANSI B7.1 and OSHA regulations.

3. Never over speed a wheel. Maximum Operating Speed (MOS) indicated on a wheel should never be exceeded in terms of surface feet per minute.

4. Be sure the wheel fits the spindle properly.

5. Mounting flanges should comply with specifications detailed in ANSI B7.1. Never mount wheels between mismatched flanges - this is one of the most common causes of wheel failures.

6. Avoid excessive side pressure when truing or grinding with straight wheels.

© Norton Company 1999

TECH TIPS

GRINDING
1. Consider one grade harder starting spec for surface grinding applications with interrupted cut.
2. Use a grit size with grit diameter less than the corner radius required.
3. True the wheel face and sides to eliminate any wheel runout for the tightest corner holding control.
4. For I.D. grinding, recommend using a wheel diameter (after truing) no larger than 75% of the bore diameter.
5. Increase stock removal rate to minimize burn and chatter with too hard of a wheel.
6. Decrease stock removal rate to reduce wheel breakdown for too soft of a wheel.
7. Use Norton SGP diamond dressing tools for TG and SG wheels for the most consistent performance and maximum tool life.

DRESSING TOOLS

Single-Point Diamond:
1. Infeed/pass should not exceed .0015" for aluminum oxide abrasives, .001" with Norton SG.
2. Dress traverse rate 10"-20" per minute for rough grinding & slower for finish grind.
3. Use a 10°-15° drag angle to the wheel centerline.
4. Rotate the diamond often to extend tool life.
5. Use coolant when possible to extend diamond life.

Multi-Point Diamond Nibs:
1. Infeed/pass less than .002" for aluminum oxide abrasives, .0015" with Norton SG.
2. Dress traverse rate 20"-40" per minute for rough grinding, & slower for finish.
3. Use at 90° to wheel face.
4. With new tool, run 3-5 passes at .005" per pass to expose diamonds and to ensure full face contact between dressing tool and wheel face.
5. Use coolant when possible to extend dressing tool life.

NORTON ® Leading Technology, Leading Solutions™

Form #7505

---

apêndice V

343

Créditos

Fotos de abertura dos volumes:
Cortesia de Mike Fitzpatrick

Fotos de abertura dos capítulos:
Cortesia de Haas Automation/Oxnard, CA

Capítulo 1

1.1, 1.2: © McGraw-Hill Higher Education, Inc./Lake Washington Technical College, Kirkland, WA; **1.3, 1.4:** © McGraw-Hill Higher Education, Inc./Fotografia da Prographics; **1.5:** Cortesia Mike Fitzpatrick; **1.6, 1.7:** © McGraw-Hill Higher Education, Inc./Fotografia da Prographics; **1.8a–c, 1.11, 1.12:** © McGraw-Hill Higher Education, Inc./Fotografia da Prographics de Milwaukee Area Technical College; **1.13:** Cortesia Pacific Machinery & Tool Steel Co.; **1.15, 1.16:** © McGraw-Hill Higher Education, Inc./Fotografia da Prographics de Milwaukee Area Technical College; **1.17, 1.18:** © McGraw-Hill Higher Education, Inc./Lake Washington Technical College, Kirkland, WA; **1.19, 1.20:** Cortesia Tyee Aircraft, Everett, WA; **1.21:** © McGraw-Hill Higher Education, Inc./Lake Washington Technical College, Kirkland, WA; **1.22:** Cortesia Mike Fitzpatrick; **1.23:** © McGraw-Hill Higher Education, Inc./Fotografia da Prographics de Milwaukee Area Technical College; **1.25:** Cortesia de Aerospace Manufacturing Technologies (AMT)/Arlington, WA; **1.27, 1.29:** © McGraw-Hill Higher Education, Inc./Fotografia da Prographics de Milwaukee Area Technical College; **1.30:** Cortesia Mike Fitzpatrick.

Capítulo 2

2.2: Cortesia Contour Aerospace/Everett, WA.

Capítulo 3

3.17: Cortesia Mike Fitzpatrick; **3.18:** Cortesia Mastercam (percurso da ferramenta) e Metacut Utility Software (modelo sólido).

Capítulo 4

4.26: Cortesia Mike Fitzpatrick; **4.36, 4.45:** © McGraw-Hill Higher Education, Inc./Lake Washington Technical College, Kirkland, WA; **4.47:** "Reimpresso da ASME Y 14.5M-1994, com permissão de American Society of Mechanical Engineers. Todos os direitos reservados."

Capítulo 5

Pg. 156: Cortesia Mecafi and Staubli Robotics; **5.4:** © Mc-Graw-Hill Higher Education, Inc./Fotografia da Prographics de Milwaukee Area Technical College; **5.5:** Cortesia Universal Aerospace/Arlington, WA; **5.6, 5.7:** Cortesia Mike Fitzpatrick; **5.8:** © McGraw-Hill Higher Education, Inc./Lake Washington Technical College, Kirkland, WA; **5.9, 5.10:** Cortesia Mike Fitzpatrick; **5.11:** © McGraw-Hill Higher Education, Inc./Fotografia da Prographics; **5.12, 5.13:** Cortesia Mike Fitzpatrick; **5.14:** © McGraw-Hill Higher Education, Inc./Lake Washington Technical College, Kirkland, WA; **5.15 a–b, 5.16, 5.17, 5.18:** Cortesia Mike Fitzpatrick; **5.32:** © McGraw-Hill Higher Education, Inc./Lake Washington Technical College, Kirkland, WA; **5.33:** Cortesia Mike Fitzpatrick; **5.34, 5.35:** © McGraw-Hill Higher Education, Inc./Fotografia da Prographics de Milwaukee Area Technical College; **5.38, 5.41:** Cortesia Mike Fitzpatrick; **5.42:** © McGraw-Hill Higher Education, Inc./Lake Washington Technical College, Kirkland, WA; **5.44:** Contour Aerostructures/ Everett, WA; **5.45, 5.46, 5.47:** Cortesia Mike Fitzpatrick; **5.48:** © McGraw-Hill Higher Education, Inc./Fotografia da Prographics de Milwaukee Area Technical College; **5.49, 5.50:** Cortesia Mike Fitzpatrick; **5.54:** © McGraw-Hill Higher Education, Inc./Fotografia da Prographics de Milwaukee Area Technical College; **5.58:** Cortesia Mike Fitzpatrick; **5.62:** © McGraw-Hill Higher Education, Inc./Lake Washington Technical College, Kirkland, WA; **5.63, 5.64:** © McGraw-Hill Higher Education, Inc./Fotografia da Prographics de Milwaukee Area Technical College; **5.65:** Cortesia Mike Fitzpatrick; **5.66:** Cortesia Universal Aerospace/Arlington, WA; **5.67:** Cortesia Mike Fitzpatrick; **5.68:** © McGraw-Hill Higher Education, Inc./Lake Washington Technical College, Kirkland, WA; **5.69:** Cortesia Mike Fitzpatrick; **5.70:** © McGraw-Hill Higher Education, Inc./Lake Washington Technical College, Kirkland, WA; **5.72:** Cortesia Mike Fitzpatrick; **5.73, 5.74, 5.75:** © McGraw-Hill Higher Education, Inc./Fotografia da Prographics de Milwaukee Area Technical College; **5.77:** Cortesia Universal Aerospace/Arlington, WA; **5.78:** Cortesia Mike Fitzpatrick; **5.79:** © McGraw-Hill Higher Education, Inc./Fotografia da Prographics de Milwaukee Area Technical College; **5.81:** Cortesia Mike Fitzpatrick; **5.82:** © McGraw-Hill Higher Education, Inc./Lake Washington Technical College, Kirkland, WA; **5.83, 5.84:** Cortesia Mike Fitzpatrick; **5.85:** Cortesia Epilog Laser/Golden, CO; **5.86, 5.87:** Cortesia Mike Fitzpatrick; **5.89, 5.90:** © McGraw-Hill Higher Education, Inc./Lake Washington Technical College, Kirkland, WA; **5.92, 5.97, 5.99, 5.100, 5.102:** Cortesia Mike Fitzpatrick; **5.103, 5.107:** © McGraw-Hill Higher Education, Inc./Fotografia da Prographics de Milwaukee Area Technical College; **5.110, 5.112, 5.113:** Cortesia Mike Fitzpatrick; **5.116:** © McGraw-Hill Higher Education, Inc./Fotografia da Prographics de Milwaukee Area Technical College; **5.117:** Cortesia Mike Fitzpatrick; **5.121:** © McGraw-Hill Higher Education, Inc./Fotografia da Prographics de Milwaukee Area Technical College.

Capítulo 6

6.1: © McGraw-Hill Higher Education, Inc./Lake Washington Technical College, Kirkland, WA; **6.6, 6.14, 6.15, 6.16, 6.18, 6.19, 6.21, 6.22, 6.25, 6.26, 6.27:** Cortesia Mike Fitzpatrick; **6.28:** © McGraw-Hill Higher Education, Inc./Lake Washington Technical College, Kirkland, WA; **6.29, 6.30, 6.31, 6.32, 6.33, 6.34, 6.39, 6.42, 6.43:** Cortesia Mike Fitzpatrick; **6.49, 6.50, 6.51:** © McGraw-Hill Higher Education, Inc./Lake Washington Technical College, Kirkland, WA; **6.55, 6.56:** © McGraw-Hill Higher Education, Inc./Fotografia da Prographics de Milwaukee Area Technical College; **6.57:** © McGraw-Hill Higher Education, Inc./Lake Washington Technical College, Kirkland, WA; **6.58: Left:** © McGraw-Hill Higher Education, Inc./Fotografia da Prographics de Milwaukee Area Technical College, **6.58 Right:** Cortesia Lake Washington Technical College, Kirkland, WA; **6.59, 6.60, 6.61, 6.62, 6.63, 6.64, 6.65, 6.68:** © McGraw-Hill Higher Education, Inc./Lake Washington Technical College, Kirkland, WA.

Capítulo 7

7.1: © McGraw-Hill Higher Education, Inc./Fotografia da Prographics de Milwaukee Area Technical College; **7.3:** © McGraw-Hill Higher Education, Inc./Lake Washington Technical College, Kirkland, WA; **7.5:** © McGraw-Hill Higher Education, Inc./Fotografia da Prographics de Milwaukee Area Technical College; **7.9:** © McGraw-Hill Higher Education, Inc./Lake Washington Technical College, Kirkland, WA; **7.10, 7.11, 7.12, 7.16, 7.17, 7.18, 7.21, 7.23, 7.25, 7.26:** © McGraw-Hill Higher Education, Inc./

Lake Washington Technical College, Kirkland, WA; **7.28, 7.30:** © McGraw-Hill Higher Education, Inc./Fotografia da Prographics at Milwaukee Area Technical College; **7.31, 7.34:** © McGraw-Hill Higher Education, Inc./Lake Washington Technical College, Kirkland, WA; **7.38:** Cortesia Mike Fitzpatrick; **7.39:** © McGraw-Hill Higher Education, Inc./Fotografia da Prographics de Milwaukee Area Technical College; **7.54:** Aerospace Manufacturing Technologies (AMT)/Arlington, WA; **7.55:** Cortesia Ambios Technology, Inc.; **7.56:** Cortesia Mike Fitzpatrick.

Capítulo 8

8.3: Cortesia Mike Fitzpatrick; **8.4, 8.5:** © McGraw-Hill Higher Education, Inc./Lake Washington Technical College, Kirkland, WA; **8.8:** © McGraw-Hill Higher Education, Inc./Fotografia da Prographics de Milwaukee Area Technical College; **8.11, 8.13, 8.17, 8.20, 8.22, 8.23:** Cortesia Mike Fitzpatrick.

Índice

A

Acabamento de furos, 169–171, 188–194
    alargamento, 190–191
    brunimento, 176–178, 191–192
    escareador, 169–170
    facas de rebarbação, 169–171
    furos brocados para rosca, 188–191
Acabamento de peças, 154–171
    acabamento de furos, 169–171
    acabamento superficial, 155–157
Acabamento de superfície, 220–221
Aço de corte fácil (ACF), 124–126
Aço doce, 116–118, 124–126
Alargadores, 190–191
Alfabeto das linhas, 56–60
    características simétricas, 56–58
    linhas de centro, 56–58
    linhas de contornos visíveis, 56–58
    linhas de dimensão, 56–58
    linhas de extensão, 56–58
    linhas de quebra, 56–60
    linhas envolvidas, 56–58
    linhas indicativas, 56–58
    linhas-fantasma, 56–58
    visualização, 56–58
Alinhamento do macho, 186–188
    blocos de macho, 187–188
    guia pela furadeira, 187–188
Alquimia, 116–118
Alumínio (AL), 116–121
American Society of Mechanical Engineers (ASME), 69–70, 176–178
Amostra de peça padrão, 60–61
Ângulo da hélice, 176–179
Ângulos. *Ver* Medição de ângulos
Ângulos complementares, 281–282, 286–288
Ângulos em graus decimais (GD), 281–283
Aresta acabada, 168–170
    ferramentas rebarbadoras manuais, 168–169
    operações secundárias de usinagem, 155–157
    proteção do trabalho, 158–161
    teste comprovado pelo tempo, 154–155
    uso de ferramentas manuais, 155–162
    uso de máquinas de oficina, 160–169
Arrasto, 258–259, 263–265
ASME Y14.5M–1994, 100–102

B

Batimento, 71–74
Blocos Jo, 266–268
Blocos-padrão de precisão, 265–272
    acessórios, 269–270
    aderir blocos-padrão, 266–267, 269–270
    controle de inexatidões, 266–268
        conservar a superfície, 268
        cuidado radical no uso, 268
        lavar as mãos, 268
        manter a caixa fechada, 268
        não tocar a superfície do bloco, 268
    criar uma pilha com blocos-padrão de certo tamanho, 269–271
    graus de tolerância, 266–267
        calibração-mestre, 266–267
        inspeção na oficina, 266–267
    repetibilidade-alvo, 266–267
    usos de, 268–270
        calibração de outras ferramentas, 268
        como modelo para comparação de medidas, 269–270
        como uma ferramenta de medição por calibração, 269–270
        para preparar outras ferramentas ou processos, 269–270
Bloqueio de eixo, 19–20, 22–23
Botão DRG na calculadora, 282–283
Brunimento, 176–178, 191–192

C

Cadinho, 129–130
Calculadora, botão DRG, 282–283
Calibrador de passo de rosca, 181–182
Calibrador funcional, 266–267, 269–270
Calibradores, 211–212, 265–267, 271–282. *Ver também* Medidores de altura; Blocos-padrão de precisão
    blocos paralelos ajustáveis, 277–279
        ajustável de precisão, 278–279
        planos, 271–272, 278–279
        teste passa não passa com blocos paralelos ajustáveis, 277–279
    calibrador compasso, 271–272, 274–275
    calibrador telescópico, 271–275
        aplicação correta, 272–273
        testar várias vezes com, 274–275
    calibradores de raio, 271–272, 278–280
        ler as lacunas, 278–280
        utilizar luz ou fundo branco com, 278–280
    calibradores esféricos, 271–273
        aplicação correta, 271–273
        calibrar o furo, 272–273

calibradores para furos pequenos, 271–278
comparando métodos de medição de furos, 277–278
pinos-padrão retificados, 276–278
   aplicação correta, 276–278
   inexatidões, 276–277
   teste passa não passa com pinos-padrão retificados, 277–278
relógio comparador para furos ou súbitos, 274–277
   aplicação correta, 275–276
   calibrando o zero nominal, 275–277
   de leitura mais/menos, 276–277
   especificações técnicas para súbitos, 274–277
   repetibilidade, 275–276
   uso de anel-padrão com, 271–272, 276–277
Calibrador-mestre, 266–267
Características dos metais, estrutura e direção de grãos, 116–118, 129–130
   grãos paralelos à identificação impressa, 129–130
   grãos paralelos ao longo de barras, 129–130
   selo de grão, 129–130
identificação e rastreabilidade do material, 129–131
   código de cores, 130–131
Características físicas dos metais, 127–131
Características geométricas, 88–102
Carboneto de silício, 131–133, 150–152, 163–164
Carreiras, começando no CNC, ix–x
Catálogos de ferramentas, 278–279.
Ver também Ferramentas manuais
Cavacos, 2–5
   quebra do, 19–20, 23–24
Cinta estranguladora, 7–8, 10–11
CMM, 216–217
CNC (controle numérico por computador), 1–2
   gerações do, ix–x
Colinearidade, 218–220, 238–239
Compósitos, 116–118, 127–129
Computador de avaliação superficial, 293–294
Conjunto cossinete montado, 182–184
Controladores baseados em PC, 47–48

Controle Estatístico de Processos (CEP), 206–208
Controles geométricos, 83–103
Controles geométricos de batimento, 84–85, 99–102
   batimento de linha individual, 99–102
   batimento total, controle de uma superfície, 100–102
   comparar concentricidade e batimento, 100–102
Controles geométricos de contorno, 84–85, 92–95
   contorno da linha, 93–94
   contorno da superfície, 93–94
   esferas, 94–95
   versões 2D e 3D, 93–94
Controles geométricos de forma, 84–85, 88–93
   cilindricidade, 92–93
   circularidade, 90–93
   controles de forma não usam referência, 92–93
   tricoide, 92–93
   planicidade, 90–91
   controle de linhas combinadas, 90–91
   testando planicidade, 90–91
   retilineidade, 88–90
   retilineidade aplicada a eixos, 89–90
   teste individual de linha para, 89–90
Controles geométricos de localização, 84–85, 96–100
   concentricidade, 98–100
   tolerância extra, 99–100
   posição, 96–99
   tolerâncias extras, 84–85, 96–100
   simetria, 99–100
Controles geométricos de orientação, 84–85, 94–97
   analisar orientação, 94–95
   inclinação, 95–96
   medir um ângulo geométrico, 95–96
   paralelismo, 94–96
   perpendicularidade, 95–96
Controles geométricos de superfície ou de eixo, 84–89
   controlar o centro de eixo é matemático, 85–86
   dimensões básicas, 87
   elementos no exterior, 84–86

retilineidade de um eixo, 87
teste funcional, 85–87
Cordões, 129–130
Corte, 37–41, 131–134, 136
   travamento dos dentes da lâmina causa uma maior largura de, 131–133, 136
Corte de limpeza, 131–134

D

Décimos (de um milésimo), 34–36
Denominador comum, 42
Dente de corte botaréu, 137–138
Dente de corte garra, 137–138
Dentes de corte gancho, 137–138
Desdentamento, 131–133, 136
   de lâminas, 131–133, 136
   resistência a, 178–179
Desenhos técnicos, 47–68
   alfabeto das linhas, 56–60
   linhas de centro, 56–58
   linhas de contornos visíveis, 56–58
   linhas de dimensão, 56–58
   linhas de extensão, 56–58
   linhas de quebra, 56–60
   linhas indicativas, 56–58
   linhas invisíveis, 56–58
   linhas-fantasma, 56–58
   simetria, 56–58
   visualização, 56–58
dica da área para formar a imagem 3D, 58–61
   apelidar o objeto, 60–61
   escolher detalhes não claramente na vista frontal, 60–61
   escolher uma característica principal/óbvia na vista frontal, 58–61
   estudar primeiro a vista frontal, 58–60
   repetir o processo vista a vista, 60–61
   resumir mentalmente uma imagem mais detalhada do objeto, 60–61
problemas desafiadores, 58–61
projeção ortográfica, 48–56
situações especiais, 60–61
   amostras da peça, 60–61
   imagens digitais, 60–61
   perguntar ao supervisor, 60–61
   seguir a folha de processo, 60–61

Dimensionamento e toleranciamento geométrico (DTG), 70–75
  definição, 72–75
  documentos de controle, 100–102
  grupos de características, 72–74
    batimento, 72–74
    forma, 72–74
    localização, 72–74
    orientação, 72–74
    perfil, 72–74
Dimensionamento padronizado, 70–71
Dimensões, 204–209
  características de medição em usinagem, 204–206
    acabamento de superfície, 205–206
    forma, 204–206
    orientação, 205–206
    posição, 204–205
    tamanho, 204–205
  dimensionamento angular e tolerância, 206–209
    ângulos prolongados, 204–208
    tolerância de ângulos geométricos, 204–209
  tolerâncias lineares, 205–208
    tolerância bilateral, 204–206
    tolerância expressa como limites, 204–208
    tolerância unilateral, 205–208
    tolerâncias gerais, 206–208
  tolerâncias nos desenhos, 205–209
Diretrizes dos Serviços de Avaliação de Saúde e Segurança Ocupacional dos Estados Unidos, 141–142
Disco intervertebral, 7–10
Discos de corte, 163–164
Discos de lixa, 166–169
  mantenha roupas soltas longe do disco, 168–169
  zona de perigo, 168–169
Discos resinoides, 150–152, 163–164
Discos vitrificados, 154–155, 163–164
Discriminação de uma ferramenta, 218–220, 223–225
Dividir a linha, 310–313
Documentos eletrônicos *online*, 47–48
DTG. *Ver* Dimensionamento e toleranciamento geométrico (DTG)

E

Elemento de referência, 75–76, 78–79
Elementos, 71–76, 78–80
Empastamento, 150–152

Endurecimento, 116–118, 122–123, 129–130
Entender o planejamento de processo, 110–116
  composição de números de peça, 112–113
  encontrar a melhor sequência, 110–111
  fatos essenciais sobre planejamento de processo, 111–116
  mudanças do desenho do projeto, 110–112
  múltiplas folhas em um desenho, 114
  números de peça e de desenho, 111–113
  sequência do planejamento de processo, 110–111
  sistema de nível de revisão, 114–116
Escarear, 169–170
Escova de metal, 154–155, 158–160
Escovas circulares, 165–168
  contaminação causada por, 166–168
  segurança em, 166–168
Esmeris de pedestal, 160–163

F

Facas de rebarbação, 169–171
Fatores de imprecisão
  alinhamento da ferramenta, 211–212
  ambiente de medição, 211–212, 216–217
  calibração, 209–210, 212–213
    das ferramentas de medição, 212–213
    índice de erro zero, 212–213
  calor, 211–216
    coeficiente de expansão, 209–210, 213–216
    montagem por interferência, 214–216
    redução do, 214–216
  danos a ferramentas, 211–212, 214–217
  desgaste da ferramenta, 213–214
  paralaxe, 209–210, 213–214
  pressão ou sensibilidade, 209–212
  sujeira e rebarbas, 211–212
  tato, 211–212
  viés para um resultado, 211–212, 216–217

Ferramentas de medição, 257–308
  blocos-padrão de precisão, 265–272
  escolha do instrumento de medição correto, 299–302
  medição com calibradores, 271–282
  medição com micrômetros de profundidade, 262–266
  medição com micrômetros internos, 258–263
  medição de ângulos, 281–291
  medição de rugosidade, 291–298
Ferramentas de traçado, 315–326
  barras e placas de seno para trabalhos angulares, 319–320
  barras paralelas, 318–320
    blocos de entalhe, 318–320
    magnéticas, 319–320
    onduladas, 319–320
  blocos em V, 315, 319–320
  cantoneiras de ângulo reto, 315–318
  compassos hermafroditas, 315, 324–326
  conjunto combinado - centralizador, 322–323
  corante de traçado, 315–317
  divisores, 315, 322–324
    conjuntos de pontas cintel, 323–324
    divisores de compasso de centro de arco, 323–324
    divisores de mola, 322–323
  esquadro-mestre, 315, 317–319
    testar a perpendicularidade, 317–319
  medidor de altura com riscador anexo, 316–317
    apontar riscados, 316–317
    pontos riscados, 316–317
    riscadores pescoço de ganso, 316–317
  medidor de superfície, 315, 323–325
    relógios apalpadores em medidores de superfície, 324–325
    riscar paralelamente a bordas, 323–325
  medidores de raio, 325–326
  mesa de granito, 315
  punções, 320–323
    punção automática, 320–323
    punção de centro, 320–322
    punção de transferência, 320–322

punção ferrão, 320–322
punção-piloto, 320–322
riscadores e sovelas, 315–317, 319–322
Ferramentas manuais, 155–162
ferramentas pneumáticas, lubrificar, 160–162
máquinas de quebrar, tombar e vibrar, 160–162
limas manuais, 157–160
máquina acionada de rebarbar e quebrar cantos, 160–162
rotorrebarbadores, 160–162
Ferro fundido, 116–118, 122–126
Fibras naturais, 2–5
Fibras sintéticas, 2–5
Fina ISO (roscas métricas), 178–179
Folga, 176–180
Folhas ou Sistema de Dados de Segurança do Material (SDSM), 13–15
Fontes TMI, 176–178
Forja, 171–172, 174–175
Forma, 71–74
Formas de rosca, 176–182
classes de roscas, 176–178, 180–181
roscas para tubulação, 180–182
passos diferentes, 181–182
roscas cônicas, 181–182
truncamento em, 176–181
para evitar travamento, 180–181
para resistência mecânica, 179–180
Função, 70–72, 74–75
Furador manual, 310–313
Furo boca de sino, 191–192
Furo cego, 176–178, 184–186
Furos brocados para rosca, 188–191

G

GD. *Ver* Ângulos em graus decimais
Geometrias, 69–107
GMS. *Ver* Graus, minutos e segundos
Graduações, em réguas de operadores, 220–221
Graus, minutos e segundos (GMS), 281–283
Gravação a *laser*, 171–174
Gravação CNC (controle numérico por computador), 173–174
"Gruas de oficina," 7–8
Guindaste de lança fixa, 7–8

H

Habilidades para traçado, 309–333
aplicações da traçagem, 310–315
evitar sobra de traçado, 310–312
modelos à prova de falhas, 310–312
modelos de última palavra, 310–313
outras opções para localizar o furo, 313–314
propósito do traçado, 312–313
traçados rápidos, 313–314
executar uma traçagem de sucesso, 326–328
jogo de desafio de traçagem, 326–330
esboçar o modelo de furação, 238–239
passos para executar a traçagem, 238–330
planejar uma traçagem, 325–328
repetibilidade-alvo, 309–310
aumentar a habilidade de medir em mesa de granito, 309–310
desenvolver ferramental útil e habilidade de oficina, 309–310
oferecer treinamento de sequência lógica, 309–310
usos do modelo de traçagem, 309–310
a olho, método "rápido e sujo", 309–310
definição de última palavra, 309–310
linha de segurança contra falhas, 309–310
Hipotenusa, 281–282, 288–289

I

Identificação do material e características, 116–120
extrudados, 116–120
forjados, 116–119
formas físicas, 118–120
fundição, 116–120
em coquilha, 119–120
em molde de areia, 119–120
grupos e ligas, 118–119
usinabilidade, 116–119
Identificador de referência (ou quadro), 76–77
Indicador de fluxo, 19–20, 26–27
Indicador de vistoria, 19–20, 26–27
Indicador total de leitura (ITL), 100–102
Indicador total de movimento (ITM), 84–85, 100–102
Instituto Norte-Americano de Padrões (ANSI), 176–178
Instrumentos de medição. *Ver também* Ferramentas de medição
comprar suas próprias ferramentas, 217–218, 243–245
medidores de altura, 237–245
micrômetros externos, 225–238
os mais úteis, 217–250
paquímetros, 221–228
réguas de operadores, 218–222
relógios apalpadores, 243–250

L

Lâminas de aço-carbono, 138–140
Lâminas de dente espaçado, 131–133, 137–138
Latão e outros metais com base em cobre, 116–118, 120–123
Leitura de desenhos técnicos, 47–68
Ligas, 116–119
Ligas de aço, 124–129
aço inoxidável, 116–118, 125–129
aço resistente à corrosão (ARC), 125–127
e a ferrugem, 126–127
aço-ferramenta, 116–118, 124–126
aços-liga, 116–118, 124–126
aço de baixo carbono, 116–118, 124–126
aço de corte fácil (ACF), 124–126
aço doce, 116–118, 124–126
métodos de conformação, 124–126
aço laminado a frio (ALF), 125–126
aço laminado a quente (ALQ), 125–126
Limagem inclinada, 154–155, 158–160
Limas, 157–160
bastardas, 157–160
cabos, 158–160
de picado duplo, 157–158
de picado simples, 157–158
formas, 157–158
fresadas e torneadas, 154–155, 157–158
grosas, 158–160
limar o calibrador de furação, 158–160
limpeza, 158–160
padrão de dentes, 157–160

Linguagem simbólica, 70–72
Linhas de dobra, 48–53
Linhas de hachura, 53–54
Linhas de projeção, 48–53
Linhas visíveis, 56–58
Localização, 71–74
Lubrificador manual, 19–20, 27

M

Machinery's Handbook©, 176–178, 214–216
Machinist's Ready Reference©, 141–142
Machos para roscas internas, 176–178, 184–189
   alinhamento do macho, 186–188
   arestas do macho, 185–187
   furos brocados para rosca, 188–191
   machos com ponta helicoidal, 186–187
   machos finais, 176–178, 185–186
   machos iniciais, 185–186
   machos intermediários, 176–178, 185–186
   manter a afiação, 186–187
   manter a lubrificação, 187–188
   porta-machos, 187–189
   removedoras de macho, 186–187
   remover machos quebrados, 186–187
   roscas conformadas a frio, 188–189
   roscas laminadas, 188–189
Maleabilidade, 120–123
Mancais hidrostáticos, 13–14, 16
Manufatura, 1–333
   antes e depois da usinagem, 109–201
   autorrevisão de habilidades matemáticas, 33–45
   ciência e habilidade de medição com ferramentas básicas, 203–255
   geometria, 69–107
   habilidades para traçado, 309–333
   instrumentos de medição, calibradores e acabamento superficial, 257–308
   leitura de desenhos técnicos, 47–68
   profissionalismo na, 1–31
Manufatura enxuta, 19–22
Máquinas computacionais de medição coordenada (CMMs), 225–228, 246–247
Máquinas computadorizadas de medição por coordenadas (CMM), 216–217

Marca testemunha, 310–314
Marcação de peças, 155–157, 169–176
   destrutiva, 169–176
   gravação a laser, 171–174
   gravação CNC, 173–174
   por cauterização eletroquímica, 171–172
   tipagem de aço, 173–176
Martelos, 174–176
   antirrecuo, 171–172, 175–176
   de bola, 171–172, 174–175
   de faces moles, 174–176
   precauções de segurança para o martelo, 174–175
Martelos sem ricochete, 175–176
Material de serrar, 131–155
   ajuste de guias de lâmina, 145–146
   cisalhamento, 134–135
   corte oxiacetilênico, 134–135
   métodos industriais, 134–135
      corte a jato de água de alta pressão, 134–135
      corte a laser de alta energia, 134–135
      corte a plasma, 134–135
      serra alternativa, 134–135
      serramento circular, 134–135
   planejamento de materiais em excesso, 131–134
      quantia certa de sobremetal, 133–134
      tolerância para espessura de largura de corte, 133–134
   serra de arco, 134–138
      aplicar pressão no movimento para a frente, 136
      atentar para despedaçamento de lâminas, 137–138
      não forçar o corte, 136
      ponta do dente afastada da empunhadura, 136
      reduzir a taxa de movimento para materiais duros, 136–138
      selecionar o passo da lâmina, 131–136
   serradoras de fita, 134–135
   serragem manual, 134–135
   serramento abrasivo, 131–133, 148–152
   serramento de contorno, 131–133, 143–147
   serramento de fita vertical, 138–144
   serramento elétrico, 137–140
      corte de características internas, 138–140
      lâminas bimetal, 138–140

      lâminas de aço rápido, 138–140
      ligas de lâmina, 137–140
      padrão de dente e travamento, 137–138
      seleção de lâminas de serra, 137–138
      utilização de lâminas em massa, 138–140
   serramento elétrico horizontal, 146–149
      autoalimentação, 146–148
      morsa de fixação da peça, 147–148
      qualquer comprimento de peça, 147–148
      segurança na serradora horizontal, 148–149
      sistemas de refrigeração, 147–148
   serramento por fricção, 131–133, 146–147
      desdentamento supersônico, 146–147
      precauções de segurança, 146–147
   soldagem da lâmina de serra de fita, 150–154
      forma final, 152–154
      recozimento da solda, 131–133, 152–154
Medição, 203–255
   dimensões e tolerâncias, 204–209
   gerenciar precisão, 208–218
      fatores de imprecisão, 209–217
      opções para controle e precisão, 211–212, 216–217
      repetibilidade, 209–210
      resolução, 209–210
   habilidades para precisão, 203–204
      abordagem científica, 203–204
      aprender a identificar fatores de imprecisão, 203–204
      atitude inflexível, 203–204
      conhecer a tarefa de medição 203–204
      controlar os fatores de imprecisão, 203–204
      prática contínua, 203–204
Medição de ângulos, 281–291
   goniômetro com escala de Vernier (resolução de cinco minutos), 281–284
      aplicação correta, 283–284
      controle de inexatidão, 283–284
      dupla escala de Vernier, 284–285

enquadramento, 281–282, 284–285
especificações técnicas para o goniômetro com Vernier, 283–285
estimativa visual, 283–284
leitura, 283–285
paralaxe, 283–284
regra dos quadrantes, 281–282, 284–285
ver linhas pequenas, 283–284
zerar por meio do par colinear, 284–285
réguas ou mesas de seno (resolução de 0,001°), 281–282, 286–290
ajustar um ângulo, 288–290
fazer sua própria, 288–289
medir um ângulo, 289–290
representar ângulos e tolerâncias, 281–283
ângulos em graus decimais (GD), 281–283
ângulos geométricos, 281–282, 285–288
ângulos projetados, 281–282, 285–286
graus, minutos e segundos (GMS), 281–283
tolerâncias angulares projetadas, 281–282, 285–286
transferidores de grau (resolução de 1°), 281–283
Medidores de altura, 237–245
calibrar o zero do medidor de altura usando um riscador, 241–243
elementos de precisão dos medidores de altura Vernier, 239–242
linha indicadora, 241–242
parafuso de ajuste, 239–242
parafuso de bloqueio do cursor, 241–242
parafuso de movimento fino, 239–241
trava de calibração, 239–242
leitura do medidor de altura Vernier, 238–241
compreensão do conceito Vernier, 238–241
política de fábrica para medidores de altura eletrônicos, 238–239
mesas de traçagem, 242–245
evitar a contaminação, 242–243
limpeza, 242–243
proteção, 242–243
uso somente para trabalho de precisão, 242–243
riscadores e nexos de indicadores, 237–239
Medir rugosidade, 291–298
aplicações para o acabamento padrão, 295–297
comparação de rugosidade na sua máquina, 294–296
ondulação, 291, 293–296
placas de arranhar, 291, 294–296
rugosímetros, 291, 294–296
símbolos de estrias, 291, 294–296
micropolegadas (0,000001, um milionésimo de uma polegada), 291–293
simbologia encontrada em desenhos, 292–294
acabamento geral, 292–293
avaliações superficiais industriais, 293–294
comprimento de amostragem, 291–294
rugosidade máxima, 292–294
Metalurgia, metalúrgicos, 116–119
Métodos de marcação, 171–175
Micrômetros de profundidade, 262–266
alcançar repetibilidade pessoal, 262–263
características de precisão para, 264–266
diferença de espessura das bases, 264–265
pontas de carboneto, 265–266
reguladores de pressão, 265–266
especificações técnicas para, 262–265
aplicação correta, 262–263
calibração, 262–264
sensibilidade, 263–265
determinar menos arrasto, 263–265
elevar o micrômetro, 258–259, 263–264
inexatidões, 262–263
leitura, 264–266
dicas de manuseio para, 264–265
leitura ao contrário, 264–265
Micrômetros externos, 225–238
características de precisão para, 229–231
especializados, 225–229
especificações técnicas para, 227–230
aplicação correta, 227–229
controle de imprecisões, 227–230
repetibilidade-alvo, 227–229
leitura, 229–238
da escala Vernier, 218–220, 231–238
de um micrômetro imperial (polegadas), 231–232
de um micrômetro métrico, 235–238
padrão para melhoria em, 233–235
posição da mão, 229–230
unidades de atrito ou catraca, 229–230
nunca zerar quando guardar, 229–231
zerar o erro do indicador antes da medição, 233–236
Micrômetros internos, 258–263
alcance da repetibilidade-alvo, 259–260
aplicação correta, 258–259
calibração dupla, 258–260
encontro do ponto de zero, 258–260
ajuste, 258–260
uso de mais arrasto, 259–260
especificações técnicas para, 258–260
imprecisões, 258–259
leitura de, 260–263
acoplação de extensor, 260–261
conferência com micrômetro externo, 260–261
leitura do tamanho da haste depois, 262–263
leitura do tamanho-base primeiro, 258–263
régua de verificação dupla, 260–261
teste em vários locais, 260–261
uso do espaçador, 262–263
muito lentos para CNC, 262–263
preparação, 259–260
sensibilidade, 259–260
Mícron, 291–293
Modelo perfeito, 84–85, 87
Montagem por contração 176–178, 193–194
Montagem prensada (M/P), 176–178, 191–194
cálculo da tolerância, 192–194
classe, 192–193
ligas de metais envolvidas, 192–193

permanência da montagem, 192–193
tamanho nominal dos objetos, 192–193, 204–206
dicas de habilidades para, 193–194
esquentar e resfriar metal para montagens prensadas, 193–194
montagem por contração, 176–178, 193–194
máquinas que fazem montagens prensadas, 193–194
Montar, dressar e ajustar um rebolo, 164–165
teste do som, 164–165
teste visual, 164–165
Morsa de fixação de referência, 81–83

N

Nível de revisão, 110–114
Número de detalhe, 111–113
Número de lote de tratamento térmico, 7–8, 12–13, 129–130
Número sequencial, 111–113
Número serial (S/N), 12–13
Números de peças, 110–113

O

Óleo de eixo, 13–14, 16
Óleo de guia, 13–14, 16
Operações secundárias e montagens fora de máquina, 111–112, 176–194
acabamentos de furos, 188–194
evitar usinagem fora de máquina, 176–178
ferramenta roscada, 176–191
montagem com ajuste prensado (M/P), 176–178, 191–194
Ordens de serviço (OSs), 47–48, 110–113
instruções de acabamento e condicionamento, 110–111
instruções para garantia de qualidade, 110–111
nível de revisão (Rev), 110–111
número da peça (N/P), 110–111
padrões envolvidos, 110–111
quantidade em um lote (Qtd), 110–111
requisitos especiais, 110–111
sequência de operações (Ope), 110–111
tipo do material, 110–111
uso de, 110–111

Organização Internacional de Padronização (ISO), 69–70
Orientação, 71–74
Óxido de alumínio, 154–155, 163–164

P

Padrão (gabarito), 211–212
Paquímetros, 221–228
especificações técnicas dos, 221–222
apalpadores internos e sonda de profundidade, 221–222
medição do passo, 221–222
medição externa, 221–222
repetibilidade-alvo, 221–222
familiarização com, 222–225
funções dos, 221–222
medição de profundidade, 221–222
medição do passo, 221–222
medição externa, 221–222
medição interna, 221–222
mostrador de zeragem ou paquímetros digitais, 223–228
faixas no mostrador do paquímetro, 223–225
leitura do paquímetro com relógio analógico, 223–228
não são uma panaceia, 221–222
Vernier mais antigos, 222–224
Passo, 176–180
Pedaços, facilidade para reciclar, 138–140
Perfil, 71–74
Pés por minuto (PPM), 142–143
Pi (π), 41
Planejamento de processo, 110–116
Ponto de erro previsível (PEP), 38–41
Prensas árvore, 176–178, 193–194
Princípios geométricos para operadores, 71–74
características-alvo, 71–74
definição, 71–74
determinação de tolerâncias, 72–74
Problema de perspectiva (paralaxe), 213–214
Profissionalismo na manufatura, 1–31
administrar um espaço de trabalho eficiente, 19–22
ajustes ao equipamento, 27
conferir os níveis de fluido na máquina, 26–27
indicador de fluxo de lubrificante, 26–27

indicador de vistoria, 26–27
manutenção da área de trabalho, 26–27
armazenar com segurança acessórios de máquinas, 21–22
armazenar metais, 12–13
carregar materiais, 10–11
balance do guindaste, 10–11
carregamento por guincho, 10–11
levantar materiais pesados, 7–10
discos nas costas, 8–10
usar as pernas, e não as costas, 8–10
usar uma máquina quando possível, 7–8
lubrificantes
identificar óleos especiais e mantê-los limpos, 14, 16
lubrificantes de rolamento, 14, 16–18
lubrificantes para guias deslizantes, 14, 16
óleo de guia, 14, 16
óleo de rolamento, 14, 16–18
quantidade exata de óleo para máquinas CNC, 14, 16
saber qual lubrificante usar, 17–18
usar corretamente, 14, 16–18
manuseio de materiais, 7–14
manuseio de suprimentos no chão de fábrica, 13–20
conhecer os produtos químicos da oficina, 13–15
folhas SDSM, 13–15
precauções específicas, 13–14
reciclar e descartar lixo, 18–19
tipos de produtos químicos de oficina, 14, 16
proteção auricular, 3–5
audição como principal controle, 4–5
proteção para os olhos, 2–4
áreas de perigo extremo, 3–4
fornecedores de equipamento de segurança online, 3–4
óculos de grau, 2–4
sempre usar, 3–4
transparente ou amarela, 2–3
refrigerantes, 17–19
óleos e compostos de corte, 18–19
proporções do refrigerante, 17–18
refrigerantes orgânicos, 17–18
refrigerantes sintéticos, 17–19

remover e manusear cavacos, 21–25
  ar comprimido, 24–27
  perigo pessoal, 24–25
  perigos dos cavacos, 21–23
  quebra de cavacos, 23–24
  refrigerantes como substitutos do ar, 26–27
  refrigerantes para limpar máquinas, 26–27
  retirar cavacos de máquinas em operação, 23–24
  segurança da máquina, 24–25
  travar a máquina primeiro, 22–24
  usar rodo ou gancho de cavaco, 23–25
sapatos de trabalho, 5–6
  dedeiras de ferro, 5–6
  ligação com a qualidade do trabalho, 5–6
vestimenta para oficina, 4–6
  aventais e casacos da oficina, 4–6
  cabelo para cima, 5–6
  fibras naturais, 4–5
  sem acessórios, 5–6
vestir-se para o sucesso profissional, 2–8
Projeção ortográfica, 48–56
  as seis vistas ortográficas padrões, 48–54
    blueprints, 50–51
    linhas de dobra, 51–53
    linhas de projeção, 51–53
    projeção em primeiro diedro, 51–53
    projeção em terceiro diedro, 50–51
    universo da caixa de vidro, 51–53
    verificação com régua, 51–54
  corte completo, 53–54
  corte parcial, 53–54
  habilidades necessárias para a leitura de desenhos, 48–50
    interpretação, 48–50
    visualização, 48–50, 56–58
  regra de secionamento, 53–54
    linhas de hachura, 53–54
  regra do plano de corte, 53–54
  vistas adicionais usadas, 52–56
  vistas auxiliares, 52–54
    regra da auxiliar, 52–54
    vistas removidas, 52–54
    vistas rotacionadas, 52–54
  vistas de detalhe, 53–56
  vistas em corte, 52–54
  vistas pictóricas, 55–56

Projetos com o auxílio de computadores (CAD), 1–2, 47–48
Punção ferrão, 310–314
Punção-piloto, 310–314

Q

Quadro de controle do elemento (QCE), 79–80, 85–86

R

RAMs. *Ver* Relógios apalpadores com mostrador
Rastreabilidade, 7–8, 12–13
Rebarbas, 154–157, 160–162
Rebolos, 160–163
  construção, 163–164
    carboneto de silício, 131–133, 150–152, 163–164
    discos de corte, 163–164
    discos de resinoides, 163–164
    "discos verdes," 163–164
    discos vitrificados, 154–155, 163–164
    óxido de alumínio, 154–155, 163–164
  discos de acabamento de peça, 154–155, 165–167
  dressar, 164–167
  escovas circulares, 165–168
    contaminação causada por, 166–168
    segurança com, 166–168
Referenciação, 75–76, 80–81
Referências, 71–84
  como a base exata e o ponto de partida, 75–79
    de centro de eixo, 78–79
    em desenhos, 76–79
    natureza matemática dos, 78–79
    superfície de referência, 78–79
  em projetos e na fabricação, 74–84
  superfície ou eixo, 74–81
  tarefas realizadas para, 75–76
    eliminar ambiguidades, 75–76
    estabelecer prioridades funcionais, 75–76
    estabelecer uma base exata para o controle geométrico, 75–76
  usinagem e medição na fábrica, 78–84
    adivinhar sem uma referência, 79–81
    medir uma borda perpendicular, 79–81

morsa de fixação de referência, 81–83
referência em desenhos antes de 1994, 83–84
referências definindo prioridades para o trabalho, 78–80
referências formais, 81–83
referências informais, 81–84
usinar o lado no esquadro, 80–83
Referências formais, 75–76, 81–83
Referências informais, 75–76, 81–84
Regra do passo de três dentes, 136
Regra do ponto decimal, 209–210
Regra dos 10, 259–260
Réguas para operadores, 218–222
  especificações técnicas para todas as réguas, 218–220
  imprecisões, 218–221
  réguas de mola e grampos, 220–221
  réguas flexíveis, 220–221
  réguas rígidas ou transferidores, 220–222
  tipos, 220–222
Relógios apalpadores, 243–250
  comparação de, 247–250
    controle de erro de cosseno, 217–218, 247–250
    definição do ângulo básico, 250
    evitar erro progressivo, 218–220, 249–250
    posição do corpo versus posição do sensor, 249–250
    relógios apalpadores de teste, 247–250
    tipo telescópico ou de êmbolo, 247–249
  especificações técnicas para, 243–245
    aplicação correta, 243–245
    repetibilidade-alvo, 243–245
  métodos de medir distâncias, 245–249
    medição com calibrador de altura graduado, 246–249
    medição com mostrador, 246–247
    medição por comparação, 246–247
    seleção do calibre-padrão, 247–249
  suportes de, 245–246
  tipos de relógios apalpadores com mostrador (RAMs), 243–245

tipo sonda, 243–245
tipo telescópico, 243–245
usos para relógios apalpadores com mostrador (RAMs), 243–245
  alinhamento de instalação, 243–245
  eixo de controle, 243–245
  medida, 243–245
Remoção de rebarba e acabamento da peça robotizados, 166–168
Repetibilidade pessoal, 209–210
Revisão de habilidades matemáticas, 33–45
  autoavaliação de matemática de oficina, 37–41
    problemas básicos de oficina, 38–42
  conseguir maior exatidão usando uma calculadora, 36–37
    arredondamento de calculadora, 36–37
    dicas, 36–37
    "dígitos misteriosos," 36–37
    simplificar frações, 36–37
    usar a memória, 36–37
  conversão métrica, 36–38
  decimais de polegadas, 34–36
    décimos de milésimos de uma polegada, 35–36
    escrever décimos de polegada, 34–36
    milésimos de uma polegada, 34–36
  precisão, 34–38
Roscas, 176–191
  determinar o passo da rosca, 181–182
  diâmetro nominal do parafuso, 176–180
  distância de passo, 176–180
  formas de roscas, 176–182
  machos para roscas internas, 176–178, 184–189
    alinhamento do macho, 186–188
    arestas do macho, 185–187
    furos brocados para rosca, 188–191
    machos com ponta helicoidal, 186–187
    machos finais, 176–178, 185–186
    machos iniciais, 185–186
    machos intermediários, 176–178, 185–186
    manter a afiação, 186–187

manter a lubrificação, 187–188
porta-machos, 187–189
removedoras de machos, 186–187
remover machos quebrados, 186–187
roscas conformadas a frio, 188–189
roscas laminadas, 188–189
passo, 176–180
rosquear com um cossinete, 176–178, 181–185
  cossinetes de pente, 184–185
  cossinetes de rosca, 182–185
  cossinetes de tamanho fixo, 184–185
  cossinetes tipo porca, 181–184
tamanhos padrões, 178–179
  roscas finas, 176–179
  roscas grossas, 176–179
Roscas grossas ISO-C, 178–179
Roscas NPT (National Pipe Tapered – Norma Norte-Americana para Tubos Cônicos), 181–182
Roscas SAE, 176–178
Roscas UNC (*unified national coarse*), 178–179
Roscas UNF (*unified national fine*), 178–179

S

Segundo macho, 185–186
Seleção do material, 115–133
  alumínio (AL), 116–121
  características físicas dos metais, 127–131
  ferro fundido, 116–118, 122–126
  identificação do material e características, 116–120
  latão e outros metais baseados em cobre, 116–118, 120–123
  ligas de aço, 124–126
  materiais compósitos, 116–118, 127–129
Seno do ângulo, 281–282, 288–289
Serramento abrasivo, 131–133, 148–152
  discos de serra reforçados e flexíveis, 150–152
  fator de aquecimento, 150–152
  metais moles, 150–152
  precauções de segurança, 149–150
    checar proteções, 149–150
    ficar ao lado, 149–150
    inspecionar o disco visualmente, 149–150

olhar antes de operar, 150–152
    prevenir fogo, 149–152
    proteção dupla nos olhos e máscaras antipó, 149–150
    usar proteção auricular, 150–152
  serradoras de corte elétricas, 150–152
  vantagem de portabilidade, 150–152
Serramento de corte, 131–133, 150–152
Serramento de fita vertical, 138–144
  acessórios para a serra, 143–144
  ajustar a serra à velocidade correta da lâmina, 141–143
  lista de verificação para ajustar, 142–143
  morsa de serra, 143–144
  segurança da serra vertical, 138–142
    ajustar a proteção, 138–140
    ajustas as guias corretas, 139–140
    assegurar o trabalho, 141–142
    atentar para lâminas quebradas, 141–142
    manter as mãos livres, 139–140
    não usar luvas, 139–140
    pisos antiderrapantes, 139–142
    posicionar as mãos, 141–142
    posicionar-se, 139–140
    tipos de lâminas horizontais e verticais, 138–140
SI – Sistema Internacional de Unidades, 34, 36–37
Siderúrgica, 124–126
Sistema de nível de revisão, 114–116
  verificar a caixa de revisão, 115–116
  versão da parte, 114
Sistema Unificado de Roscas de Parafusos, 176–178
Sobremetal, 131–134
Sobrepassagem, 19–20, 28
Sociedade de Engenheiros Automotivos (SAE), 176–178
Sociedade de Engenheiros Mecânicos (SME), 176–178
Sonda em linha reta, 249–250
Sovela, 310–313

T

Tamanho-base, 258–263
Teste do som, 164–165
Teste visual, 164–165
Tipagem, 173–176
  apagar, 173–175
  bater a punção uma vez, 173–174

357

Índice

    martelos de uma oficina mecânica, 174–176
    notar as marcas para orientação, 173–174
Tipagem de aço, 173–176
Tolerância de placa, 133–134
Tolerâncias, 204–209
    características de medição em usinagem, 204–206
        acabamento de superfície, 205–206
        forma, 204–206
        orientação, 205–206
        posição, 204–205
        tamanho, 204–205
    dimensionamento angular e tolerância, 206–209
        ângulos prolongados, 204–208
        tolerância angular geométrica, 204–209
    tolerâncias gerais, 206–208
        tolerâncias expressas como limites, 204–208
        tolerâncias unilaterais, 205–208
        tolerâncias lineares, 205–208
        tolerâncias bilaterais, 204–206
        tolerâncias nos desenhos, 205–209
Trabalho fora de máquina, 111–112
Travamento dos dentes das lâminas de serra, 131–133, 136–138

U

Unidades Imperiais, 34, 36–37
Usinagem, excesso para, 133–134
Usinagem com o auxílio de computadores (CAM), 1–2
Usinagem de uma parada, 176–178

V

Vantagens geométricas, 72–75
    compreensão das prioridades funcionais dos elementos, 72–74
    mais controle e flexibilidade, 72–74
    princípios geométricos constituem toda a usinagem, 72–74
    toda a tolerância natural e completa possível, 72–74

Variação, 204–208
    leitura direta de, 222–224
Velocidade de corte de superfície, 131–133, 141–143
Viscosidade, 13–14, 18–19
Vista a vista (V-T-V), 58–61
Vista auxiliar, 48–50, 52–54
Vistas de detalhe, 48–50, 53–56
Vistas de elevação, 50–51

Z

Z87, Z87.1–3
Zero nominal, 218–220, 222–224

Mapa para o futuro

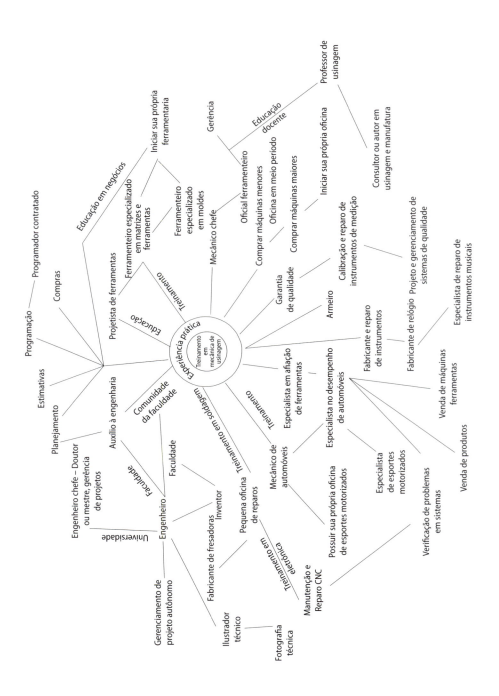